Annemarie Seiler-Baldinger

Systematik der Textilen Techniken

Basler Beiträge zur Ethnologie
Band 32

Annemarie Seiler-Baldinger

Systematik
der Textilen Techniken

Ethnologisches Seminar der Universität
und Museum für Völkerkunde
In Kommission bei Wepf & Co. AG Verlag
Basel 1991

Herausgegeben vom Ethnologischen Seminar
der Universität Basel,
dem Museum für Völkerkunde und
Schweizerischen Museum für Volkskunde Basel
und der
Geographisch-Ethnologischen Gesellschaft Basel

Redaktion: Prof. Dr. M. Schuster

Tauschsendungen an:
Museum für Völkerkunde und
Schweizerisches Museum für Volkskunde Basel,
Augustinergasse 2, CH-4051 Basel

Umschlag:
Kettenikat aus Buchara (Turkestan)
Doppelgewebe aus Pacajes (Bolivien)
Stickerei aus Westpakistan
(Abbildungen: Museum für Völkerkunde)

CIP-Titelaufnahme der Deutschen Bibliothek

Systematik der Textilen Techniken /
Annemarie Seiler-Baldinger.
Ethnologisches Seminar der Universität und
Museum für Völkerkunde Basel –
(Völlig überarb. und erw. Neuaufl.) – Basel : Wepf, 1991
    (Basler Beiträge zur Ethnologie ; Bd. 32)
    ISBN 3-85977-185-X
NE: GT

Gedruckt mit Unterstützung

des Museums für Völkerkunde und
Schweizerischen Museums für Volkskunde Basel
und der
Geographisch-Ethnologischen Gesellschaft Basel

Folgende Abbildungen wurden aus der 1. Auflage von
1973 übernommen: 8, 16, 19, 45, 64, 65d, 68, 70, 76,
85, 86, 120–128 (ohne 125a), 139, 143–151, 173, 174,
176, 179b, 181–183, 185, 186, 189, 190, 198a, 199b,
201, 203–220, 222, 223a, 225, 226, 230–238, 240,
242–245, 247, 249, 250, 253–265, 267–276, 278,
280–289.

Abb. 7 stammt von Christina Schäublin und
Abb. 129 von Raphael Voléry.
Alle übrigen wurden von
Susanne Gisin, ASG, Basel, gezeichnet.

Farbabbildungen:
Alle Textilien: Museum für Völkerkunde.

Photos: A. Seiler-Baldinger (S. 7); H. Steiner (S. 11);
P. Horner (alle übrigen).

Umschlaggestaltung:
Anne Hoffmann, Graphic Design, Basel

Herstellung:
Schwabe & Co. AG, Druckerei und Verlag
Basel/Muttenz

Inhaltsverzeichnis

Die Techniken der Stoffbildung

Höhere stoffbildende Techniken

Kettenstoffverfahren

Stoffbildung mit aktiver Kette (Kettenverkreuzung oder -verdrehung)

Stoffbildung mit passiver Kette

Die Techniken der Stoffverarbeitung (Stoffzusammensetzung)

159

Vorwort

Es gibt kaum ein Gebiet der Technologie, in dem noch immer soviel Verwirrung herrscht wie im Bereich der Textilsystematik und ihrer Terminologie. Wohl gibt es darüber eine Reihe von Hand- und Wörterbüchern; aber oft und gerade in den besten derselben hat man sich auf moderne Industrieverfahren und -produkte beschränkt. Deshalb sucht man darin meistens vergeblich nach den einfachen und nur handwerklich ausgeübten Formen. Prähistoriker, Archäologen, Ethnologen, Volkskundler, Kunst- und Kulturhistoriker sogut wie Berufsleute der Textilbranche halten sich deshalb oft an unzuverlässige und falsche Angaben oder stützen sich auf eigene, vielfach nicht auf genügenden technischen Kenntnissen aufgebaute Systeme. Noch schlimmer steht es mit den internationalen Vergleichsmöglichkeiten; denn eine für die verschiedenen Weltsprachen koordinierte Begriffsbestimmung und Terminologie besteht erst in ihren Anfängen. Hier hat vor allem das Centre International des Textiles Anciens in Lyon (CIETA) mit ihren Vokabularien in verschiedenen Sprachen hervorragende Arbeit geleistet. Diese Publikationen befassen sich aber im grossen und ganzen mit hochstehenden Textilverfahren, während die einfachen Formen vorerst für ein später zu schaffendes Glossarium zurückgestellt worden sind. Ferner beschränken sie sich auf Definitionen und terminologische Angaben, während systematische Übersichten fehlen. So kann vorläufig aus dem ausserdeutschen Sprachbereich als umfassende Systematik und Terminologie aller nicht industriell angefertigten Textilien bloss das hervorragende Werk Irene Emery's «The Primary Structures of Fabrics» (Washington D.C., 1966) genannt werden.

In deutscher Sprache haben Kristin und Alfred Bühler-Oppenheim schon 1948 «Grundlagen zur Systematik der gesamten textilen Techniken» zusammengestellt. Sie sind in Verbindung mit dem Katalog einer grossen Schenkung unter dem Haupttitel «Die Textiliensammlung Fritz Iklé-Huber im Museum für Völkerkunde und Schweizerischen Museum für Volkskunde, Basel» erschienen (Denkschriften der Schweizerischen Naturforschenden Gesellschaft, Bd. LXXVIII, Abh. 2). Diese ihr Hauptgewicht auf Textilien der Naturvölker legende Systematik hat sich in ihren Grundzügen bewährt. Im Laufe der Jahre und vor allem infolge der Untersuchungen von Basler Ethnologen ist sie aber in Einzelheiten geändert und stark erweitert worden. Darum und weil sie längst vergriffen ist, hat es das Basler Museum in verdankenswerter Weise unternommen, die Systematik in neuer Fassung wieder herauszugeben. Weggelassen wurden aus verständlichen Gründen die Katalogangaben zur Sammlung Iklé-Huber. Dafür aber sind darin die Resultate textilkundlicher Forschungen seit 1948 weitgehend berücksichtigt. Ebenso ist die neue Fassung in vergleichend-terminologischer Hinsicht bedeutend reichhaltiger als die alte, und schliesslich kann sie auch als Führer zur systematischen Darstellung textiler Techniken im Basler Museum verwendet werden.

Trotz aller Verbesserungen ist auch diese neue Fassung weder vollständig noch in allen Beziehungen hieb- und stichfest. Aus Platzgründen mussten oft detaillierte Angaben weggelassen werden. Künftige Forschungen werden wieder zu Änderungen, Erweiterungen, ja vielleicht sogar zu wichtigen neuen Formulierungen führen. Ferner ist die Übersicht beschränkt auf rein mechanisch herstellbare Textilien und die dazu benötigten Elemente. Sie steht damit im Gegensatz zu der oben erwähnten Klassifikation Irene Emery's, die Textilien in viel weiterem Sinne definiert und darin auch Baststoff, Papyrus, Filz und Papier einschliesst, Stoffe also, die nicht oder nicht allein mechanisch, mit Hilfe von «Bindungen» erzeugt werden. Die «Basler Systematik» ist also weniger umfassend.

Wie schon aus dem Titel ersichtlich ist, geht unsere Systematik primär von den Techniken, das heisst von den Herstellungsverfahren aus. Sie unterscheidet sich damit grundsätzlich von der Gliederung Emery's, die in erster Linie auf den Strukturen, auf der Beschaffenheit fertiger Textilien beruht. Beide Auffassungen haben Vor- und Nachteile.

Emery's System besitzt den immensen Vorzug,

dass man es ohne weiteres für alle Textilprodukte anwenden kann, dies auch, wenn man die dafür in Frage kommenden Herstellungsprozesse nicht kennt oder nicht rekonstruieren kann. Anderseits aber werden dann unter Umständen Stoffe in die gleiche Gruppe eingeordnet, die aufgrund des Anfertigungsverfahrens nicht zusammengehören. Man denke nur etwa an das einfache, ohne jedes Hilfsmittel auskommende Flechten und die Weberei, die komplizierte Gerätschaften erfordert. In beiden Fällen kann die Struktur des fertigen Stoffes genau die gleiche sein. In der Klassierung Emery's findet man deshalb unter Umständen in der selben Gruppe Stoffe verschiedener Anfertigungsweise miteinander vereinigt. Ebenso kommt es vor, dass im gleichen Verfahren angefertigte Textilien ihrer Struktur wegen an verschiedenen Stellen des Systems eingeordnet werden müssen. Bezeichnend für Schwierigkeiten dieser Art ist es denn auch, dass Emery trotz aller Konsequenz in der Durchführung ihres Gliederungsprinzips nicht überall ohne Berücksichtigung der Herstellungsverfahren durchkommt.

Ebenso stichhaltige Einwände sind natürlich auch gegen unser System möglich. Die Gliederung nach Anfertigungsprozessen hat den grossen Vorteil, dass man die einzelnen Verfahren nach ihrer technischen Entwicklungshöhe einstufen kann. In den zahlreichen Fällen aber, wo die Arbeitsvorgänge nicht bekannt sind, erfordert die Bestimmung derselben oft sehr schwierige und langwierige Untersuchungen. Wenn ferner bei Emery verschiedene Verfahren in der gleichen Strukturengruppe

vereinigt sein können, so wiederholen sich hier nicht selten die gleichen Strukturen in den verschiedenen Verfahrensgruppen. Und schliesslich kommt man auch in dieser Systematik nicht ohne Berücksichtigung der Stoffgestaltung aus. So wäre es ein nutzloses Unterfangen, die Bedeutung des einen oder des andern Gliederungsprinzips hervorzuheben. Sie sind gleichwertig, greifen sogar ineinander über, und ergänzen sich gegenseitig. Unsere Systematik besitzt vielleicht für kulturhistorische Untersuchungen gewisse Vorteile, weil sie erlaubt, die technisch bedingte Stellung einzelner Textilverfahren zu erkennen und damit Gefahren zu vermeiden, denen man in vergleichenden Untersuchungen solcher Art sehr leicht ausgesetzt ist. Emery's Klassifikation bietet aber für die gleiche Forschungsrichtung ebenfalls sehr wertvolle Unterlagen und ist anderseits für viele andere Arbeiten bedeutend praktischer. Optimal wäre es deshalb, wenn es einmal gelänge, beide Ordnungsprinzipien durchgehend miteinander zu kombinieren.

Der Verfasserin dieser Neufassung, Frau Dr. Annemarie Seiler-Baldinger, gebührt für ihre zuverlässige, auf hervorragenden Fachkenntnissen beruhende Arbeit die volle Anerkennung des Basler Museums. Dafür, dass sie es in so erfolgreicher Weise unternommen hat, die ursprüngliche Systematik auf den Stand der heutigen Kenntnisse zu bringen, sind ihr aber vor allem die beiden Autoren derselben zu Dank verpflichtet. Ebenso danken sie der Zeichnerin Fräulein Susanne Grisel für ihre hervorragende Arbeit.

Basel, im Sommer 1973   Alfred Bühler

Vorwort zur Neuauflage

Seit dem Erscheinen der ersten Auflage dieses Buches (1973), das mehrmals nachgedruckt werden musste, sind beinahe zwanzig Jahre vergangen. In dieser Zeit hat das Interesse an Textilien und textilen Techniken und Strukturen weltweit einen gewaltigen Aufschwung erlebt, der sich auch in den zahlreichen jüngeren Publikationen und Ausstellungen zu diesem Thema manifestiert. Dies, die Entdeckung «neuer» Textiltechniken (wie z.B. des Zwirnspaltens, s.S. 52ff.) und neue Erkenntnisse auf dem Gebiet der Textilsystematik (u.a. Collingwood 1974, Rowe 1984, Burnham 1980, Seiler-Baldinger 1986, Tanavoli 1985) waren Anreiz genug, eine völlig überarbeitete und erweiterte Neuauflage in Angriff zu nehmen.

Gleich blieb dabei die Gliederung der textilen Techniken. Nach wie vor orientiert sich die «Basler Systematik» primär an den Herstellungsverfahren und erst sekundär an der Struktur bzw. den Bindungsformen[1]. Neue Techniken wurden nach den bewährten Kriterien (Zahl der benutzten Fadensysteme, dem Verhältnis dieser Systeme zueinander und der Arbeitsrichtung) den entsprechenden Kategorien zugeordnet. Änderungen ergaben sich bei der Benennung einzelner Techniken. So z.B. wurde «Halbflechten» durch den präziseren und neutraleren Begriff «Flechten mit einem aktiven und einem passiven System» und «echtes Flechten» sinngemäss durch «Flechten mit aktiven Systemen» ersetzt (s.S. 34). Bei den Gewebebindungen wurden die «abgeleiteten Bindungen» in Anlehnung an die englischsprachigen Systematiken (Emery 1966, Rowe 1984) in «zusammengesetzte Bindungen» (engl. «compound weaves») und die ehemals «zusammengesetzten Bindungen» in «kombinierte Bindungen» (engl. «combined weaves») umbenannt. Sinngemäss entsprechen die «Grundbindungen und ihre Ableitungen» dem englischen «plain-weave-derived float weaves» (Rowe 1984:57). Bei den Kettenstoffverfahren mit passiver Kette wurde «soumakartige Kettenstoffbildung» in das genauere «Wickeln des Eintrages» umgetauft, wie denn auch der Zusatz «... des Eintrages» präzisiert, dass es sich um einen Kettenstoff und nicht um ein Geflecht handelt (also neu «Flechten des Eintrages» an Stelle von «Kettenflechten»). Dem neuen Sprachgebrauch entsprechen bei den Teppichen auch der «symmetrische, asymmetrische und gekreuzte Knoten» (früher Ghiordes, Persischer und Spanischer Knoten) sowie die Bezeichnung «Flor» statt «Vlies». Erweitert wurden die Kapitel «Wickeln», «Binden», «Zopf-, Kordel- und Schlauchflechten», «Sprang», «Wickeln des Eintrages», «Halbweben», «Gewebebindungen», «Florbildung», «Randabschlüsse» und «Applikationstechniken». Völlig neu aufgenommen wurden die Verfahren «Zwirnflechten», «Zwirnspalten» und «Fingerweben».

Es ist zu erwarten, dass auch in Zukunft «neue» Techniken entdeckt werden. Auch die bereits bekannten Verfahren sind noch längst nicht alle erforscht oder in systematischer Hinsicht ausgebaut.

Die fremdsprachigen Bezeichnungen wurden nach Möglichkeit ergänzt, wobei das Fehlen zahlreicher adäquater Termini im Französischen besonders schmerzhaft zu vermerken ist[2].

---

[1] Eine neutrale Beurteilung beider Systeme findet sich bei Balfet und Desrosiers (1987:207ff.) und Larsen (1986:34–36), während Rowe Emery's Systematik als «far superior to anything else available» (1984:53, Fussnote 2:68) beurteilt.

[2] Offensichtlich eignen sich romanische Sprachen besonders schlecht für eine textile Terminologie. Nach wie vor konzentrieren sich die Vokabularien des Centre International d'Etude des Textiles Anciens (CIETA) in Lyon, die in zehn Sprachen übersetzt worden sind (Deutsch, Englisch, Dänisch, Spanisch, Finnisch, Isländisch, Italienisch, Norwegisch, Portugiesisch und Schwedisch) auf höhere stoffbildende Techniken, vor allem auf die Weberei, die nur einen kleinen Teil der gesamten Textiltechniken ausmacht. Für die primären Verfahren hat sich im Portugiesischen Ribeiro (1988 u.a.) eingesetzt, während im Spanischen eine definitive Terminologie vorhanden noch fehlt (Ann Rowe ist dabei, in Zusammenarbeit mit peruanischen Kollegen, ein spanisch-englisches Textilvokabular auszuarbeiten, mdl. Mitt. 1988).

Neu hinzugefügt wurden bei einigen Techniken Bemerkungen zur Notation und zu theoretischen Aspekten, da gewisse Textilverfahren und -strukturen auffällige Gesetzmässigkeiten aufweisen, die mathematisch angegangen werden können[3].

Jedenfalls ist es durchaus denkbar, dass ein solcher Ansatz auch zur Lösung systematischer Probleme (besonders bei den Knoten sowie den Kordel-, Schlauch- und Zopfgeflechten und den zusammengesetzten Gewebebindungen) beitragen kann[4].

Das Literaturverzeichnis wurde auf den neuesten Stand gebracht, wobei auch ältere Werke, die früher nicht berücksichtigt worden waren, Eingang fanden. Es ist allerdings beinahe unmöglich, die gesamte Textilliteratur der Welt zu erfassen. Das Verzeichnis erhebt also keineswegs Anspruch auf Vollständigkeit.

Zur besseren Verarbeitung der Literatur durch den Leser wurde diese nach verschiedenen Gesichtspunkten aufgeschlüsselt. Nicht oder nur am Rande berücksichtigt wurden rein kunsthistorische Arbeiten, die hauptsächlich stilistische und nicht technologische Fragen behandeln. Ebenso wurden Artikel in Fachzeitschriften für Arbeits- und Werklehrer/innen ausgeklammert, es sei denn, es handle sich um wissenschaftliche Arbeiten[5]. Anleitungen zur Anfertigung von Textilien (Arbeitsanleitungen) wurden nur dann aufgenommen, wenn sie Teil einer weiterführenden Arbeit waren[6]. Ebenfalls weggelassen wurden ausgesprochene Teppichbücher oder Teppich-Zeitschriften[7], da die Teppichforschung innerhalb der Textilwissenschaft einen eigenen Forschungszweig darstellt, was im Rahmen dieser Übersicht zu weit führt.

Als Ergänzung zum technischen Teil – und als Brückenschlag zu den «Strukturalisten» in Washington – sei der Anhang gedacht, der nach Strukturen bzw. Bindungsformen geordnet ist, zu denen jeweils die entsprechenden Möglichkeiten der Herstellung und Hinweise auf etwaige Unterscheidungsmerkmale stichwortartig beigefügt wurden. Schliesslich soll ein Register den Zugriff auf verschiedene Techniken und Strukturen sowie auf fremdsprachige Bezeichnungen erleichtern.

An dieser Stelle möchte ich all jenen danken, die am Zustandekommen dieser Neuauflage mitgewirkt haben. Mein ganz besonderer Dank gilt Herrn Stefan Bürer, der mir in jeder Weise behilflich war. Er schleppte nicht nur sämtliche Textilliteratur an, die er vor-sichtete und bibliographierte, sondern äusserte sich auch kritisch zu theoretischen und systematischen Problemen. Die Diskussionen, die wir gemeinsam führten, trugen sicher viel zu deren Klärung bei. Nicht zuletzt erstellte er auch das Manuskript im Computersatz. Eine solche Arbeitsteilung wäre in seiner Anstellungszeit als Assistent am Museum für Völkerkunde Basel nie möglich gewesen. Um so mehr bin ich denn auch der Freiwilligen Akademischen Gesellschaft Basel zu Dank verpflichtet, welche durch ihre grosszügige Unterstützung ein zusätzliches Assistenzjahr finanzierte.

Danken möchte ich auch den Kollegen, die in Gesprächen oder im Briefwechsel zu meinen Fragen Stellung nahmen und mich auf weitere Literatur hinwiesen, so Prof. Dr. Christoph Im Hof (Mathematisches Institut der Universität Basel), Dr. Renée Boser-Sarivaxévannis, Dr. Marie-Louise Nabholz-Kartaschoff, Dr. Christian Kaufmann (alle Museum für Völkerkunde Basel), lic. phil. Annemarie Kaufmann-Heinimann (Basel), Dr. Junius Bird (American Museum of Natural History, New York), Irene Emery und Dr. Ann Rowe (Textile Museum Washington), Dr. Marianne Cardale-Schrimpff (Bogotá), lic. phil. Markus Reindel (Bonn), Dr. Berta Ribeiro (Museo Nacional, Rio de Janeiro), Dr. Peter Collingwood (England), Claudia Gaillard (Sängglen). Grosses Verdienst hat auch Susanne Gisin (Museum für Völkerkunde Basel), die mit äusserster Sorgfalt alte und neue Diagramme zeichnete und alle Techniken mit mir durchdiskutierte. Für die sorgfältige Durch-

---

[3] cf. Seiler-Baldinger 1971, 1981, Frame 1984, Gibson 1977, Nordland 1961, Washburn/Crowe 1988 und Praeger 1986

[4] Nicht-mathematische Ansätze zur Klassifizierung von Zopf-, Kordel- und Schlauchflechten finden sich bei Speiser (1983), während Larsen (1986) trotz des vielversprechenden Kapitels «classification of interlacing» dazu kaum Neues oder gar Klärendes beiträgt.

[5] z.B. Schweizerische Arbeitslehrerinnenzeitung (Basel, ab 1917), Textilkunst (Hannover ab 1973), Handwerken zonder Grenzen (Utrecht ab 1982) u.ä.

[6] Weiterführende Hinweise auf solche Bücher finden sich in den entsprechenden Zeitschriften (siehe Fussnote 5), die sich an Praktiker, Schüler, Lehrer usw. richten.

[7] z.B. Hali, the International Journal of Oriental Carpets and Textiles (London ab 1978)

sicht des Manuskriptes danke ich Herrn Prof. Dr. Meinhard Schuster, Frau stud. phil. Irene Reynolds und Frau stud. phil. Brigitt Kuhn (alle Universität Basel).

Diese erweiterte und überarbeitete Neuauflage sei schliesslich auch als Dank für meinen ehemaligen Lehrer, Prof. Dr. Alfred Bühler, verstanden, dessen geistiges Legat ich weiterführen durfte.

Basel, im Sommer 1990

Annemarie Seiler-Baldinger

5

Die Techniken der Fadenbildung

Die Elemente oder Ausgangsmaterialien zur mechanischen Herstellung eines Stoffes werden als Faden (Fäden) bezeichnet. Sie können hinsichtlich Material, Aussehen, Stärke, Elastizität und Feinheit sehr verschiedenartig sein.

Yabarana-Frau beim Zwirnen von Baumwollgarn (Majagua, T. F. Amazonas, Venezuela).

Herstellung von Fäden

Geringe Verarbeitung des Rohmaterials

Denkbar einfache Fadenformen sind Produkte des Pflanzen- oder Tierreiches, die nur eine minimale Verarbeitung benötigen, um zur Stoffbildung verwendet zu werden. Die Hauptarbeit besteht im Sammeln, Reinigen, Zerschleissen, Spalten und Zerschneiden des Materials (wie z. B. bei Wurzeln, Blättern und Stengeln), im Ausziehen von Fasern aus Stengeln und Blättern, im Zerschneiden von Haut, Leder und Metallfolien. Die auf solche Weise erhaltenen Fäden sind im Gegensatz zu den folgenden Formen immer ziemlich kurz und können daher nicht für alle Techniken der Stoffbildung gebraucht werden. Fäden dieser Art können in sich verdrillt, nicht aber aus ineinander gedrehten Teilen zusammengesetzt sein.

Abhaspeln von Fäden erheblicher Länge

Diese Methode kommt nur in Frage für die Gewinnung von gewissen Seiden, vor allem für die echte (chinesische) Seide, wobei man den Faden in seiner ganzen Länge vom Kokon abwindet.

Verknüpfen kurzer Elemente

Blatteile, Stengel oder Bastfasern werden miteinander verknüpft, so z. B. Bambusstreifen, Bananen- oder Palmblattbast. Nach dem Verknüpfen können solche Fäden gedreht bzw. verdrillt werden.

Ziehen von Metallfäden

Das Ziehen von Draht ist ein besonderes, nur nebenbei auch zur Herstellung von Fäden dienendes Verfahren der Metalltechnik.

Drillen

Fasern gleicher oder verschiedener Herkunft werden zwischen den Händen oder auf einer Unterlage, z. B. auf dem Oberschenkel oder der Wade, ineinander verdreht, wobei man an den begonnenen Faden immer neues Material ansetzt. Diese Methode ist besonders für langfaserigen Stengel-, Rinden- und Blattbast geeignet.

Andere Bezeichnungen:
Twisting together two or more filaments (Emery 1966:8)

Spinnen

Das Verdrillen der einzelnen Fasern geschieht hier nur noch zum Teil direkt mit der Hand, zum anderen Teil mit Hilfe besonderer Geräte wie Handspindeln oder Spinnräder, auf die man die Drehbewegung überträgt und sie dabei zugleich verstärkt. Solche Verfahren eignen sich besonders für die Herstellung von Fäden aus kurzen Fasern oder Haaren, wie z. B. Wolle, Baumwolle, Flachs, Hanf und nicht abhaspelbaren Seidenkokons oder Teilen derselben. Im einzelnen bestehen mannigfaltige Übergänge vom Drillen zum Spinnen und zahlreiche Formen der Art und Anwendung von Spinngeräten.

Andere Bezeichnungen:
Single spun (Emery 1966:9)
Filage, Filature (Geijer/Hald 1974:80)
Spinning, Spinna (Geijer/Hald 1974:80)
Fiação (Ribeiro 1988:91)

Verstärken und Verzieren von Fäden

Diese Formen der Fadenbildung dienen einerseits zur Herstellung von stärkerem und dickerem Material, als es durch Drillen oder Spinnen möglich ist, andererseits aber auch zur Verzierung von Fäden.

Zwirnen

Zwei oder mehr Fäden werden entgegen der zum Drillen üblichen Richtung miteinander verzwirnt. Das Verfahren kann wiederholt werden (Einfach- oder Mehrfachzwirn), und es kann von Hand oder mittels Hilfgeräten (Zwirnspindel, Lehre, Seilerrad) ausgeführt werden (siehe Drehrichtung s. unten).

Andere Bezeichnungen:
Plying (Emery 1966:10)
Tvinna (Geijer/Hald 1974:88)
Retordre, mouliner (Geijer/Hald 1974:88)
Retorcido conjunto simple/multiple (Mirambell/Martínez 1986)

Jaspieren

Verschiedenfarbige Fäden werden miteinander verzwirnt. Werden solche Fäden verwoben, ergibt das im fertigen Stoff einen «ikatartigen» Effekt (siehe Ikat S. 151, 156).

Gimpen

Ein als «Seele» bezeichneter Faden wird mit beliebigem, oft sehr feinem Material umwickelt. Oft wechselt man stellenweise die Farbe desselben. Auch gezogene Metallfäden (Gold, Silber) werden häufig als Gimpe verwendet.

Andere Bezeichnungen:
Winding, Whipping (Sylvan 1941:102)
Filé (Geijer/Hald 1974:81)
Spunnen metalltråd (Geijer/Hald 1974:81)

Flechten

Drei oder mehr Fäden werden zu Zöpfen oder Kordeln geflochten. Es handelt sich hier, wie beim Häkeln und Stricken, um Sonderformen einer stoffbildenden Technik (siehe Flechten S. 47).

Häkeln und Stricken

Solide, elastische Fäden können durch Häkeln von Luftmaschen oder durch Stricken von dünnen Schnüren hergestellt werden. Es ist möglich, sie nur mit den Fingern anzufertigen; meistens aber benützt man dazu Nadeln, Stifte oder Gabeln (siehe Häkeln, S. 31 und Stricken, S. 33).

Drehrichtung und Drehwinkel

Drehrichtung

Für gedrillte, gesponnene und gezwirnte Fäden ist die Drehrichtung der Fasern bzw. der Einzelfäden wichtig. Man unterscheidet S- und Z-Drehung je nachdem, ob im senkrecht gehaltenen Faden die vorne liegenden Fasern parallel zum schräglaufenden Teil des einen oder anderen Buchstabens verlaufen. Es werden dafür folgende Zeichen verwendet:

Einzelfaden:
S-Drehung der Fasern oder Haare \
Z-Drehung der Fasern oder Haare /
Zwirn aus zwei Fäden:
S-verdrillt oder gesponnen, Z-verzwirnt ∨
Z-verdrillt oder gesponnen, S-verzwirnt ∧
Für Zwirne aus mehr als zwei Einheiten werden die entsprechenden Zahlen zum Zeichen gesetzt, so z.B. ⅋, Zwirn aus drei Fäden S-verdrillt, Z-verzwirnt.

Die Drehrichtung ergibt sich aus der Arbeitsweise beim Drillen bzw. Spinnen und Zwirnen. Dreht man beim Drillen auf dem Oberschenkel die Fasern mit der rechten Hand vom Körper weg zum Knie hin ineinander, so erhält man einen S-gedrillten Faden, in umgekehrter Richtung ergibt sich eine Z-Drehung.

Beim Spinnen wird der Faden Z-gedreht, wenn die Spindel im Uhrzeigersinn angetrieben und in der Gegenrichtung vorgezupft wird; dagegen S-gedreht, wenn die Vorgänge vertauscht werden.

Abb. 1: Drehrichtung S und Z

Andere Bezeichnungen:
Direction of twist: S or Z spun or twist (Geijer/Hald 1974:82,101)
Torsion: tors, tordu S ou Z (Geijer/Hald 1974:82, 101)
Snodd: Z-(S-)spunnet, tvinnet (Geijer/Hald 1974: 82,101)
Z- og S-spinding/tvinding (Bender-Jørgensen 1986:13)
Torção em Z/S (Ribeiro 1988:93)

Drehwinkel

Ebenfalls von Bedeutung für vergleichende technische Studien ist der Drehwinkel. Bei einfach gesponnenen oder gedrillten Fäden entspricht er dem spitzen Winkel zwischen der Längsachse des Fadens und der Schrägachse der Fasern, bei Zwirnen dem durch die Lage der einzelnen Fäden zueinander gebildeten Winkel.

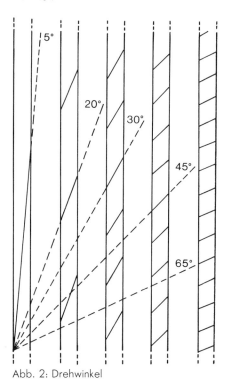

Abb. 2: Drehwinkel

Andere Bezeichnung:
Tightness or Angle of twist (Emery 1966:11)

Literatur zur Fadenbildung: siehe Seite 167f.

Die Techniken der Stoffbildung

Als Stoffe werden hier sämtliche Produkte textiler Techniken betrachtet, die aus untereinander rein mechanisch verbundenen Grundbestandteilen (Faden oder Fadengruppen) bestehen. Feinheit und Beschaffenheit der Elemente (Fäden) sind dabei von sekundärer Bedeutung. Die Art des Fadenverlaufs im Stoff, z.B. die Verkreuzung von Fäden oder Fadenteilen, bezeichnet man als Bindung. Herstellungsverfahren und Bindungsformen bilden die Grundlagen der hier dargelegten Systematik der Stoffbildung.

Grundsätzlich unterscheiden wir zunächst zwischen primären, das heisst ohne Hilfsmittel oder mit einfachsten Geräten auskommenden Verfahren, und höheren Techniken, die immer Gerätschaften voraussetzen und in ihrer Gesamtheit die Weberei und deren technische Vorstufen umfassen. Die zweite Gruppe ist technisch gesehen einheitlicher als diejenige der primären Verfahren.

Eine starre Gliederung oder eindeutige Zuweisung in scharf umgrenzte Gruppen wird vielfach durch Übergänge zwischen den einzelnen Verfahren verunmöglicht. Zudem zeigt sich, dass die technische Entwicklung von primären zu höheren Techniken, selbst rein theoretisch betrachtet, nicht einer einzigen kontinuierlichen Linie folgt. Die vom Menschen erprobten Möglichkeiten führen in ihrer Vielseitigkeit oft auf Seitenzweige und zu Sonderformen, die keinen weiteren Ausbau erlauben. Andererseits bleiben wiederum viele theoretisch mögliche Variationen ungenutzt.

Aus den oben erwähnten massgeblichen Gesichtspunkten ergeben sich für die Systematik nicht zu umgehende Überschneidungen. So bedingen sie vor allem innerhalb der Hauptgruppen von Verfahren eine Wiederholung gleicher Bindungstypen. Massgebend ist eben in solchen Fällen die Art der Herstellung.

Seidenbrokat mit gegimpten Gold- und Silberfäden, Mogulenmantel, 17. Jh., Hyderabad, Indien (IIa 2682).

11

Primäre stoffbildende Techniken

Verfahren dieser Art muss man von technischen (nicht von historischen) Gesichtspunkten her vor der Weberei einordnen. Ihre Herstellung kann völlig von Hand oder mit allereinfachsten Geräten erfolgen. Die primären Textilien umfassen Maschenstoffe und Geflechte.

Geknoteter Mumienturban aus Alpaca, Paracas-Necropolis-Kultur (500 v. Chr.), Südküste, Peru (IVc 9968).

Stoffbildung mit einem fortlaufenden Faden: Maschenstoffbildung

Der Stoff wird mit Hilfe eines einzigen (zumindest theoretisch) fortlaufenden Fadens gebildet, den man in bestimmten und sich immer wiederholenden Führungen zu Maschen verarbeitet. Der Faden kann dabei von endlicher oder unendlicher Länge sein, was sich auf die Arbeitsweise und auf die Struktur des Stoffes entsprechend auswirkt. Da Maschen die Bindungselemente der einfädigen Stoffe darstellen, bezeichnet man diese als Maschenstoffe.

Definition Masche:
Die Masche beinhaltet den Fadenverlauf bis zu seiner Wiederholung in einer Tour oder Reihe bzw. bis zu seiner Deckungsgleichheit unter

Berücksichtigung des Verhältnisses zu den benachbarten Touren oder Reihen (=Rapport).
Die Zeichen «+» und «–» im Fadenverlauf bedeuten, dass der Faden über (+) oder unter (–) einem Fadenteil durchführt.

Definition Tour und Reihe:
Im Unterschied zur Reihe, die hin und her gearbeitet wird, besteht die Tour aus einer zirkulär gearbeiteten linearen periodischen Maschenfolge.
Allen Verfahren gemeinsam ist, dass man sie auf drei Arten ausführen kann: umkehrend, also mit dem Faden hin- und herarbeitend, spiralförmig und zirkulär.

Maschenstoffbildung mit fortlaufendem Faden von begrenzter Länge

Zur Maschenbildung wird hier mit dem Fadenende voran gearbeitet, wobei jeweils der Faden ganz durch die neugebildete Masche gezogen werden muss. Er darf deshalb nur eine begrenzte Länge haben, und im Laufe der Arbeit muss er ständig angesetzt werden. Nur wenn es die Maschenweite gestattet, kann man auch längeren Faden verwenden, der dann meistens auf Netznadeln gewunden wird. Ferner braucht man für feine Stoffe und besonders für komplizierte Bindungen Öhrnadeln als Hilfsgeräte. Häufig werden auch zur gleichmässigen Maschenbildung Blattstreifen oder Brettchen als Maschenmasse verwendet, und behelfsmässige Rahmen dienen bei der Herstellung von grösseren Objekten oft zur Erleichterung des Arbeitsanfanges. Vielfach wird jedoch nur mit den Fingern gearbeitet.
Wir unterscheiden drei Hauptgruppen der Maschenstoffbildung mit endlichem Faden:
1. Einhängen
2. Verschlingen
3. Verknoten

Einhängen
1. Einfaches Einhängen

Der Anfang des Fadens wird entsprechend der Breite oder Länge des gewünschten Stoffes ausgespannt und mit der Fadenfortsetzung lose umwickelt, so dass er in regelmässigen Bogen, also in Maschen von denkbar einfachster Form, herunterhängt. In die tiefste Stelle der Bogen (Vertikalachsen A und B) hängt man den folgenden Fadenzug ein und fährt in dieser Weise fort. So entsteht ein netzartiger, sehr elastischer Stoff mit länglich rautenförmigen Maschen.
Statt waagrecht kann man auch senkrecht einhängen. Diese Form steht technisch dem Sanduhrverschlingen und dessen eingehängten Varianten besonders nahe (s. S. 21ff.).

Notation und theoretische Überlegungen:
Der Faden führt über 2 Einhängestellen von $A_1–A^I$ und unter 2 Einhängestellen (von $A^I–A_2$) durch, was sich abgekürzt als 2/2 notieren lässt, wobei / die Vertikalachse oder Scheitelachse bezeichnet (Abb. 3a–b).

Weitere mögliche Fadenführungen wären 11/11 (Abb. 3c), 2/11 und 11/2 (Abb. 3d). Die beiden letzteren kommen jedoch in der Praxis so gut wie nie vor, weil ein solcher, zu den Vertikalachsen asymmetrischer Fadenverlauf den gleichmässigen Bewegungsablauf bei der Herstellung erheblich stören würde.

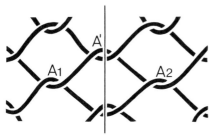

Abb. 3a: Fadenverlauf einer Masche beim einfachen Einhängen 2/2

Abb. 3b: Einfaches Einhängen

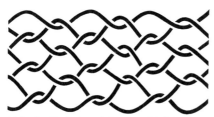

Abb. 3c: Einfaches Einhängen 11/11

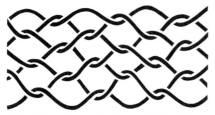

Abb. 3d: Einfaches Einhängen 2/11-11/2

Andere Bezeichnungen:
Einfache Schlingentechnik (Feick 1917:542)
Spires enfilées les unes dans les autres (D'Harcourt 1934:87)
Needle coiling, plaiting (Siewertsz v. Reesema 1926:63)
Spiralling (Singer 1935:9)
Simple interlacing (Dickey 1964:25)
Simple linking, spiral interlinking (Emery 1966:30, 60)
Mesh technique (Cardale-Schrimpff 1972:87)
Inhangen (Keppel 1984:30)
Reticolo (Mariotti 1982:28)
Acoplamento simple (Ribeiro 1986c:353)
Red sin nudo (Mora de Jaramillo 1974:34)
Enganchar (Vreeland/Muelle 1977:11)

2. Einhängen mit Einlage

Nach Beendigung einer Maschenreihe wird der Faden jeweils unter dieser hindurch zurückgeführt, bevor man mit den neuen Maschen beginnt – oder man spannt vor der Maschenbildung den Faden aus und umwickelt ihn mit dessen Fortsetzung.

Wird die Einlage nicht durch den fortlaufenden, sondern durch einen anderen Faden – oder gar durch ein Fadensystem – gebildet, so gehört das Verfahren in die Gruppe der Geflechte oder Kettenstoffe (s. S. 42, 69). Dasselbe gilt auch für alle anderen Maschenstoffverfahren.

Abb. 4: Einhängen mit Einlage

3. Mehrfaches Einhängen

Formen von doppeltem oder mehrfachem Einhängen entstehen, wenn man den Faden nach der ersten Reihe nicht einfach einhängt, sondern ein- oder mehrmals um die Masche der vorhergehenden Reihe wickelt. Dadurch erhöht sich die Festigkeit des Stoffes.

Theoretische Überlegungen:
Man könnte das mehrfache Einhängen auch als Einhängen mit Überspringen von Maschen betrachten.

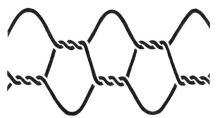

Abb. 5: Dreifaches Einhängen

Andere Bezeichnungen:
Link and twist, twisted link, interlinking with an added
    twist (Emery 1966:9, 62)
Enganchar y torcer (Vreeland/Muelle 1977:11)

4. Einhängen mit Überspringen von Reihen

Das Einhängen mit Überspringen von Reihen ist aus einem fortgesetzten Überspringen von Maschen ableitbar, wobei aber die von der Nachbarreihe übersprungenen Maschen alle durch die übernächste oder eine beliebig weit entfernte Reihe fixiert werden. Durch das Überspringen von Reihen entstehen an Flechterei und Sprang (s. S. 48, 60f.) erinnernde Fadenverkreuzungen. In diesem Verfahren hergestellte Stoffe sind quer zur Maschenrichtung ausserordentlich dehnbar und haben gegenüber dem einfachen Einhängen den Vorteil grösserer Dichte (Abb. 6).

Notation und theoretische Überlegungen:
Wir unterscheiden Überspringen von einer (Abb. 6a), zwei (Abb. 6b), drei, vier (Abb. 7), fünf, bis n Reihen. Eine Masche besteht also aus drei Einhängestellen und 1–n Fadenverkreuzungen. Die Möglichkeiten (M) der Fadenführung nehmen entsprechend mit der Zahl der übersprungenen Reihen (Fadenverkreuzungen) zu, und zwar in Form einer geometrischen Reihe.

Da in den Einhängestellen sich die Fadenverkreuzungen gegenseitig bedingen, ergibt sich dort nur eine Möglichkeit der Fadenführung, während sie bei den übersprungenen Reihen zwei beträgt: bis zum halben Maschenrapport $A_1–A^I$ ist $M = 2^{n+1}$, im ganzen Rapport von $A_1–A_2$ ist $M = 2^{2(n+1)}$.

Für jeden Typus des Einhängens mit Überspringen von Reihen lassen sich also die Möglichkeiten der Fadenführung exakt berechnen. Sie sind determiniert durch die Zahl der übersprungenen Reihen (n; in unserem Beispiel $n = 4$) und der Einhängestellen (A_1, A^I, A_2 bzw. B_1, B^I, B_2). Beim Überspringen von n Reihen beträgt sie per Maschenrapport ($A_1–A_2$ oder $B_1–B_2$) $M = 2^{2(n+1)}$, in unserem Beispiel (Abb. 7a–b) folglich $2^{2(4+1)} = 2^{10} = 1024$ Möglichkeiten.

Die Notation des Fadenverlaufes ergibt in unserem Beispiel, analog zum einfachen Einhängen, für Abb. 6b Einhängen mit Überspringen von Reihen $2^{22/22}$ (oder 2:22/22) und für Abb. 7a Einhängen mit Überspringen von Reihen $4^{33/33}$ (oder 4:33/33) und besagt, dass der Faden zwischen den Einhängestellen A^I und A^I unter (–) 3, über (+) 3 Fäden (oder umgekehrt), bis zur Scheitelachse AB^I verläuft und wiederum gleich von BA^I (bzw. $A^I–A_2$). Die A-Maschen (Maschenrapport = $A_1–A_2$) unterscheiden sich dabei von den B-Maschen (Maschenrapport = $B_1–B_2$) lediglich durch die Umkehrung der Vorzeichen (Abb. 7b).

Analog wie beim einfachen Einhängen werden auch bei diesem Verfahren nur die zu den vertikalen Maschenachsen symmetrischen Varianten genutzt. Diese entsprechen logischerweise der Anzahl Möglichkeiten in einem halben Maschenrapport ($A_1–A^I$ bzw. $B_1–B^I$), also $M = 2^{n+1}$, in unserem Beispiel $M = 2^5 = 32$ axialsymmetrischen Varianten.

Abb. 6a: Einhängen mit Überspringen einer Reihe
    1:3/3

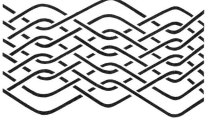

Abb. 6b: Einhängen mit Überspringen von Reihen
    2:22/22

Da sich durch die axialsymmetrische Fadenführung in den A- und den B-Maschen dieselben gegenseitig modifizieren (d.h. ¼ des A-Maschenrapportes modifiziert ¼ des B-Maschenrapportes), entsprechen sich die Quadranten folgendermassen: $1A = 4B$, $2A = 3B$, $3A = 2B$, $4A = 1B$ (Abb. 7b).

Dadurch werden die Möglichkeiten der Fadenführung nochmals reduziert, und zwar auf $2^{(n/2)+1}$, in unserem Beispiel auf $2^3 = 8$. Ähnliche Reduktionen finden sich auch bei komplexen Formen des verhängten Verschlingens (s. S. 20). Welche von diesen aus praktischen Gründen eingeschränkten Varianten gewählt

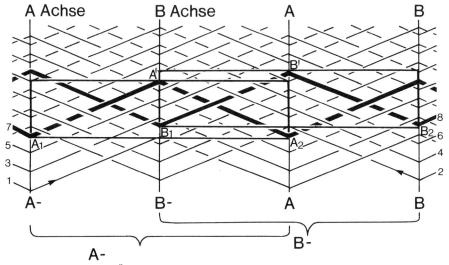

Abb. 7a: Einhängen mit Überspringen von Reihen 4:33/33

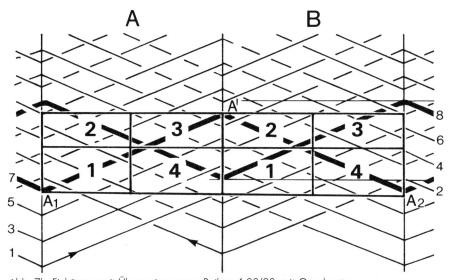

Abb. 7b: Einhängen mit Überspringen von Reihen 4:33/33, mit Quadranten

wird, hängt dann von der Arbeitsweise, d.h. vom kulturellen Hintergrund der Hersteller ab. Bei der Herstellung kommen bei fortlaufender Zählung der Reihen die Maschen der ungeraden Reihen (also 1, 3, 5 usw.) übereinander zu liegen (A-Maschenbögen, im Fadenverlauf A_1 A_2) und, leicht nach oben verschoben dazu, die Maschen der geraden Reihen (also Reihen 2, 4, 6, usw., B-Maschenbögen, im Fadenverlauf B_1 B_2). Im fertigen Stoff wechseln also die A- und B-Maschen mit einander leicht gestaffelt ab (s. Abb. 7).

Andere Bezeichnungen:
Linking with skipping of rows (Seiler-Baldinger 1979:6)
Enmallado, urdido (Littlefield 1976:97)
Acoplamento com malha saltado (Ribeiro 1986c:353)

Verschlingen

In allen Verfahren dieser Art bildet man mit dem Faden Maschen in Schlingen- oder Schlaufenform, wobei man auch hier die erste Maschenreihe in einen ausgespannten Faden oder Stock hängt. Grobe Stoffe stellt man mit den Fingern her, manchmal benutzt man dabei ein Maschenmass als Hilfe. Für feine Formen, so z.B. für die sogenannten Nadelspitzen, braucht man Öhrnadeln. Je nach der Maschengrösse und der Feinheit des Fadenmaterials erhält man Stoffe von ganz verschiedenartigem Aussehen und wechselnder Dehnbarkeit.

Vom Verschlingen kennt man zahlreiche Variationen, die sich grundsätzlich unterscheiden nach:

– *der Form der Grundmasche selbst, die aus einer einfachen, einer mehrfachen oder aus einer doppelschlaufigen Schlinge bestehen kann. Im letzten Fall ist diese wiederum mehrfach möglich,*
– *dem Verhältnis zu den benachbarten Maschen, z.B. durch seitliches Miteinanderverhängen (verhängtes Verschlingen), wobei auch ein Überspringen von Maschen möglich ist,*
– *dem Verhältnis zu den benachbarten Touren oder Reihen durch Einhängen des fortlaufenden Fadens in den Maschenbogen der vorausgehenden Tour, wobei auch wiederum Reihen (Touren) übersprungen werden kön-*

nen, durch Durchstechen in oder Umfassen der Maschen der Nachbarreihe (durchstechendes oder umfassendes Verschlingen).

Weitere Formen ergeben sich, wenn man nach Vollendung einer Reihe den Faden zurückführt und ihn mit den Schlingen der nächsten Tour umfasst (Verschlingen mit Einlage, Abb. 8). Werden dazu zwei Fadensysteme verwendet, so handelt es sich um Flechten (s. S. 43).

Zur Herstellung farbiger Muster färbt man Teile des fortlaufenden Fadens während der Arbeit, setzt jeweils andersfarbige Teile an oder verwendet nach Bedarf und gleichzeitig mehrere Fäden verschiedener Farben nebeneinander, wobei man die gerade nicht benötigten Fäden oft versteckt als Einlage mitführt (Abb. 8, Verschlingen mit Einlage)

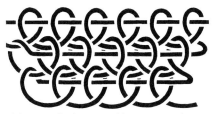

Abb. 8: Einfaches Verschlingen mit Einlage

Andere Bezeichnungen:
Point de Venise (D'Harcourt 1934:89)
Buttonhole over a thread (Bird/Bellinger 1954:100)
Simple loop over transverse yarns (Dickey 1964:14)
Enlace simple com embutimento (Ribeiro 1986c:365)

– *die Maschenformen (bei Einhängen des Fadens der nächsten Tour bzw. Reihe in die Maschenbögen der vorausgehenden Tour oder Reihe ohne seitliches Verhängen der Maschen).*

1. Einfaches Verschlingen

Diese Grundform unterscheidet sich vom Einhängen dadurch, dass der Faden jeweils nach dem Einhängen in einen Maschenbogen der vorhergehenden Reihe in einer Schlinge mit sich selbst in S- oder Z-Richtung verkreuzt wird (Abb. 9 a–b).

Arbeitet man dabei zirkulär, also in Touren, oder hin und her in Reihen, aber mit Umkehren des Werkstückes, so sind beide Seiten identisch und weisen dieselbe Schlingenverkreuzung auf. Beim Hin- und Herarbeiten in Reihen ohne Umkehren des Werkstückes hingegen zeigt eine Tour S-, die andere Z-kreuzige Schlingen, wobei wiederum beide Seiten identisch sind. Es lassen sich je nach Maschenweite sehr feste oder sehr elastische Stoffe herstellen.

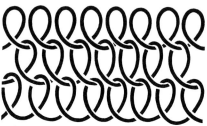

Abb. 9a: Einfaches Verschlingen S-kreuzig

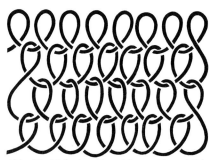

Abb. 9b: Einfaches Verschlingen Z- und S-kreuzig

Andere Bezeichnungen:
Gewöhnlicher Tüllstich (De Dillmont 1902:483)
Einfache Schlingentechnik (Radin 1906:936)
Point de tulle simple (D'Harcourt 1934:88)
Vannerie spiralée à une seule nappe (Leroi-Gourhan 1943:288)
Most primitive style of coiled netting (Mason 1890:264)
Coiled without foundation (Mason 1902:532)
Simple loop (Davidson 1935:120)
Plain looping (Miner 1935/36:182)
Half-hitch loop (Engel 1963:38)
Simple looping, buttonhole looping (Emery 1966:31)
Plain coiling (Weitlaner-Johnson 1966/67:196)
Simple knotless netting (Cardale-Schrimpff 1972:172)
Inhanged lussen (Keppel 1984:30)
Enlazado sencillo (Weitlaner-Johnson 1977:93)
Red de lazos (Alfaro Giner 1984:149)
Enlazado simple (Rolandi 1971:89)
Enlaze simple (Ulloa 1985:16)
Cestería en espiral sin armazón (Mora de Jaramillo 1974:342)
Enlace simple (Ribeiro 1986c:353)

2. Doppelschlaufiges Verschlingen

Statt einer einzigen Schlaufe, wie beim einfachen Verschlingen, werden deren zwei in entgegengesetzter Richtung gebildet. Das Verfahren kommt praktisch so nie stoffbildend vor. Dies ist nur beim Verhängen mit den Nachbarmaschen der Fall (Abb. 13).

Das Verfahren ist ferner theoretisch interessant, weil seine mehrfach verhängten Varianten mit denjenigen des eingehängten Sanduhrverschlingens zusammenfallen. Die Schlaufen können alle S- oder Z-kreuzig sein oder abwechselnd S- und Z-kreuzig (Abb. 10a–c).

Abb. 10a: Doppelschlaufiges Verschlingen S-kreuzig

Abb. 10b: Doppelschlaufiges Verschlingen Z-kreuzig

Abb. 10c: Doppelschlaufiges Verschlingen Z- und S-kreuzig

Andere Bezeichnungen:
Einfacher russischer Stich (De Dillmont 1902:606)
Fagoting (Birrell 1959:315)

3. Mehrfaches Verschlingen

Nachdem der Faden um einen freien Maschenteil der vorhergehenden Reihe geschlungen worden ist, umwickelt er im Abstieg den aufsteigenden Teil der neugebildeten Masche zweimal (Abb. 11a) oder mehrmals, was zu zweifachem bzw. mehrfachem Verschlingen führt (Abb. 11b). Es lassen sich sowohl einfache als auch doppelschlaufige Formen mehrfach verschlingen (Abb. 11c).

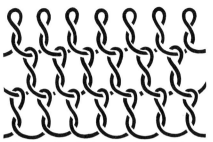

Abb. 11a: Zweifaches Verschlingen S-kreuzig

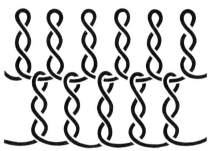

Abb. 11b: Dreifaches Verschlingen S-kreuzig

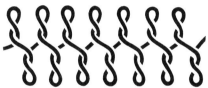

Abb. 11c: Zweifaches doppelschlaufiges
Verschlingen S-kreuzig

Andere Bezeichnungen:
Point de tulle compliqué (D'Harcourt 1934:88)
Loop and twist(s) (Davidson 1935:122)
Loop and double, triple, quadruple ... twist (Singer
   1935:13)
Twisted looping (Miner 1935/36:182)
Lace stitch (Hald 1950:289)
Buttonhole plain (Bird/Bellinger 1954:100)
Twisted half-hitch looping (Birrell 1959:316)
Twisted loop (Engel 1963:38)
Loop and twist, twisted buttonhole stitch (Emery
   1966:31)
Full turn looping (Weitlaner-Johnson 1966/67:196)
Técnica de gaza con torsión (Weitlaner-Johnson
   1977:111)
Lazos cerrados con torsión (Nardi 1978:40)
Red de lazos doble (Alfaro Giner 1984:149)

Mehrfaches doppelschlaufiges Verschlingen:
Gedrehter russischer Stich, Säulenstich (De Dillmont
   1902:606f.)
Fagoting (Birrell 1959:315)

Loop and twist(s) in which adjacent units are oriented in opposite directions and introduced into adjacent rows to form a compound loop and twist pattern (Dickey 1964:19)

– *das Verhältnis zu den Nachbarmaschen: Verhängtes Verschlingen:*

4. Einfaches verhängtes Verschlingen

Die einzelnen Schlaufen jeder Reihe werden seitlich miteinander verhängt. Dabei kann eine Schlaufe mit der vorhergehenden, d. h. bei der zweiten Maschenbildung im zweiten Umlauf (Abb. 12a), oder auch mit der übernächsten oder einer weiter entfernten Masche (Abb. 12b–d) verhängt werden, was man auch als Überspringen von Maschen bezeichnen kann.

Abb. 12a: Im zweiten Umlauf verhängtes
Verschlingen

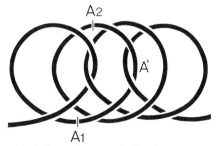

Abb. 12b: Im dritten Umlauf verhängtes Verschlingen
(A_1-A^l-A_2): eintourig (3:212)

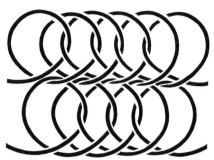

Abb. 12c: Im dritten Umlauf verhängtes Verschlingen: mehrtourig

Abb. 12d: Im sechsten Umlauf verhängtes Verschlingen: (6:2441)

Notation und theoretische Überlegungen: Um komplizierte Formen des verhängten Verschlingens genau beschreiben zu können, ist eine Wiedergabe des Fadenverlaufes in Zahlensymbolen unumgänglich. Analog wie beim Einhängen mit Überspringen von Reihen ist die Fadenführung beim Verhängen im zweiten bis n-ten Umlauf axialsymmetrisch zu den Maschenscheiteln (wiederum mit umgekehrten Vorzeichen). Es genügt also, den Fadenverlauf in der halben Masche anzugeben. So bedeutet verhängtes Verschlingen 3:212 «im 3. Umlauf verhängt mit der Fadenführung ±2∓1±2» (Abb. 12b). Die echten Kreuzungen ändern sich mit entsprechender Umlaufzahl, während die Verhängstellen konstant bleiben. Im n-ten Umlauf betragen die Kreuzungen bis zur Verhängstelle $k_a = n{-}1$, nach der Verhängstelle $k_b = n{-}2$. Die theoretischen Möglichkeiten der Fadenführung betragen entsprechend $M = 2^{k_a + k_b}$; bzw. $2^{(n-1)+(n-2)} = 2^{2n-3}$.

Andere Bezeichnungen:
Geflochtener Türkischer Bogen (Mooi 1977:116)
Cycloidal curling of a single element (Mason 1908:36)
Simple loop interlocking with one loop on all sides (Davidson 1935:120)
Interlocking simple loops (Singer 1935:12)

Interlocked half-hitch looping, circular looping (Birrell 1959:316)
Simple loop interlocking with the second loop on each side (Dickey 1964:17)
Simple interconnected looping (Emery 1966:33)
Zijdelings lussen (Keppel 1984:30)
Nålbindning (Nylén 1969:316)
Enlace interconectado lateral/terminal (Ribeiro 1986c:365)

5. Doppelschlaufiges verhängtes Verschlingen

Das einfache doppelschlaufige Verschlingen kommt prinzipiell nur in seinen verhängten Formen stoffbildend vor. Auch hier können die Schlaufen mit denjenigen der benachbarten oder weiter entfernter Maschen (im zweiten bis n-ten Umlauf) verhängt werden, wobei dies in den beiden Schlaufen entweder gleich (Abb. 13a) oder verschieden gehandhabt werden kann (Abb. 13b). Auch das mehrfache doppelschlaufige Verschlingen kann seitlich verhängt werden. Diese Formen sind jedoch mit denjenigen des mehrfachen verhängten Verschlingens vom Typus «eingehängtes» und «eingehängtes verhängtes Sanduhrverschlingen» identisch (s. S. 23, Abb. 17–18).

Notation und theoretische Überlegungen: Wie bei den bereits erwähnten Verfahren lässt sich der Fadenverlauf des doppelschlaufig verhängten Verschlingens ebenfalls bis zum Maschenscheitel in Zahlen wiedergeben. Abb. 13a gibt also den Typus «im 2. Umlauf verhängt mit Fadenführung −1+2−2+1» wieder, während Abb. 13b dem Typus «im 2. bzw. 3. Umlauf verhängt mit Fadenführung −2+3−2+1» entspricht.

Wenn die Umlaufzahl n in beiden Schlaufen gleich ist, ergeben sich Fadenkreuzungen

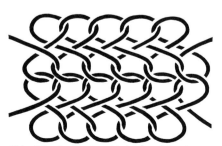

Abb. 13a: Im zweiten Umlauf verhängtes doppelschlaufiges Verschlingen

Abb. 13b: Im zweiten und dritten Umlauf verhängtes
doppelschlaufiges Verschlingen

Abb. 14a: Dreifaches, in der mittleren Drehung
verhängtes Verschlingen

Abb. 14b: Fünffaches, in der vierten Drehung
verhängtes Verschlingen

$K = 4(n-1)$. Die theoretischen Möglichkeiten der Fadenführung betragen folglich $M = 2^{k-1} = 2^{4n-5}$. Wenn die Umlaufzahl der beiden Schlaufen, n_a und n_b, verschieden sind, beträgt die Zahl der Fadenkreuzungen $K = 2(n_a+n_b-2)$ und diejenige der theoretischen Möglichkeiten $M = 2^{2(n_a+n_b)-5}$.
Das Verfahren wurde immer wieder mit dem verhängten Sanduhrverschlingen verwechselt.

Andere Bezeichnungen:
Enges Sanduhrverschlingen (Bühler-Oppenheim 1948:100)
Verhängter Hexenstich (Hinderling 1959:37)
The loop of the units does not interlock (connect), but hangs pendant as simple loop from the preceeding row. Staggered hourglass, the cross-bar extends to lock with the two adjacent units forming a slightly staggered effect (Dickey 1964:24)
Figure eight looping (overlapping and interlaced) (Emery 1966:33)
Enlace interconectado com malha-ampulheta (Ribeiro 1986c:365)

6. Mehrfaches verhängtes Verschlingen

Wie im einfachen kann man auch im mehrfachen Verschlingen seitlich verhängen. Dabei ergeben sich unzählige Variationen, je nach Anzahl der Verhängstellen (Basis, Endschlaufe oder dazwischenliegende Drehungen) und nach der Spannweite des Verhängens (Umlaufzahl), welche entweder überall gleich oder verschieden sein kann (Abb. 14a–b).
Bei den im folgenden nicht gesondert aufgeführten Verfahren muss bei der Beschreibung diesen Faktoren Rechnung getragen werden. Bei Abb. 14a handelt es sich also um ein «dreifaches, in der mittleren Drehung verhängtes Verschlingen» und bei Abb. 14b um ein «fünffaches, in der vierten Drehung verhängtes Verschlingen».

Andere Bezeichnungen:
Loop and twist with an interlocking with adjacent loops. This is merely another variation of the loop and twist technique (Singer 1934:19)
Twisted eight looped = TW/L (Engel 1963:38)

6.1. Sanduhrverschlingen

Das Sanduhrverschlingen ist im Grunde nichts anderes als ein zweifaches, im zweiten Umlauf verhängtes Verschlingen. Es gehört zu den beliebtesten und am weitesten verbreiteten Verfahren des mehrfachen Verschlingens.

Notation und theoretische Überlegungen: Für das Sanduhrverschlingen gibt es nur zwei Möglichkeiten der Fadenführung, nämlich $\pm1\mp2\pm1$ und $\pm1\mp1\pm1\mp1$. Wenn bei der ersten Möglichkeit die Fadenführung -2 gewählt wird, erhält man Z-gerichtete (Abb. 15a), bei

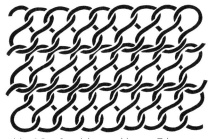

Abb. 15a: Sanduhrverschlingen Z-kreuzig

+2 dagegen S-gerichtete Schlaufen (Abb. 15b), während die Fadenführung 1111 zu einer Fischgrat-Struktur führt (Abb. 15c).

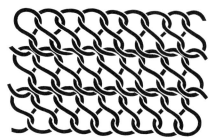

Abb. 15b: Sanduhrverschlingen S-kreuzig

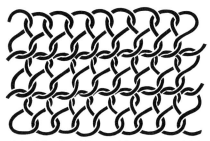

Abb. 15c: Sanduhrverschlingen Z- und S-kreuzig

Andere Bezeichnungen:
Doppelte Schlingtechnik (Radin 1906:931)
Doppelschlingtechnik (von Bayern 1908:145)
Hourglass looping (Birrell 1959:317)
Figure eight stitch (van Reesema 1926:65)
Type III hourglass pattern (Davidson 1935:122)
Type I: the loops of one mesh are directly and simply inserted into the loops of the next mesh (Engel 1963:37)
Double interconnected looping, figure eight or hourglass (Emery 1966:33)
Enlace interconectado com malha-figura de 8 (Ribeiro 1986c:365)

6.2. Verhängtes Sanduhrverschlingen

Verhängt man die Schlaufen des Sanduhrverschlingens mit den übernächsten und folgenden Maschen einer Reihe, entsteht das verhängte Sanduhrverschlingen. Dabei kann wiederum gleich oder verschieden weit verhängt werden. Die Struktur ist derjenigen des doppelschlaufigen verhängten Verschlingens täuschend ähnlich, aber nie mit ihr identisch.

Abb. 16a: Verhängtes Sanduhrverschlingen: gleich weit verhängt 3^{242}

Abb. 16b: Verhängtes Sanduhrverschlingen: gleich weit verhängt 3^{2222}

Abb. 16c: Verhängtes Sanduhrverschlingen: verschieden weit verhängt

Notation und theoretische Überlegungen: Wenn beide Schlaufen gleich weit im n-ten Umlauf verhängt werden, d.h. wenn $n_a = n_b$, beträgt die Zahl der Fadenverkreuzungen $K = 2(2n-3)$, und es gibt $2^{2(2n-3)-1}$ Möglichkeiten der Fadenführung. Sind die Umlaufzahlen in a und b verschieden, ist $K = 2+2(n_a-2)+2(n_b-2) = 2(n_a+n_b-3)$, und die Möglichkeiten der Fadenführung betragen $M = 2^{2(n_a+n_b-3)-1}$.
Die Formel drückt also ebenfalls den Unterschied zwischen doppelschlaufigem verhängtem und verhängtem Sanduhrverschlingen aus.

6.3. Eingehängtes Sanduhrverschlingen

Das eingehängte Sanduhrverschlingen ist ein mehrfaches, in allen Drehungen und in der Endschlaufe gleichmässig verhängtes Verschlingen, wobei die Zahl der Drehungen, n, eine gerade sein muss. In diesem Verfahren hergestellte Stoffe zeigen einen ähnlichen Aspekt wie das einfache Einhängen, d.h. wenn $n => 20$, muss man von einfachem Einhängen sprechen. Je nach Fadenverlauf kann das Maschenbild S- oder Z-kreuzig sein.

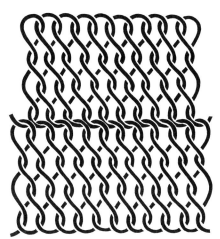

Abb. 17: Zweifach eingehängtes
Sanduhrverschlingen

Notation und theoretische Überlegungen:
Anstatt als «n-fach verhängtes Verschlingen»
werden die Variationen des Verfahrens als «n-
fach eingehängtes Sanduhrverschlingen»
beschrieben, wobei n der Anzahl Einhängestellen zwischen den umkehrenden Maschenbögen entspricht. Unser Beispiel (Abb. 17) lau-
tet also nicht «vierfaches, in allen Drehungen
verhängtes Verschlingen», sondern «zweifach
eingehängtes Sanduhrverschlingen». Die Zahl
der Fadenkreuzungen bei n-fach eingehängtem Sanduhrverschlingen ist $K = 2n$, die Zahl
der Variationsmöglichkeiten $M = 2^{2n-1}$.

Andere Bezeichnungen:
Überlanges Sanduhrverschlingen (Hinderling 1959:36)
Réseau à spires enfilées les unes dans les autres
    (D'Harcourt 1934:87)
Simple looped over bind (Kroeber/Wallace 1954:132)
Enlace de ampulhetas acoplados (Ribeiro 1986d:391)

6.4. Eingehängtes verhängtes
   Sanduhrverschlingen

Wie das gewöhnliche Achterverschlingen kann
auch das eingehängte Sanduhrverschlingen
seitlich verhängt werden, wobei sich die Variationen ergeben aus der Gleichmässigkeit bzw.
Ungleichmässigkeit des Verhängens in Basis-
und Endschlaufe sowie den ebenfalls unter-
schiedlichen Möglichkeiten des Verhängens
der Einhängestellen. Auch hier gilt, dass wir
dann, wenn die Einhängestellen n > 20 sind,
wir vom Einhängen mit Überspringen von Rei-

hen (s. S. 15f.) sprechen müssen, sofern alle
Möglichkeiten des Verhängens gleich gehandhabt werden.

Abb. 18: Zweifach eingehängtes verhängtes
Sanduhrverschlingen

Notation und theoretische Überlegungen:
Theoretisch kann das eingehängte verhängte
Sanduhrverschlingen auch vom mehrfachen
doppelschlaufigen verhängten Verschlingen
abgeleitet werden.
Der Unterschied zwischen einfachem und doppelschlaufigem Verschlingen ist folglich dann
aufgehoben, wenn das vier- und mehrfache
Verschlingen und das zweifache bis n-fache
doppelschlaufige Verschlingen seitlich verhängt werden.
Analog zu den vorausgehenden Verfahren
erhalten wir bei n-fachem eingehängtem, in
n_a und n_b verhängtem Sanduhrverschlingen die
Formel für die Zahl der Fadenkreuzungen
$K = 2(n_a+n_b+n-1)$ und für die Möglichkeiten
der Fadenführung $M = 2^{2(n_a+n_b+n-1)-1}$.

Andere Bezeichnungen:
Eigentliches Achterverschlingen; enges Sanduhrver-
    schlingen (Hinderling 1959:35 und 37f.)
Fischgratverschlingen (Hinderling 1959:29ff.)
Figure of eight (Davidson 1935:122)
Complex interlocked hourglass looping (Birrell
    1959:317)
When the eight looped fabric forms a chevron pattern
    we have called it the M-type (Engel 1963:36,38)
Figure of eight pattern in which the working strand
    crosses from the top of the completed unit over the
    full breadth of the unit to begin to the far side of that

unit to start; figure of eight pattern which connects with two adjacent units to each side within the same row (Dickey 1964:22)
Linking with 2/2-2/2 interlacing (Grieder 1986:27)
Laced interlocking double hourglass (Dickey 1964:24)

6.5. Kordelverschlingen

Das Kordelverschlingen stellt eine Sonderform des zweifachen, ungleichweit verhängten Verschlingens dar. In diesem Verfahren hergestellte Stoffe sind auf einer Seite gerippt (Abb. 19a), auf der anderen glatt (Abb. 19b). Die gerippte Seite weist je nach Arbeitsrichtung S- oder Z-kreuzige «Kordeln» auf.

Abb. 19a: Kordelverschlingen: Vorderseite

Abb. 19b: Kordelverschlingen: Rückseite

– das Verhältnis zu den Maschen der benachbarten Reihe:

7. Einfaches durchstechendes Verschlingen

Beim durchstechenden Verschlingen wird die Schlaufe nicht durch den Maschenbogen, sondern durch die Schlinge der vorangehenden Tour geführt. Das doppelschlaufige Verschlingen wird kaum durchstechend gearbeitet.

Abb. 20: Einfaches durchstechendes Verschlingen

Andere Bezeichnungen:
Half-hitch through half-hitch (Davidson 1935:121)
Intra half-hitch looping (Birrell 1959:317)
Looping into loops (Dendel 1974:86)
Doorstekend lussen (Keppel 1984:30)

8. Durchstechendes verhängtes Verschlingen

Analog zum einfachen durchstechenden Verschlingen wird auch bei der verhängten Variante der Faden durch die Schlinge der vorangehenden Reihe gezogen. Je weiter entfernt Maschen dabei verhängt werden, desto komplexere Strukturen erhalten wir.
Solche Verfahren werden unter dem Begriff «Vantsöm» zusammengefasst.

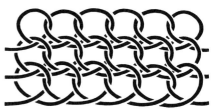

Abb. 21: Durchstechendes verhängtes Verschlingen

Andere Bezeichnungen:
Doppelt durchstechendes Verschlingen (Bühler-Oppenheim 1948:101)
Réseau à boucles imbriqué (D'Harcourt 1934:90)
Simple loop interlocking with each adjacent loop of its own row and with two loops of the adjacent rows (Davidson 1935:120)
Interlaced weave (Belen 1952:48)
Enlace interconectado lateral-terminal (Ribeiro 1988:102)
Nålebinding technique (Walton 1989:343)

9. Umfassendes Verschlingen

Der Faden wird hinter den auf- und absteigenden Maschenteilen der vorangehenden Reihe durchgeführt und dann einfach verschlungen. Dadurch entsteht die gleiche Struktur, wie sie für das Stricken mit verschränkter Masche charakteristisch ist. Wenn dabei zirkulär und mit verschiedenfarbigen Elementen gearbeitet wird, die nicht flottant verlaufen, sondern gleichzeitig als Unterlage dienen, so handelt es sich streng genommen bereits um eine stoffverzierende Technik (cf. Stickerei). Solche Grenzfälle sind vor allem aus dem vorkolumbischen Peru bekannt.

Selbstverständlich können auch das verhängte Verschlingen (Abb. 23) und das mehrfache sowie das doppelschlaufige Verschlingen umfassend gearbeitet werden.

Abb. 22a: Umfassendes Verschlingen: Vorderseite

Abb. 22b: Umfassendes Verschlingen: Rückseite

Abb. 23: Umfassendes verhängtes Verschlingen

Andere Bezeichnungen:

Point de tricot à l'aiguille à chas (D'Harcourt 1930:208)
Point de boucle (apparence de tricot) (D'Harcourt 1934:91)
Three dimensional knitting, needle knitting (O'Neale/Kroeber 1930:32, 37ff.)
Half-hitch around half-hitch (Davidson 1935:121)
Knit stem stitch (Bird/Bellinger 1954:100ff.)
Pseudo knit looping, Ceylonstitch (Birrell 1959:315)
Cross-knit loop (Emery 1966:48)
Omvattend lussen (Keppel 1984:30)
Enlace circumscrito (Ribeiro 1986d:390)

Verknoten

Knoten entstehen durch straffes Anziehen geeigneter Schleifen, Verschlingungen oder Maschen. Man braucht sie zu verschiedenartigem Zwecke. Hier kommt bloss ihre Anwendung zur Bildung von Stoffen in Frage. Die Knotenfolgen müssen also mehrtourig geführt werden (d. h. die einzelnen Knoten sind zweiteilig), entweder hin und her (umkehrend) oder rundherum (zirkulär). Im ersten Fall wechselt das Knotenbild von Tour zu Tour, und beide Stoffseiten sind identisch, im zweiten Fall weist die Vorderseite ein von der Rückseite verschiedenes Knotenbild auf. Stoffbildende Knoten bestehen meist aus zwei Elementen: dem Maschenbogen der vorangehenden Tour und dem knotenbildenden Faden. Bestehen Knoten aus mehreren Fäden, so ist die Technik dem Flechten zuzuordnen (z. B. Macramé, s. S. 56). Knoten lassen sich im Gegensatz zu Maschen nur schwer oder gar nicht verschieben. Die Stoffe sind deshalb nur beschränkt elastisch. Ihre Anfertigung kann wiederum ganz von Hand erfolgen, doch werden meist Netznadeln und Maschenmasse als Hilfsmittel verwendet. Eine besonders feine Form der Stoffbildung durch Verknoten stellt die Herstellung von Filetspitzen dar. Die stoffbildenden Knotenformen können nach ihrer Bindungsform und Lagerung in freie und feste Knoten gegliedert werden. Von freien Knoten spricht man, wenn der knotenbildende Faden einfach in den Maschenbogen der letzten Tour einhängt, von festen Knoten, wenn der Maschenbogen auf irgendeine Art vom fortlaufenden Faden umfasst und dadurch besser fixiert wird. Zwischen beiden Gruppen gibt es zahlreiche Übergangsformen. Im Gegensatz zum Einhängen und Verschlingen, lassen sich bei der Stoffbildung durch Verknoten die theoretischen Variationsmöglichkeiten kaum berechnen, da Knoten im wahrsten Sinn des Wortes «unberechenbar» sind. Stärkerer Zug, minimale Verschiebung eines Fadenteils u. a. können eine bestimmte Knotenform in eine total andere verwandeln, sogar einen freien in einen festen Knoten.

Leider lassen sich auch die Regeln der mathematischen Knotentheorie nur beschränkt auf unsere Problematik anwenden, da die Mathematik von einem in sich geschlossenen Idealknoten (Einbettung eines Kreises in einen dreidimensionalen Raum) ausgeht, bei dem das für uns so wichtige Verhältnis zur Nachbartour irrelevant ist.

Alle Knoten lassen sich letztlich von Schlingen ableiten, und wie bei den Verfahren des Verschlingens muss man unterscheiden:

- *nach der Knotenform selbst, also der Art der Fadenverkreuzung,*
- *nach dem Verhältnis zur Nachbartour oder -reihe (einem wichtigen Kriterium bei stoffbildenden Knoten),*

- nach dem Verhältnis zum benachbarten Knoten derselben Tour (bei stoffbildenden Knoten sekundär) und
- nach dem auf den Knoten ausgeübten Zug.
- Knotenformen:

Von den beinahe unerschöpflichen Möglichkeiten, einen Faden oder ein Element mit sich selbst zu verknoten (bei Ashley sind es über 3000), werden, wohl aus praktischen Gründen (rationelles Arbeiten), nur diejenigen stoffbildend, mehrtourig genutzt, die auf Formen des Verschlingens zurückgehen. Insofern können wir auch diejenigen Knoten aus unserer Betrachtung ausschliessen, die aus einem einzigen, sich mit sich selbst kreuzenden Element (in Bindungsformen des «echten Flechtens») bestehen und flächig oder räumlich angeordnet sind.

- das Verhältnis zu den benachbarten Reihen oder Touren und Maschen:

1. Freie Knoten

Kennzeichnend für die freien Knoten ist, dass der knotenbildende Faden in die Maschenbögen der vorangehenden Tour einhängt.
Der knotenbildende Faden verhält sich also aktiv, der Maschenbogen der benachbarten Tour passiv.
Die freien Knoten gehören technisch zu den einfachsten Netzknoten. Ihr wichtigster Vertreter ist der Fingerknoten. Er liegt allen Formen dieser Gruppe zugrunde.

1.1. Fingerknoten

Fingerknoten entstehen aus einfachen Schlingen, wenn man den fortlaufenden Fadenteil von aussen nach innen durchzieht (Abb. 24).

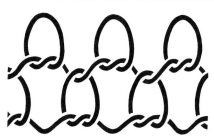

Abb. 24: Fingerknoten

Andere Bezeichnungen:
Flachknoten (Mooi 1977:36)
Fischerknoten (Hartung 1963:29)
Einfacher Knoten (Burgess 1981:21)
Nœud simple (D'Harcourt 1934:92)
Fisherman's knot (Singer 1935:16)
Fingerknot (O'Neale 1942:188)
Half knot, thumb knot (Wollard 1953:15, 19)
Overhand knot (Emery 1966:34)
Nó simple (Ribeiro 1986d:391)
Medio nudo o nudo sencillo (Weitlaner-Johnson 1977:33)

1.2. Pfahlbauknoten

Die Fadenführung ist mit derjenigen des Fingerknotens identisch, die Lagerung auf dem Maschenbogen der vorangehenden Tour jedoch verschieden, da dieser durch den Schenkel des Knotens und nicht durch dessen Scheitel führt (Abb. 25).

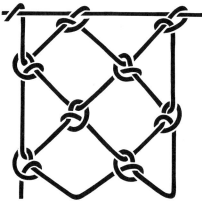

Abb. 25: Pfahlbauknoten

Andere Bezeichnungen:
Fischerknoten (Zechlin 1966:125)
Simple netting knot (Gayton 1948:84)
Overhand knot (Start 1948:78)
Knotted buttonhole stitch (Bird/Bellinger 1954:100)
Overhand knot, half-hitch appearence (Emery 1966:34)
Nudo de vuelto de cabo (single half-hitch) (Weitlaner-Johnson 1977:33)
Puncetto (Textilmuseum St. Gallen 1988:o.S.)

1.3. Schlüpfknoten

Charakteristisch für diese Knotenform ist, dass der Faden vor der eigentlichen Knotenbildung in Form einer langen Schlaufe in den Maschenbogen der vorangehenden Tour eingehängt wird. Dabei sind verschiedene Fadenführungen möglich (Abb. 26a–b); ebenso können die Maschen wie beim Verschlingen seitlich miteinander verhängt werden (verhängter Schlüpfknoten, Abb. 27).

Abb. 26a: Schlüpfknoten

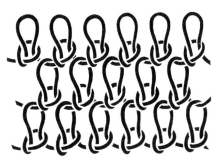

Abb. 26b: Schlüpfknoten

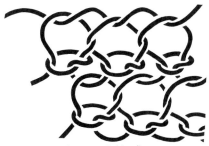

Abb. 27: Verhängter Schlüpfknoten

Andere Bezeichnungen:
Einfacher Schlaufenknoten (Burgess 1981:23)
Flüchtiger Schlaufenknoten (Hartung 1963:29)
Knotted weave without foundation (Lothrop 1928:138)
Halter knot (Loud/Harrington 1929:83ff.)
Simple noose, true slip knot (Wollard 1953:21)
Slip knot, loop and overhand knot, knotted buttonhole (Emery 1966:35, 36)
Overhand-slip knot, overhand running knot (Day 1967: 83, 112)
Slip overhand knot (Collingwood 1968:77)

2. Übergangsformen von freien zu festen Knoten

Bei den Übergangsformen wird der «passive» Maschenbogen vom knotenbildenden Faden durch zwei Schlingen fixiert. Die Ausgangsform dazu bildet das einfache Verschlingen, indem auf jeden zweiten straff gespannten Maschenbogen zwei eng aneinandergerückte Schlaufen kommen. Diese können gleich- oder gegenkreuzig sein.

2.1. Halber asymmetrischer und halber symmetrischer Knoten

Sind die Schlingen gleichkreuzig, sprechen wir vom halben asymmetrischen Knoten (Abb. 28), sind sie gegenkreuzig, vom halben symmetrischen Knoten (Abb. 29). Letzterer unterscheidet sich vom sogenannten symmetrischen Knoten nur durch die Art der Lagerung auf dem Maschenbogen (cf. feste Knoten).

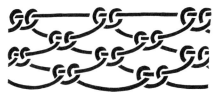

Abb. 28: Halber asymmetrischer Knoten

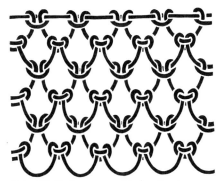

Abb. 29: Halber symmetrischer Knoten

Andere Bezeichnungen:
Halber asymmetrischer Knoten:
Halber Knoten, halber Schlag (Hartung 1963:26)
Double simple loop (Davidson 1935:120)
Multiple half-hitch looping (Birrell 1959:315)
Clove hitch, two half-hitches, double simple looping, double Brussels stitch oder double buttonhole stitch (Emery 1966:36)

Doble nudo de vuelto de cabo (double half-hitch)
(Weitlaner-Johnson 1977:33)
Nó de cabeça de calhandra (Ribeiro 1986d:391)

Halber symmetrischer Knoten:
Doppelknoten (Liebert 1916:10)
Verschobener Kreuzknoten (Von Brandt 1957:42)
Smyrnaknoten (Hartung 1963:34)
Rauschknoten (Burgess 1981:38)
Sailor's knot (Singer 1935:17)
Two half-hitches facing one another (Birrell 1959:315)
Knotted half-hitch loop (Engel 1963:38)
Cow hitch, lark's head knot, reversed half-hitches
(Emery 1966:37)
Nudo de presillo de alondra (Weitlaner-Johnson
1977:33)

2.2. Zweischlaufiger gekreuzter Knoten

Bei diesem Knoten wird der aufsteigende Fadenteil der ersten Schlinge mit dem absteigenden der zweiten Schlinge gekreuzt.

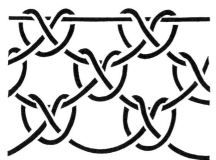

Abb. 30: Zweischlaufiger gekreuzter Knoten

Andere Bezeichnung:
Variante des Kreuzknotens (Von Brandt 1957:44)

3. Feste Knoten

Hier wird der knotenbildende Faden so um den Maschenbogen der vorangehenden Tour geschlungen, dass dieser aktiv an der Knotenbildung teilnimmt. Allen festen Knoten liegt das Verschlingen in seiner einfachen, durchstechenden und umfassenden Form zugrunde.

3.1. Symmetrischer Knoten

An der Bildung dieses einfachen Knotens sind Fadenpartien zweier benachbarter Maschenreihen beteiligt, wobei die beiden Teile symmetrisch ineinandergehängt sind. Durch Zug entsteht aus einem halben symmetrischen ein symmetrischer Knoten.

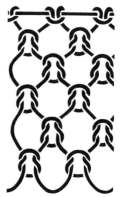

Abb. 31a:
Symmetrischer Knoten:
Vorderseite

Abb. 31b:
Symmetrischer Knoten:
Rückseite

Andere Bezeichnungen:
Echter Kreuzknoten (Von Brandt 1957:42)
Filet chinois, forme de deux demi-clefs (D'Harcourt
1934:94)
Nœud plat (Leroi-Gourhan 1943:271)
Flat knot (Loud/Harrington 1929:85)
Reef knot, square knot (Wollard 1953:15)
Nudo de hombre (Venegas 1956:232)
Nudo simple (Hammel/Haase 1962:221)
Nudo cuadrado (Rolandi 1985:36)
Nudo de envergue o nudo recto (Weitlaner-Johnson
1977:33)
Nudo de doble enlace (Millán de Palavecino
1960:Lam. 1, fig. 1)
Nó quadrado (Ribeiro 1986c:366)

3.2. Verschobener symmetrischer Knoten

Der fortlaufende Faden umfasst in einer Schlinge den absteigenden Teil des Maschenbogens der vorangehenden Tour. Dieser bildet ebenfalls eine Schlaufe und fixiert darin seinerseits den absteigenden Knotenfaden. Diese

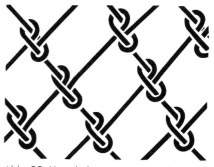

Abb. 32: Verschobener symmetrischer Knoten

Form muss eng an den symmetrischen Knoten angeschlossen werden, da sie trotz der verschiedenen Bindungsart durch einfaches Drehen, ohne Veränderung der Schenkellage, in einen solchen aufgelöst werden kann.

Andere Bezeichnungen:
Verschobener Kreuzknoten (Von Brandt 1957:45)
Interlocking half-hitches with two cords (Singer 1935:18)

3.3. Altweiberknoten

Dieser Knoten wird wie der symmetrische geknüpft, doch erfolgt die zweite Verzwirnung nicht in gegensätzlicher, sondern in gleicher Richtung.

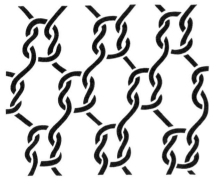

Abb. 33: Altweiberknoten

Andere Bezeichnungen:
Kreuzknoten (Niedner 1924:5)
Scheinbar symmetrischer Knoten (Müller 1967:224)
Vertical granny knot (Emery 1966:37)
Nudo de costurera (Weitlaner-Johnson 1977:33)

3.4. Weberknoten

Der Arbeitsfaden führt hier durch den Scheitel des Maschenbogens der letzten Reihe hindurch, umfasst dessen beide Schenkel und kreuzt sich mit seinem aufsteigenden Fadenteil, bevor er den Maschenbogen verlässt, also in dessen Mitte.

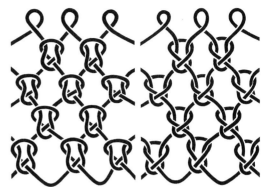

Abb. 34a: Weberknoten: Abb. 34b: Weberknoten:
    Vorderseite   Rückseite

Andere Bezeichnungen:
Nœud plat (Leroi-Gourhan 1943:271)
Nœud de filet ordinaire (Guiart 1945:83)
Mesh knot, hawser bend (Loud/Harrington 1929:84)
Weaver's knot (Wollard 1953:19)
Thief's knot, netting knot (Peck Kent 1957:591)
Sheet bend knot (Emery 1966:38)
Becket bend, swab hitch, simple bend, signal holyard bend (Day 1967:99)
Weversknop (Keppel 1984:39)
Nudo de vuelta de escota o nudo de tejedor (Weitlaner-Johnson 1977:33)
Nó d'escota (Ribeiro 1986c:366)

3.5. Filetknoten

Der knotenbildende Faden wird durch den Scheitel einer herunterhängenden Partie der vorhergehenden Tour geführt, um deren Schenkel herum und ausserhalb der letzteren in die solchermassen gebildete Schlinge. Der Filetknoten ist im Grunde eine Variation des Weberknotens und kann durch straffes Anziehen der sich kreuzenden Fäden jederzeit in einen solchen verwandelt werden.

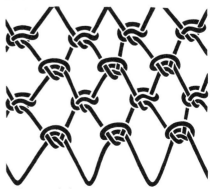

Abb. 35: Filetknoten

Andere Bezeichnungen:
Gewöhnlicher Fischnetzknoten, Schoetenstek (Bühler-
    Oppenheim 1947:105)
Filierknoten (Hartung 1963:60)
Sheet bend knot slightly modified (Singer 1935:22)
Fishnet knot (Emery 1966:38)
Weaver's knot (Rogers 1967:85)
Nudo de filete (Venegas 1956:232)
Nudo simple (Hammel/Haase 1962:221)
Nó rede de pesca (Ribeiro 1986c:366)

3.6. Zwei- und dreischlaufiger Flachknoten

Beim zweischlaufigen Flachknoten greifen sowohl der fortlaufende Faden als auch der Maschenbogen der letzten Reihe als gekreuzte
Schlaufen ineinander, so dass eine der Flechterei verwandte Bindungsform entsteht. Der so
gebildete Knoten kann in keiner Richtung mehr
verschoben werden.

Abb. 36: Zweischlaufiger Flachknoten

Andere Bezeichnungen:
Josefinen-Knoten (Mooi 1977:24)
Isabellenknoten (Textilmuseum St. Gallen 1988:o.S.)
Achterförmiger Zierknoten (Geijer 1938:102)
Carrick bend (Wollard 1953:68)
Trossenstek (Burgess 1981:43)

Der dreischlaufige Flachknoten besteht aus
drei Schlingen, die miteinander eins drunter,
eins drüber in einer echten Bindungsform verkreuzt sind. Der Knoten kann stoffbildend nur
verwendet werden, wenn die Maschenbögen
jeder dritten Tour als gewöhnliche Flachknoten
ineinandergreifen. Würden die einzelnen Knoten in die Maschenbögen der vorangehenden
Reihe bloss eingehängt, erhielten wir die Variante eines Schlüpfknotens. Der dreischlaufige
Flachknoten kommt meist als Zierknoten in
Posamentierarbeiten vor.

Abb. 37: Dreischlaufiger Flachknoten

Andere Bezeichnungen:
Victoria-Knoten (Mooi 1977:24)
Carrick knot (Larsen 1986:74)

Maschenstoffspitzen

Es seien hier Verfahren erwähnt, die auf der
Kombination von Verschlingen und Verknoten
beruhen, sich jedoch zu eigenen Gattungen
entwickelt haben: nach ihren Hilfsgeräten so
benannten Schiffchen- oder Nadelspitzen.

1. Schiffchenarbeiten («Frivolitäten»)

Schiffchenarbeiten werden, wie der Name
verrät, mit Hilfe eines oder seltener mehrerer
Schiffchen hergestellt, auf denen der Faden
aufgewickelt ist. Dem Verfahren liegen der
halbe symmetrische Knoten, mit abwechselnd
verschieden langen Maschenbögen (Öschen)
und das einfache Verschlingen mit Einlage zugrunde, in einer gewissen Anordnung als Jose-
phinenknoten bekannt. Dieser besteht aus vier
auf der Einlage eng aneinandergerückten
Schlaufen, wobei die Einlage zuerst gebildet
wird.
Schiffchenarbeiten werden auch oft mit Häkeln
verbunden.

Andere Bezeichnung:
Occhi, Makuk (Liebert 1916:6)

2. Nadelspitzen

Nadelspitzen sind eng an das Verschlingen
anzuschliessen. Sie basieren auf dessen einfachen, mehrfachen und doppelschlaufigen For-

men, mit oder ohne Einlage. Dazu kommen ferner der Pfahlbauknoten (punto avorio, punto saraceno), der Schlüpfknoten und der halbe symmetrische Knoten.
Gearbeitet wird mit Öhr- oder Nähnadeln.

Andere Bezeichnungen:
Nadelspitzen werden meist nach ihrem Herstellungsort benannt, z.B. Point de Venise, Point de France, Bibilla, Smyrna-Spitze usw.

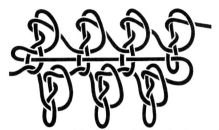

Abb. 38: Nadelspitzen: Bibilla- oder Smyrnaknoten

Maschenstoffbildung mit fortlaufendem Faden von beliebiger Länge

Im Gegensatz zu den mit Fäden von begrenzter Länge arbeitenden Verfahren bildet man die neue Masche aus dem Fadenteil, welcher der Arbeitsstelle (der zuletzt gebildeten Masche) am nächsten liegt.

Da man also den Arbeitsfaden nicht ganz nachziehen muss, kann dieser beliebig lang («endlos») sein. Abgesehen von den allereinfachsten Formen dieser Art (Luftmaschen) braucht man überall Hilfsgeräte, vor allem Nadeln. Die Verfahren gehören wenigstens in dieser Hinsicht schon zu technisch hochstehenden primären Techniken. Nach der Art des Arbeitsvorganges unterscheidet man Häkeln und Stricken.

Häkeln

Die Maschen werden gebildet, indem man das der Arbeitsstelle am nächsten liegende Fadenstück durch eine oder mehrere vorgebildete Schlaufen zieht. Die neuen Maschen werden folglich nicht nur mit denjenigen der vorhergehenden Reihe, sondern auch seitlich mit den Maschen der gleichen Tour verbunden. Insofern sind sie mit gewissen Formen des verhängten Verschlingens (s.S. 19) verwandt. Man kann rundum, hin und her oder spiralig häkeln. Als Arbeitsgerät braucht man eine Hakennadel. Beim Häkeln können die verschiedenen Maschenformen beliebig variiert und kombiniert werden. Hier sollen nur einige Grundformen angeführt werden.

1. Luftmasche

Sie ist die einfachste und zugleich allen Häkelmaschen zugrunde liegende Form. Jede neue Schlinge wird dabei durch die alte gezogen, so dass eine Schnur entsteht, die den Ausgangspunkt jeder Häkelarbeit darstellt.

Abb. 39a: Häkeln: Luftmasche, Vorderseite

Abb. 39b: Häkeln: Luftmasche, Rückseite

Notation und theoretische Überlegungen:
Eine Luftmasche entspricht strukturell dem im zweiten Umlauf verhängten Verschlingen mit dem Fadenverlauf 2:111. Mathematisch gesehen entspricht eine Luftmaschenreihe einem Wilden Knoten.

Andere Bezeichnungen:
Chain stitch (Birrell 1959:309)
Simple crochet (Emery 1966:44)

2. Kettenmasche

Der Faden wird durch eine obere Maschenschlinge der letzten Tour und durch die zuletzt gebildete Masche hindurchgezogen.

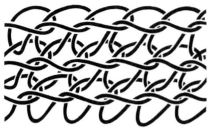

Abb. 40: Häkeln: Kettenmasche

Andere Bezeichnungen:
Single crochet (Birrell 1959:309)
Plain crochet stitch (Emery 1966:43)

3. Feste Masche

Bei diesem Häkelstich zieht man zuerst den Faden durch die obere Maschenschlinge der letzten Tour, dann durch die so gebildete Schlaufe und durch die vorangehende Masche. Je nach Art des Einstichs sind wie bei der Kettenmasche verschiedene Variationen möglich.

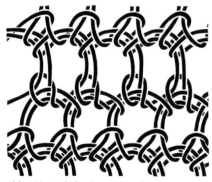

Abb. 41: Häkeln: Feste Masche

Andere Bezeichnungen:
Im deutschen Sprachgebrauch tragen diese Variatio-
    nen die verschiedensten Namen, wie z.B. «Rosen-
    stich, Piquéstich» usw. (De Dillmont 1902:291ff.)
Single stitch (Orr 1922:4)
Double crochet stitch (Emery 1966:40)

4. Stäbchenmasche

Als Stäbchen bezeichnet man kleine, aus Ma-schen gebildete Säulen. Es können «halbe», «ganze» oder «einfache», «doppelte» und «mehrfache» Stäbchen gehäkelt werden, je nachdem, wie oft der Faden vor dem Einstich um die Nadel gelegt wird.

Das Stäbchenhäkeln wird zusammen mit dem Häkeln von Luftmaschen zur Anfertigung durchbrochener Stoffe benutzt.

Abb. 42: Häkeln: Stäbchenmasche

Andere Bezeichnungen:
Halbe, ganze, doppelte usw. Stäbchen
Treble crochet, double treble crochet, triple treble
    crochet usw.(Orr 1922:4)

Wenn zwischen den einzelnen Stäbchen
Luftmaschen gehäkelt werden:
Filet crochet, open spaces (Orr 1922:4)

Stricken

Beim Stricken werden die Maschen horizontal aneinandergereiht (nicht verhängt) und jeweils mit den entsprechenden Maschen der voran-gehenden Reihe verbunden. Das hat zur Folge, dass alle Maschen einzeln fixiert werden müs-sen, z.B. auf Gabeln, Stiften oder Nadeln (südamerikanische Sonderform, Prinzip der Strickmaschinen), oder dass alle Maschen einer Tour auf einem Hilfsgerät (Nadeln ver-schiedener Formen) liegenbleiben müssen, bis die nächste Reihe gebildet wird. Man kann hin und her oder rundum arbeiten, wobei immer senkrechte und waagrechte Maschenreihen entstehen. Auch hier seien bloss die einfach-sten Maschenarten genannt, die wie beim Hä-keln nach Belieben abgewandelt und kombi-niert werden können.

1. Rechte und linke Masche

Eine Schlinge wird durch eine schon vorgebil-dete Schlinge gezogen und fixiert, so dass sie nicht zurückschlüpfen kann, worauf man das nächste Fadenstück gleichfalls als Schlinge durch eine vorgebildete Masche zieht und fi-xiert usw.

Abb. 43a: Stricken: rechte Masche

Abb. 43b: Stricken: linke Masche

Andere Bezeichnungen:
Stockinette stitch (Birrell 1959:306)
Plain knitting stocking stitch (Emery 1966:40)

Rechte und linke Touren abwechselnd:
Plain knitting «garter stitch» (Emery 1966:40)

2. Verschränkte Masche

Die verschränkte Masche lässt sich wiederum links und rechts stricken, wobei jeweils das durch die darunterliegende Masche zu ziehende Fadenstück gleichzeitig verdreht wird.

Abb. 44a: Stricken: verschränkte Masche, Vorderseite

Abb. 44b: Stricken: verschränkte Masche, Rückseite

Andere Bezeichnungen:
Rechts verdrehte Masche (Lammèr 1975:98)
Crossed knitting; bei rechter Masche: stocking stitch, bei linker Masche: garter stitch (Emery 1966:41)

3. Schnurstricken

Die Maschen werden nicht auf Nadeln gelegt, sondern je nach ihrer Anzahl auf den Fingern, auf Gabeln oder Stiften fixiert. Jede neue Masche erzeugt man durch Anlegen des Fadens an die darunterliegende Masche, welche sodann über den Faden gehoben wird. Auf solche Weise werden vor allem gestrickte Schnüre (Maschenschnüre) hergestellt, doch würden genügend grosse Arbeitsgeräte erlauben, eigentliche Schlauchstoffe anzufertigen, wie dies in modernen mechanisierten Weiterbildungen der Fall ist.

Abb. 45a: Schnurstricken auf einer Gabel

Abb. 45b: Schnurstricken auf Stift

Andere Bezeichnungen:
Loop plaiting (Cardale-Schrimpff 1972:89)
Nullestok eller Snoregaffel (Hald 1975:42)

Literatur zur Maschenstoffbildung:
siehe Seite 168ff.

Stoffbildung mit Fadensystemen

Statt bloss einen braucht man zur Stoffbildung gleichzeitig mindestens zwei Fäden oder Fadengruppen (Fadensysteme). Nach dem Verhältnis der Systeme zueinander, d. h. der Arbeitsweise (beide Systeme sind vertauschbar bzw. aktiv oder eines ist passiv und das andere aktiv), und der Bindungsform unterscheidet man zwei Hauptgruppen des Flechtens, nämlich Flechten mit einem passiven und einem aktiven System und Flechten mit aktiven Systemen (früher «Halbflechten» und «echtes Flechten» genannt).

Flechten mit passivem und aktivem System (Halbflechten)

Zwei Fäden bzw. zwei oder mehrere Fadengruppen werden in der Weise zur Stoffbildung verwendet, dass man immer mit einem Faden oder einer Fadengruppe arbeitet. Mit Hilfe dieser im ganzen Arbeitsgang aktiven Elemente fixiert man den anderen Faden oder die andere Fadengruppe bzw. Fadensysteme, die ihrerseits ständig passiv sind. Ein Austausch der beiden Funktionen ist nicht möglich.

Die Bindungsformen sind teilweise identisch mit Grundformen der mit einem einzigen Faden arbeitenden Verfahren (z. B. Einhängen und Verschlingen mit Einlage). In solchen Fällen besteht der Unterschied nur in der Verwendung von zwei oder mehr Fäden bzw. Fadensystemen, das heisst in der Art der Stoffanfertigung.

Zum Halbflechten gehören sehr viele und variationsreiche Formen, die besonders häufig für Korbwaren in Frage kommen. Die wichtigsten Untergruppen sind Durchstechen des einen Systems, Wickeln, Binden und Wulsthalbflechten.

Zwirnbindig geflochtenes Körbchen der Haida-Indianer, Queen Charlotte Islands, Canada, um 1890 (IVa 59).

Durchstechen des einen Systems

Parallel nebeneinanderliegende, relativ breite resp. dicke Elemente werden als passives System von aktiven, gleich verlaufenden Fäden immer an einander entsprechenden Stellen durchstochen. Diese sehr einfache Technik weist zum Nähen enge Beziehungen auf.

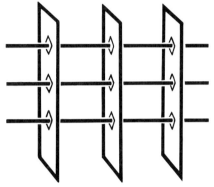

Abb. 46: Durchstechen des einen Systems

Andere Bezeichnung:
Doorsteken (Keppel 1984:42)

Wickeln

Parallel gelegte, passive Fäden fixiert man mit Hilfe von rechtwinklig oder schräg dazu verlaufenden aktiven Fäden durch ein- oder mehrmalige Umwicklung. Variationen ergeben sich durch Überspringen von Einheiten des passiven Systems, durch Zusammenfassung mehrerer passiver Elemente und durch die Art der aktiven Fadenführung durch Wickeln, Verschlingen oder Verknoten.

Die Bindungsformen sind dabei identisch mit gewissen Strukturen von Kettenstoffen (s. S. 67ff.).

1. Einfaches und mehrfaches Umwickeln

Der aktive Faden wird ein- oder mehrfach um die passiven Elemente gewickelt (Abb. 47a–c), wobei nur ein Element oder gleichzeitig zwei bis mehr Elemente erfasst werden können (Abb. 48a–b). Ferner kann die Umwicklung S- oder Z- (Abb. 47a–b, 48a–b) oder alternierend S- und Z-gerichtet sein (Abb. 49).

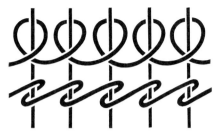

Abb. 47a: Einfaches Z-gerichtetes Umwickeln eines passiven Elementes

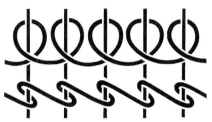

Abb. 47b: Einfaches S-gerichtetes Umwickeln eines passiven Elementes

Abb. 47c: Mehr- bzw. zweifaches Umwickeln eines passiven Elementes (Z-gerichtet)

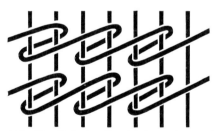

Abb. 48a: Einfaches Umwickeln zweier passiver Elemente (Z-gerichtet)

Abb. 48b: Mehr- bzw. zweifaches Umwickeln zweier passiver Elemente (Z-gerichtet)

Abb. 49: Alternierendes S- und Z-gerichtetes Wickeln

Notation und theoretische Überlegungen:
Um die Bewegung des aktiven Elementes besser beschreiben zu können, wird angegeben, über wieviele passive Elemente der Faden vor- und zurückführt. Also gibt Abb. 47a die Fadenführung v(orwärts) 2 r(ückwärts) / (unter) 1 wieder, kurz v2r/1. Dies entspricht dem Fadenverlauf eines Rapportes bzw. einer Translation. Analog dazu weist Abb. 47c: die Fadenführung v2r/1v1r/1 auf, Abb. 48a: v4r/2 und 48b: v4r/2v2r/2, Abb. 49: v1r/1v/1r1v/1v1.

Andere Bezeichnungen:
Einfacher, eineinhalber und doppelter Rundschlag
  (Mooi 1977:13)
Vannerie à brins spiralés (Leroi-Gourhan 1943:282)
Vannerie clayonnée à brins tournés (Balfet 1952:267)
Tressage soumak (Anquetil 1979:170)
Wrapped weaving (Mason 1902:230)
Wrapping (Miner 1935/36:182)
Wrapped wicker weave (Tanner 1968:8)
Wikkelen (Keppel 1984:45)
Cestería espiral vertical simple con armadura simple
  (Barcelona 1976)
Cestería enrollada (Mora de Jaramillo 1974:340)

2. Umschlingendes Wickeln

Die passiven Fäden werden von den aktiven Elementen in Schlingen festgehalten. Diese können einfach (Abb. 50), S- oder Z-kreuzig sein (Abb. 51a–b), beim doppelschlaufigen umschlingenden Wickeln auch alternierend S- und Z-kreuzig (Abb. 51c). Ferner kann wiederum mehr als ein passives Element gleichzeitig umschlungen werden (Abb. 52a). Beim doppelschlaufigen Umwickeln ist auch eine Staffelung der Schlingen möglich (Abb. 52b), d.h. die eine Schlinge umfasst das passive Element A, die andere das passive Element B. Ebenso können zwei passive Elemente gestaffelt umschlungen werden (Abb. 52c). Solche Varianten kommen in der

Praxis vor allem bei Kettenstoffen vor (s. S. 69f.). Analog zum Verschlingen ist auch ein seitliches Verhängen der Schlaufen möglich (Abb. 53), wobei zahlreiche Variationen denkbar wären.

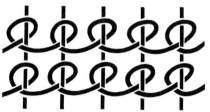

Abb. 50: Einfaches umschlingendes Wickeln Z-kreuzig

Abb. 51a: Doppelschlaufig umschlingendes Wickeln S-kreuzig

Abb. 51b: Doppelschlaufig umschlingendes Wickeln Z-kreuzig

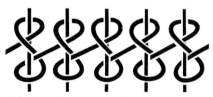

Abb. 51c: Doppelschlaufig umschlingendes Wickeln S- und Z-kreuzig

Abb. 52a: Doppelschlaufig umschlingendes Wickeln über zwei passive Elemente

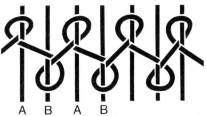

A B A B

Abb. 52b: Doppelschlaufig gestaffelt umschlingendes Wickeln

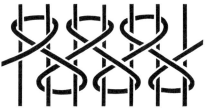

Abb. 52c: Doppelschlaufig gestaffelt umschlingendes Wickeln um zwei passive Elemente

Abb. 53: Verhängt umschlingendes Wickeln

3. Verknotendes Wickeln

Statt die passiven Elemente in Schlingen zu fixieren, legt man sie mit Hilfe von Knoten fest.

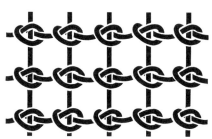

Abb. 54: Verknotendes Wickeln

Andere Bezeichnungen:
Tie-twined matting technique (Massey/Osborne 1961:346)
Knotted weft wrapping (Emery 1966:217)
Cestería espiral vertical: cadeneta (Barcelona 1976)

Binden

Zwei oder mehr passive, meistens aus steifem Material bestehende Fadensysteme legt man übereinander. Dann fixiert man die Kreuzungsstellen mit Hilfe eines fortlaufenden aktiven Fadens, mehrerer fortlaufender Einheiten oder kurzer Fadenstücke. Nach Zahl und Lage der passiven Systeme (die jeweils anzugeben sind) und nach der Bindungsart unterscheidet man zahlreiche Variationen, die mit denjenigen des Wickelns verwandt sind.

1. Umwickelndes Binden

Die sich überkreuzenden passiven Systeme werden durch einfaches Umwickeln fixiert (Abb. 55a), wobei auch diagonal zum passiven System gearbeitet werden kann (Abb. 55b).

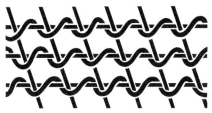

Abb. 55a: Umwickelndes Binden parallel zum passiven System

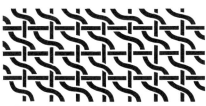

Abb. 55b: Umwickelndes Binden diagonal zu den passiven Systemen

Andere Bezeichnungen:
Vannerie spiralée à nappes superposées (Leroi-Gourhan 1943:286)
Vannerie spiralée à nappes superposées liées (Balfet 1952:267)
Montants passifs superposés (Pellaton-Chable 1980:122)
Wrapped twined weaving (Mason 1902:235)
Wrapped twining (Nettinga-Arnheim 1977:47)
Plain bound weave (Cardale-Schrimpff 1972:417)
Weft-twined weave with stiff elements (Burnham 1981:8)

Cestería superpuesta sin entrecruzamiento (Mora de
  Jaramillo 1974:337)
Cestería espiral horizontal simple (Barcelona 1976)
Cestería en espiral de madejas superpuestas (Alfaro
  Giner 1984:167)
Trançado enlaçado com grade (Ribeiro 1986b:319)

2. Umschlingendes Binden

Einfache Schlingen fixieren die passiven Systeme entweder S- oder Z-kreuzig, in einfachen (Abb. 56a) oder doppelschlaufigen
Schlingen (Abb. 56c), wobei das aktive Element parallel (Abb. 56a) oder diagonal zu den
passiven Systemen geführt werden kann
(Abb. 56b). Beim doppelschlaufig umschlingenden Binden können die selben passiven
Elemente durch beide Schlingen (Abb. 56c)
oder aber gestaffelt fixiert werden (Abb. 56d).
Wenn zwei aktive Elemente in doppelschlaufigen Schlingen die passiven Elemente fixieren,
so sprechen wir vom kreuzweise-doppel-
schlaufigen Binden (Abb. 56e).

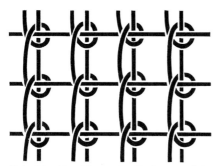

Abb. 56a: Umschlingendes Binden parallel zum
passiven System

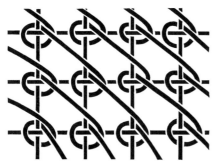

Abb. 56b: Umschlingendes Binden diagonal zu den
passiven Systemen

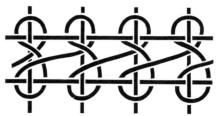

Abb. 56c: Umschlingendes Binden doppelschlaufig

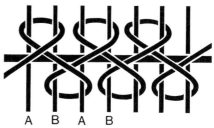

A B A B

Abb. 56d: Umschlingendes Binden doppelschlaufig,
gestaffelt

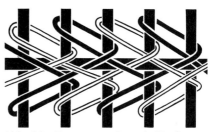

Abb. 56e: Kreuzweise doppelschlaufiges Binden

Andere Bezeichnungen:
Einfaches umschlingendes Binden:
Clayonné à brins liés (Anquetil 1979:12)
Cestería espiral vertical con armadura compuesta
  (Barcelona 1976)

Doppelschlaufiges Binden:
Complicated lattice twining (Barrett 1908:278)
Lattice wrapped weaving technique (Kissell 1915:141)
Cestería espiral horizontal: espiral doble (Barcelona
  1976)

3. Verknotendes Binden

Die passiven Elemente werden durch Verknoten des aktiven Elementes fixiert.

Abb. 57: Verknotendes Binden

4. Zwirnbinden

Zwei oder mehr aktive Elemente werden so miteinander verzwirnt, dass sie in jeder Verdrehung einen oder mehrere Fäden des passiven Systems festlegen.

Im Hinblick auf die Bindungsform bildet Zwirnbinden einen Übergang zur echten Flechterei, denn die einzelnen Fäden (nicht Fadenpaare) des aktiven Systems kreuzen die passiven Elemente wie in einem Geflecht.

Auch Zwirnbinden kommt in zahlreichen Variationen vor. Diese unterscheiden sich aber nicht so stark voneinander wie diejenigen des Wulsthalbflechtens.

4.1. Paarweises Zwirnbinden über ein passives System

Die passiven Fäden werden von aktiven Fadenpaaren durch Verzwirnen fixiert. Varianten ergeben sich je nach Drehrichtung des Zwirns, die in jedem Durchgang gleich (Abb. 58a) oder abwechselnd entgegengesetzt sein kann (Abb. 58b), ferner nach der Anzahl der je Zwirn gefassten passiven Elemente (Abb. 58c), wobei auch eine Staffelung möglich ist (Abb. 58d).

Abb. 58a: Zwirnbinden über ein passives System: S-kreuzig

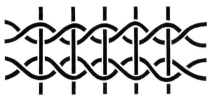

Abb. 58b: Zwirnbinden über ein passives System: S- und Z-kreuzig

Abb. 58c: Zwirnbinden über zwei parallele Elemente

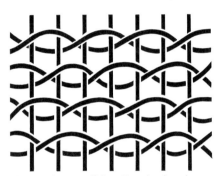

Abb. 58d: Gestaffeltes Zwirnbinden über ein passives System

Andere Bezeichnungen:
Gittertechnik (Rohrer 1927: 56)
Einfache Zwirnbindung (Vogt 1937:12)
Vannerie à brins spiralés cordés (Leroi-Gourhan 1943:286)
Vannerie cordée (Balfet 1952:261)
Pairing or double pairing (Gallinger 1975:56)
Plain twining (Miner 1935/36:182)
Tied-twined basketry (Martin/Rinaldo u. a. 1952:312)
Two-strand simple twining (Mohr/Sample 1954/55:347)
Two-strand twining (Emery 1966:196)
Twined wicker weave (Tanner 1968:12)
Simple twining (Green Gigli et al. 1974:131)
Fitsen (Keppel 1984:55)
Cestería entrelazada (Saugy 1974:147)
Cestería espiral horizontal: espiral doble (Barcelona 1976)
Cestería atada o cordada (Alfaro Giner 1984:159)
Cestería romboidal atada (Alfaro Giner 1984:166)
Técnica enrolada (Melo Taveira 1980:22)
Torcido de trama simple (Rolandi 1981:159)
Trançado torcido (Ribeiro 1980:42)
Torcitura (Mariotti 1982:28)

4.2. Paarweises Zwirnbinden über zwei passive Systeme

Ähnlich wie beim umwickelnden Binden werden hier zwei passive Fadensysteme durch Zwirnbinden festgehalten. Die passiven Systeme können entweder rechtwinklig (Abb. 59a) oder schräg zueinander stehen (Abb. 59b).

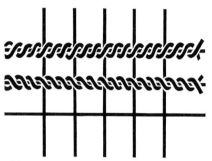

Abb. 59a: Zwirnbinden über zwei rechtwinklige passive Systeme

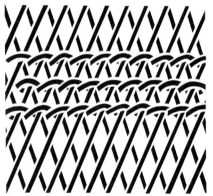

Abb. 59b: Zwirnbinden über zwei diagonal zueinander angeordnete passive Systeme

Andere Bezeichnungen:
Für alle Varianten:
Lattice twining (Barrett 1908:146)
Twined lattice (Mason 1908:12)
Cestería enrollada (Mora de Jaramillo 1974:340)

Schräg zueinander stehende passive Systeme:
Cross warp twined weaving (Mason 1902:13)
Torcido de trama diagonal (Rolandi 1981:157)

Rechtwinklig zueinander stehende passive Systeme:
Tee lattice or twined weaving (Mason 1902:16)

4.3. Zwirnbinden mit drei und mehr aktiven Elementen (Kimmen)

Drei oder mehr aktive Elemente werden miteinander so verzwirnt, dass stets zwei oder mehr passive Fäden in einer Verdrehung der aktiven Gruppen fixiert sind. Dieselben Variationen wie beim paarweisen Zwirnbinden sind auch hier möglich.

Abb. 60a: Kimmen

Abb. 60b: Kimmen: Querschnitt

Andere Bezeichnungen:
Three-strand twining (Barrett 1908:145ff.)
Triple-twist twined weave (Belen 1952:56f.)
Three-strand diagonal twining (Mohr/Sample 1954/55:347)
Three-ply twill twining (Buck 1957:142)
Waling (Hodges 1964:146)
Three-strand weft twining (Emery 1966:203)
Three-ply twined or braid weave (Navajo school 1972:86)
Triple pairing, four (five etc.)-rod coil (Gallinger 1975:56)
False embroidery: twining with three wefts (Underhill 1945:105)

5. Flechtbinden

Drei oder mehr Elemente werden zopfartig so verflochten, dass sie in ihrer Bindung einen oder mehrere passive Fäden fixieren.

Abb. 61: Flechtbinden

Andere Bezeichnungen:
Braided twining (Paul o.J.:26)
Three-ply braid and twined work (Mason 1902:16)
Three-strand braiding (Mason1907:133)
Three-strand braided twining (Mohr/Sample 1954/55:347)
Braided three-strand twining (Emery 1966:203)

Wulsthalbflechten

Man fixiert die dicken oder aus einem Faden-
bündel bestehenden Einheiten des passiven
Systems mit Hilfe aktiver Fäden, die meistens,
im Gegensatz zum Wickeln, in der Richtung der
passiven Elemente und nicht quer dazu verlaufen. Diese Verfahren sind besonders reich an
Variationen mit verschiedenartigsten Bindungsformen. Dabei lassen sich zwei grosse
Hauptgruppen unterscheiden: In der einen
werden die passiven Stränge von den aktiven
umfasst, in der anderen durchstochen. Die erste Hauptgruppe ist die wichtigste und weist
unzählige Varianten auf, wobei die Führungs-
form des aktiven Systems derjenigen der Maschenstofftechniken mit Fäden von begrenzter
Länge entspricht.
Die Variationen können also analog als ein-
hängend, verschlingend und verknotend bezeichnet werden. Von der Struktur her sind
Maschenstoffe mit Einlagen von Wulsthalbgeflechten der ersten Gruppe nicht zu unterscheiden. Die enge Verwandtschaft zwischen
beiden Verfahren fällt auch bei der Betrachtung des Arbeitsvorganges auf. So kann z.B.
eine im Entstehen begriffene Tasche aus einfachem Verschlingen, wenn sie über einem als
Maschenmass dienenden langen Band, z.B.
einem Blattstreifen, gearbeitet wird, zu den
Wulsthalbgeflechten gezählt werden, während das fertige Produkt, nach Entfernen des
Masses, zu den Maschenstoffen gehört.
In der Gruppe des durchstechenden Wulsthalbflechtens sind Formen zusammengefasst,
in denen der aktive Faden die passiven Stränge
durchsticht, statt sie ganz zu umfassen. Es handelt sich dabei um materialbedingte Variationen des Wulsthalbflechtens, die eine enge Beziehung zum Nähen aufweisen. Beide Hauptgruppen können auch miteinander kombiniert
werden.
Das Wulsthalbflechten wird vielfach als «Spiralwulsttechnik» bezeichnet, weil in seinen bekanntesten Formen (zur Erzeugung von Tellern,
Körben usw.) das passive System in Spiralen
aufgewunden wird.

Andere Bezeichnungen:
Un seul montant continu, spiralé (Pellaton-Chable
   1980:122)
Cestería arollada o cosida (Saugy 1974:47)

1. Umfassendes Wulsthalbflechten

Bei dieser Form des Wulsthalbflechtens werden
die passiven Elemente nie durchstochen, sondern sorgfältig vom aktiven Element eingefasst.
Da die umfassenden Varianten sich in der Fadenführung des aktiven Elementes nicht prinzipiell von denjenigen der durchstechenden Formen unterscheiden, werden sie dort nicht
nochmals gesondert aufgeführt.

1.1. Umwickelndes Wulsthalbflechten

Die Verbindung der passiven Stränge erfolgt
durch Umwicklung, wobei der aktive Faden
eine oder mehrere passive Einheiten umfasst.
Der Zusammenhalt ergibt sich entweder dadurch, dass der aktive Teil in jeder Reihe von
Zeit zu Zeit auf benachbarte Stränge über-
greift (Abb. 62a), oder aber dadurch, dass
jede Wulstreihe doppelt umwunden wird
(Abb. 62b). Das Umwickeln kann sowohl in
einer als auch in zwei Richtungen (kreuzweises
Umwickeln) erfolgen. Weitere Variationen ergeben sich nach der Art der Fadenführung
beim Umwickeln (Abb. 62c).

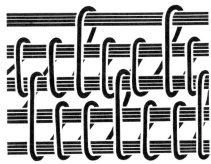

Abb. 62a: Umfassend umwickelndes
   Wulsthalbflechten, auf benachbarte
   Elemente übergreifend

Abb. 62b: Umwickelndes Wulsthalbflechten,
Fadenführung aktiv über zwei passive
Elemente

Abb. 62c: Umwickelndes Wulsthalbflechten
Fadenführung aktiv über ein, unter ein
passives Element

Andere Bezeichnungen:
Für die Technik von Abb. 62a:
Achterstich (Zechlin 1966:180)
Einfaches umwickelndes Wulsthalbflechten (Müller
  1967:248)
Vannerie spiralée à brins roulés (Balfet 1952:29)
Point en huit (Anquetil 1979:162)
Simple lacing coiling technique (Mason 1908:29)
Melanesian spiral coiling (Davidson 1919:169)
Coiled basketry whose sewing elements do not inter-
  lock (Kidder/Guernsey 1919:169)
Double couching stitches (VanStan 1959:192)
Non interlocking coiling (Lambert/Ambler 1961:64f.)
Coiled basketry plain wrapping; coiled basketry fig-
  ure-of-eight (Navajo) wrapping (Hodges 1964:131)
Regular coiled weave (Tanner 1968:8)

Für die Technik von Abb. 62b:
Coiled basketry long and short (lazy squaw) wrapping
  oder Peruvian coil wrapping (Hodges 1964:131)

Für die Technik von Abb. 62c:
Cestería espiral horizontal: espiral alternante (Barcelona 1976)
Cestería en espiral verdadera (Alfaro Giner
  1984:167)

1.2. Einhängendes Wulsthalbflechten

Die passiven Elemente werden miteinander
durch einfaches Einhängen verbunden, wobei
wiederum eine oder mehrere Einheiten vom
aktiven Faden umfasst werden können und das
Einhängen entweder nur in die Masche des

aktiven Fadens der vorangehenden Tour
(Abb. 63a) oder mit zusätzlicher Umfassung
des dabei passiven Teils erfolgen kann
(Abb. 63b). Wiederum sind verschiedene Fadenführungen möglich.

Abb. 63a: Einhängendes Wulsthalbflechten, in die
Masche des aktiven Elementes

Abb. 63b: Einhängendes Wulsthalbflechten mit
zusätzlicher Umfassung des passiven
Elementes

Andere Bezeichnungen:
Cestería espiral de armadura libre (Barcelona 1976)

Für die Technik von Abb. 63a:
Vannerie spiralée à brins roulés (Balfet 1952:268)
Simple interlocking coils (Mason 1902: 21)
Simple linking on a foundation element, interlocked
  stitches (Emery 1966:52)

Für die Technik von Abb. 63b:
Single lacing, interlocking variety (Mason 1908:29)
Melanesian spiral coiling (Davidson 1919:287)
Cross stitch coiled (Lambert/Ambler 1961:64f)
Interlocked coiling stitch (Elsasser 1978:626)
Espiral de armadura libre entrelazada (Barcelona
  1976)

1.3. Kreuzweise einhängendes Wulsthalbflechten

Zwei aktive Fadensysteme halten die passiven
durch kreuzweises Einhängen fest. Je nach der
Fadenführung erhalten wir dabei Übergangsformen zum echten Flechten.

Abb. 64a: Kreuzweise einhängendes
      Wulsthalbflechten, fortlaufend umwickelnd

Abb. 64b: Kreuzweise einhängendes
      Wulsthalbflechten, umflechtend

Andere Bezeichnungen:
Double lacing (Mason 1908:29)
Espiral de armadura libre cruzada (Barcelona 1976)

1.4. Verschlingendes Wulsthalbflechten

Der aktive Faden kann die passiven Stränge in
allen bereits früher erwähnten Variationen des
Verschlingens fixieren (cf. Maschenstoffe), wobei er entweder in den Maschenbogen
(Abb. 65a–b) des aktiven Elementes oder in
die passiven Elemente einhängt (Abb. 65c).
Häufig sind das einfache (Abb. 65a und c), das
mehrfache (Abb. 65b) und das doppelschlaufige Verschlingen (Abb. 65d). Analog zu den
entsprechenden Maschenstoffverfahren kann
wiederum durchstechend, umfassend oder
verhängt verschlungen werden.

Abb. 65a: Einfach verschlingendes Wulsthalbflechten,
      in die Maschenbögen des aktiven
      Elementes einhängend

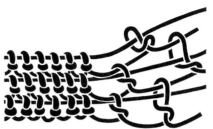

Abb. 65b: Zweifach verschlingendes
      Wulsthalbflechten, in die Maschenbögen
      des aktiven Elementes einhängend

Abb. 65c: Einfach verschlingendes Wulsthalbflechten,
      das passive Element umfassend

Abb. 65d: Doppelschlaufig verschlingendes Wulst-
      halbflechten, umfassend

Andere Bezeichnungen:
*Einfach verschlingendes Wulsthalbflechten
(Abb. 65a):*
Einfaches Wulsthalbflechten (Müller 1967:245)
Vannerie spiralée vraie (Leroi-Gourhan 1943:286)
Vannerie spiralée demi-clef (Balfet 1952:271)
Half-hitch coiling (Davidson 1919:285)
Half-hitch coil over a foundation (O'Neale 1949:77)
Simple looping over a foundation element (interlocked
    stitches) (Emery 1966:53)
Omslingen (Keppel 1984:52)
Cestería en espiral de armazón libre (Mora de Jara-
    millo 1974:342)
Espiral de armadura libre de encaje (Barcelona 1976)
Trançado costurado com ponto de nó (Ribeiro
    1988:66)

*Zweifach verschlingendes Wulsthalbflechten
(Abb. 65b):*
Twisted half-hitch over a coiled foundation (Lothrop
    1928:137)
Loop-and-twist on a foundation element (Emery
    1966:54)

*Doppelschlaufig verschlingendes
Wulsthalbflechten (Abb. 65c–d):*
Höhere Form des Wulsthalbflechtens (Müller
   1967:250f.)
Mousing knot (Mason 1908:27)
Figure-of-eight wrapping (Collingwood 1968:241)
Mariposa weave (Navajo school 1972:29)
Encadenado y enlace (Millán de Palavecino 1960)
Espiral trenzado simple o compuesta (Barcelona 1976)

1.5. Verknotendes Wulsthalbflechten

Wie beim verschlingenden Wulsthalbflechten
ist es auch hier möglich, die passiven Elemente
durch verschiedene Knotenformen miteinander
zu verbinden (cf. Knoten). Häufig geschieht
dies mit Hilfe von freien Knoten, die zudem oft
doppelschlaufig geführt werden. Feste Knoten
wären zwar möglich, kommen in der Praxis jedoch kaum vor.

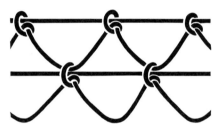

Abb. 66a: Wulsthalbflechten mit Finger- oder
Pfahlbauknoten

Abb. 66b: Wulsthalbflechten mit doppelschlaufigem
Knoten

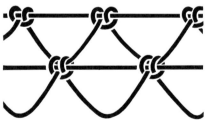

Abb. 66c: Wulsthalbflechten mit halbem
asymmetrischem Knoten

Andere Bezeichnungen:
*Wulsthalbflechten mit Finger- oder
Pfahlbauknoten (Abb. 66a):*
Knotted loops on a foundation element, simple knot
   (Emery 1966:54)
Espiral anudada (Barcelona 1976)

*Wulsthalbflechten mit doppelschlaufigem
Knoten (Abb. 66b):*
Höhere Form des Wulsthalbflechtens (Müller
   1967:256)

*Wulsthalbflechten mit halbem asymmetrischem
Knoten (Abb. 66c):*
Knotted loops on a foundation element, clove hitch
   (Emery 1966:54)

2. Durchstechendes Wulsthalbflechten

Der aktive Faden kann bei diesen Formen entweder durch die passiven Stränge oder durch
das aktive System der vorangehenden Tour
oder aber durch beide Teile stechen. Theoretisch gibt es ebensoviele Variationen wie beim
umfassenden Wulsthalbflechten, doch über-
wiegen in der Praxis die einfacheren Techniken
wie das durchstechend umwickelnde Wulsthalbflechten (Abb. 67) und das durchstechend
einhängende Wulsthalbflechten (Abb. 68).

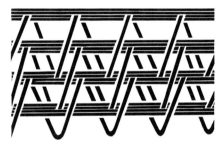

Abb. 67: Durchstechend umwickelndes
Wulsthalbflechten

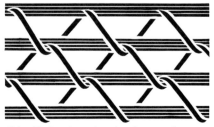

Abb. 68: Durchstechend einhängendes
Wulsthalbflechten

Andere Bezeichnungen:
Durchstechend umwickelndes Wulsthalbflechten (Abb. 67):
Spiralwulstflechterei (Vogt 1937:8)
Vannerie spiralée cousue (Balfet 1952:268)
Uninterlocked coiling technique (Green Gigli et al. 1974:24)
Uninterlocked coiling: split stitch (Elsasser 1978:626)
Regular split stitch (Gallinger 1975:146)
Cestería en espiral con armazón cogido (Mora de Jaramillo 1974:342)

Durchstechend einhängendes Wulsthalbflechten (Abb. 68):
Schling- oder Spiralwulsttechnik (Staub 1936:26)
Spiralwulstflechterei Art 2 (Vogt 1937:8)
Vannerie spiralée à points fendus (Balfet 1952:269)
Coiled basketry, split stitch (Loud/Harrington 1929:15ff.)
Plain split stitch (Tanner 1968:31)
Teijdo cosido en espiral (Reichel-Dolmatoff 1960:156)
Cestería cosida en espiral (Alfaro Giner 1984:168)

Übergangsformen zum echten Flechten und zu höheren stoffbildenden Techniken

Übergangsformen vom passiv-aktiven zum aktiv-aktiven Flechten entstehen immer dann, wenn bei Halbgeflechten noch zusätzlich (nachträglich) ein aktives Element in Erscheinung tritt, das entweder mit dem passiven oder mit dem aktiven System echte Bindungen bildet. Anderseits müssen Verfahren wie Wickeln und Zwirnbinden bei Verwendung einer gespann-

ten Kette zu den höheren stoffbildenden Techniken gerechnet werden (cf. Kettenstoffe).
Die wiederholt erwähnte Überschneidung der beiden für unsere Systematik massgebenden Hauptgesichtspunkte (Bindungsform und Arbeitsvorgang) kommt in dieser Übergangsgruppe besonders stark zum Ausdruck.

Flechten mit aktiven Systemen (echtes Flechten)

Der Stoff wird durch Verkreuzen der Elemente von zwei oder mehreren Fadensystemen (echte Bindungen) gebildet. Dabei kann man nach Belieben mit Einheiten des einen oder anderen Systems arbeiten. Deren Funktionen sind

auswechselbar (deshalb die Bezeichnung aktiv-aktiv).
Nach der Zahl der benötigten Systeme unterscheidet man Flechten in zwei und in mehreren Richtungen, sowohl zwei- als auch dreidimen-

Geflochtener Frauengürtel der Buboi, Manus Province, Papua Neuguinea, 1932 (Vb 9805).

sional. Flechten in zwei Richtungen wird unterteilt in randparalleles Flechten, Diagonalflechten, Zwirnflechten und Zwirnspalten, während die Mehrrichtungsgeflechte nach der Zahl der Richtungen unterschieden werden. Dazu kommen eine Anzahl komplexer Verfahren, die zur Herstellung von Textilien dienen, deren Breite (oder Querschnitt) im Verhältnis zu ihrer Länge relativ gering ist (Zöpfe, Kordeln, Schlauchgeflechte, u.ä.) sowie Verfahren, die eine Kombination von Zwei- und Mehrrichtungsgeflechten darstellen (klöppeleiartige Verfahren), ja sogar unter Einbezug gewisser Maschenstofftechniken (Macramé).

Geflechte werden meist ohne Hilfsmittel angefertigt. Nur für die feinen und komplexen Formen benötigt man Nadeln oder besondere Gerätschaften. Flechten ist ausserordentlich weit und in den verschiedenartigsten Formen und Variationen verbreitet.

Flechten in zwei Richtungen

Die Bindungsformen der Zweirichtungsgeflechte werden analog derjenigen von Geweben bezeichnet (cf. Weberei).

1. Randparalleles Flechten

Die beiden Flechtrichtungen verlaufen zu den Rändern des Stoffes parallel bzw. senkrecht (Abb. 69). Die Bindungen entsprechen denjenigen des Webens (s. S. 96ff.). Während in den meisten randparallel arbeitenden Verfahren nach Belieben mit dem einen oder anderen System gearbeitet werden kann (auswechsel-

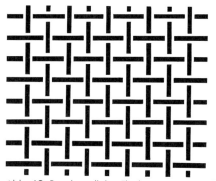

Abb. 69: Randparalleles Flechten in Leinwandbindung

bare Funktionen), bleibt in einer Sonderform, dem Stakenflechten (Abb. 70), das eine System ständig aktiv, das andere mehr oder weniger passiv. Die Stakenflechterei ist deshalb eng mit dem Halbflechten verwandt, besonders mit dem Binden, Wickeln und Zwirnbinden. Auch hier sind Hilfsmittel selten und die Variationen nicht sehr zahlreich.

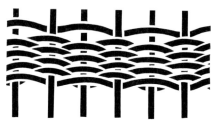

Abb. 70: Stakenflechten

Andere Bezeichnungen:
Randparalleles Flechten:
Vannerie tissée, type natte à deux nappes perpendiculaires, droite (Balfet 1952:273)
Tissage croisé (Anquetil 1979:15)
Right-angled interlacing (Emery 1966:62)
Recht vlechtwerk (Ahlbrinck 1925:640)
Kruisvlechtingen (Lamster 1926:Fig. 1–2)
Recht vlechten (Keppel 1984:61)
Cestería tejida derecha (Mora de Jaramillo 1974:299)
Tejido asargado (Reichel-Dolmatoff 1960:154)
Entrecruzado perpendicular (Saugy 1974:174)

Stakenflechten:
Stangenflechterei (Gandert 1963:23)
Vannerie tissée type clayonné (Balfet 1952:273)
Montants passifs – type clayonné (Pellaton-Chable 1980:122)
Wicker weave (Lyford 1943:94)
Wicker basket weave (Underhill 1948:20)
Ribbed and stem type of basket weave (Belen 1952:48)
Randed type (Cardale-Schrimpff 1972:180)
Stakenvlechten (Keppel 1984:65)
Tejido en cerco (Barcelona 1976)
Cestería derecha en bardal (Mora de Jaramillo 1974:299)
Trançado cruzado arqueado (Ribeiro 1980:35)

2. Diagonalflechten

Die beiden Flechtrichtungen verlaufen zu den Rändern des Stoffes in Winkeln von weniger als 90 Grad. Die Verkreuzungen stellen echte Bindungen dar, die analog zu denjenigen des Webens bezeichnet werden. Obwohl das Diagonalflechten technisch gesehen zu den einfachsten Flechtverfahren zählt, stellen die davon herzuleitenden Formen des Zopf-, Schlauch- und Kordelflechtens höchst komplexe Techniken dar, die deshalb als eigene Gruppe behandelt werden müssen.

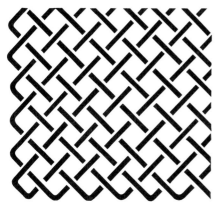

Abb. 71: Diagonalflechten in Leinwandbindung

Andere Bezeichnungen:
Vannerie diagonale (Leroi-Gourhan 1943:281)
Vannerie tissée, type natte à deux nappes perpendiculaires, diagonale (Balfet 1952:273)
Montants actifs – type natté (Pellaton-Chable 1980:122)
Tissage diagonal (Anquetil 1979:15)
Old indian weave, finger weaving (Lyford 1943:69f.)
Diagonal braiding (Hald 1950:115)
Diagonal plaiting (Klausen 1957:26)
Braiding (Peck Kent 1957:593)
Oblique interlacing (braiding) (Emery 1966:62)
Diagonal vlechtwerk (Loeber 1902:14)
Diagonaal vlechten (Keppel 1984:57)
Diagonalfletning (Hald 1975:9)
Cestería tejida diagonal simple (Barcelona 1976)
Cestería tejida diagonal (Mora de Jaramillo 1974:297)
Entrecruzado oblicuo (Saugy 1974:174)
Tejido jaquelado (Reichel-Dolmatoff 1960:154)
Trançado entrecruzado em diagonal (Ribeiro 1986:300)
Trançado xadrezado em diagonal (Ribeiro 1980:113)
Trançado diagonal (Melo Taveira 1980:229)

3. Zopf-, Kordel- und Schlauchflechten

Die Verfahren, die sich im Prinzip vom Diagonalflechten (nur selten vom randparallelen Flechten) ableiten lassen, dienen zur Herstellung von Textilien, deren Länge bedeutend grösser ist als deren Breite oder Durchmesser. Grundsätzlich ist zu unterscheiden zwischen zwei- und dreidimensionalen Geflechten dieser Art, ferner nach der Zahl der verwendeten Elemente sowie deren Manipulation und schliesslich der Bindungsform. Letztere entspricht derjenigen der Zweirichtungsgeflechte und/oder Zwirnbindungen.

Zopf- und Schlauchflechten dient zur Herstellung von schmalen Stoffen, von Schnüren und Kordeln, die teilweise wieder als «Faden» zur Stoffanfertigung gebraucht werden. Geflechte dieser Art sind besonders elastisch und solide. Einfache Zopf- und Schlauchgeflechte stellt man ohne Hilfsgeräte her. Für komplizierte Arten, vor allem für sogenannte Posamentierarbeiten und bei Verwendung von feinen Fäden, verwendet man Gewichte zum Strecken der einzelnen Fäden und andere Hilfsgeräte (z. B. Düntel). Ferner werden die Elemente oft an einem Ende fixiert, um die Arbeit zu erleichtern. Anstatt loser Fäden kann auch eine gerade oder ungerade Anzahl Schlaufen durcheinandergezogen werden (Schlaufenflechten).

3.1. Zweidimensionales Zopfflechten

Die zweidimensionalen Zopfgeflechte sind nichts anderes als schmale Zweirichtungsgeflechte in hauptsächlich diagonaler Arbeitsrichtung. Man kann sowohl mit einer ungeraden (minimal 3) oder geraden (minimal 4) Zahl von Elementen flechten. Diese können an einem Ende fixiert sein und aus losen Fäden (Abb. 72a) oder aber, bei gerader Zahl der Elemente, aus Fadenschlaufen bestehen (Abb. 73). Das einfachste zweidimensionale

Abb. 72a: Sechserzopf mit losen Enden

Zopfgeflecht ist der Dreierzopf, der auf der Basis von losen oder fixierten Enden (Abb. 72b) geflochten werden kann. Wenn beide Enden fixiert sind, entstehen an beiden Enden dieselben Verkreuzungen, d. h. wir erhalten eine dem Flechtsprang (s. S. 62f.) eng verwandte Sonderform (Abb. 72c). Eine weitere Sonderform stellt auch das zopfartige Verflechten dreier Elemente dar, wobei allerdings die einzelnen Elemente, nach kurzem Verkreuzen mit den anderen Elementen in

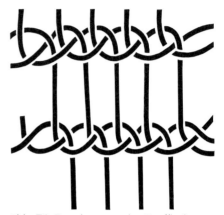

Abb. 74: Zweidimensionales Zopfflechten (Sonderform)

Abb. 72b: Dreierzopf mit fixierten Enden

Abb. 72c: Fünferzopf mit fixierten Enden

Abb. 75: Zweidimensionales Zopfflechten mit Verhängen einzelner Elemente

Abb. 73: Zweidimensionales Schlaufenflechten

waagrechter Richtung, vertikal bis schräg über die Fläche geführt werden. Die einzelnen Elemente führen also eine Treppenbewegung über den ganzen Stoff hinweg aus (Abb. 74). Als Grundbindungen kommen im allgemeinen Leinwand und Köper in Frage (s. S. 96f., 98ff.), doch sind auch ein seitliches Verhängen der Elemente ineinander möglich (Abb. 75) sowie ihr Verzwirnen (s. Zwirnflechten S. 50ff.).

Farbgebung und Fadenführung ermöglichen zahlreiche reizvolle Varianten und Mustereffekte (Abb. 76).

Abb. 76: Neunerzopf

Andere Bezeichnungen:
Zweidimensionales Schlaufenflechten:
Reciprocal plaiting (Cardale-Schrimpff 1984:249)

Sonderform des zweidimensionalen Zopfflechtens:
Neolithic braiding (Larsen 1986:82)

Zweidimensionales Zopfflechten:
Flechtband aus drei usw. Fäden, vier (usw.)-fädige Verflechtung (Hartung 1963:18)
Tresse à trois brins, tresse à brins multiples (Leroi-Gourhan 1943:271)
Three strand braid (Mason 1908:14)
Braiding (Miner 1935/36:185)
X-strand braid plaiting (Miner 1935/36:182)
Three strand plait (O'Neale 1937:196)
Flat braids (flache Geflechte) (Speiser 1983:31, 234)
Flat sennit of ... strands (Crowfoot 1938:71)
Flat braiding (Larsen 1986:80)
Multiple-strand plaiting (O'Neale 1942:162)
Three-ply braid (Buck 1944:301)
Three-strand flat braid (Peck Kent 1954:65)
Whip cording with three etc. strands (Hald 1957:248)
Bandvlechten (Keppel 1984:72)
Virkede baand (Hald 1975:9)

Piskefletning med ... traade (Hald 1975:27)
Trenzado plano (Millán de Palavecino 1970:22)
Trenza multiple (Mora de Jaramillo 1974:335)
Trenza de tres hilos (Mora de Jaramillo 1974:294)
Trenzado de 3 a n hebras (Barcelona 1976)

3.2. Dreidimensionales Zopf-, Kordel- und Schlauchflechten

Bei den dreidimensionalen Formen unterscheiden wir zwischen Schlauchgeflechten und kompakten Geflechten.

3.2.1. Schlauchflechten

Schlauchgeflechte bestehen aus einer geraden Zahl von Elementen, deren eine Hälfte mit der anderen in entgegengesetzter Schraubenlinie leinwand- oder köperbindig verflochten wird. Schlauchgeflechte auf der Basis von Fadenschlaufen sind nicht möglich. Schlauchgeflechte sind «innen» hohl, können aber auch um eine Einlage (Seele) gearbeitet werden.

Abb. 77: Schlauchgeflecht in Köperbindung

Andere Bezeichnungen:
Tubular braid (Speiser 1983:92,234)
Hollow braid, oblique tubular (Larsen 1986:86)

3.2.2. Kompaktes dreidimensionales Kordelflechten

Die Variationsbreite dieser Kordelgeflechte ist beinahe unbegrenzt. Die Geflechte können einen runden, ovalen, drei-, vier-, sechs- bis achteckigen Querschnitt aufweisen (Abb. 78). Dadurch, dass die Elemente nicht nur an der Oberfläche sondern auch im Innern miteinander verflochten sind, ergeben sich sehr solide und dekorative Zöpfe und Kordeln.

Abb. 78: Viereckiges Kordelgeflecht aus vier Elementen

Kordelgeflechte können sowohl auf der Basis von losen Elementen als auch auf derjenigen von Fadenschlaufen angefertigt werden. Bei letzteren besteht eine enge Verwandtschaft zum Schnurstricken und -häkeln (s. S. 31, 33, Abb. 79).

Abb. 79: Dreidimensionales Schlaufenflechten

Andere Bezeichnungen:
Auf der Basis von losen Elementen:
Plattings (Mooi 1977:56)
Solid or three dimensional braids (Speiser 1983:234)
Solid square braid (Larsen 1986:87)
Three-dimensional braiding with elements crossing
   center (Larsen 1986:88)

Auf der Basis von Schlaufen:
Loop-plaiting (Cardale-Schrimpff 1984:89)

4. Zwirnflechten

Anstatt wie bei den Zweirichtungsgeflechten sich in echten Bindungen zu kreuzen, werden beim Zwirnflechten die Elemente in einer Zwirnbindung fixiert. Was die Flechtrichtung anbelangt, gehören diese Verfahren in die Nähe des Diagonalflechtens.
Es lassen sich nach dem Verhältnis der Fadensysteme zueinander zwei Hauptgruppen unterscheiden, nämlich aktiv-passives und aktiv-aktives Zwirnflechten.

4.1. Aktiv-passives Zwirnflechten

Dabei wechseln die paarweise geführten Elemente in ihrer Funktion von aktiv zu passiv miteinander ab, d.h. die Elemente a fixieren die Elemente b in einem S- und/oder Z-kreuzigen Zwirn, um dann am Flechtrand (Abb. 80a) oder in der Mitte (Abb. 80b–c) die Rollen zu vertauschen. Im fertigen Stoff ergeben sich daraus diagonale Rippen. Die Struktur ist mit derjenigen von zwirnbindigen Halbgeflechten und des diagonalen Zwirnspaltens identisch.

Abb. 80a: Aktiv-passives Zwirnflechten, Z-kreuzig

Abb. 80b: Aktiv-passives Zwirnflechten, eine Hälfte S-, die andere Z-kreuzig

Abb. 80c: Aktiv-passives Zwirnflechten, abwechselnd Z- und S-kreuzig

Andere Bezeichnungen:
Twined oblique interlacing (Speiser 1983:54)
Oblique twining (Harvey 1976:7)
Single oblique twining (Emery 1966:64)

4.2. Aktiv-aktives Zwirnflechten

Beide Fadensysteme verhalten sich gleichmässig aktiv, wobei folgende Varianten möglich sind: Elemente a verzwirnen um Elemente b und Elemente b verzwirnen um Elemente a (Abb. 81a) oder a und b sind ineinander verzwirnt (Abb. 81b).

Vor oder nach dem gegenseitigen Verzwirnen können die Elemente der Gruppen a und b jeweils einmal oder mehrere Male mit sich selbst verzwirnt sein (Abb. 81c), ferner kann das Verfahren mit Zopfflechten kombiniert werden (Abb. 81d).

Abb. 81a: Aktiv-aktives Zwirnflechten: Elemente a verzwirnen um Elemente b und umgekehrt

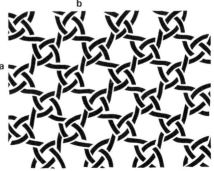

Abb. 81b: Aktiv-aktives Zwirnflechten: Elemente a und b sind ineinander verzwirnt

Je nach Variation sind die Strukturen identisch mit denjenigen von diagonalem Zwirnspalten, Zwirnbindesprang und klöppeleiartigen Verfahren (s. S. 53, 55, 63f.).

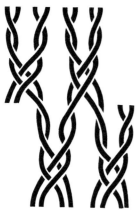

Abb. 81c: Aktiv-aktives Zwirnflechten: mit zusätzlichem Zwirn

Abb. 81d: Aktiv-aktives Zwirnflechten: mit Zopfflechten kombiniert

Andere Bezeichnungen:
Gegenseitige Zwirnbindung (Speiser 1983:236)
Double oblique twining (Emery 1966:65)
Intertwining (Speiser 1983:236)

5. Zwirnspalten

Wie der Name schon sagt, ist dieses Verfahren nur auf der Grundlage gezwirnter Elemente (Fäden, Schnüre) möglich, was es u. a. vom Spalten des einen Systems (das stets passiv bleibt) unterscheidet. Als Hilfsmittel werden zum Spalten Nadeln benutzt. Zwirnspalten bietet im Vergleich zum Zwirnflechten mehr Variationsmöglichkeiten.

Andere Bezeichnungen:
Split-ply twining (Harvey 1976)
Ply-splitting (Quick/Stein 1982)

5.1. Verhängtes Zwirnspalten

Parallele, gezwirnte Elemente werden sozusagen durchstechend ineinander «verhängt», d.h. Element a spaltet Element b und wird von diesem an der Verhängstelle wiederum durchstochen (Abb. 82a) oder umgekehrt (Abb. 82b). Auch Arbeiten mit Zwirnpaaren ist möglich (Abb. 82c).

Abb. 82a: Verhängtes Zwirnspalten: Element a spaltet Element b

Abb. 82b: Verhängtes Zwirnspalten: Element b spaltet Element a

Abb. 82c: Verhängtes Zwirnspalten: mit Zwirnpaaren

Andere Bezeichnung:
Twined linking (Speiser 1983:113)

5.2. Randparalleles Zwirnspalten

Bei diesem Verfahren werden die Zwirne des einen Systems (passiv) von denjenigen des anderen Systems in randparalleler Richtung ge-

spalten (aktiv-passiv, Abb. 83a), oder beide Systeme spalten sich gegenseitig (aktiv-aktiv, Abb. 83b). Die Strukturen sind beim aktiv-passiven Verfahren identisch mit denjenigen beim Zwirnbinden der Kette (s. S. 59), Brettchen- und Fingerweben (s. S. 81ff.).

5.3. Diagonales Zwirnspalten

Auch bei diesem diagonal ausgeführten Verfahren können wir grundsätzlich unterscheiden zwischen einem alternierend aktiven-passiven Verhältnis der Fadensysteme (Abb. 84a) und deren gegenseitiger aktiver Durchdringung (Abb. 84b). Bei Mehrfachzwirnen ergeben sich weitere Möglichkeiten, je nachdem, wo diese durchstochen werden (Abb. 84c).

Abb. 83a: Randparalleles Zwirnspalten aktiv-passiv

Abb. 84a: Diagonales Zwirnspalten alternierend aktiv-passiv

Abb. 83b: Randparalleles Zwirnspalten aktiv-aktiv

Abb. 84b: Diagonales Zwirnspalten aktiv-aktiv

Auf die strukturelle Verwandtschaft zum Zwirn- flechten und zum Zwirnbindesprang wurde be- reits hingewiesen (s. S. 51f., 63f.).

Abb. 84c: Diagonales Zwirnspalten aktiv-aktiv: mit Zwirnpaaren

Andere Bezeichnungen:
Oblique interworking by ply-splitting (Speiser 1983:111)
Ply-splitting to produce a single (double) oblique twined fabric (Quick/Stein 1982:32)

Flechten in drei und mehr Richtungen

Statt zwei braucht man zum Flechten minde- stens drei Fadensysteme. Für mehr als drei Sy- steme werden die Fäden zum Teil fixiert.
Die Verfahren stellen deshalb schon einen Übergang zu den höheren stoffbildenden

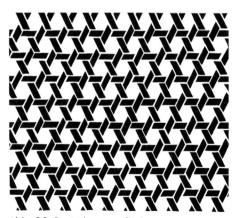

Abb. 85: Dreirichtungsgeflecht

Techniken dar. Nach der Bindungsart unter- scheidet man gleichwertig miteinander ver- flochtene Elemente oder Geflechte mit einge- zogener dritter, vierter usw. Richtung, ferner nach der Struktur lockere oder dichte Mehr- richtungsgeflechte.
Flechten in drei und mehr Richtungen ist eine hochspezialisierte Endform des Flechtens, die bindungsmässig nur wenige Variationen ge- stattet.

Abb. 86: Vierrichtungsgeflecht

Andere Bezeichnungen
Mehrrichtungsflechten:
Strahlenweberei (Von Kimakowicz-Winnicki 1910:31)
Vannerie tissée à trois nappes et plus (Balfet 1952:273)
Lattice-type basket work (O'Neale 1949:76)
Multi-directional plaiting (Dunkelberg 1985:363)

Dreirichtungsflechten (Abb. 85):
Loses Geflecht aus 3 Flechteinheiten mit hexagonalen Maschen (Detering 1962:66)
Geflecht dreifacher Richtung (Krucker 1940/41:77)
Vannerie tissée type carreau à trois éléments (Balfet 1952:274)
Hexagonal plaiting (Miner 1935/36:182)
Interlaced basketry with three sets of elements (Clements Scholz 1975)
Plaiting three-directional (Dunkelberg 1985:364)
Lattice technique, hexagonal (Cardale-Schrimpff 1972:416)
Spaansche ster (Loeber 1902:16)
Ijlie drierichtingsmethode (Jasper-Pierngadie 1912:51)
Kruisvlechtingen met drie reepen (Lamster 1926: Fig. 5–6)
Diagonal compuesta en tres direcciones (Barcelona 1976)
Cestería enrejada (Mora de Jaramillo 1974:338)
Tejido hexagonal (Reichel-Dolmatoff 1960:154)
Trançado hexagonal triangular (Ribeiro 1986b:319)

Vierrichtungsflechten (Abb. 86):
Geflecht mit Leinwandbindung und Diagonalstreifen
(Vogt 1937:40)
Octagonal weave (Belen 1952:51)
Caning (Larsen 1986:66)
Diagonal compuesta: rejilla (Barcelona 1976)
Tejido cuadrilateral cruzado (Reichel-Dolmatoff
1960:155)

Kombinationen von Zwei- und Mehrrichtungsgeflechten

Bei diesen Verfahren wird partiell in zwei randparallelen und zwei diagonalen Richtungen
geflochten, wobei diese dann miteinander
kombiniert werden zu einem Vierrichtungsgeflecht, oder Zwei- und Dreirichtungsgeflechte
wechseln im selben Stoff miteinander ab. Dazu
können noch Elemente aus anderen Verfahren,
wie Maschenstofftechniken, hinzukommen. Für
solche Kombinationen werden Hilfsgeräte benutzt.

1. Klöppeleiartige Verfahren

In der einfachsten Form dieser Art führt man die
Fäden diagonal, in Kombinationen auch randparallel. Im zweiten Fall ergeben sich mehr als
zwei Fadenrichtungen. Die Bindungsformen
kombinieren oft echte Verkreuzungen mit Drehungen (Abb. 87).
Wie das Zopf- und Schlauchflechten zur komplizierten Herstellung von Posamentierarbeiten
entwickelt wurde, ist aus den einfachen klöppeleiartigen Verfahren das eigentliche Klöppeln mit Holzgewichten, Kissen, Vorlagen und
Nadeln als Hilfsgeräten entstanden.

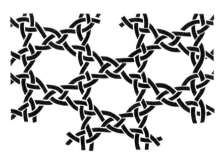

Abb. 87: Klöppeln durch Kreuzen und Drehen
(fond chant)

Abb. 88a–d: Klöppeln durch Flechtschlag
(Viererzopf)

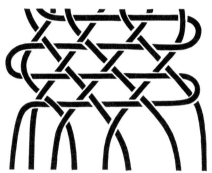

Abb. 89: Klöppeln durch Netzschlag
(Dreirichtungsgeflecht)

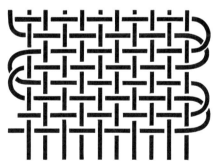

Abb. 90: Klöppeln durch Leinenschlag (randparalleles
Geflecht)

Andere Bezeichnungen:
Plaiting with twisted yarns (D'Harcourt 1962:76ff.)
Oblique twining (Emery 1966:64)
Finknyppling (Nylén 1969:102)
Slynget snor og dens slægtninge (Hald 1975:26)
Bolillo (Mora de Jaramillo 1974:293)
Tranzado tipo bolillo (Barcelona 1976)

Einem Viererzopf (Abb. 88a–d) entspricht beim Klöppeln der
Flechtenschlag (De Dillmont o.J.:654)
Vierteilige Flechte (Müller/Brendler/Spiess 1958:175)
Four strand plait (Start 1948:78)
Vävslag (Nylén 1969:297)

Einem Dreirichtungsgeflecht (Abb. 89) entspricht der
Netzschlag (Müller/Brendler/Spiess 1958:175)
Gimpen- oder Halbschlag (Weber 1979:35)

Einem randparallelen Geflecht (Abb. 90) entspricht der
Leinenschlag, toilé (Csernyánszky 1962:7)
Ganzschlag (Schuette 1963:53)
Whole-stitch clothwork (Freeman 1958:22)

Der Kombination von Kreuzen und Drehen (Abb. 87) entspricht der
Löcherschlag (Flemming 1957:367)
Fond chant (Weber 1979:35)
Torchon (Speiser 1983:185)

2. Macramé

Der Name kommt vom arabischen «mucharram», was «Gitterwerk» oder übertragen «Franse» bedeutet. Die Technik ist eng an klöppeleiartige Verfahren anzuschliessen, unterscheidet sich aber von jenen durch zusätzliches Verschlingen und Verknoten. Beide Verfahren werden in Posamenten oft miteinander kombiniert verwendet.

Macramé-Arbeiten bestehen aus vier oder mehr Fadenelementen, wovon zwei Elemente abwechselnd zur Bildung des Grundknotens dienen. Der halbe symmetrische, der Altweiberknoten und der symmetrische Knoten stellen drei der wichtigsten Macramé-Grundknoten dar. Die nicht zur Knotenbildung gebrauchten Elemente werden auf die verschiedenste Weise durch den Grundknoten geführt. Analog zum Klöppeln ist es ebenfalls möglich, in mehr als zwei Richtungen zu arbeiten.

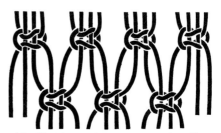

Abb. 91: Macramé mit symmetrischem Knoten

Andere Bezeichnungen:
Knüpfarbeit (De Dillmont 1902:403ff.)
Knüpfgewebe, Knüpfgeflecht (Von Kimakowicz-Winnicki 1910:34)
Square knotting (Woollard 1953:33f.)
Interknotting (Emery 1966:65)

Grundknoten, halber symmetrischer Knoten:
Rippenknoten (Zechlin 1966:107)

Grundknoten, symmetrischer Knoten oder Altweiberknoten:
Flacher Knoten (Thümmel o.J.:8)
Flacher Doppelknoten (De Dillmont 1902:407)
Flachknoten (Zechlin 1966:107)
Versetzter Kreuzknoten (Lammèr 1975:192)
Square or Solomon's knot (O'Neale 1945:Fig. 80b)
Dubbelknut (Nylén 1969:280)

Literatur zum Flechten: siehe Seite 170ff.

Höhere stoffbildende Techniken

Alle höheren stoffbildenden Techniken sind durch die Verwendung einer Kette, d. h. eines ausgespannten und fixierten Fadensystemes, gekennzeichnet. Die Kette ist in der Regel passiv, das andere System dagegen, der Eintrag, aktiv.

Hinsichtlich der Bindungen kann man die Verfahren nicht scharf von den primären stoffbildenden Techniken abgrenzen. Viele schon dort festgestellte Formen treten auch hier auf, und nur die Herstellungsart ist dann für die Einteilung in die eine oder andere Gruppe entscheidend.

Technisch am höchsten steht in dieser Gruppe die Weberei. Die anderen Verfahren stellen in ihrer Gesamtheit Übergangsformen zum Weben dar, weil sie alle wie die Weberei eine fixierte Kette benützen.

Man unterscheidet drei Gruppen: Kettenstoffverfahren, Halbweben und Weben

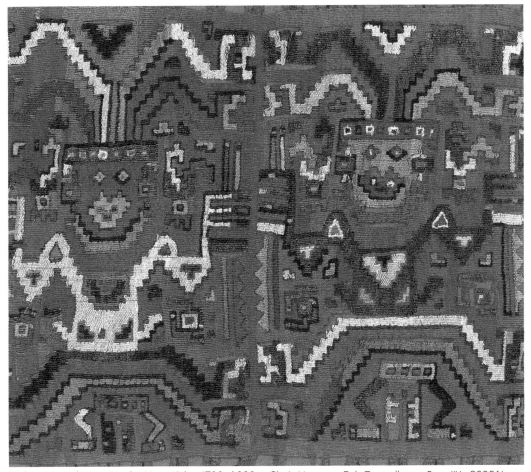

Wirkerei aus Alpaca, Moche-Huari-Kultur (700–1000 n. Chr.), Huarmey-Tal, Zentralküste, Peru (IVc 23821).

Kettenstoffverfahren

Man kann die Kette auf verschiedene Arten fixieren, z.B. rundlaufend (zweiebig) um ein zylindrisches Holzstück, um zwei im Boden steckende Pflöcke oder um einen Rahmen herum, ferner fadenweise auf einem Hilfsgerät, also einebig. Es ist ebenfalls möglich, wie beim Weben mit einer doppelten, ja sogar mit einer dreifachen Kette zu arbeiten.

In den meisten Verfahren ist die Kette passiv, in einigen Formen aber aktiv, indem man einzelne ihrer Fäden miteinander verkreuzt oder verdreht. Wir unterscheiden also prinzipiell zwischen Kettenstoffen mit aktiver und solchen mit passiver Kette. Die Gruppe mit aktiver Kette gliedert sich in Sprang und in Zwirnbinden der Kette. Bei der Gruppe mit passiver Kette erfolgt die systematische Gliederung am besten nach der Art, wie man den Eintrag zur Bindung der Kette verwendet. Man gelangt auf diese Weise zu folgender Anordnung: Wickeln des Eintrages, Knoten des Eintrages, Zwirnbinden des Eintrages, Flechten des Eintrages, Wirken und Herstellung von Partialstoffen.

Die Verfahren, die technisch gesehen der Weberei vorausgehen, werden oft mit dieser kombiniert.

Wollene Tasche, Kombination von Einhänge- und Zwirnbinde-Sprang, koptisch (400–700 n. Chr.), Ägypten (III 15485).

Stoffbildung mit aktiver Kette (Kettenverkreuzung oder -verdrehung)

Während in den übrigen Kettenstofftechniken die Lage der Kettfäden zueinander kaum verändert wird, erzeugt man hier die Stoffe weitgehend durch Verkreuzungen und Verschlingungen der einzelnen Kettfäden. Die Einträge liegen parallel nebeneinander, sie können aber auch fast vollständig fehlen. Während der Stoffbildung arbeitet man also vorwiegend mit der Kette. Die Verfahren stellen spezialisierte Formen der Kettenstoffbildung dar.

Zwirnbinden der Kette

Die an einem Ende fixierten Kettfäden werden paarweise (oder in Gruppen) in gleicher (Abb. 92a) oder abwechslungsweise verschiedener Richtung um den Eintrag verzwirnt (Abb. 92b). Zwirnbinden der Kette ist nur mit losen, an einem Ende fixierten Kettfäden möglich. Wäre die Kette an beiden Enden fixiert, so müßte das Verfahren zum reservierenden Halbweben gerechnet werden.

Der Eintrag ist in beiden Fällen, wenigstens wenn es sich um dichte Stoffe handelt, unsichtbar.

Die Struktur ist identisch mit derjenigen des randparallelen Zwirnspaltens, des Finger- und Brettchenwebens sowie des reservierenden Halbwebens.

Abb. 92b: Zwirnbinden der Kette in S- und Z-Richtung

Andere Bezeichnungen:
Galons à fils de chaîne enroulés (D'Harcourt 1934:67ff.)
Warp twine tie (Kent Peck 1957:580)
Bands with twisted warp yarns (D'Harcourt 1962:62ff.)
Warp-twining (Emery 1966:196ff.)
Kettingtwijnen (Brommer 1988:90)
Torcido de urdimbre (Nardi 1978:40)

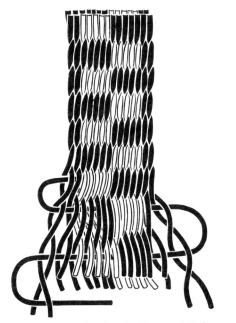

Abb. 92a: Zwirnbinden der Kette in Z-Richtung

Sprang

Zur Stoffbildung verwendet man bloss eine Kette. Ihre Fäden verdreht oder verkreuzt man und fixiert sie jeweils behelfsmässig mit Eintragstäben (Abb. 93a–c). Hier ist also die Kette aktiv. Man arbeitet von einem Kettenende her. Dabei bilden sich am anderen Ende die gleichen Verkreuzungen von selbst. Auch diese fixiert man mit Hilfe von Stäbchen. Die auf diese Weise von zwei Seiten her gegen die Mitte zu entstehenden spiegelbildlichen Bindungen muss man am Schluss, in der Mitte, auf irgendeine Art fixieren, damit sie sich nicht wieder auflösen. Dann kann man die Stäbchen entfernen.

Die Stoffe sind sehr elastisch. Sie sehen Diagonalgeflechten, durch Einhängen gebildeten Maschenstoffen, geklöppelten und zwirnbindi-

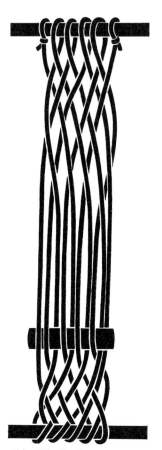

Abb. 93b: Flechtsprang

gen Textilien oft täuschend ähnlich. Je nachdem, welche Fäden miteinander gekreuzt werden, d.h. je nach Abfolge des Auflesens und Fallenlassens der Kettfäden, erhalten wir verschiedene Bindungsformen, die analog zu denjenigen der primären stoffbildenden Techniken benannt sind. Wir unterscheiden also zwischen Einhänge-, Flecht- und Zwirnbindesprang (Abb. 93a–c). Der Name Sprang ist schwedisch.

Abb. 93a: Einhängesprang

Abb. 93c: Zwirnbindesprang

Andere Bezeichnungen:
Ägyptische Flechttechnik (von Kimakowicz-Winnicki
   1910:32)
Geflecht in Sprangtechnik (Schlabow 1958:7)
Tissage torsadé (Chantreaux 1946:65ff.)
Warp-twining (O'Neale 1937:196ff.)
Netting (Lyford 1943:66ff.)
Twine-plaiting (Weitlaner Johnson 1956:198ff.)
Loom-plaiting (Engel 1963:38)
Sprang or Egyptian plaitwork (Collingwood 1946:6ff.)
Interlinking (Emery 1966:61ff.)
Frame plaiting (Cardale-Schrimpff 1972:700)
Egyptisch Vlechtwerk (Siervertsz van Reesema o.J.)
Acoplado tipo Tumupasa (Ribeiro 1988:96)
Starobylém pleteni (Smolková 1904)

1. Einhängesprang

Im Einhängesprang sind Bindungen von der Art
des einfachen Einhängens (Abb. 93a, 94a,
95), des mehrfachen Einhängens (Abb. 94b–c)

sowie des Einhängens mit Überspringen einer
Reihe möglich (Abb. 94d).

Beim einfachen Einhängesprang kommen sowohl die Fadenführung 11/11 als auch 2/2 vor
(s. S. 13f., Abb. 95a–b). Beim mehrfachen Einhängesprang ist der für Sprang an sich typische diagonale Fadenverlauf (in bezug auf den
Längsrand der Arbeit) hervorzuheben, der
beim einfachen Einhängesprang nicht so deutlich in Erscheinung tritt.

Die verschiedenen Varianten des Einhänge-
sprangs lassen sich beliebig miteinander kombinieren, vor allem können auch durchbrochene Muster angefertigt werden. Sprang
eröffnet also bedeutend mehr Musterungsmöglichkeiten als die homonymen Maschenstoffverfahren.

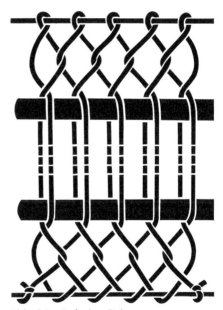

Abb. 94a: Einfacher Einhängesprang

Abb. 94b: Zweifacher
Einhängesprang

Abb. 94c: Mehrfacher
Einhängesprang

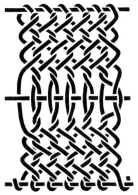

Abb. 94d: Einhängesprang mit Überspringen einer
Reihe

Abb. 95a: Einfacher
Einhängesprang 2/2

Abb. 95b: Einfacher
Einhängesprang 11/11

Andere Bezeichnungen:
Ein- und mehrfacher Einhängesprang:
Interlinked Sprang (Collingwood 1974:90)
Interlinking with an added twist (Emery 1966:62)
Simple plaiting (D'Harcourt 1962:80ff.)
Half-twist mesh, complete twist mesh (Weitlaner
    Johnson 1956:198ff.)
Let og vrang (Broholm/Hald 1935:40)

*Dem Einhängen mit Überspringen von Reihen
entspricht:*
Lattice Sprang (Collingwood 1964:6ff.)
Gennenbrudt sprang: grundslaget, doppelslag (Hald
    1975:20)
Cestería de saltos (Alfaro Giner 1984:109)

2. Flechtsprang

Die einfachste Form des Flechtsprangs stellt ein
gesprangter Dreierzopf dar (Abb. 96a–e).
Dabei wird Faden 1 über Faden 2 gekreuzt,
dann Faden 3 über Faden 1 usw. Im Arbeitsgang wird gegenüber dem Einhängesprang
nur die Sequenz des Fadenaufnehmens bzw.
-fallenlassens geändert.

Flechtsprang eignet sich zur Herstellung von
dichten, elastischen Stoffen, die in ihrer Struktur
Diagonalgeflechten (Abb. 97a–c) oder Geweben in Leinwand- und Köperbindungen
gleichkommen, letzteren allerdings bloss in
Form gleichwertiger Köper (s. S. 99, 101) und
stets diagonal zu den Rändern. Flecht- und Einhängesprang sind beliebig miteinander kombi-
nierbar.

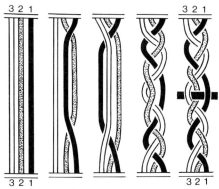

Abb. 96a–e: Gesprangter Dreierzopf: Arbeitsablauf

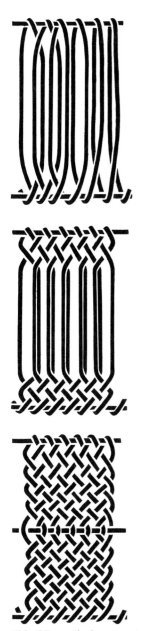

Abb. 97a–c: Flechtsprang in Leinwandbindung:
Arbeitsablauf

Andere Bezeichnungen:
Interlaced Sprang (Collingwood 1974:184)
Double plaiting (D'Harcourt 1962:79ff.)
Simple 1:1 frame plaiting (Cardale-Schrimpff
   1972:615)
Sprang entrelazado (Cardale-Schrimpff 1987:7)

3. Zwirnbindesprang

Zwirnbindesprang gibt es in zwei Grundformen. In der einen werden (zusätzliche) Fadenpaare um einen anderen Faden (z. B. von Einhängesprang) gezwirnt, wobei je nach gewünschtem Muster die Drehrichtung wechseln kann (aktiv-passiver Zwirnbindesprang, Abb. 98). In der zweiten Form sind alle Fadenpaare aktiv beteiligt, indem sie sich beim Kreuzen miteinander verzwirnen (aktiv-aktiver Zwirnbindesprang, Abb. 99). Statt vor der gegenseitigen Verzwirnung einmal, kann man auch mehrmals verzwirnen (Abb. 100a). Ferner kann mit zwei Zwirnpaaren gearbeitet werden (Abb. 100b). Beim Repetieren zweier Durchgänge hintereinander ergeben sich weitere Musterungsmöglichkeiten (Abb. 101), die wie die vorangehenden Variationen in ihrer Struktur mit Formen des Zwirnflechtens, Zwirnspaltens und Klöppelns zu verwechseln sind.

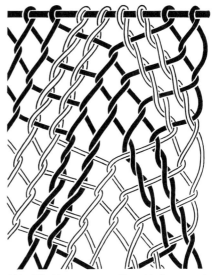

Abb. 98: Aktiv-passiver Zwirnbindesprang kombiniert
      mit Einhängesprang

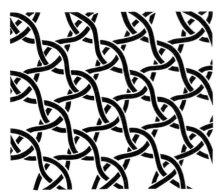

Abb. 99: Aktiv-aktiver Zwirnbindesprang: Z-kreuzig

Abb. 100a: Mehrfacher Zwirnbindesprang

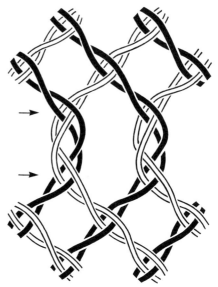

Abb. 101: Zwirnbindesprang mit Repetition eines Durchganges

Andere Bezeichnungen:
Intertwined Sprang (Collingwood 1974:202)
Oblique intertwining (Rowe 1984:55)

4. Fixierung des «Eintrages»

Obwohl Sprang hauptsächlich auf der Manipulation von Kettfäden beruht, müssen diese in der Mitte, wo die beiden spiegelbildlichen Stoffhälften aufeinandertreffen, irgendwie fixiert werden. Die einfachste Lösung besteht darin, an jener Stelle einen Faden oder ein Element einzulegen, also einen einzigen Eintrag einzuführen (Abb. 102a). Eine andere Möglichkeit besteht darin, die Kettfäden in Schlaufenform einzeln (Abb. 102b), doppelt (Abb. 102c) oder z. B. wie beim umfassenden Verschlingen (Abb. 102d–e) zu einer Maschenreihe zu formieren, wobei die Endmasche allerdings noch durch einen Faden fixiert werden muss (= Minimal-«Eintrag», s. Abb. 102b). Bei rundlaufender Kette gibt es noch andere Möglichkeiten der Minimalfixierung.

8 6 4 2
7 5 3 1

Abb. 100b: Zwirnbindesprang mit zwei Paaren

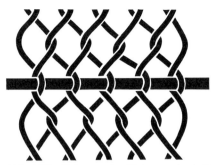

Abb. 102a: Fixierung des Eintrages durch Einziehen eines Elementes

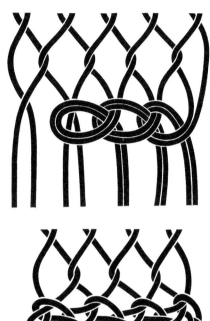

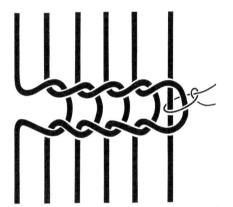

Abb. 102b: Fixierung des Eintrages in einzelnen Schlaufen

⌐ Abb. 102d–e: Fixierung des Eintrages in umfassenden Schlaufen

Abb. 102c: Fixierung des Eintrages in doppelten Schlaufen

Stoffbildung mit passiver Kette

Die passiven Kettfäden werden durch einen aktiven Eintrag (oder mehrere Einträge) «gebunden». Diese Verfahren stehen deshalb der Litzenstab- und Gatterweberei technisch näher, als diejenigen mit aktiver Kette, die eher mit Sonderformen der Weberei (Finger- und Brettchenweben) assoziiert werden können. Wichtig ist, dass der Eintrag ohne automatische Fachbildung, also absolut von Hand, und bei jedem Durchgang neu eingeführt werden muss.

Die Bindungsformen sind grösstenteils identisch mit denjenigen des Flechtens mit einem aktiven und einem passiven System.

Abb. 103a: Diagonales Wickeln des Eintrages

Wickeln des Eintrages

Die Bindungsformen sind gleich wie beim Wickeln in der Gruppe der Halbflechterei. Ein Unterschied besteht bloss in der Art der Anfertigung, nämlich eben in der Verwendung einer fixierten Kette. In der Literatur tauchen diese Verfahren oft unter dem irreführenden Begriff «Flachgewebe» (im Gegensatz zu Teppichen – also Florstoffen) oder etwas spezialisierter unter dem kaukasischen Namen «Soumak» auf. Der Eintrag wird bei diesem Verfahren um die Kettfäden gewickelt. Dies kann rechtwinklig, aber auch diagonal oder sogar parallel zur Kette geschehen (Abb. 103a–b), ferner über die ganze Kettbreite oder nur Teile derselben (Abb. 109). Die Variationen des Wickelns sind sehr zahlreich. Sie ergeben sich durch mehrfaches Umwickeln eines Kettfadens (statt einfachem), durch gleichzeitiges Umwickeln mehrerer Kettfäden, durch Überspringen von Kettfäden oder durch alternierendes Umwickeln. Dazu kommen die gestalterischen Möglichkeiten mit der Drehrichtung der Einträge, die alle gleich- oder gegengerichtet sein können.

Für alle kennzeichnend ist eine Vorwärts-Rückwärts-Bewegung des Eintrags, die analog zu den Verfahren des Wickelns beim Flechten notiert werden kann (s. S. 35ff.).

Die wichtigsten Grundvarianten sind das Umwickeln und das umschlingende Wickeln des Eintrages.

Abb. 103b: Kettparalleles Wickeln des Eintrages

Andere Bezeichnungen:
Diagonale und vertikale Wickelbroschierung (Dombrowski/Pfluger-Schindlbeck 1988:23)
Enroulement de la trame (Tanavoli 1985:66)
Wrapped weaving (O'Neale 1937:201)
Wrapped weave, Soumak weave (Hodges 1964:143)
Soumak wrapping (Anderson 1978: Fig. 86)
Weft wrapping (Nabholz/Näf 1980:18)
Snärjväv (CIETA 1970:57)

1. Einfaches und mehrfaches Umwickeln des Eintrages

Der Eintrag kann die Kettfäden ein- (Abb. 104a–b) oder mehrmals umwickeln (Abb. 104c), dies sowohl in S- als auch Z-kreuziger Richtung (Abb. 105).

Wenn der Eintrag ohne Umkehren des Werkstückes eingeführt wird, ergeben sich voneinander verschiedene Vorder- und Rückseiten (Abb. 106a–b).

Je nach Spannweite des Eintrages auf der Vorder- und Rückseite, also je nach der Zahl der umwickelten Kettfäden, ergeben sich weitere Variationen (Abb. 107a–d), die durch Verwendung mehrerer gestaffelter Einträge und Kombinieren von S- und Z-Drehung reizvolle Muster gestatten (Abb. 108). Die Einträge können ferner nur einen Teil der Kettfäden umwickeln, um dann, wie beim Wirken (s. S. 72f.), wieder umzukehren (Abb. 109).

Abb. 104c: Mehrfaches Wickeln des Eintrages v2 r/1 v1 r/1

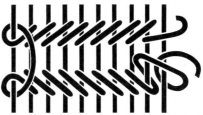

Abb. 105: S- und Z-kreuziges Umwickeln des Eintrages

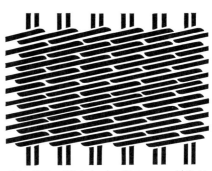

Abb. 106a: Wickeln des Eintrages v4/r2: Vorderseite

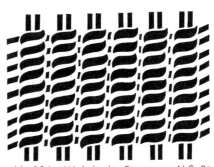

Abb. 106a: Wickeln des Eintrages v4/r2: Rückseite

Abb. 107a: Wickeln des Eintrages v4/r1

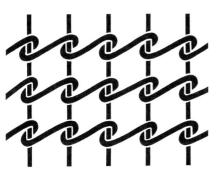

Abb. 104a: Einfaches Wickeln des Eintrages v2 r/1: Vorderseite

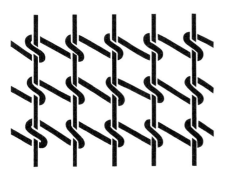

Abb. 104b: Einfaches Wickeln des Eintrages v2 r/1: Rückseite

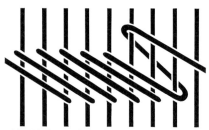

Abb. 107b: Wickeln des Eintrages v4/r3

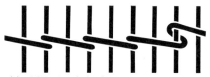

Abb. 107c: Wickeln des Eintrages v3/r1

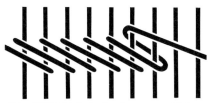

Abb. 107d: Wickeln des Eintrages v3/r2

Abb. 108: Wickeln von gestaffelten Einträgen v6/r2,
S- und Z-kreuzig

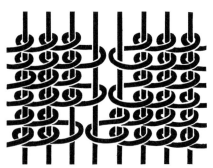

Abb. 109: Wickeln des Eintrages: umkehrend
(«gewirkt»)

Notation und theoretische Überlegungen:
Das einfache Umwickeln des Eintrages ist dadurch gekennzeichnet, dass bei einer Fadenführung «vorwärts» über n-Kettfäden (Vn) der Eintrag «rückwärts» (r) unter 1 bis n-1 Kettfäden geführt werden muss. Bei Vn ergeben sich also r unter 1 bis n-1 Kettfäden.

Andere Bezeichnungen:
Plain weft-wrapping (Emery 1966:215)
Plain and countered weft-wrapping (Tanavoli 1985:81)
Omwikkelen (Brommer et al. 1988:86)

2. Wickeln des Eintrages mit Überspringen (bzw. Kreuzen) von Kettfäden

Der Eintrag wird nicht um alle Kettfäden gewickkelt, sondern nur um jeden dritten, d.h. zwischen dem Umwickeln wird ein Kettfaden gekreuzt bzw. übersprungen (Abb. 110a).
Würde man nach jedem zweiten Kettfaden den Eintrag durchschneiden, so ergäbe das den «asymmetrischen Knoten» des Teppichknüpfens (s. S. 119).

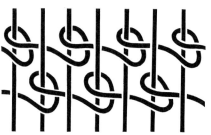

Abb. 110a: Wickeln des Eintrages mit Überspringen
eines Kettfadens

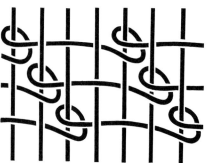

Abb. 110b: Wickeln des Eintrages mit Kreuzen dreier
Kettfäden

Echte Bindungen sind nur bei einer ungeraden Zahl übersprungener (gekreuzter) Kettfäden zwischen zwei umwickelten Kettfäden möglich, vorausgesetzt, dass die Einträge stets um einen Kettfaden verschoben werden (Abb. 110b).

Andere Bezeichnungen:
Steppstichähnliche und Sumakähnliche Reihe (Dombrowski/Pfluger-Schindlbeck 1988:23)

3. Umkehrendes Wickeln des Eintrages

Der Eintrag wird um einen Kettfaden gewickelt und anschliessend über zwei (oder mehr) benachbarte Kettfäden geführt, deren letzteren er wieder umwickelt. Würde man die Einträge nach jedem zweiten Kettfaden durchschneiden, erhielten wir den «symmetrischen Knoten» der Teppichknüpferei (s. S. 118).

Kennzeichnend für dieses Verfahren und im Unterschied zum einfachen Umwickeln des Eintrages ist, dass die Spannweite mindestens zwei Kettfäden beträgt.

Sie kann «unten» und «oben» verschieden oder gleich sein (Abb. 111a–b).

Abb. 111a: Umkehrendes Wickeln des Eintrages mit gleicher Spannweite

Abb. 111b: Umkehrendes Wickeln des Eintrages mit ungleicher Spannweite

Notation und theoretische Überlegungen:
Je nach Betrachtungsweise kann man den Eintragsverlauf bei Abb. 111a als V2/r1, V2/r1 oder als V1/r1, V2/r1, V1 beschreiben. Bei der ersten Zählweise kommt im Vergleich zur anderen die symmetrische Fadenführung (longitudinale Gleitspiegelung mit transversaler Spiegelung) besser zum Ausdruck.

Andere Bezeichnungen:
Enroulement alterné (Tanavoli 1985:Fig. 118)
Alternating weft-wrapping (Tanavoli 1985:86)

4. Umschlingendes Wickeln des Eintrages

Im Unterschied zu den vorhergehenden Verfahren fixiert der Eintrag die Kettfäden in Schlingen (Abb. 113), was sich auch in der Zahlenfolge des Fadenverlaufs ausdrückt (nämlich 111 anstatt 21 wie beim Umwickeln des Eintrages).

Analog zu den Techniken des Verschlingens bei den Maschenstoffverfahren lassen sich auch hier ähnliche Variationen feststellen, z.B. das doppelschlaufige umschlingende Wickeln. Vorder- und Rückseite bieten ein unterschiedliches Bild. Während auf der Vorderseite die Spannweite des Eintrags parallel horizontal erscheint, ergeben sich auf der Rückseite je nachdem S- oder Z-kreuzige Umwicklungen der Kettfäden (Abb. 113a–b). Die Bindungen entsprechen denjenigen des Wickelns beim Flechten (s. S. 36f.). Auch bei diesem Verfahren muss der Eintrag nicht rechtwinklig zur Kette verlaufen.

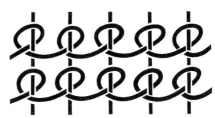

Abb. 112: Umschlingendes Wickeln des Eintrages: Fadenführung 111

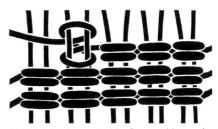

Abb. 113a: Doppelschlaufig umschlingendes Wickeln des Eintrages über zwei Kettfäden: Vorderseite

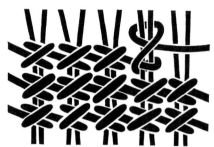

Abb. 113b: Doppelschlaufig umschlingendes Wickeln des Eintrages über zwei Kettfäden: Rückseite

Andere Bezeichnungen:
Geknotetes umschlingendes Wickeln (Tanavoli 1985: Fig. 107)
Trame enroulée avec nœud (Tanavoli 1985:Fig. 86)
Variation of plain weft-wrapping (Emery 1966:216)

Knoten des Eintrages

Das Knoten des Eintrages eignet sich besonders zum Herstellen gazeartiger Stoffe. Die Kettfäden können dabei gegeneinander verschoben werden. Bei dieser Technik werden die Einträge vor allem in freien Knoten um die Kettfäden geknüpft (Abb. 114a–b).

Abb. 114a: Knoten des Eintrages mit Fingerknoten

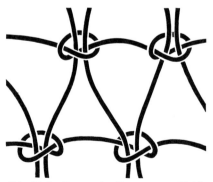

Abb. 114b: Knoten des Eintrages mit Pfahlbauknoten und transponierter Kette

Andere Bezeichnungen:
Enroulement avec nœud (Tanavoli 1985:Fig. 86)
Simple-knotted weft wrapping (Tanavoli 1985:86)
Knotted-weft wrapping (Emery 1966:217)

Zwirnbinden des Eintrages

Die Eintragsfäden werden paarweise um jeweils einen oder mehrere Kettfäden gezwirnt, d.h. die Eintragspaare werden vor und nach jedem Kettfaden (oder Kettfadenpaar) verdreht (Abb. 115).

Variationen ergeben sich durch die Drehrichtung der verzwirnten Eintragsfäden und deren Abfolge im Gesamttextil, ferner durch die Anzahl der umzwirnten Kettfäden per Drehung, durch schräge Fadenführung und durch nicht über die ganze Breite führende Einträge (Abb. 116).

Es können auch mehr als zwei Einträge miteinander verdreht werden, ganz wie beim zwirnbindigen Flechten, dessen Strukturen mit diesem Kettenstoffverfahren übereinstimmen.

Weitere Variationen ergeben sich z.B. dadurch, dass sich einer der (oder auch beide) Eintragsfäden vor der Verdrehung um den Kettfaden mit sich selbst verzwirnt bzw. verzwirnen (Abb. 117), durch Staffelung der Eintragspaare (Abb. 118) oder durch Transponieren der Kette (Abb. 119a–c).

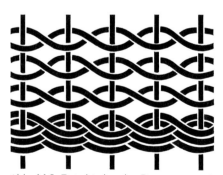

Abb. 115: Zwirnbinden des Eintrages um einen Kettfaden, Z-Richtung

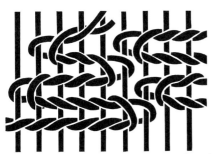

Abb. 116: Zwirnbinden des Eintrages S- und
Z-kreuzig, mit umkehrenden Einträgen
(«gewirktes» Zwirnbinden)

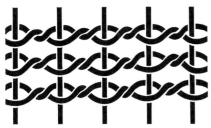

Abb. 117: Zwirnbinden des Eintrages mit zusätzlicher
Verdrehung

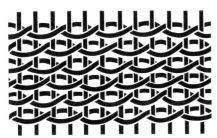

Abb. 118: Zwirnbinden des Eintrages mit Staffelung
der Eintragspaare über zwei Kettfäden

Abb. 119a: Gestaffeltes Zwirnbinden des Eintrages
mit transponierter Kette

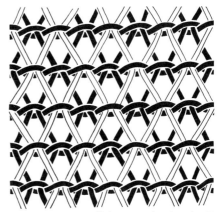

Abb. 119b: Gestaffeltes Zwirnbinden des Eintrages
über eine doppelte, transponierte Kette

Abb. 119c: Mustervariation: Gestaffeltes
Zwirnbinden des Eintrages mit
transponierter Kette

Andere Bezeichnungen:
Doppelfadengeflecht (Schmidt 1905)
Trames cordées (Tanavoli 1985:78)
Tissus à trame double entrecroisée (Nooteboom
    1945:1ff.)
Weft twining (O'Neale 1937:196)
Twined weaving (Underhill 1948)
Weft-twine technique (Kent Peck 1957:477)
Fabrics with twisted weft, twining (D'Harcourt 1962:66)
Twined weave (Hodges 1964:143)
Single or double-pair twining (Pendergast 1987:14)

Taaniko (Pendergast 1987:15)
Double twining (Cardale-Schrimpff 1972:626ff.)
Weft-faced twining (Hecht 1989:70)
Twijnen (Gerlings 1952:33)
Inslagtwijnen of fitsen (Brommer 1988:90)
Torcido de trama (Nardi 1975:79)
Entramado atado o cordado (Alfaro Giner 1984:116)
Ligamento de enlazado (Mirambell/Martínez 1986: Fig. 16)
Técnica de amarra (Ulloa 1985:16)
Técnica de «cadena» (Millán de Palavecino 1960: Lam. 2, Fig. 11–12)
Tejido torcido o encordado (Mora de Jaramillo 1974:336)
Trenzado con hilo doble (Susnik 1986:73)
Torção da trama (Ribeiro 1980:13)
Trançado de fio duple (Schultz 1964:208)

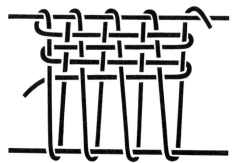

Abb. 120a: Flechten des Eintrages (leinwandbindig), durchgehend

Flechten des Eintrages und Wirken

Die Eintragsfäden werden von Hand oder mittels einer Nadel oder auf einer Spule mit der Kette verkreuzt. Die Bindungsformen sind identisch mit denjenigen der Weberei oder den entsprechenden Formen des randparallelen Flechtens. In der Regel werden durch Flechten des Eintrages eher schmale Stoffe und Bänder hergestellt (Abb. 120a).

Wirken kann insofern als eine Sonderform des Eintragsflechtens betrachtet werden, als die Einträge nicht über die ganze Stoffbreite geführt werden, sondern umkehren (Abb. 120b). Obwohl dies in der Praxis oft auf der Basis automatischer Fachbildung geschieht, müssen diese Verfahren, vom theoretischen Gesichtspunkt her, hier eingeordnet werden, da im Prinzip die Kettfäden nur von Hand einzeln aufgelesen werden können.

Wirken wird hauptsächlich zu Musterungszwecken mit verschiedenfarbigen Einträgen benutzt, wobei die Kette unsichtbar bleibt (Bindung: Schussreps). Das Verfahren wird ebenfalls zur Bildung durchbrochener Stoffe angewandt (Jour-Bildung), wobei die Kette auch disloziert werden kann (Abb. 121).

Abb. 120b: Flechten des Eintrages (Schussreps), umkehrend (= Wirken)

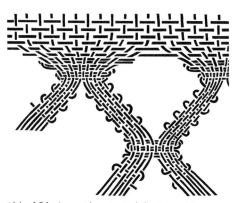

Abb. 121: Jourwirkerei mit dislozierter Kette

Andere Bezeichnungen:
Wirken:
Tapisserie, tapestry, tapestry weaving, Arazzo, Tapezzeria; Tapiz, Flamskväv, gobelängvävnad (CIETA 1970:67)
Kuvakudos (Geijer/Hoffmann 1974:22)

Jour-Bildung:
Plain weave openwork (Emery 1966:84)

Wo die verschiedenen Eintragsfäden aufeinander treffen, entstehen im Stoff Schlitze, wenn man die Einträge um benachbarte Kettfäden zurückführt. Man kann diese aber auch um den gleichen Kettfaden schlingen oder auf verschiedene Arten miteinander verhängen und damit Schlitzbildungen vermeiden. Die Verfahren sollen im folgenden gerade nach solchen Gesichtspunkten gegliedert werden. Weitere Unterschiede ergeben sich aus der Richtung der Einträge im Hinblick auf die Kette. Neben rechtwinklig dazu verlaufenden Fäden kommen, dem Muster entsprechend, stark abweichende Richtungen vor, die oft eine Verschiebung der Kettfäden nach sich ziehen.

Andere Bezeichnungen:
Eccentric tapestry wefting (Crawford 1912:120)
Non-horizontal weft (Emery 1966:83)
Oblique and curved wefts, eccentric wefts (Collingwood 1968:159)

1. Schlitzwirkerei

Beim Aufeinandertreffen verschiedenfarbiger Partien, d. h. an der Umkehrstelle der Eintragsfäden, entstehen je nach Musterung kürzere oder längere Schlitze, wie sie vor allem für die sog. Kelimtechnik vorderasiatischer Teppiche bezeichnend sind (Abb. 122a–b).

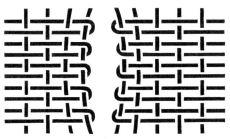

Abb. 122a: Schlitzwirkerei

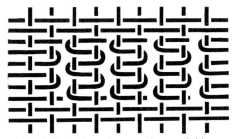

Abb. 122b: Schlitzwirkerei mit kurzen Schlitzen

Andere Bezeichnungen:
Slit-tapestry weave (Kent Peck 1954:11)
Kelim-tapestry (Lothrop/Mahler 1957:33f.)
Arrazzo sparato, Tapiz a ranura (CIETA 1970:48)
Tapizería con ranuras (Cardale-Schrimpff 1977/78:268)
Tapiz a ojales o ranuras (Vreeland/Muelle 1977:14)
Tapizería ojalada (Ulloa 1985:18)
Flamskvävnad (Nylén 1969:155)

2. Vermeidung von Schlitzbildung

Um grössere Schlitze beim Wirken zu vermeiden, aber auch um gewisse Musterkonturen hervorzuheben, wurden verschiedene Verfahren entwickelt, von denen die wichtigsten hier aufgeführt seien.

2.1. Ineinanderhängen der Einträge

Die benachbarten Einträge werden vor dem Umkehren ineinander verhängt. Dies kann auf verschiedene Weise erfolgen; z.B. durch einfaches Verhängen der Einträge ineinander (einfach verhängte Wirkerei, Abb. 123a) oder durch doppeltes Verhängen zweier Einträge an den Umkehrstellen (doppelt verhängte Wirkerei, Abb. 123b).

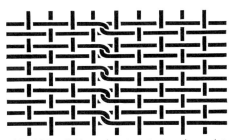

Abb. 123a: Schlitzwirkerei mit ineinander verhängten Einträgen

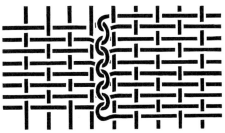

Abb. 123b: Schlitzwirkerei mit Ineinanderverhängen zweier Einträge

Andere Bezeichnungen:

Kelimtechnik mit verzahnten Schüssen bzw. mit doppelt verhängten Schüssen (Dombrowski/Pfluger-Schindlbeck 1988:17)

Tapisserie à trames entrelacées (Tanavoli 1985:71)

Interlocking weft (Means 1932:29)

Interlocking tapestry weave (Emery 1966:81)

Interlocking and double interlocking wefts (Tanavoli 1985:71)

Interlocked (single or double) tapestry (Collingwood 1968:175)

Linked wefts (Hecht 1989:56)

Enkelslingning, dubbelslingning (Nylén 1969:155)

Gobelino enlazado (Lindberg 1964:197)

Tapicería entrelazada (Mirambell/Martínez 1986: Fig. 28)

2.2. Einhängen der Einträge über einen gemeinsamen Kettfaden (verzahnte Wirkerei)

Die Einträge zweier benachbarter Partien werden um einen gemeinsamen Kettfaden zurückgeführt.

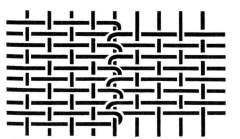

Abb. 124a: Verzahnte Wirkerei ohne Schlitzbildung

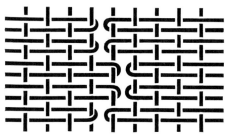

Abb. 124b: Verzahnte Wirkerei gestaffelt (ohne Schlitze)

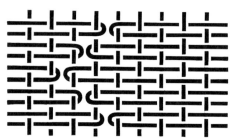

Abb. 124c: Verzahnte Wirkerei gestaffelt mit leichter Schlitzbildung

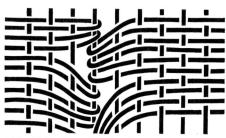

Abb. 124d: Verzahnte Wirkerei gebündelt

Andere Bezeichnungen:

Kelimtechnik mit einfach verhängten Schüssen (Dombrowski/Pfluger-Schindlbeck 1988:17)

Tapisserie à trames jointes en dents de scie (Tanavoli 1985:70)

Weft interlocking on key warp (Willey/Corbett 1954:90)

Dovetailed tapestry weave (single dovetailing or toothing) (Emery 1966:80)

Dovetailing weave (Tanavoli 1985:70)

Single dovetailing (Collingwood 1968:80)

Tandad, hakket (Geijer/Hoffmann 1974:85)

Enlace de cortas tramas (Millán de Palavecino 1970:22)

Tapiz de cola de Milano (Vreeland/Muelle 1977:10)

Tapicería dentada (Mirambell/Martínez 1986:Fig. 29)

2.3. Stellenweises Umwickeln eines einzigen Kettfadens

Zwischen den umkehrenden Einträgen wird ein freigelassener Kettfaden durch einen weiteren, andersfarbigen Schussfaden in Form einer Gimpe (cf. Fadenbildung) umwickelt. Dadurch werden zudem gewisse Motive eingerahmt und hervorgehoben.

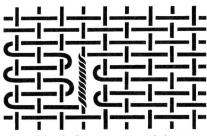

Abb. 125a: Stellenweises Umwickeln eines Kettfadens

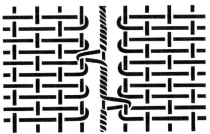

Abb. 125b: Stellenweises Umwickeln eines Kettfadens mit Übergreifen auf benachbarte Kettfäden

Andere Bezeichnungen:
Gewickelter Konturenschuss (Dombrowski/Pfluger-Schindlbeck 1988:18)
Wirkerei mit Gimpenkontur (CIETA 1970:67)

2.4. Einhängen der Einträge in einen dazwischenliegenden Schussfaden

Die umkehrenden Einträge zweier benachbarter Partien werden in einen weiteren, über einen (selten über mehrere) Kettfaden (-fäden) führenden Schuss eingehängt.

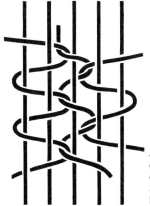

Abb. 126a: Einhängen der Einträge in einen dazwischenliegenden Schuss: über einen Kettfaden

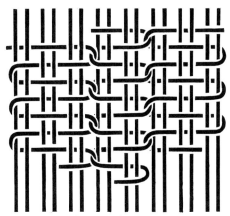

Abb. 126b: Einhängen der Einträge in einen dazwischenliegenden Schuss: über mehrere Kettfäden

Andere Bezeichnung:
Interlocking weft with limning (Means 1932:29)

Schlitze können aber auch durch gestaffeltes Umkehren der Einträge (Abb. 124b) oder mit Hilfe von Konturfäden (Abb. 125b) vermieden werden.

2.5. Bildung von Partialstoffen

Diese Technik stellt eine Sonderform der Wirkerei dar, da sowohl Kette wie Eintrag umkehrend geführt werden.

Abb. 127: Partialstoffbildung

Sowohl Kett- als auch Schussfäden verlaufen hier nur über Teilstrecken des Stoffes. Die verschiedenen Kett- bzw. Eintragsteile werden an ihren Berührungsstellen zum Zwecke der Schlitzvermeidung in ähnlicher Weise ineinander verhängt wie beim Wirken. Es ist auch möglich, den Eintrag durchgehend zu führen, wobei nur die Kettfäden umkehren (discontinuous warps, Rowe 1977:26ff.).

Die Technik ist vor allem aus Alt-Peru bekannt. Vermutlich behalf man sich damals mit Hilfsfäden, die später entfernt wurden (beim Umkehren der Kette).

Andere Bezeichnungen:
Interlocking warps and wefts (O'Neale 1937:206)
Interlocked warp and weft (Lothrop/Mahler 1957:35)
Interlocked warp pattern, patchwork, weft scaffolding, interlocked darning, interlocked plain weave, multicolored patchwork (Bennet/Bird 1960:280)
Fabrics made of discontinuous and interlocked yarns (D'Harcourt 1962:17ff.)
Patchwork weaving (VanStan 1963/64:166ff.)
Double or Swedish interlocking (King 1968:373)
Plain weave with discontinuous warps and wefts (Rowe 1977:31)
Lapptäckesteknik (Hellervik 1977:32)
Tejido de urdimbres entrelazados (Weitlaner Johnson 1977:70)
Tejidos de urdimbre y trama discontinuas (Vreeland/Muelle 1977:9)

Kettenstoffspitzen

Beinahe sämtliche Kettenstofftechniken (ausgenommen Sprang und Partialstoffe) findet man in den sogenannten Sonnen- oder Tene-riffa-Arbeiten (Niedner/Weber o.J.) kombiniert vor. Als Hilfsmittel zu ihrer Herstellung dient ein runder Karton, auf den die Kettfäden radial aufgespannt werden. Eine Nadel erleichtert das Einführen des Schusses. Die Einträge werden gewickelt oder zwirnbindig geführt, geflochten oder gewirkt. Dadurch entstehen beliebig durchbrochene, kreisrunde Spitzen, die vor allem als Borten und Besatzstücke verwendet werden.

Abb. 128: Kettenstoffspitzen

Literatur zu Kettenstoffen: siehe Seite 173f.
Literatur zur Wirkerei: siehe Seite 174f.

Halbweben

In allen bisher angeführten stoffbildenden Verfahren werden die Bindungen zwischen einzelnen Fäden und Fadenteilen vollständig von Hand erzeugt. Nirgends sind Einrichtungen oder Geräte vorhanden, welche die ständige Wiederholung der gleichen Arbeitsvorgänge erleichtern oder zu vereinfachen gestatten. Erst im Halbweben erfolgt der erste Schritt in dieser Richtung.

Beim Halbweben handelt es sich um ein Verfahren mit ausgespannter bzw. beidseitig fixierter Kette (endlich oder unendlich rundlaufend), bei dem die Stoffbildung dadurch erfolgt, dass zum Einführen des Eintrages die Hälfte der Fächer automatisch gebildet wird, während die andere Hälfte von Hand einzeln geöffnet werden muss. Dabei spielt es keine Rolle, ob die halbautomatische Fachbildung alternierend, d.h. jedes zweite Mal erfolgt oder die Fächer fortlaufend bis zur Hälfte des zukünftigen Stoffes reserviert werden. Wichtig ist lediglich, dass das Prinzip der automatischen Fachbildung (siehe Weberei) zwar erkannt, aber erst zur Hälfte entwickelt worden ist,

weshalb wir das Verfahren als Halbweben bezeichnen.

Technisch, nicht historisch, gesehen ist das Halbweben zwischen den Kettenstoffverfahren mit passiver Kette, insbesondere dem Flechten des Eintrages und dem Zwirnbinden der Kette einerseits und dem Weben andererseits als eigenständige Technik einzuordnen.

Es gibt zwei grundlegend verschiedene Möglichkeiten der halbautomatischen Fachbildung. Bei der ersten wird das erste Fach stets durch den sog. Trennstab gebildet, während das Gegenfach von Hand geöffnet werden muss. Da dies alternierend geschieht, nenne ich diese Form «Halbweben mit alternierender automatischer Fachbildung» oder kurz «alternierendes Halbweben». Die zweite Möglichkeit besteht darin, die Hälfte der Fächer des zukünftigen Stoffes vorzubereiten bzw. für den Eintrag zu reservieren. Diese Formen möchte ich unter dem Begriff «Halbweben mit fortlaufend reservierender Fachbildung» zusammenfassen und kurz «reservierendes Halbweben» nennen.

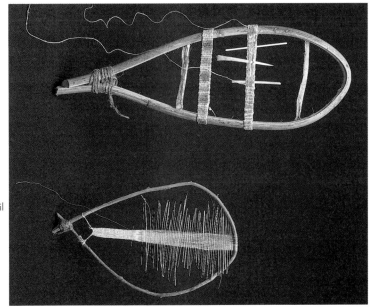

Halbwebgeräte.
Oben: der Atbalmin von Tumolbil (Telefom Distr., West-Sepik Province Papua Neuguinea), Beispiel für alternierendes Halbweben (Vb 29558).
Unten: der Campa-Indianer (Dep. Ucayali, Peru), Beispiel für reservierendes Halbweben (IVc 574).

Alternierendes Halbweben

In die ausgespannte oder fixierte Kette legt man einen Stab ein (Trennstab), der die Fäden mit ungeraden von denen mit geraden Zahlen trennt und auf diese Weise ein «Fach» bildet (Abb. 129a). Hier kann man also den Eintrag von Hand oder mit Hilfe einer Flechtnadel bzw. eines Eintragsstabes ohne weiteres durch die ganze Kette schieben und eine Fadenkreuzung bilden; oder man kann auch mit Hilfe einer Flechtnadel das Fach öffnen, d. h. gerade und ungerade Fäden voneinander trennen, den Eintrag durchziehen und dann einen Stab einlegen.

Dadurch kann man das zur Bildung des ersten Faches dienende, in der Folge als Trennstab bezeichnete Hilfsgerät ständig in der Kette liegen lassen, mit fortschreitender Arbeit darin in der Kettenrichtung verschieben und jeden zweiten Eintrag ohne weiteres in dieses vorgebildete Fach einführen. Für das zweite Fach allerdings ist es unmöglich, in entsprechender Weise vorzugehen; denn zwei eingelegte Trennstäbe würden sich gegenseitig behindern (Abb. 129b). Auf diese Weise können allerdings nur die Leinwandbindung und die davon abgeleiteten Würfel- und Repsbindungen hergestellt werden (s. S. 96ff.).

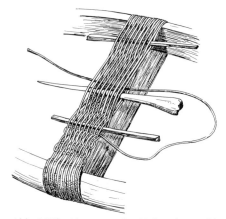

Abb. 129b: Alternierendes Halbweben: Bildung des Gegenfaches von Hand durch Auflesen

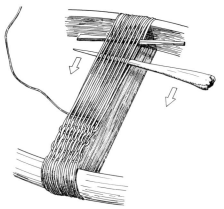

Abb. 129c: Alternierendes Halbweben: Bildung des ersten Faches durch eingelegten Trennstab

Abb. 129a: Alternierendes Halbweben: Bildung des ersten Faches mit dem Trennstab

Andere Bezeichnung:
Half-weaving with alternate shed formation (Seiler-Baldinger 1986:88)

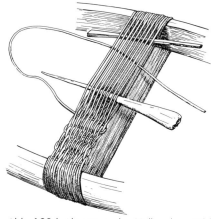

Abb. 129d: Alternierendes Halbweben: Bildung des Gegenfaches von Hand

Reservierendes Halbweben

Anstatt alternierend einmal von Hand, einmal mittels Trennstab Fach und Gegenfach zu bilden, werden hier die Fächer bis zur Hälfte des zukünftigen Stoffes mittels Stäbchen und/oder Verdrehen der Kettfäden vorbereitet bzw. reserviert.

Man kann z. B. die Kettfäden aktiv miteinander verdrehen, wobei dies, ähnlich wie beim Zwirnbinden der Kette, gleich- oder entgegengerichtet möglich ist, und einen Eintrag einführen. Da die Kette gespannt ist, ergeben sich wie beim Sprang am gegenüberliegenden Ende spiegelbildliche Verkreuzungen, die mittels Stäbchen fixiert werden müssen (Abb. 130), bis diese durch den Eintrag ersetzt werden.

Man kann aber auch ohne Verdrehung der Kettfäden das erste Fach mit der Flechtnadel öffnen und gleichzeitig mit dem Eintrag ein Stäbchen einführen, das danach an das andere Kettende geschoben wird, so dass dort das entsprechende Fach schon vorbereitet ist. Die Bildung des Gegenfaches und der weiteren Fächer erfolgt auf diese Weise solange, bis der Stoff in der Mitte mit den Stäbchen zusammentrifft. Letztere werden nun von der Mitte zum Kettende hin rausgezogen und sukzessive durch den Eintrag ersetzt.

In diesem Verfahren ist auch ein «passives» Verdrehen der Kettfäden möglich (ähnlich wie bei Dreherbindungen, s. S. 108ff.), indem fortlaufend zwei gerade Kettfäden aufgelesen, zwei ungerade liegengelassen, zweimal alternierend je ein gerader aufgenommen, ein ungerader liegengelassen und dann wieder zwei gerade, zwei ungerade aufgelesen werden usw. Beim nächsten Durchgang erfolgt dies versetzt.

Die Verkreuzung entsteht nicht aktiv, sondern durch die Verschiebung beim Auflesen der Zweier- und Einergruppen (Abb. 131). Durch Ändern der Reihenfolge beim Auflesen der Kettfäden können so reizvolle Muster erzielt werden.

Im Gegensatz zum alternierenden hat das reservierende Halbweben den Vorteil, dass damit auch kompliziertere Bindungen, wie Köper und einfache Dreherbindungen, sowie zwirn-

bindige Kett-Strukturen erzeugt werden können, wobei die dadurch erzielten Muster stets zur Querachse des Stoffes spiegelbildlich sind. Reservierendes Halbweben kann auch mit Weben kombiniert werden.

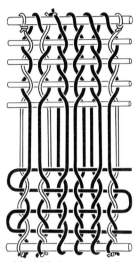

Abb. 130: Reservierendes Halbweben durch Verdrehen der Kettfäden

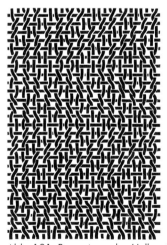

Abb. 131: Reservierendes Halbweben mit Dreher-, Leinwand- und Zwirnbindung

Andere Bezeichnung:
Half-weaving with continuous shed reservation (Seiler-Baldinger 1986:88)

Literatur zum Halbweben: siehe Seite 175.

Weben

Weben ist in erster Linie gekennzeichnet durch die Möglichkeit, in einer gespannten Kette zur Einführung des Eintrages oder Schusses auf mechanische oder automatische Weise mindestens zwei Fächer zu bilden und damit im Gewebe mindestens zwei verschiedene, jeweils durch Einträge voneinander getrennte Verkreuzungen der Kettfäden zu erhalten. Sekundäre und nicht durchwegs vorhandene Merkmale sind die rechtwinklige Kreuzung der vorwiegend passiven Kette durch den aktiven und meistens fortlaufenden Eintragsfaden, ferner die Verwendung mehrerer Ketten- oder Eintragssysteme.

Verschiedene bereits bei den Kettenstoffverfahren vorhandene Merkmale finden wir logischerweise auch in der Weberei wieder. So kann man mit einer ein- oder zweiebigen Kette arbeiten, ferner mehrere Ketten- und/oder Eintragssysteme verwenden, was sich dann allerdings auf die Bindungsformen auswirkt (z. B. doppelte Kette, Zierkette, Zierschuss usw.).

Ebenso müssen wir unterscheiden zwischen aktiver und passiver Kette. Wir haben hier eine analoge Erscheinung wie bei den entsprechenden Kettenstofftechniken. Als technische Entwicklungsreihe (nicht historische!) wäre zu postulieren:

	aktive Kette	passive Kette
Halbweben:	reservierendes	alternierendes
Weben:	Fingerweben	Litzenweberei
	Brettchenweben	Gitterweberei

Der entscheidende Schritt vom Halbweben zum Weben ist also die vollautomatische Fachbildung mittels dazu entwickelter Vorrichtungen (Finger, Brettchen, Litzen- und Trennstab, Gitter).

Folglich unterscheiden wir nach der Art der Fachbildung Finger-, Brettchen-, Gitter- und Litzenstabweberei, nach der Form der Kette Weben mit zweiebiger (rundlaufender) und einebiger Kette. Weitaus am variationsreichsten und entwicklungsfähigsten ist die Litzenstabweberei. Von den einfachsten, nur die notwendigsten Teile aufweisenden Webgeräten führt hier die Entwicklung über immer neue Geräteteile zu Trittwebstühlen und schliesslich zur modernen mechanischen Weberei.

Die Verfahren mit aktiver Kette sind im Vergleich dazu wenig ausbaufähig, da die automatische Fachbildung sich auf die Aktivität der Kette eher hindernd auswirkt. Entsprechend sind diese Verfahren weniger variantenreich als die mit passiver Kette.

Weitere Unterscheidungsmerkmale sind die Bindungsformen, die an entsprechender Stelle behandelt werden (s. S. 96ff.).

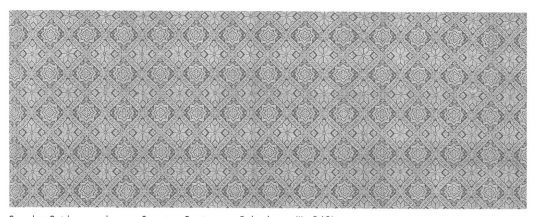

Songket-Seidengewebe von Sumatra, Region von Palembang (IIc 243).

Weben mit aktiver Kette

Das Weben mit aktiver Kette, das sich technisch von den analogen Kettenstoffverfahren (v. a. Zwirnbinden der Kette) und vom reservierenden Halbweben herleiten lässt, eignet sich nur zum Herstellen von Bändern. Typisch für diese Verfahren ist das Verzwirnen der Kettfäden um die meist unsichtbar bleibenden Einträge. Nach der Art der Fachbildung unterscheiden wir Finger- und Brettchenweben.

Fingerweben

Fingerweben erlaubt die einfachste Form der automatischen Fachbildung, die ohne irgendwelche Gerätschaften auskommt.

Allerdings sind mindestens zwei Personen nötig. Eine hält die Kettfäden, die andere führt den Eintrag ein. Absolute Voraussetzung ist, dass die Kette nicht aus einzelnen Fäden, sondern aus Schlaufen besteht. Pro Person können maximal zehn Schlingen verwendet werden, um jeden Finger eine. Nun werden nacheinander die Fadenschlingen von den Fingern der rechten Hand durch die der linken Hand gezogen, die ihrerseits auf die rechte übergehen. Durch dieses Auseinanderführen der Hände werden Fach und Gegenfach gebildet, wobei die Kettfäden um den Eintrag verzwirnt werden (Abb. 132).

Die Arbeitsweise muss kontinuierlich gleich bleiben, die Schlaufen der rechten Hand müssen stets durch diejenigen der linken (oder umgekehrt) geführt werden und nicht alternierend, da sich sonst die Verzwirnung wieder aufheben würde. Bei zwei Kettfädenpaaren (Abb. 132a–c) ergeben sich so zwei gegenläufige Zwirne mit praktisch verdecktem Schuss. Wir erhalten also Strukturen wie bei Kettenstoffverfahren (Zwirnbinden der Kette), beim Zwirnspalten (echtes Flechten), Brettchenweben und reservierenden Halbweben.

Eine nahe Verwandtschaft besteht auch zum Schlaufenflechten, wobei allerdings beim Fingerweben stets mit einer geraden Zahl von Schlaufen gearbeitet werden muss.

Musterungsmöglichkeiten ergeben sich beim Fingerweben durch den Gebrauch verschiedenfarbiger Kettschlaufen (Abb. 133a), zwei-farbiger Kettschlaufen mit verschiedener Farbanordnung (Abb. 133b–c) und Art der Schlaufenmanipulation (Abb. 134a–e), ferner durch Verwendung einer «doppelten» Kette (Abb. 135).

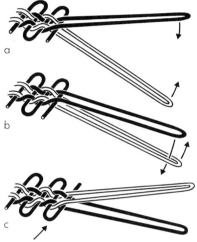

Abb. 132a–c: Fingerweben mit zwei Kettenschlaufen (zwei Kettfadenpaaren): Schlaufenmanipulation

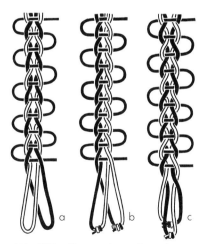

Abb. 133a: Fingerweben mit zwei verschiedenfarbigen Kettschlaufen

Abb. 133b: Fingerweben mit zweifarbigen Kettschlaufen (Anordnung: schwarz-weiss, schwarz-weiss)

Abb. 133c: Fingerweben mit zweifarbigen Kettschlaufen (Anordnung: schwarz-weiss, weiss-schwarz)

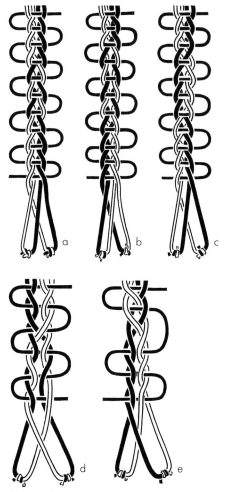

Abb. 134a–e: Fingerweben mit zweifarbigen
Kettschlaufen verschiedener
Anordnung und verschiedener
Manipulation

Abb. 135: Fingerweben mit doppelten Kettschlaufen
(doppelter Kette)

Andere Bezeichnung:
Loop-manipulated warp-twining (Speiser 1983:119)

Brettchenweben

Die Fachbildung erfolgt mit Hilfe von Brettchen
von drei- bis achteckiger Form, die in Randnähe
der Ecken gelocht sind.

Durch jedes Loch führt je ein Kettfaden. In der
gespannten Kette stehen die Brettchen parallel
zur Kette, und ihre Flächen liegen aneinander.
Man kann sie alle miteinander bequem mit
einer Hand umfassen und nach links oder
rechts (in S- oder Z-Richtung) um einen Viertel
oder ganz um die eigene Längs- oder Querachse drehen (Abb. 136a). Die einander in der
Lage entsprechenden oberen und unteren Fadenpaare aller Brettchen bilden dann ständig
wechselnde Gruppen mit ebenfalls wechseln-
den Fächern, in die man den Eintrag einlegt.
Dieser liegt unsichtbar zwischen den Kettfäden, die sich laufend miteinander verdrehen.

Eine Verdrehung tritt auch am anderen Ketten-ende auf (Abb. 137). Nach einiger Zeit muss man deshalb die Brettchen zur Fachbildung in der Gegenrichtung drehen, um diese Verdrillung zusammen mit der so entstandenen Kettverkürzung bzw. -spannung wieder aufzuheben. Die Brettchenweberei gestattet zahlreiche Variationen, je nach Anzahl der Brettchen und deren Lochung, nach der Drehrichtung und je nachdem, zwischen welchen Fadenpaaren der Eintrag eingelegt wird. Ferner muss man nicht unbedingt alle Brettchen gleichzeitig drehen, sondern nur z. B. ein einzelnes oder eine kleinere Zahl von Kärtchen, ohne die restlichen zu benutzen. Dadurch ergibt sich natürlich an dieser Stelle eine Veränderung des Musters. Es können also im Prinzip beliebig viele Brettchen unabhängig voneinander gedreht werden, um eine Unzahl von Mustern (z. B. Lettern) zu erzeugen.

Doppelgewebe sind ebenfalls leicht herstellbar, indem man die paarweise Kettenteilung bei Hochstellung des Brettchens ausnutzt und zwei Einträge verwendet (Abb. 138a–b). Obwohl für das Brettchenweben die Kettverzwirnung und das Umkehren (Auflösung der Kettspannung) charakteristisch sind (Abb. 139a–b), bietet das Verfahren durchaus die Möglichkeit, andere Bindungsformen zu erzielen; z. B. Kettreps mit Hilfe vierlöchriger Brettchen mit zwei Fäden, wobei eine Vierteldrehung vorwärts mit einer Vierteldrehung rückwärts abwechselt.

Dadurch wird die Kettspannung fortzu aufgelöst und eine Umkehrung im Muster kommt nicht vor (Abb. 140). Auch diagonale Leinwand- und Köperbindungen sind möglich, je nach Anordnung der Kettfäden und deren Verteilung auf die Brettchen.

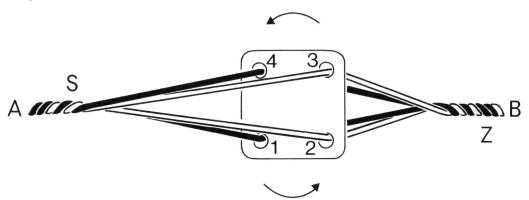

Abb. 136a: Brettchenweben: Verzwirnung der Kettfäden je nach Drehrichtung um die Längsachse

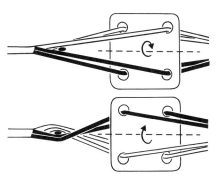

Abb. 136b: Brettchenweben: mit Drehung um die Querachse

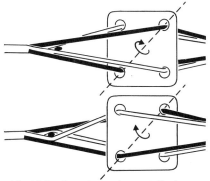

Abb. 136c: Brettchenweben: mit Drehung um die Diagonalachse

Abb. 137: Brettchenweben mit vier vierlöchrigen
Brettchen

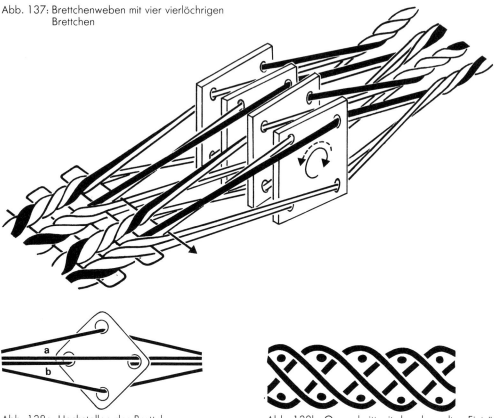

Abb. 138a: Hochstellen des Brettchens zum
Herstellen eines Doppelgewebes
(a = oberes Fach, b = unteres Fach)

Abb. 138b: Querschnitt mit den doppelten Einträgen

Abb. 139a: Für das Brettchenweben typische
Struktur: mit Umkehrstelle und
Vertauschen der Zwirnrichtung

Abb. 139b: Struktur im fertigen Brettchengewebe

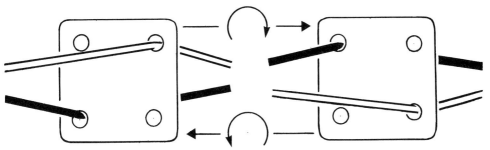

Abb. 140: Brettchenmanipulation zur Erzeugung von Kettreps

Andere Bezeichnungen:
Plättchenweben (Zechlin 1966:132ff.)
Tissage aux cartons ou aux planchettes (Van Gennep 1912:3)
Tissage aux plaques (Hald 1933)
Card weaving (Thorpe 1952:17ff.)

Tablet weaving (Hodges 1965:137)
Weaving on tablet (CIETA 1970:7)
Brikvævning (Hald 1950:Fig. 81)
Kaartweven (Bolland 1970:160)
Telar de placas (Alfaro Giner 1984:85)

Weben mit passiver Kette

Alle gewobenen Stoffe mit «passiver» Kette sind durch echte Bindungen, d.h. durch Verkreuzungen von Kett- und Eintragsfäden gekennzeichnet, wie sie schon im Bereich der Flecht- und Kettenstoffverfahren auftreten (Ausnahmen bilden bloss Dreherbindungen, s. S. 108ff.). Das Adjektiv «passiv» ist dabei im weitesten Sinn zu verstehen und in Relation zum «aktiven» Verdrehen der Kette bei den vorausgehenden Verfahren zu setzen. Die Kette verhält sich bei diesen Techniken insofern passiv, als dass sie «nur» gesenkt und gehoben wird.

Gitterweben

Die Fachbildung erfolgt mit Hilfe einer einzigen Vorrichtung, des Webgitters. Dieses besteht in der Regel aus einem Holzbrettchen mit einer bestimmten Anzahl von Schlitzen und quer angeordneten Löchern dazwischen. Durch die Schlitze führen die Kettfäden, die der einen zur Fachbildung nötigen Gruppe angehören, durch die Löcher diejenigen der anderen Gruppe. Beide Enden der Kette können fixiert sein, während das Gitter frei hängt. Wenn man dieses hebt, so gehen die durch die Löcher führenden Fäden mit, während die in den Schlitzen liegenden unten bleiben. Damit ist für den Eintrag das erste Fach gebildet. Senkt man hierauf das Gitter, so gehen wieder alle «Lochfäden» mit, aber diesmal nach unten. Die «Schlitzfäden» hingegen werden nach oben verschoben, und damit ergibt sich für den nächsten Eintrag das zweite Fach. Man kann auch mit einem unbeweglichen Gitter arbeiten, das auf einem Brett oder auf einer Bank befestigt ist. Dann hält man die Kette am einen Ende in der Hand und hebt bzw. senkt sie zur Fachbildung abwechslungsweise. Die Gitterweberei eignet sich nur zur Bildung schmaler Stoffe (Bändern).

Mit der Gitterweberei können nur leinwandbindige Strukturen erzielt werden.

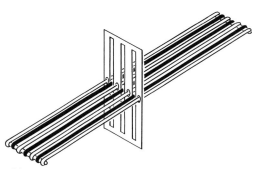

Abb. 141a: Weben mit Webgitter: Ausgangslage

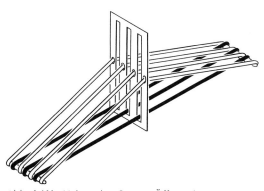

Abb. 141b: Heben des Gitters: Öffnen des ersten
Faches

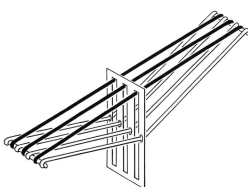

Abb. 141c: Senken des Gitters: Öffnen des
Gegenfaches

Andere Bezeichnungen:
Gatterweberei (Nevermann 1938:257ff.)
Kammweberei (Meyer-Heisig 1956:18)
Weben mit dem Kamm (Zechlin 1966:128)
Weaving with a rigid heddle (Hoffmann 1964:104)
Tissage à la grille; rigid heddle weaving; grata telaio;
   Verja tejeduria (CIETA 1970:11)
Weaving with a heddle frame (Gallinger 1975:158ff.)
Telar de rejilla (Alfaro Giner 1984:90)
Tear de grade (Veiga de Oliveira et al. 1978:151)

Weben mit Hilfe von Litzen

Beim alternierenden Halbweben mit Hilfe eines Trennstabes haben wir auf die Unmöglichkeit zweier Trennstäbe zur automatischen Fachbildung hingewiesen. Das Gitter ist eine Möglichkeit, dieses Dilemma zu umgehen. Die andere, geniale, Erfindung aber besteht in der Einführung von «Litzen». Litzen sind Schlingen, welche die zur Fachbildung nötigen Kettfäden erfassen, d. h. die Fäden des unter dem Trennstab liegenden Kettenteiles werden einzeln an Schlingen befestigt, die zwischen den Fäden der oberen Kettenlage durchführen und an einem querliegenden Stab oder einem Handgriff oder einer Schlinge befestigt sind. Mit Hilfe dieser Litzen oder Schlingen und des Litzen- oder Schlingenstabes ist es möglich, auch die zweite Kreuzung der Kettfäden bzw. die Bildung des Gegenfaches (künstlichen Faches) mit einem Handgriff, also automatisch oder mechanisch durchzuführen.

Wenn wir nun das zweite Fach bilden wollen, so ziehen wir beispielsweise alle ungeraden, unten liegenden Kettfäden an allen geraden vorbei nach oben und führen den Eintrag ein. Wenn wir den Litzenstab loslassen und den vorher zurückgeschobenen Trennstab wieder heranholen, so ist das natürliche Fach aufs neue gebildet (Abb. 142a–b).

Nun wiederholt sich der Webvorgang, indem wieder der Trennstab herangeholt und das natürliche Fach geöffnet wird. Natürlich müssen die Litzen und der Litzenstab vor dem Trennstab, d. h. zwischen Trennstab und Arbeitsstelle angebracht werden. Der Trennstab kann also nicht mehr zum Anschlagen oder Anpressen der neuen Einträge dienen. Man benötigt dazu ein besonderes Gerät von flacher Form mit einer scharfen Kante und zugespitzten Enden, das Schwert (auch Sperr- oder Schlagschiene genannt), das leicht in das jeweilige Fach eingeführt werden kann und zu dessen Vergrösserung für den Eintrag hochgestellt wird. Der einfachste Webapparat dieser Art muss also aus folgenden Teilen bestehen (vgl. Abb. 143):

a) Vorrichtung zum Befestigen der Kette: Kettbaum und Brustbaum, meistens zylindrische Hölzer, von denen der Kettbaum an Pfosten usw. fixiert ist, der Brustbaum vor der Arbeiterin oder dem Arbeiter liegt. Mit Hilfe eines daran befestigten Gürtels kann die Kette nach Belieben gespannt oder gelockert werden;

b) Trennstab;

c) Litzenstab mit Litzen;

d) Schwert;

e) Eintragstab oder Steckschützen, mit aufgewundenem Eintrag – oder eben Schiffchen.

Alle weiteren Teile der einfachen Webgeräte sind zum Weben nicht grundsätzlich notwendig, sondern zusätzliche Vorrichtungen, die insbesondere dazu dienen, die Kette in Ordnung zu halten (Kreuzstäbe).

Die folgenden Webgeräte, die alle auf der Basis von Litzen zur Fachbildung funktionieren, werden nun nach der Lage der Kette im Webapparat gegliedert, ferner nach der Verwendung sekundärer Hilfsmittel (vor allem des Kammes und seiner Weiterbildung). Es ergeben sich daraus die beiden Hauptgruppen der vertikalen und der horizontalen Webgeräte. Die wichtigsten Variationen innerhalb dieser beiden Gruppen seien hier kurz angeführt.

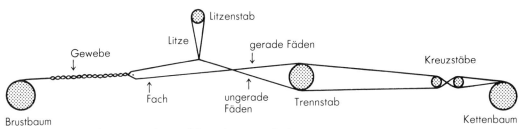

Abb. 142a: Prinzip der Litzenweberei: Öffnen des ersten Faches

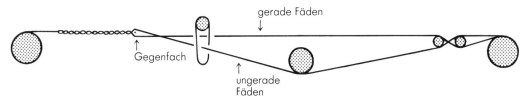

Abb. 142b: Prinzip der Litzenweberei: Öffnen des Gegenfaches

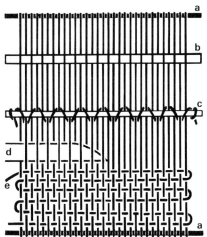

Abb. 143: Einfachster Webapparat

Webgeräte

Vertikale Webgeräte

Bei den vertikalen Webapparaten wird die Kette entweder zwischen zwei Bäumen oder hängend mit Hilfe von Gewichten gespannt.

1. Gewichtwebgerät

Die oben an einem Querbaum befestigte Kette wird durch Stein- oder Tongewichte gestreckt, die meistens Kettfädengruppen, seltener einzelne Kettfäden beschweren. Die Kette ist immer einebig.

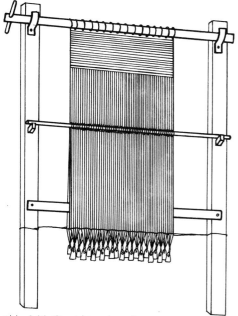

Abb. 144: Gewichtswebgerät

Andere Bezeichnungen:
Métier à poids (CIETA 1970:20)
Vertical warp-weighted loom (Hald 1950:205ff.)
Warp-weight loom (Albers 1963:23)
Weight-tensioned loom (Hodges 1965:134ff.)
Lodret vægvævstol (Hald 1950:205ff.)
Oppstadgogn, uppstadgogn (CIETA 1970:20)
Telar vertical de pesos (Alfaro Giner 1984:87)
Telar de pesas (Mirambell/Martínez 1986:13)
Tear tensionado a pesos (Ribeiro 1980:14)

2. Gobelinwebgerät

Beim sogenannten «Gobelinstuhl» wird die Kette zwischen zwei Bäumen gestreckt. Sie kann rundlaufend oder endlich sein (Abb. 145). Dieses Webgerät ist zur Herstellung gewirkter Stoffe (s. S. 72ff.) besonders beliebt.

Andere Bezeichnungen:
Hautelissesstuhl (Von Schorn 1885:77ff.)
Hochwebstuhl (CIETA 1970:24)
Métier vertical (Loir 1935:32)
Métier à haute lisse (CIETA 1970:24)
Vertical loom (Kent Peck 1957:482ff.)
Upright loom (Noss 1966:118ff.)
Vertical frame loom (Collingwood 1968:43ff.)
Telar vertical (Taullard 1949:71)
Telar de lizos altos (CIETA 1970:24)
Telar vertical (Vega de Oliveira et al. 1978:149)
Telaio verticale (Farno 1968:130)
Telaio ad alti lici (CIETA 1970:24)
Flamskvävstol (CIETA 1970:24)

Mit rundlaufender Kette:
Upright tubular loom (Underhill 1944:45ff.)
Tubular loom with spiral warp (Hald 1950:215)
Vertical loom, tubular warp weave (Kent Peck 1957:482ff.)
Rundvæv med spirall bende kæde (Hald 1950:215)

Horizontale Webgeräte

Im Gegensatz zu den vertikalen Webapparaten zeigen die horizontalen grössere Variations- und Entwicklungsmöglichkeiten. Es handelt sich dabei meist um Litzenstabgeräte und deren Weiterbildung, seltener um Geräte mit Webegittern.

Andere Bezeichnungen:
Flachwebstuhl (CIETA 1970:16)
Métier horizontal (CIETA 1970:16)
Horizontal loom (CIETA 1970:16)
Horizontal frame loom (Collingwood 1968:47ff.)
Telaio orrizontale (CIETA 1970:16)
Telar horizontal (Barendse/Lobera 1987:12ff.)
Tear horizontal (Ribeiro 1980:28)

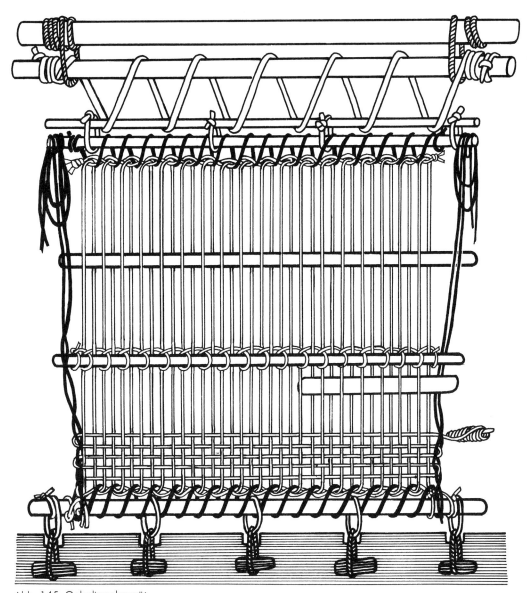

Abb. 145: Gobelinwebgerät

1. Liegendes horizontales Webgerät

Kett- und Brustbaum liegen am Boden auf und werden durch Pflöcke in ihrer Lage festgehalten. Die Kette kann endlich oder endlos sein.

Andere Bezeichnungen:
Horizontal ground loom (Wulff 1966:199)
Staked loom (Schevill 1986:13)
Telar horizontal (Chertudi/Nardi 1960:74)

Mit fixiertem Litzenstab:
Horizontal fixed heddle loom (Ling Roth 1934:40)

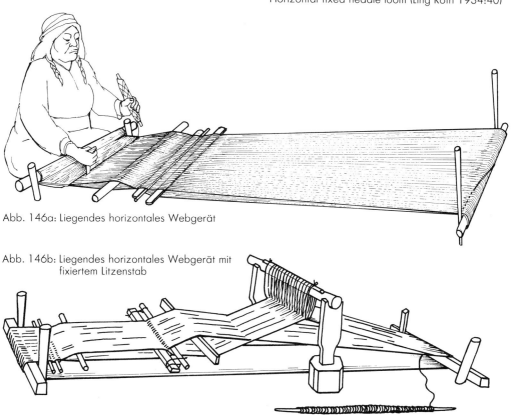

Abb. 146a: Liegendes horizontales Webgerät

Abb. 146b: Liegendes horizontales Webgerät mit
fixiertem Litzenstab

2. Horizontales Webgerät mit Rückengürtel oder Joch

Diese Webvorrichtung hat den Vorteil, dass mit Hilfe eines am Brustbaum befestigten Gürtels die Kette nach Belieben gespannt oder gelockert werden kann. Anstatt um einen Kettbaum können die Kettfäden auch einfach um einen Pflock gewunden werden. Rückengürtelweb-geräte sind sehr weit verbreitet. Sie werden oft noch mit einem Gitter oder mit Musterstäben kombiniert, die zum Auflesen komplizierter Muster dienen. Bei allen bisher genannten Webgeräten können natürlich mehrere Litzenreihen angebracht werden, je nach gewünschter Bindungsform und/oder Musterung.

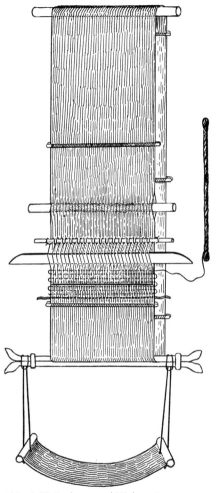

Abb. 147: Rückengürtel-Webgerät

Andere Bezeichnungen:
Rückenspannungsgerät (Kauffmann 1937:120)
Rückengurtweberei (Jaques 1969:366)
Waist-loom (Amsden 1932:228ff.)
Backstrap loom, stick(s)-loom (Start 1948:109)
Belt loom (Kent Peck 1957:482ff.)
Hip-strap loom (Osborne de Jongh 1965:50)
Body tensioned loom, métier à ceinture, tear primitivo
   de cintura, bältesväv (Burnham 1980:10)
Telar de cintura (Barendse/Lobera 1987:15ff.)
Tear de cintura (Ribeiro 1980:14)
Bältesväv (Geijer/Hoffmann 1974:12)

3. Schaftwebstühle

Die zur Fachbildung dienenden Teile sind hier in Schäfte umgebildet, die man in ihrer Gesamtheit als Geschirr bezeichnet. Sie werden mit Hilfe von Tritt- oder Zugvorrichtungen betätigt. Kamm und Schwert sind oft in einer schwingenden Lade vereinigt, Ketten- und Brustbaum zum Ab- bzw. Aufwickeln eingerichtet. Häufig findet sich auch noch ein dritter Baum (Zeug- oder Warenbaum) zur Aufnahme des fertigen Stoffes. Alle Teile sind in einem festen Gestell (Stuhl) eingebaut. Als Kette kommt praktisch nur noch die endliche Form in Frage.

Andere Bezeichnungen:
Métier à lisses, métier d'armure (CIETA 1970:47)
Shaft loom (CIETA 1970:47)
Telaio a liccio (CIETA 1970:47)
Telar de lizos (CIETA 1970:47)
Skaftvävstol (CIETA 1970:47)

3.1. Trittwebstühle

Die Schäfte werden durch Treten mit den Füssen auf Pedalen gehoben und gesenkt. Befinden sich die Pedale in einer Grube, spricht man auch vom Grubenwebstuhl (Abb. 148). Bei einfachen Formen des Trittwebstuhles kann der Kettbaum wiederum weggelassen werden. Auch Geräte mit Rückengurt sind bekannt (Abb. 149b), ebenso können bewegliche Webgitter mit Tritten kombiniert werden (Abb. 149a).

Andere Bezeichnungen:
Métier à releveur à pédalier (Montandon 1934)
Foot treadle loom (Crawford 1915:62)
Treadle loom (Start 1948:109)
Foot-loom (Osborne de Jongh 1965:55)
Foot power loom (Tovey 1965:14ff.)
Telar con pedales (Chertudi/Nardi 1960:57)
Tear de pedais (Ribeiro 1980:19)

Grubenwebstuhl:
Métier à tisser à marches et à fosse (Boser-Sarivaxé-
   vanis 1972:222)
Pit tradle loom (Ling Roth 1934:26)
Telar de foso (Barendse/Lobera 1987:18)

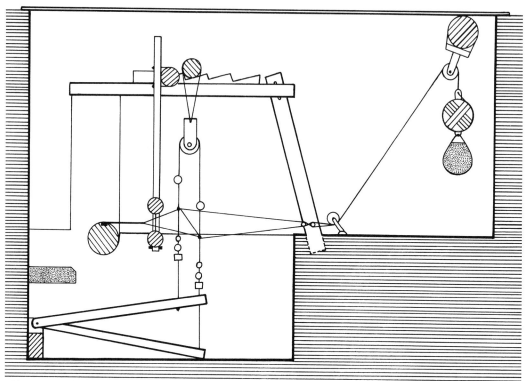

Abb. 148: Grubenwebstuhl

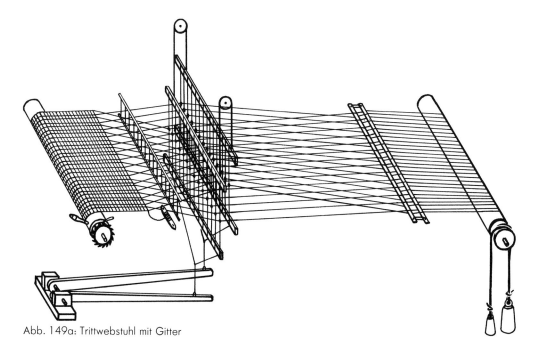

Abb. 149a: Trittwebstuhl mit Gitter

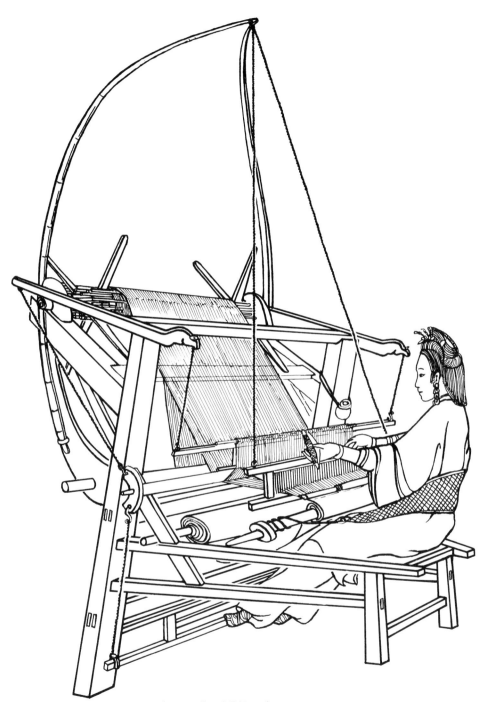

Abb. 149b: Trittwebstuhl mit Rückengürtel und C-Vorrichtung

Abb. 150: Zugwebstuhl

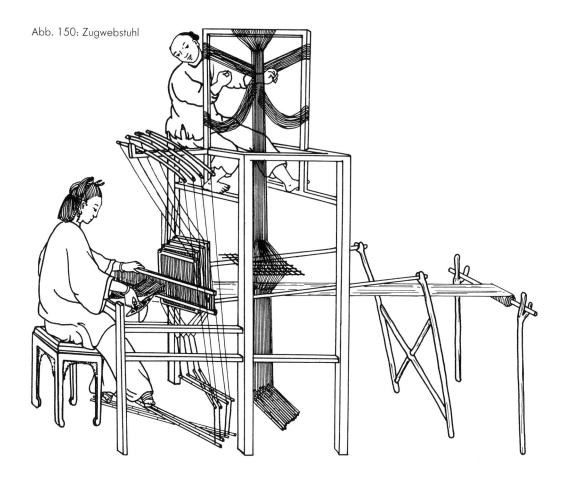

3.2. Zugwebstühle (Zampel- und Kegelstühle)

Während auf Trittwebstühlen nur eine beschränkte Anzahl von Fächern gebildet werden können, die zwar zum Weben der Grundbindungen durchaus genügen, ist es auf Zugwebstühlen möglich, beliebig komplizierte Muster herzustellen, weil die büschelweise zu Zügen gefassten Litzen viel weniger Platz beanspruchen, als durch Tritte bewegte Schäfte.

Beim Zampelstuhl (Abb. 150) wird die Schaffung des gewünschten Faches einer Hilfsperson (Ziehjunge) überlassen, die je nach Muster gewisse Gruppen von entsprechend zusammengefassten Zugfäden herauszuziehen hat.

Andere Bezeichnungen:
Métier à la tire (CIETA 1970:69)
Draw loom (Coulin Weibel 1952:16ff.)
Telaio al tiro (CIETA 1970:69)

Telar de tiro, de lazos (CIETA 1970:69)
Dragvävstol (CIETA 1970:69)

Die Kettfäden des Kegelstuhles werden ebenfalls durch einzelne Litzen hochgehoben. Diese laufen zu Zügen gebündelt senkrecht nach oben über Rollen, wo sie nach horizontaler Weiterführung an einem festen Punkt der Wand fixiert werden. Von jedem dieser Züge geht eine Schnur nach unten. Je nach Muster werden bestimmte Schnüre zusammengenommen, durch ein gelochtes Brett (Kegelregister) geführt und an ihrem Ende mit Kegeln versehen (Abb. 151).

Andere Bezeichnungen:
Métier aux boutons, métier à la petite tire (CIETA 1970:26)
Telaio a bottoni (CIETA 1970:26)
Telaio al piccolo tiro (CIETA 1970:26)
Kägelvävstol (CIETA 1970:26)

Abb. 151: Kegelstuhl

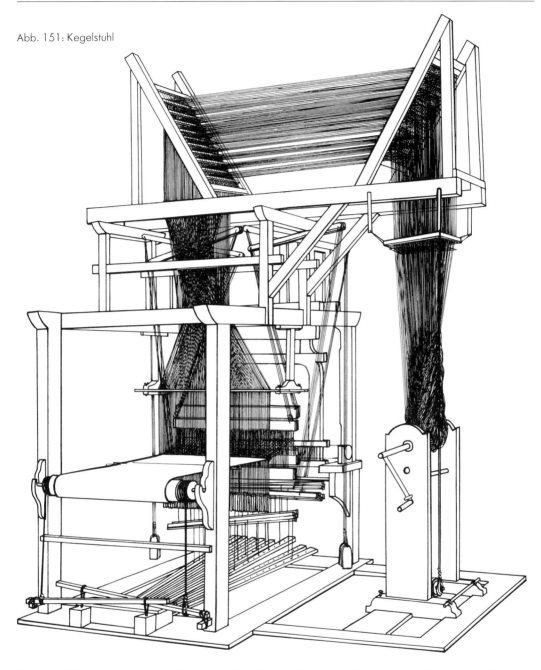

Zug- und Trittvorrichtungen können auch miteinander kombiniert werden.

Wichtig und entscheidend bei all diesen auf der Basis von Litzen funktionierenden Geräten ist an sich nicht mehr der Webvorgang selbst, sondern seine Vorbereitung, d.h. das Schären der Kette, für das es in der Regel eigene Vorrichtungen gibt, sog. Schärrahmen. Hier sorgen Kreuzruten dafür, dass die Kettfäden nicht durcheinander geraten, oder eingezogene Fäden markieren, wo später Litzen angebracht werden und der Trennstab eingelegt wird.

Das Weben an sich erfolgt dann eben automatisch.

Gewebebindungen

Die den Verkreuzungsarten von Ketten- und Eintragsfäden (Bindungen) in Geweben zugrundeliegenden Gesetzmässigkeiten bilden den Inhalt der sogenannten Bindungslehre. Zur genauen Darstellung der verschiedenen Formen und Möglichkeiten benützt man kariertes Papier, wobei die senkrechten Linien den Kettfäden, die waagrechten den Schussfäden entsprechen. Die Kreuzungsstellen von Kett- und Schussfäden werden markiert (z. B. Kettfäden vom Beschauer aus gesehen oben liegend) und als Bindungspunkte bezeichnet. Die so erhaltene Darstellung einer Bindungsart heisst Patrone oder Bindungsbild. Die Anzahl der Ketten- und Schussfäden mit verschiedenen Bindungspunkten nennt man, bis zur Wiederholung des gleichen Bildes, Rapport. So besitzt z. B. die Leinwandbindung einen Rapport von je zwei Kett- und Schussfäden. Sie ist ferner zweibindig, weil immer nach zwei Einträgen die Bindungspunkte wieder an den gleichen Stellen liegen und gleiche Lagerung von Kette und Schuss aufweisen (Abb. 152a–b).

Anstatt von Rapport kann man, analog wie bei den Maschenstoffen aufgrund der Symmetrielehre (s. S. 14ff.), auch von Translation sprechen. Den Gewebebindungen liegen folglich Translationen eines Punktes entlang einer horizontalen und einer vertikalen Achse – also Gitter – zugrunde.

Sollen die Merkmale eines Gewebes erschöpfend wiedergegeben werden, sind zusätzlich zur Patrone Ergänzungen notwendig über die Form und Feinheit von Ketten- und Schussfäden, über ihre Zahl in einer Flächeneinheit (Webdichte je cm^2) und die Form der Webkante.

Die Zahl der Bindungsmöglichkeiten ist ausserordentlich gross. Wir unterscheiden im folgenden zwischen Grundbindungen und deren Ab-

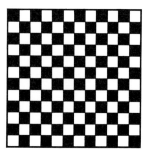
Abb. 152b: Patrone der Leinwandbindung

leitungen, zusammengesetzten (komplementären, supplementären), kombinierten und Dreherbindungen.

Grundbindungen und ihre Ableitungen

Grundsätzlich gibt es zwei Arten von Grundbindungen, nämlich solche, bei denen jeder Kettfaden mit einem Schussfaden verkreuzt wird, und solche, bei denen Eintrag und/oder Kette flottieren, bevor sie gebunden werden. Letztere Gruppe lässt sich noch unterscheiden in Bindungen mit aneinandergrenzenden Bindungspunkten (Köper) und solche, bei denen dies nicht der Fall ist (Atlas). Diese Grundbindungen können variiert werden, indem man die Rapportzahl vergrössert und/oder die Bindepunkte analog den 17 Symmetriegruppen einseitiger Streifen- oder Flächenmuster anordnet. Diese Ableitungen von der jeweiligen Grundbindung werden jeweils unmittelbar im Anschluss an diese behandelt. Bindungen mit umkehrendem Eintrag oder Kette werden aus theoretischen Gründen bei den Kettenstoffen eingeordnet (s. Wirkerei S. 72ff., Partialstoffe S. 75).

1. Leinwandbindungen

Die Leinwandbindung stellt die einfachste Verkreuzungsform von Kett- und Schussfäden dar, sozusagen die Grundbindung aller Gewebebindungen überhaupt. Sie ist zweibindig, ihr Rapport umfasst zwei Ketten und zwei Schussfäden (Abb. 152), d. h. Kette und Eintrag wer-

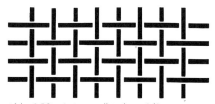
Abb. 152a: Leinwandbindung 1/1

den so verarbeitet (1/1), dass die Abstände zwischen Kettfäden untereinander und Eintragsfäden untereinander gleich gross sind. Beide Stoffseiten weisen die gleiche Struktur auf.

Andere Bezeichnungen:
Taft-, Tuch-, Kattunbindung (Bühler-Oppenheim 1948:180)
Armure toile (Leroi-Gourhan 1943:294)
Taffetas, toile (CIETA 1970:34)
Plain or tabby single warp and weft (Start 1948:23)
Balanced plain weave (Emery 1966:78)
Plain weave (Kent Peck 1957:490)
Tabby or plain weave, taffeta weave, cloth weave (Hodges 1965:140)
Taffeta, tela (CIETA 1970:34)
Taffetas, plana, tela (CIETA 1970:34)
Entramado liso (Alfaro Giner 1984:103)
Tejido liso (Cardale-Schrimpff 1977/78:269)
Tuskaftbindning, lärftsbindning (CIETA 1970:34)
Lærred (Bender-Jørgensen 1986:14)
Toskaftsbindning, lerretsbindning (Geijer/Hoffmann 1974:88)

Leinwandbindungen mit grossen Abständen zwischen einzelnen Ketten- und Schussfäden nennt man Stramin.

1.1. Würfelbindungen

Würfelbindungen entstehen, wenn die Ketten- und Eintragsfäden statt einfach doppelt oder mehrfach geführt werden, wenn sich also in den Bindungspunkten immer Fadengruppen statt Einzelfäden kreuzen. Sofern diese Gruppen in Kette und Schuss gleich viele Fäden aufweisen, spricht man von Panamabindung (Mattenbindung, Natté, Abb. 153). Würfelbindungen können auch mit verschiedenstarken Fadengruppen ausgeführt werden (gemischte Würfelbindungen), wodurch sich zahlreiche Musterungsmöglichkeiten ergeben (Abb. 154a–b).

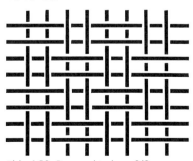

Abb. 153: Panamabindung 2/2

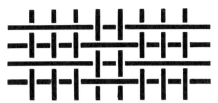

Abb. 154a: Würfelbindung 3/2

Abb. 154b: Gemischte Würfelbindung 2/2/1/1

Andere Bezeichnungen:
1/2:
Half-basket weave (Kent Peck 1957:490ff.)
Plain weave with paired warps (wefts) (Emery 1966:77)

2/2:
Plain twin weave, twin or paired warp and weft (Start 1948:23)
Canvas weave, basket weave, ordinary hopsack or matt weave (Hodges 1965:140)
Plain weave with paired warps and wefts (Emery 1966:77)
Panama (Bender Jørgensen 1986:14)

3/3:
Panama weave (Hodges 1965:140)
Plain weave with tripled warps and wefts (3/3 basket or 3/3 matt weave) (Emery 1966:77)
Ligamento de esterilla (Mirambell/Martínez 1986: Fig. 15)

1.2. Reps

Eine wichtige Sonderform der Leinwandbindung ist der Reps oder Rips. Bindungsform und Rapport stimmen mit der Grundbindung überein, wobei freilich die Ketten- oder Eintragsfäden mehrfach oder ungleich geführt werden können. Charakteristisch ist aber, dass im Stoff nur das eine Fadensystem sichtbar erscheint. Je nachdem spricht man von Eintrag- (Schuss-

oder Querreps) oder Kettenreps (Längsreps). Quer zur Richtung der sichtbaren Fäden weisen Repsstoffe feine Rippen auf.

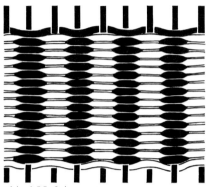

Abb. 155: Schussreps

Andere Bezeichnungen:
Repp or poplin (Start 1948:23)
Plain weave rep (D'Harcourt 1962:19f.)
Rep, repp or ribbed tabby weave (Hodges 1965:143ff.)

Kettenreps:
Plain weave warp-face (Kent Peck 1957:535)
Warp-faced plain weave (Emery 1966:76)

Schussreps:
Weft-faced plain weave (Emery 1966:76)
Tejido simple de cara de urdimbre (Weitlaner-Johnson 1977:61)

1.3. Jour-Bildung

Jour-Gewebe oder -Stoffe, deren Flächen stellenweise durchbrochen gearbeitet sind, weisen grösstenteils Sonderformen der Leinwandbindung auf (Jour-Effekte können auch durch Wirken erzielt werden). In den einfachsten Fällen wird die Kette in einzelnen, durch Abstände voneinander getrennten Partien aufgespannt und vom Eintrag in entsprechender Breite und ebensolchem Abstand durchwoben.

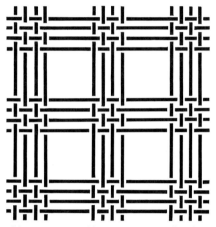

Abb. 156: Jour-Bildung mit Leinwandbindung

2. Flottierende Bindungen

Flottierende Bindungen entstehen z. B., wenn in einem leinwandbindigen Gewebe Kett- oder Schussfäden an bestimmten Stellen zu Musterungszwecken übersprungen werden. Sowohl Kettfäden als auch Schussfäden können flottieren. Je nach Art ihrer Anordnung handelt es sich dabei um zusammengesetzte (komplementäre) oder um kombinierte Bindungen (s. S. 104f. und S. 110).
Wenn Fäden über das ganze Gewebe hinweg schräg angeordnet flottieren, so handelt es sich um eine Köperbindung.

2.1. Köperbindungen

Hauptmerkmal des Köpers ist eine losere Bindung der beiden Fadensysteme, indem jeder Schussfaden mindestens über/unter zwei Kettfäden und nur unter/über einem Kettfaden verläuft (einseitiger Köper, Abb. 157). Von Schuss zu Schuss werden ferner die Bindungsstellen um einen Kettfaden links oder rechts in der Eintragsrichtung verlegt.
In anderen Köperformen verläuft der Eintrag jeweils regelmässig mindestens über/unter zwei Kettfäden (gleichseitiger Köper), wobei aber von einem Schuss zum nächsten die Bindungsstellen wiederum seitlich verschoben werden (Abb. 158). Diese Verlagerungen haben im Stoff eine schräglaufende Streifung (Köpergerade) zur Folge. Der kleinste mögliche Rapport für Köperbindungen umfasst je

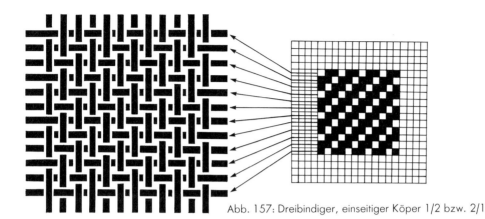

Abb. 157: Dreibindiger, einseitiger Köper 1/2 bzw. 2/1

drei Kett- und Schussfäden. Er lässt sich aus praktischen Gründen nicht beliebig vergrössern. Bei einseitigen Köperbindungen ist die Struktur beider Stoffseiten verschieden; je nachdem spricht man von Ketten- oder Schussköper, wobei die Köpergerade S- oder Z-gerichtet sein kann.

Vom dreibindigen Grundköper lassen sich durch Erweiterung der Bindungszahl (in Schuss- und Kettrichtung gleich oder aber verschieden weit) und die Anordnung der Bindepunkte zahlreiche Köpervariationen ableiten. Im folgenden sei hier eine Auswahl der wichtigsten abgeleiteten Köperbindungen genannt.

Man spricht z.B. von Eingratköpern, wenn innerhalb eines Bindungsrapportes nur eine Köpergerade vorkommt (Abb. 157, 159), oder von Mehrgratköpern, wenn zwei oder mehr Köpergerade in einem Rapport enthalten sind (Abb. 160). Diese können wiederum einseitig oder gleichseitig sein (Abb. 164). Ist das Zahlenverhältnis, aus denen sich der Rapport zusammensetzt, ausgewogen, so bezeichnet man diese Köper als Gleichgrat- oder Doppelköper (Abb. 158). Spitzköper unterscheiden sich von den bisher genannten Variationen dadurch, dass ihre Gratlinien in einem spitzen Winkel umkehren. Dies kann entweder in Kettrichtung oder im Schuss (Abb. 161) erfolgen, wobei der Rapport in beiden Richtungen verschieden (hier z.B. 4- bzw. 6bindig) oder gleich sein kann und dadurch Rauten entstehen (Abb. 162).

Weitere Ableitungen (Kreuzköper) ergeben sich, wenn nach einer Anzahl Kett- und Schuss-

fäden die Gerade unterbrochen, verschoben und gleichzeitig umgekehrt wird (Abb. 163).

Abb. 158a: Vierbindiger, gleichseitiger Köper 2/2

Abb. 158b: Patrone eines vierbindigen, gleichseitigen Köpers

Notation und theoretische Überlegungen: Zur Beschreibung der Köperbindungen wird angegeben, über/unter wieviel Kettfäden der Schuss verläuft, wobei durch Addition dieser Zahlen auch gleich die Bindigkeit resultiert.

Abb. 159: Vierbindiger Eingratköper 1/3

Abb. 161b: Spitzköper in Schussrichtung

Abb. 160: Sechsbindiger Mehrgratköper 1/1/1/3

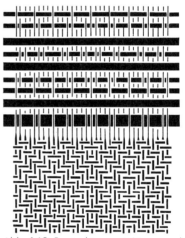

Abb. 162: Rautenköper mit Litzen- und Musterstäben

Abb. 161a: Spitzköper in Kettrichtung

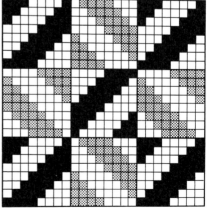

Abb. 163: Patrone eines in Kette und Schuss
abgesetzten Kreuzköpers

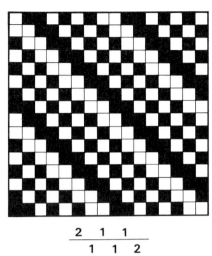

$$\frac{2 \quad 1 \quad 1}{1 \quad 1 \quad 2}$$

Abb. 164: Patrone eines gleichseitigen
Mehrgratköpers

Einseitiger Köper:
1/2 Prunella (Hodges 1965:140ff.)
Uneven twill (Emery 1966:99)

Zweiseitiger Köper:
Even twill (Emery 1966:92ff.)
Sarga de caras iguales (Barendse/Lobera 1987:53)

Ketten- und Schussköper:
Warp (weft)-faced twill (Emery 1966:93)
Chevron twill (Burnham 1980:155)
Sarga de urdimbre/trama (Barendse/Lobera 1987:53)

Spitzköper:
Herringbone (Emery 1966:95)
Sarga de espiga (Barendse/Lobera 1987:54)

Rautenköper:
Diamond twill (Emery 1966:97)

Gebrochener Köper:
Broken twill (Hodges 1965:140ff.)
Sarga cruzada (Barendse/Lobera 1987:54)
Sarga interrumpida (Barendse/Lobera 1987:56)

Abb. 157 stellt folglich einen Kettköper $^2/_1$ dar
(die Rückseite wäre ein Schussköper $^1/_2$), Abb.
159 einen Kettköper $^1/_3$, Abb. 158 einen $^2/_2$
gleichseitigen Köper. Bei gleichseitigen Kö-
pern sind die Zahlen gleichwertig oder symmetrisch angeordnet, also z.B. $^2_1 1_1 1_2$ (Abb.
164) oder $^2_1 1_2 1_1$. Köper sind an ihren Zahlen-
kombinationen gut zu erkennen.
Der Rapport muss sich stets aus einer geraden
Anzahl von Zahlen zusammensetzen (ausgenommen lauter 1, weil dies eine Leinwandbindung ergibt). Die gerade Anzahl von Kom-
plementärzahlen eines Rapportes ergibt Köperbindungen, ferner ist das bei allen symmetrischen Zahlenfolgen der Fall.
Die Zahl der möglichen Köperbindungen in einem beliebigen Rapport betragen folglich bei
einer Zerlegung in eine gerade Anzahl von
Summanden 2^{n-2}.

Andere Bezeichnungen:
Köper:
Armure croisée (Leroi-Gourhan 1943:294)
Sergé (CIETA 1970:29)
Twill weaves (Kent Peck 1957:535ff.)
Kypert (CIETA 1970:29)
Sarga (CIETA 1970:29)
Spina, diagonale (CIETA 1970:29)
Kiperbindinger (Hald 1950:145ff.)
Entramado cruzado o en sarga (Alfaro Giner
   1984:104)

2.2. Atlas- oder Satinbindungen

Die Bindungspunkte sind hier noch weiter voneinander entfernt als bei Köperbindungen.
Charakteristisch ist dabei, dass sich die Kreu-
zungsstellen von Kett- und Eintragsfäden nie,
weder seitlich, noch an den Ecken, berühren.
Der kleinstmögliche Rapport ist fünfbindig
(Abb. 165a).
Jedem Bindungspunkt, wo sich ein Kett- und ein
Schussfaden gegenseitig abbinden, folgt eine
Flottierung über zumindest vier Fäden bis zum
nächsten Bindungspunkt. Die Bindungspunkte
auf den benachbarten Schuss- oder Kettfäden
sind so verteilt, dass sie sich nicht berühren (im
Gegensatz zu Leinwand- und Köperbindung).
Auch hier wird eine beliebige Vergrösserung
der Rapportzahl durch die damit verbundene
zu starke Verminderung der Bindepunkte verunmöglicht. Die Bindepunkte verschieben sich
in Eintragsrichtung von Schuss zu Schuss um
mindestens zwei Kettfäden nach links oder
rechts. Das Ausmass dieser Versetzung wird
durch die «Sprungzahl» angegeben. Analog
dazu zeigt die «Steigungszahl» an, um wieviel
Schussfäden der Bindungspunkt von einem
Kettfaden zum anderen steigt. Wie beim Köper
unterscheidet man Ketten- und Schussatlas.
In bezug auf die Verteilung der Bindepunkte
unterscheidet man regelmässige und unregelmässige Atlasbindungen.

Bei gleichmässiger Verteilung der Bindepunkte, die zudem meist von den flottierenden Fäden zugedeckt sind, zeigen Atlasgewebe eine glatte, glänzende Oberfläche.

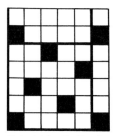

Abb. 165a: Fünfbindiger Atlas

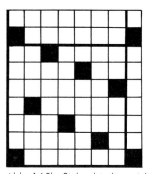

Abb. 165b: Siebenbindiger Atlas

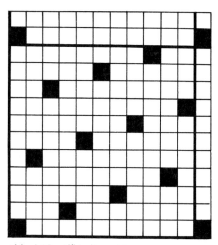

Abb. 165c: Elfbindiger Atlas

Notation und theoretische Überlegungen:
Man bezeichnet die Atlasbindungen im allgemeinen nach der Steigungszahl und der

Sprungzahl und spricht z.B. von einem 5bindigen Atlas mit Zweiersteigung und Sprungzahl drei oder umgekehrt (Abb. 165a). Der Fadenverlauf der Atlasse in Kett- oder Schussrichtung ist ferner stets 1/Rapportzahl–1, weil immer nur ein Faden aufs Mal gebunden wird. Die Wahl von Steigungs- und Sprungzahl ist nicht beliebig, sondern von bestimmten Voraussetzungen abhängig.

So müssen beispielsweise Sprung- und Steigungszahlen zum Rapport teilerfremd, um mindestens 2 kleiner als der Rapport sein und dürfen nicht aus 1 bestehen. Bei einem gegebenen Rapport (z.B. R = 9) sucht man also eine zum R teilerfremde Sprungzahl (P) zwischen 2 und R–2. Hat man diese gefunden (in unserem Fall sind es P = 7 oder 2), so ergibt sich die Steigungszahl (S) dadurch, dass Sprungzahl mal Steigung minus 1 durch den Rapport teilbar ist. P mal S–1 muss also ein Vielfaches des Rapportes sein (in unserem Fall S = 4 oder 5). Sprung- oder Steigungszahlen addiert ergeben wieder den Rapport. Nicht für jeden Bindungsrapport sind Atlasbindungen möglich, deren Bindungspunkte regelmässig verteilt sind. So ist es z.B. unmöglich, einen regelmässigen 6bindigen Atlas zu konstruieren, da sich an den Rapporten Köperstellen ergeben (Abb. 166a).

Solche Stellen lassen sich vermeiden, indem man die Bindungspunkte unregelmässig anordnet (Abb. 166b). Dies ist ebenfalls bei Rapporten möglich, die eine regelmässige Bindung erlauben, so z.B. beim 8bindigen Atlas (Abb. 167a–b). In solchen Fällen müssen die verschiedenen Sprung- und Steigungszahlen jeweils angegeben werden. Solche Atlasbindungen bezeichnet man als unregelmässige oder versetzte Atlasse (Abb. 167c).

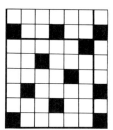

Abb. 166a: Regelmässiger sechsbindiger Atlas mit Köperstelle

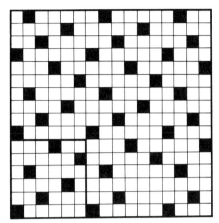

Abb. 166b Unregelmässiger sechsbindiger Atlas mit unregelmässigen Steigungs- und Sprungzahlen

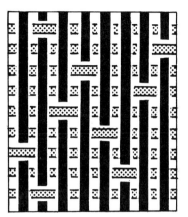

Abb. 167c: Unregelmässiger achtbindiger Atlas mit gemischten Steigungs- und Sprungzahlen

Andere Bezeichnungen:
Satin (CIETA 1970:2)
Satins (Hodges 1965:141)
Satin weave (Emery 1966:108)
Raso (CIETA 1970:2)
Satin, atlasbindning (CIETA 1970:2)
Raso o satén (Barendse/Lobera 1987:57)

Regelmässiger und unregelmässiger Atlas:
Regular or irregular satin weave (Emery 1966:111)

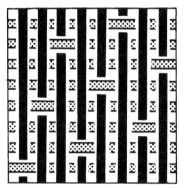

Abb. 167a: Achtbindiger Atlas mit Steigungszahl = Sprungzahl 3

Zusammengesetzte Bindungen

Der Anteil der zusammengesetzten Bindungen an den Gewebebindungen ist sehr gross und vielfältig. Sie können prinzipiell gegliedert werden in solche, die zusammengesetzt sind aus verschiedenen Grundbindungsprinzipien und deren Ableitungen innerhalb eines Rapportes und innerhalb mindestens eines Fadensystemes (Kette, Schuss oder beide), und in solche, die sich aus einem Grundgewebe und zusätzlichen Fadensystemen (in Kette- oder Schussrichtung) zusammensetzen. Wir unterscheiden also komplementäre und supplementäre Bindungen.

Andere Bezeichnungen:
Abgeleitete Bindungen (Bühler 1948:188)
Compound weaves (Emery 1966:140ff.)
Ligamentos mixtos (Barendse/Lobera 1987:65)

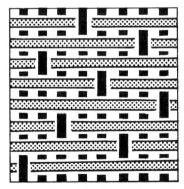

Abb. 167b: Achtbindiger Atlas mit Steigungszahl = Sprungzahl 5

1. Komplementäre Bindungen

Sämtliche Kett- und Eintragsfäden sind an der Gewebebildung beteiligt, d. h. zwei (oder mehr), farblich oft verschiedene Gruppen von Kett- und Eintragsfäden werden zu gleichen Teilen und gemeinsam zur Stoffbildung gebraucht. Die Kett- und die Schussfäden verhalten sich also in jedem System zueinander komplementär. Der Bindungsform entsprechend kann die Kette auf der einen, der Eintrag auf der anderen Stoffseite stärker zur Geltung kommen (komplementäre Schuss- oder Kettenbindung, Abb. 168a). Beide Stoffseiten sind entweder gleich oder verschieden, je nachdem, ob auf einer Seite alle Fäden flottant verlaufen oder die komplementären Fäden gleichmässig auf beiden flottieren bzw. binden (reziprok komplementär, Abb. 168b–c). Bei den Bindungen handelt es sich um abgeleitete Köper (Abb. 169), wobei verschiedenfarbige Fäden musterbildend miteinander abwechseln können, d. h. die Fäden der einen Farbe verhalten sich zu denjenigen der anderen komplementär und reziprok.

Dabei ist es möglich, dass die Kettfäden z. B. in der Bindung 3/1 und 1/3 miteinander abwechseln, die entsprechenden Schussfäden hingegen 1/1 und 2/2 (Abb. 168a), also in Kette und Schuss verschieden oder aber in beiden Systemen mit gleichem Wechsel, z. B. 3/1 und 1/1 (Abb. 168b) oder mit gleicher Umkehrung in Kette und Schuss, z. B. 3/1 und 1/3 (Abb. 168c).

Alle Gruppen können zur Musterbildung miteinander kombiniert werden. Die Übergänge

Abb. 168a: Komplementäre Bindung: alternierend 3/1 und 1/3 in der Kette und 1/1 bzw. 2/2 im Schuss

Abb. 168b: Komplementäre Bindung: in Kette und Schuss gleich 1/1 und 1/3 alternierend

Abb. 168c: Komplementäre Bindung: in Kette und Schuss gleichmässig 3/1 und 1/3 alternierend

zwischen ihnen, abgeleiteten Köperbindungen und dem Flottieren von Kette und/oder Schuss zum Mustern von Grundbindungen sind fliessend und erschweren oft eine exakte technische Zuordnung. Bei komplementären Bindungen ist es auf jeden Fall notwendig, zur exakten Beschreibung das Verhältnis von Kette und Schuss innerhalb eines Rapportes in Zahlen für jeden Faden wiederzugeben.

Andere Bezeichnungen:

Komplementäre abgeleitete Köper (Abb. 169):
Double(two)/faced weave with complementary sets of wefts (warps) (Emery 1966:144, 150ff.)
Two colour complementary weaves with variable interlacing (Tanavoli 1985:77)
Tejido flotante complementario de urdimbre (Rolandi/ Pupareli 1983:5)

Komplementär regelmässig alternierende Bindungen:
Alternating float weave, plain-weave derived (Emery 1966:114ff.)
Complementary double faced floats in alternate alignment (Emery 1966:150)
Plain-weave derived float weave (Rowe 1977:53ff.)

Complementary-warp (weft) weave with (x)-span float in alterning alignment (Rowe 1977:77ff.)

Reciprocal-warp weave with (x)-span floats aligned in alternate pair (Rowe 1984:84)

Urdimbre complementaria compuesta (Gisbert 1984:27)

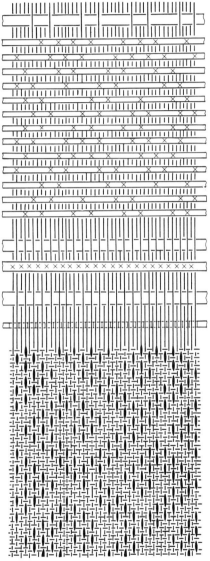

Abb. 169: Komplementäre abgeleitete Köperbindung, Kette: alternierend 1/1 und 1/1/1/1/ 3/1/3/1/3 usw., Schuss: 1/1

2. Supplementäre Bindungen

Im Gegensatz zu den bis jetzt betrachteten Verfahren handelt es sich hier um Bindungen mit zusätzlichen Zierfäden in Kette und/oder Eintrag, die an der Bildung des Grundgewebes nicht beteiligt sind. Die Zierfadenbindung dient nur der Befestigung dekorativer Teile auf dem meist einfarbigen Stoffgrund. Im Aussehen gleichen diese gemusterten Stoffe Stickereien. In vielen einfachen Verfahren mit Verwendung zusätzlicher Zierfäden erfolgt die Fachbildung für die Musterung von Hand (mit Hilfe von Nadeln, Leseruten usw.), für das Grundgewebe dagegen mechanisch. Vorder- und Rückseite sind in der Regel verschieden.

Andere Bezeichnung:
Compound weaves with supplementary sets (Emery 1966:140)

2.1. Zierkettentechniken

Die Stoffe und die dazu gebräuchlichen Verfahren schliessen eng an einzelne Formen der komplementären Kettenbindungen (Abb. 169) an, besonders wenn die Fäden der Zierkette zu denjenigen der Grundkette parallel verlaufen und man ausgesprochene Übergangsformen feststellen kann (Abb. 170a–c). Zierkettentechniken sind auf leinwandbindigem, würfelbindigem und köperbindigem Grund möglich (Abb. 171), ferner muss die Zierkette nicht unbedingt über die ganze Kettlänge verlaufen und kann auch in der Richtung von der Grundkette abweichen.

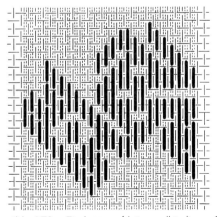

Abb. 170a: Zierkette auf leinwandbindigem Grund

Abb. 170b: Zierkette
mit einem farbigen Faden

Abb. 170c: Zierkette
mit zwei farbigen Fäden

Abb. 171: Supplementärbindung in 6/2
Köperbindung auf 2/2 Köper
Grundgewebe

Andere Bezeichnungen:
Supplementary decorative warp brocade (D'Harcourt
1962:38ff.)
Extra-warp patterning (Emery 1966:140f.)
Supplementary warp floats (Rowe 1977:34ff.)
Dibujo de urdimbre adicional (Vreeland/Muelle
1977:10)

2.2. Ziereintrag- oder Zierschusstechniken

Viel häufiger als in der Kette werden zusätzliche Zierfäden (Figurenschüsse) im Eintrag verwendet. Das Prinzip ist genau dasselbe: Ein Teil
der Schussfäden dient zur Gewebebildung in
einer Grundbindung, dazwischen legt man
während des Webens Zierfäden in beliebiger
Bindung ein, die rein dekorative Funktion haben
und die Grundfäden teilweise verdecken. Die
Zierschüsse können wiederum parallel oder
abweichend zum Grundeintrag geführt werden, ferner nur über einen Teil der Stoffbreite
(broschieren) oder von einer Webkante zur
anderen verlaufen (lancieren). Bei broschierten
Geweben (Abb. 172) sind die Ziereinträge nur
so lang, wie ein Muster breit ist. Innerhalb eines
Musters hängen sie meistens zusammen, reis-
sen am Ende ab oder führen direkt (flottant) zu
einem weiteren broschierten Teil. Je nach der
Zierfadenbindung sehen broschierte Muster
auf beiden Seiten gleich aus, oder aber der
Effekt ist nur auf eine Stoffseite beschränkt.
In lancierten Geweben (Abb. 173) laufen die
Ziereinträge über die ganze Gewebebreite.
Auf der Rückseite werden die Fäden meist flot-
tant geführt. Der Lanciereintrag besteht wie

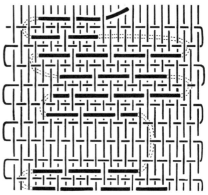

Abb. 172: Broschieren

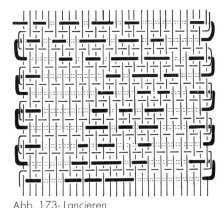

Abb. 173: Lancieren

der Grundschuss im allgemeinen aus einem fortlaufenden Faden.

Zierschüsse sind in Köperbindung auf leinwandbindigem Grund ebenso möglich wie auf köperbindigem Grund.

Andere Bezeichnungen:
Façonnés (Müller/Brendler/Spiess 1958:98)
Brocade: weft-float pattern weave (Kent Peck
   1957:510ff.)
Supplementary decorative weft brocade (D'Harcourt
   1962:38ff.)
Extra-weft patterning (Emery 1966:140ff.)

Broschieren:
Double face (or single) pattern motive, onlay brocading, inlay laid in weaving (O'Neale 1945:313, 315)
Extra-weft floats discontinuous (Emery 1966:141ff.)
Brocade, broccare, brocher, spolinado, brochado,
   broschera (Burnham 1980:14)
Brokadvävning (Hellervik 1977)
Discontinuous supplementary wefts inlaid (Rowe
   1977:34)

Lancieren:
Weft-float patterned two-faced fabric (Emery
   1966:154)
Weven met een extra inslagdraad (Bolland 1975:19)

2.3. Doppelgewebe (Bindungen mit doppelter oder mehrfacher Führung von Kette und/oder Eintrag)

Die Fadenführung beim Weben erfolgt so, als ob man mit Hilfe von vier Fadensystemen zwei übereinanderliegende Gewebe herstellen wollte, wobei aber die Einträge an den Webkanten vertauscht werden, d.h. von der unteren Stofflage in die obere führen und umgekehrt. Natürlich kann der Eintrag aber auch zwischen den beiden Lagen innerhalb der

Webkanten beliebig ausgewechselt werden (Abb. 174). Dasselbe ist mit den Kettfäden möglich. Zwischen den beiden Stofflagen entstehen dadurch über die Fläche zerstreut gemeinsame Bindungspunkte. Auf solche Art gebildete Doppelgewebe weisen beidseitig gleiche, aber in den Farben vertauschte Musterungen auf (Abb. 175a–c).

Doppelgewebe können leinwandbindig oder köperbindig sein, ebenso können Doppelgewebe komplementäre Bindungen aufweisen. Anstatt doppelt können Kette oder Schuss auch drei- oder mehrfach geführt werden.

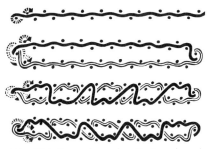

Abb. 174: Doppelgewebe, Vertauschen des
   Eintrages

Abb. 175a: Doppelgewebe,
   Vertauschen der Kette

Abb. 175b: Doppelgewebe, Vertauschen von Kette und Schuss: Aufsicht

Abb. 175c: Doppelgewebe, Vertauschen von Kette und Schuss: Querschnitt

Andere Bezeichnungen:
Double étoffe (CIETA 1970:11)
Double cloth, tubular weaving (D'Harcourt 1962:44ff.)
Double-faced weave (CIETA 1970:11)
Armatura dopia-faccia (CIETA 1970:11)
Ligamento de tela a dos caras (CIETA 1970:11)
Dubbelsidiga bindningar (CIETA 1970:11)
Dubbelweefsel (Brommer 1988:79)
Dobbelväv, doppeltvev (Geijer/Hoffmann 1974:18)
Tejidos dobles (Vreeland/Muelle 1977:10)
Tubico, tecido duplo, doble tela, dubbelväv (Burnham 1980:39)

Dreherbindungen

Im Unterschied zu allen anderen Bindungsformen der Weberei erscheinen in den Dreherbindungen die Kettfäden als aktiv, indem Paare oder sogar grössere Gruppen derselben alternierend und z.T. unvollständig miteinander verdreht und in dieser Stellung durch den Ein-

trag fixiert sind. Im einfachsten Fall, mit Bindung auf der Grundlage von Kettenpaaren (einfacher Dreherbindung, Abb. 176a–c), wird beim Einführen des Schusses der eine Kettfaden (Stehkettfaden, Grundfaden), die Stehkette, übersprungen. Der andere Kettfaden, die Dreherkette (Dreherfaden, Dreherkettfaden), wird beim Eintrag des einen Schusses links, beim Eintrag des anderen Schusses rechts neben den Stehkettfaden gelegt (Abb. 176c). Der Stehkettfaden (fixed end) führt also stets unter, der Dreherkettfaden (doup end) stets über dem Schussfaden durch. Nach Entfernung der Einträge würden alle Kettfäden in ihre ursprüngliche Parallellage zurückgelangen und nicht etwa ineinander verdreht bleiben.

Dreherbindungen fixieren die Einträge bedeutend besser als andere Bindungsformen. Man verwendet sie deshalb mit Vorliebe für lockere Gewebe (echte Gaze) und Stoffe in durchbrochener Musterung (Jour-Bildungen), wo sich sonst die Schussfäden leicht verschieben würden. Die Verdrehung der Kettfäden kann mit Hilfe mechanischer Fachbildungsvorrichtungen erzeugt werden. Dabei fassen die Litzen aber nicht die unter dem Trennstab liegenden Kettfäden, sondern die darüber hinweglaufenden Dreherfäden und führen ferner nicht direkt nach oben zum Litzenstab, sondern zuerst unter dem benachbarten linken oder rechten Kettfaden durch (Abb. 176a). Dadurch ergibt sich beim Weben mit Hilfe des Litzenstabes die halbe Verdrehung von zwei Kettfäden, die dann jeweils bei der folgenden Fachbildung mit Hilfe des Trennstabes wieder rückgängig gemacht wird. Entsprechend können auch Litzen

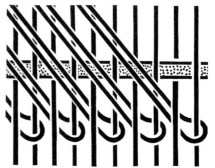

Abb. 176a: Einfache Dreherbindung: Lage von Trennstab und Litzen

Abb. 176b: Einfache Dreherbindung: Eingeführter Schuss

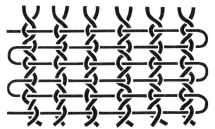

Abb. 176c: Einfache (halbe) Dreherbindung

Abb. 177: Dreherbindung mit ganzer Drehung

angebracht werden, um Gruppen von je zwei oder mehr Kettfäden miteinander zu verdrehen.

Kompliziertere Formen mit wechselnder Bindung zwischen mehr als zwei Kettfäden können jedoch auf einfachen Webgeräten nicht mehr automatisch erzeugt werden, so dass wir es hier mit Verfahren zu tun haben, die mit Kettenstofftechniken verwandt sind.

Andere Bezeichnungen:
Gaze (CIETA 1970:11)
Gauze weave (O'Neale/Kroeber 1937:216)
Lace weave (Cordry 1941:121)
Gauze technique (O'Neale 1942:157)
Leno, gauze weaving or cross weaving (Frey 1955:4ff.)
Gauze weave techniques (Kent Peck 1957:509ff.)
Gauze or leno weave (Albers 1963:Pl. 25)
Gauze or leno (Hodges 1965:141)
Gauze or crossed-warp weaves (Emery 1966:180ff.)
Gaza a giro (CIETA 1970:11)
Twining de urdimbre (Chertudi/Nardi 1961:123)
Gasa de vuelta (CIETA 1970:11)
Gasbindning (CIETA 1970:11)
Gasväv (Hellervik 1977:36)
Gasa de vuelta, gasbindning (Burnham 1980:62)

1. Einfache Dreherbindung

An den Verdrehungen in der ganzen Stofflänge sind immer nur zwei Kettfäden beteiligt, ohne dass diese mit den Nachbarfäden Bindungen eingehen. Statt einer halben Drehung kann diese auch ganz erfolgen, bevor die Richtung wieder geändert wird (Abb. 177). Es ergeben sich ähnliche Strukturen wie beim reservierenden Halbweben (s. S. 79).

Andere Bezeichnungen:
Gaze à deux fils (D'Harcourt 1934:54ff.)
Simple gauze (O'Neale 1945:74)
Two-yarn gauze (D'Harcourt 1962:50ff.)
Simple gauze weaves, plain gauze weave 1/1 (Emery 1966:181)
Simple and full turn gauze (Rowe 1977:99ff.)
Gasa simple (Mirambell/Martínez 1986: Fig. 25)
Slingbindning, gazebindning, slyngvev (Geijer/Hoffmann 1974:26)
Gasa de vuelta completa (Gil 1974:60)

2. Komplizierte Dreherbindungen

In den einfachsten Fällen sind auch hier bloss je zwei Kettfäden verdreht, allerdings geht dabei jeder Kettfaden abwechslungsweise mit dem rechten bzw. linken benachbarten Faden solche Bindungen ein, so dass in der Kettrichtung stets je drei Kettfäden miteinander in Verbindung stehen und somit eine netzartige Rautenmusterung ergeben (Abb. 178a).

Kompliziertere Variationen und Mischformen weisen kombinierte zwei- und dreifädige Bindungen auf. Weitere Möglichkeiten ergeben sich z.B. durch stellenweises Weglassen der Bindungen, durch Verdrehung von Fadengruppen, durch Bindung von nicht benachbarten über die dazwischen liegenden Kettfäden hinweg usw. (Abb. 178b).

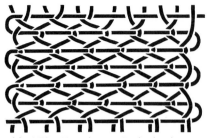

Abb. 178a: Komplizierte Dreherbindung

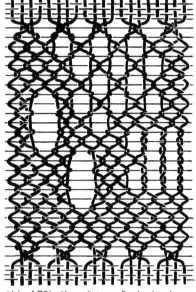

Abb. 178b: Komplizierte Dreherbindung

Andere Bezeichnungen:
Gazes à trois fils, gazes irrégulières (D'Harcourt
    1934:55ff.)
Fancy gauze, Peruvian gauze (O'Neale 1945:74)
Alternating gauze weave, complex gauze weave,
    complex alternating gauze weave, uneven
    gauze crosses (Emery 1966:183ff.)
Gasa combinada (Gil 1974:60)

Kombinierte Bindungen

Kombinierte Bindungen bieten eine Fülle von Variationsmöglichkeiten, da sie aus beliebiger Zusammensetzung zweier oder mehrerer Bindungen (Grund- und abgeleiteten Bindungen, zusammengesetzten und Dreherbindungen) bestehen können. Auch Kettenstofftechniken lassen sich beliebig mit den erwähnten Bindun-

gen kombinieren, eine Mischung, die z.B. im vorderen Orient sehr häufig vorkommt (Abb. 179a).

In den kompliziertesten Varianten kann eine Dislozierung der Kette erfolgen, indem mit demselben fortlaufenden Schussfaden gleichzeitig gewoben und umwickelt wird (Abb. 179b).

Zur Beschreibung kombinierter Bindungen sind alle Komponenten und deren Anordnung im Textil anzugeben.

Abb. 179a: Kombination von Web- und
    Kettenstofftechniken (mehrfaches,
    diagonales Wickeln des Eintrages)

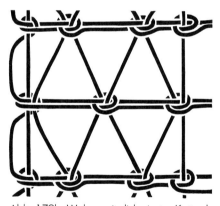

Abb. 179b: Weben mit dislozierter Kette, kombiniert
    mit umschlingendem Wickeln des
    Eintrages

Andere Bezeichnungen:
Zusammengesetzte Bindungen (Hauptmann
    1952:29ff.)
Composite structures (Rowe 1977:109ff.)
Tejido de tramas envolventes (Mirambell/Martínez
    1986:17)

Literatur zum Weben: siehe Seite 176ff.

Die Techniken der Stoffverzierung

Grob können wir unterscheiden zwischen der Stoffverzierung während und nach erfolgter Stoffbildung einerseits und der Übergangsgruppe der Randabschlüsse andererseits.

Wickelrock aus
Raphiagewebe mit
Musterapplikation,
Kuba, Zaire, 1986
(III 23811).

Stoffverzierung durch zusätzliche Elemente während der Stoffbildung

In dieser Gruppe handelt es sich um Verfahren, bei denen die Musterung zwar während der Stoffbildung erfolgt, an dieser jedoch nicht grundlegend oder zwingend beteiligt ist.

In typischen Techniken dieser Art wird der Stoff während des Arbeitsprozesses mit Hilfe zusätzlicher Elemente verziert. Die Beschaffenheit dieser Zierelemente (weich, schmiegsam oder steif) und die daraus resultierende Art der Fixierung (Binden oder Aufreihen) erlaubt eine Gliederung in Verfahren zur Bildung von Florstoffen und Verfahren zur Bildung von Perlenstoffen.

Bei beiden Gruppen ist die Zuweisung der einzelnen Verfahren um so schwieriger, je komplexer die zugrundeliegende stoffbildende Technik ist. Die Übergänge zwischen reiner Stoffbildung und Stoffverzierung sind vielfach fliessend (z.B. Weben mit zusätzlichen Zierfäden in Kette und Schuss), die Zuordnung ist oft nicht mehr eindeutig.

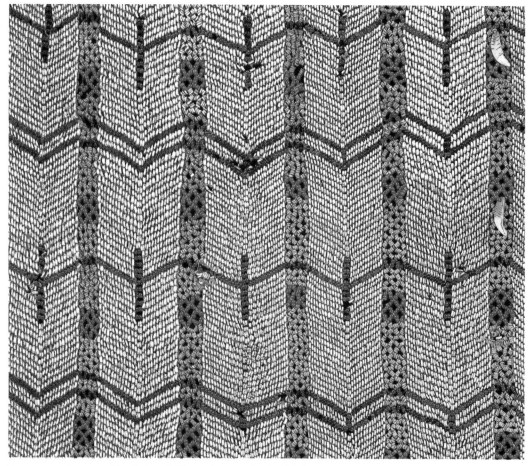

Frauentanzschurz aus Muschel- und Glasperlen von der Insel Pitiliu (Admiralitätsinseln, Melanesien) von 1932 (Vb 9800).

Bildung von Florstoffen

Florstoffe können unter Einbezug florbildender Elemente (Fäden, Fasern, Federn usw.) im Prinzip auf der Basis jeder stoffbildenden Technik erzeugt werden.

Es sollen hier nur Verfahren erwähnt werden, bei denen die Florbildung während und nicht vor (z. B. bei der Fadenbildung durch Einzwirnen von Flor) oder nach der Stoffbildung erfolgt (durch Aufrauhen, Einknüpfen von Fäden in Stramin oder durch echte Verzierungstechniken).

Logischerweise gliedern sich die Techniken wiederum nach dem zugrundeliegenden stoffbildenden Verfahren, also: Florbildung

– auf der Grundlage von Maschenstoffen
– auf der Grundlage von Geflechten
– auf der Grundlage von Kettenstoffen
– auf der Grundlage von Halbgeweben
– auf der Grundlage von Geweben

Dabei ist zu beachten, dass analog zur Perlenstoffbildung (s. S. 127 ff.) bei gewissen steifen Materialien (besonders bei grösseren Federn) der Stoff nicht durch die Bindung der Grundelemente, sondern durch die Bindung des Flors zusammenhält. Dies trifft vor allem für Maschenstofftechniken zu.

Florbildung auf der Grundlage von Maschenstoffen

Florbildung durch Verschlingen

Im Gegensatz zu den Einhängeverfahren (s. S. 13 ff.) eignen sich die Verschlingtechniken relativ gut zur Bildung von Florstoffen. Beim einfachen Verschlingen kann das florbildende Element beispielsweise in einer zusätzlichen Schlaufe (Abb. 180a) oder durch mehrere Reihen von Schlingen fixiert werden, die untereinander allerdings nicht verbunden sein müssen (Abb. 180b). Auch das verhängte Verschlingen eignet sich zum Einbinden von Flor (Abb. 180c).

Abb. 180a: Florbildung durch einfaches Verschlingen

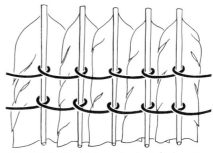

Abb. 180b: Florbildung durch einfaches Verschlingen

Florbildung durch Verknoten

Weitaus häufiger, weil technisch adäquater, ist jedoch die Florbildung durch Verknoten. Unter den primären stoffbildenden Techniken weist diese Art der Florbildung die meisten Variationsmöglichkeiten auf.

1. Florbildung mit Fingerknoten

Mit Hilfe des Fingerknotens werden vor allem Zierelemente aus gröberem Material fixiert (Federkiele, Blattstreifen), indem dasselbe Element durch mehrere Knotentouren (Abb. 181a–b) oder nur in der Verschlingung eines einzelnen Knotens festgehalten wird (Abb. 182a–b).

Abb. 180c: Florbildung durch verhängtes Verschlingen

113

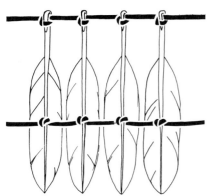

Abb. 181a: Florbildung mit Fingerknoten, mehrtourig, nicht verbunden

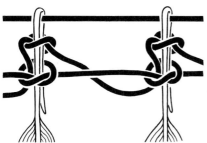

Abb. 181b: Florbildung mit Fingerknoten, mehrtourig, verbunden

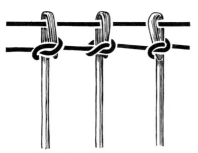

Abb. 182a: Florbildung mit Fingerknoten, eintourig

Abb. 182b: Florbildung mit Fingerknoten, eintourig

Andere Bezeichnung:
Fieira de penas sobre cordel-base, nó verdadeiro (Ribeiro 1986:193)

2. Florbildung mit halbem symmetrischem Knoten

Relativ selten wird der halbe symmetrische Knoten in seiner ursprünglichen Fadenführung zur Befestigung des Flors verwendet (Abb. 183a); und wenn, erfolgt die Anordnung der Knoten oft nicht parallel zur Richtung der Maschenreihen, sondern rechtwinklig dazu (Abb. 183b).

In komplizierteren Variationen kann das florbildende Element noch durch eine zusätzliche Verschlingung an der Basis des Grundknotens fixiert werden (Abb. 184).

3. Florbildung mit symmetrischem Knoten

Am häufigsten und ohne Veränderung der Fadenführung werden Florstoffe unter Anwendung des symmetrischen Knotens hergestellt. Dabei kann der Flor gleichzeitig und parallel zum knotenbildenden Fadenteil eingebunden (Abb. 185a) oder bloss in dessen Maschenbogen eingehängt werden (Abb. 185b).

Abb. 183a: Florbildung mit halbem symmetrischem Knoten: horizontal

Abb. 183b: Florbildung mit halbem symmetrischem Knoten: vertikal

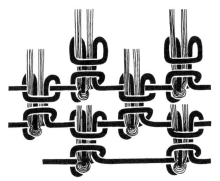

Abb. 184: Florbildung mit halbem symmetrischem
Knoten und Zusatzschlinge

Abb. 185a: Florbildung mit symmetrischem Knoten

Abb. 185b: Florbildung mit symmetrischem Knoten

Andere Bezeichnungen:
Falscher Samt (D'Harcourt 1960:29)
Pile knot (Crawford 1912:157)
Simili velours (Izikowitz 1933:11)

4. Florbildung mit Perückenknoten

Eine noch bessere Fixierung der Einlage ge-
währt der sogenannte Perückenknoten. Er stellt
eine Weiterführung des symmetrischen Knotens dar, indem der knotenbildende Faden zu-

sätzlich an der Basis einen zweischlaufigen
Flachknoten bildet, in welchen das Zierelement
eingeschlungen ist (Abb. 186). In komplizierteren Varianten wird der Flor in kunstvollen
gegenläufigen Schlingen fixiert (Abb. 187a–b).

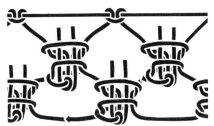

Abb. 186: Florbildung mit Perückenknoten

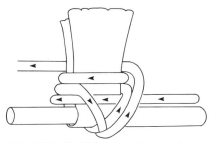

Abb. 187a: Florbildung mit Variante des
Perückenknotens

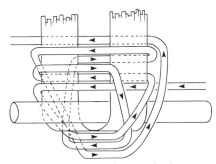

Abb. 187b: Variante des Perückenknotens:
Fadenverlauf

Andere Bezeichnung:
Peruke stitch (D'Harcourt 1962:112)

5. Florbildung mit Filetknoten

Der Filetknoten eignet sich ebenfalls sehr zum
Einbinden von Flor (Abb. 188a); bei steifen,
festen Elementen kann noch ein zusätzlicher
Faden beigezogen werden.

Abb. 188a: Florbildung mit Filetknoten

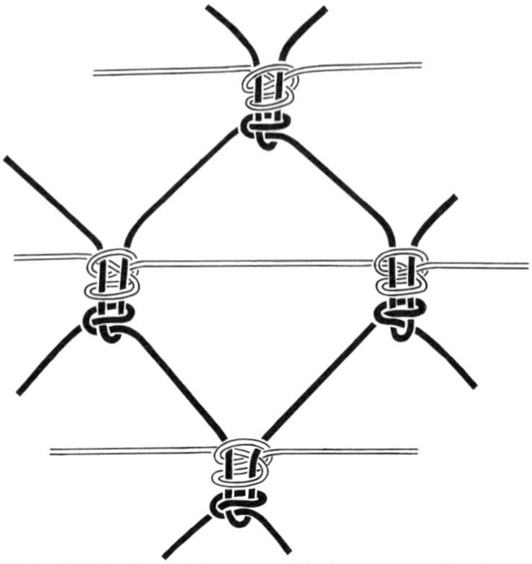

Abb. 188b: Florbildung mit Filetknoten und halbem symmetrischem Knoten

Florbildung auf der Grundlage von Fadensystemen

Florbildung in Verbindung mit Flechten

Im Gegensatz zum Flechten mit zwei aktiven Systemen wird zur Florbildung das Flechten mit einem aktiven und einem passiven System bevorzugt.

1. Florbildung durch Umwickeln

Das aktive Fadensystem fixiert in jeder Schlinge sowohl das passive System als auch florbildende Elemente (Abb. 189).

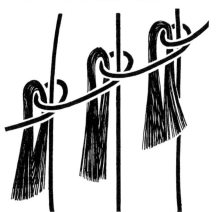

Abb. 189: Florbildung durch Umwickeln

Andere Bezeichnung:
Pile knot (Crawford 1912:158ff.)

2. Florbildung durch Zwirnbinden

Beim Zwirnbinden gibt es die verschiedensten Möglichkeiten, einen Flor zu bilden. Die Einlagen können parallel zum aktiven oder zum passiven System eingebunden und durch eine oder zwei Verzwirnungen, durch eine oder mehrere Reihen fixiert werden (Abb. 190a–c).

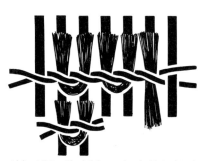

Abb. 190a: Florbildung durch Zwirnbinden: Fixierung eines Florelements je Zwirn

Abb. 190b: Florbildung durch Zwirnbinden: Fixierung zweier Florelemente je Zwirn

Abb. 190c: Florbildung durch Zwirnbinden: Einschlingen der Florelemente in die Zwirne

Andere Bezeichnungen:
Vliessgeflechte mit Zwirnbindung (Vogt 1937:20ff.)
False fringe (Emmons 1907:341)

3. Florbildung durch Wulsthalbflechten

Das umwickelnde Wulsthalbflechten und seine Varianten sind zum Einbinden von Flor ebenfalls geeignet, wobei je nach Material verschiedene Möglichkeiten gegeben sind (Abb. 191a–b).

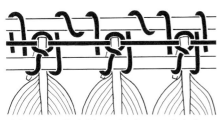

Abb. 191a: Florbildung durch umwickelndes Wulsthalbflechten

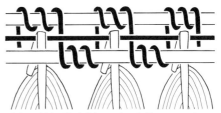

Abb. 191b: Florbildung durch Variation des umwickelnden Wulsthalbflechtens

4. Florbildung durch Zwei- und Mehrrichtungsflechten

Beim Flechten mit zwei oder mehr aktiven Systemen können zusätzliche Zierelemente auf verschiedenste Weise eingebunden werden, wobei diese über Strecken parallel zu einem der Systeme verlaufen können (Abb. 192a–c).

Abb. 192a: Florbildung auf Diagonalgeflecht

Abb. 192b: Florbildung auf randparallelem Geflecht

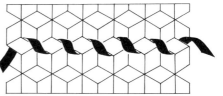

Abb. 192c: Florbildung auf Mehrrichtungsgeflecht

Florbildung auf Kettenstoffgrundlage

Von den Verfahren mit aktiver Kette kommt vor allem das Zwirnbinden der Kette zur Florbildung in Frage (Abb. 193). Bei denjenigen mit passiver Kette (Wickeln und Zwirnbinden des Eintrages) gilt dasselbe wie für die Techniken des Halbflechtens. Die wichtigsten Formen der Flor- und Noppenbildung hingegen basieren auf der Wirkerei und sind eng mit ihr verwandt.

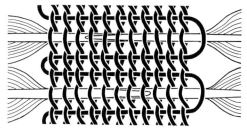

Abb. 193: Florbildung durch Zwirnbinden der Kette

1. Florbildung in Verbindung mit Wirken (Teppichknüpferei)

In den einfachsten Formen solcher Verfahren knüpft oder schlingt man kurze Einträge in die Kette ein. Um einen zusammenhängenden Stoff zu erhalten, müssen die einander folgenden Einträge jeweils um mindestens einen gemeinsamen Kettfaden führen. Techniken dieser Art sind selten.

Zu den komplizierteren Verfahren gehört die Teppichknüpferei. Technisch stellt sie meist eine Kombination von durchgehend bindenden und florbildenden kurzen Einträgen dar, wobei erstere dem Stoff den Zusammenhang, letztere die Muster und die Dichte geben. Erfolgt die Einführung der durchgehenden Einträge aufgrund automatischer Fachbildung, stellt das Teppichknüpfen auch eine Sonderform des Webens dar. Das Einknüpfen der kurzen Einträge, oft mit Hilfe einer Hakennadel, ist hingegen reine Handarbeit.

Gearbeitet wird meist auf einem vertikalen, seltener auf einem liegenden horizontalen Webgerät.

Andere Bezeichnungen:
Etoffes à trame nouée, point noué (Leroi-Gourhan 1943:298)
Technique de tapis noué (CIETA 1970:30)
Looped-pile fabric (D'Harcourt 1962:27ff.)
Knotted pile (Emery 1966:148ff.)
Knotted pile technique (CIETA 1970:30)
Tappeti annodati (CIETA 1970:30)
Tejidos con pelo (Chertudi/Nardi 1961:137ff.)
Alfombra anudada, flossa (CIETA 1970:30)

Die verschiedenen Formen des Teppichknüpfens unterscheidet man nach der Anordnung der Kettfäden in einer oder zwei Ebenen und nach der Zahl der durchgehenden Einträge zwischen einzelnen Knüpfreihen, vor allem aber nach der Form der Knoten oder Einschlingungen der kurzen Einträge.

1.1. Teppichknüpfen mit symmetrischem Knoten

Der Florfaden wird um zwei Kettfäden geschlungen, und zwar in der Art des halben symmetrischen Knotens. Die florbildenden Fadenenden stehen also zwischen jedem zweiten Kettfadenpaar vor. Der symmetrische Knoten hält im Vergleich zum asymmetrischen besser.

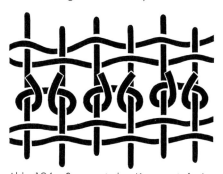

Abb. 194a: Symmetrischer Knoten: Aufsicht

Abb. 194b: Symmetrischer Knoten: Querschnitt, mit verschiedener Lage der Kettfäden

Andere Bezeichnungen:
Smyrnaknoten (Hartung 1963:34)
Smyrna-, Rya- oder Ghiördesknoten (Zechlin 1966: 140ff.)
Gördes- oder Turkknoten (Hubel 1967/68:7)
Turkish rug knot (Albers 1963:Pl. 26)

Ghiordes (Smyrna or turkish) knot (Emery 1966:221ff.)
Nudo de Ghiordes, nudo de Smirna (Chertudi/Nardi 1961:137ff.)
Nudo turco o cerrado (Mirambell/Martínez 1986:31)
Nœud symétrique, symmetrical knot (Tanavoli 1985:89, 90)

1.2. Teppichknüpfen mit asymmetrischem Knoten

Der Florfaden führt unter einem Kettfaden durch und umfasst den folgenden in einer Schlinge. Da er von asymmetrischer Form ist, folgt somit auf jeden Kettfaden ein vorstehendes Florende. Man kann sich auch vorstellen, dass ein gewickelter Eintrag nach jedem zweiten Kettfaden aufgeschnitten worden ist (s. S. 68).

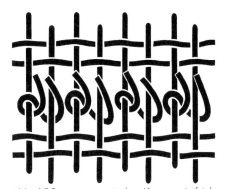

Abb. 195a: Asymmetrischer Knoten: Aufsicht

Abb. 195b: Asymmetrischer Knoten: Querschnitt, mit verschiedener Lage der Kettfäden

Andere Bezeichnungen:
Senne-Knüpfung (Neugebauer/Orendi 1923:76ff.)
Sinäh- oder persischer Knoten (Hubel 1967/68:7)
Sennehknoten (halber oder persischer Knoten) (Nabholz 1980:23)
Persischer oder türkischer Knoten (Hongsermeier 1987:80)
Nœud persian (CIETA 1970:42)
Nœud asymétrique, asymmetrical knot (Tanavoli 1985:90)
Senna knot (Hunter 1953)
Lahore rug knot (Innes 1959:40)
Persian rug knot (Albers 1963:Pl. 26)
Sehna (or Persian) knot (Emery 1966:222)
Nodo persiano (CIETA 1970:42)
Nudo perso (CIETA 1970:42)
Nudo perso o abierto (Mirambell/Martínez 1986:31)

1.3. Teppichknüpfen mit asymmetrischen Knoten um zwei Kettfäden

Im Gegensatz zum gewöhnlichen asymmetrischen Knoten führt der Florfaden unter zwei Kettfäden durch, bevor er die folgenden zwei Kettfäden zweimal umschlingt (Abb. 196a). Dadurch erscheinen nach jedem Kettfadenpaar zwei übereinanderliegende Florfäden (Abb. 196b).

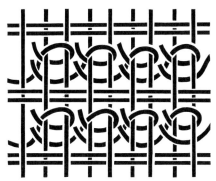

Abb. 196a: Asymmetrischer Knoten um zwei Kettfäden: Aufsicht

Abb. 196b: Asymmetrischer Knoten um zwei Kettfäden: Querschnitt

Andere Bezeichnung:
Tibetischer Knoten (Hongsermeier 1987:80)

1.4. Teppichknüpfen mit gekreuztem Knoten

Der gekreuzte Knoten besteht aus einer um einen Kettfaden gelegten Schlinge, so dass zwischen jeden Kettfaden zwei Fadenenden kommen.

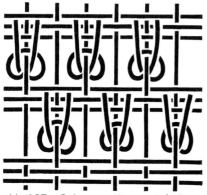

Abb. 197a: Gekreuzter Knoten: Aufsicht

Abb. 197b: Gekreuzter Knoten: Querschnitt

Andere Bezeichnungen:
Ghiordes-Knoten über einen Kettfaden (Bühler-Oppenheim 1948:78c)
Spanischer Knoten (Seiler-Baldinger 1973:85)
Spanish single knot (Hunter 1953)
Single-warp (or Spanish) knot (Emery 1966:222f.)
Nudo español (Mirambell/Martínez 1986:31)

Florbildung im Webverfahren

1. Florbildung im Eintrag

In der einfachsten Form zieht man z. B. in leinwandbindigen Geweben die Einträge nicht durchwegs straff an (cf. Stoffbildung), sondern lässt sie zwischen den Kettfäden in Schlingen (Abb. 198a–b) oder Noppen vorstehen. Solche Schlingen können vereinzelt auftreten, man kann sie ferner ganz lassen oder aufschneiden.

In komplizierteren Varianten wird der Flor durch zusätzliche Zierfäden zwischen den Grundschüssen während der Webarbeit gebildet.

Wir haben also eine Kombination von supplementären Einträgen und Noppen oder Schlingen (Abb. 199).

Auch hier kann der Flor aufgeschnitten sein oder nicht. Im Gegensatz zur Gruppe mit Florbildung aus Kettfäden finden sich hier stark voneinander abweichende Formen. Bei einigen ist der Ziereintrag so eingelegt, dass er die Kette in echten Webbindungen durchkreuzt (Noppengewebe). Er kann dabei aus einem fortlaufenden Faden oder aber aus kürzeren, meist verschiedenfarbigen Einzelstücken bestehen, die ähnlich wie Broschierfäden eingewoben werden (Abb. 199a–b). Im zweiten Fall dagegen kehren die Zierfäden nach der Schlaufenbildung in der Eintragrichtung um und umschlingen dabei eine Gruppe von Kettfäden, um dann wieder in der alten Richtung weiterzuführen (Schlinggewebe, Abb. 200).

Abb. 198a: Schlingenbildung: Aufsicht

Abb. 198b: Schlingenbildung: Querschnitt

Abb. 199a: Einfaches Schlingengewebe: Querschnitt

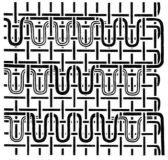

Abb. 199b: Komplexes Noppengewebe: Aufsicht

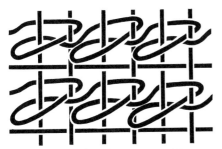

Abb. 200: Umkehrende Einträge in Noppengewebe

Andere Bezeichnungen:
Schusssamt (Müller/Brendler/Spiess 1958:100ff.)
Weft loop (Bellinger 1955:Fig. 1–2)
Lussenweefsel (Brommer 1988:80)

Unaufgeschnitten:
Terry weave (Hodges 1965:144)
Noppväv, nuppevev (Geijer/Hoffmann 1974:9)

Aufgeschnitten:
Schlingenschuss (Henneberg 1932:10)
Velvet weave (Hodges 1965:144)
Loop weave (Rosenberg et al. 1980:12)
Woven pile, laid in or extra weft-loop pile (Emery 1966:148ff.)
Weft looping (Collingwood 1968:211ff.)
Weft pile weave, velveteen (CIETA 1970:51)
Velours par trame (CIETA 1970:51)
Velluto par trama (CIETA 1970:51)
Terciopelo par trama (CIETA 1970:51)
Inslagsammet (CIETA 1970:51)
Knutar i senantik flossa (Sylwan 1934:216)

2. Florbildung in der Kette (echter Samt)

Statt im Eintrag findet die Florbildung in der Kette statt. Kompliziertere Gewebe weisen neben der Grundkette eine zusätzliche Polkette in beliebiger Dicke auf. Ihre Fäden werden im Webapparat über Nadeln oder Querruten geführt, so dass sie zwischen den Fäden der Grundkette und den Einträgen vorstehende Schlaufen bilden (Noppensamt, Abb. 201a). Diese können wiederum nachträglich aufgeschnitten werden (geschnittener Samt, Abb. 201b). Zu den bekanntesten Formen dieser Art gehören die echten Samte oder Kettensamte. Sie werden allerdings heute nicht mehr auf die angedeutete Art, sondern wie ein Doppelgewebe hergestellt, wobei die Polkette abwechslungsweise im oberen und unteren Gewebe bindet und zuletzt durchgeschnitten wird (Doppelsamt, Abb. 201c).

Abb. 201a:
Noppensamt

Abb. 201b:
Geschnittener Samt

Abb. 201c:
Doppelsamt

Andere Bezeichnungen:
Velours par la chaîne (CIETA 1970:29)
Warp-pile fabrics, velvet, plush, terry (Emery 1966:149)
Warp-pile weave (CIETA 1970:29)
Velluto per catena (CIETA 1970:29)
Terciopelo por urdimbre (CIETA 1970:29)

3. Florbildung in Verbindung mit Brettchenweben

Auch im Brettchenweben lässt sich Samt herstellen (Abb. 202a), indem mit Florkettpaaren gearbeitet wird, wobei eine Florkette auf der einen, die andere auf der anderen Seite den Flor bildet (Abb. 202b).

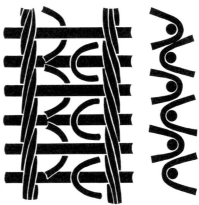

Abb. 202a: Florbildung in Brettchengewebe: Aufsicht

Abb. 202b: Florbildung in Brettchengewebe: Querschnitt

Literatur zur Florstoffbildung: siehe Seite 180f.

121

Bildung von Perlenstoffen

Perlenstoffe können im Prinzip auf gleiche Weise wie Florstoffe gebildet werden. Das durch die Steifheit des Materials bedingte Aufreihen der Zierelemente auf dem Arbeitsfaden ermöglicht aber zudem ganz neue Variationen, in denen die Stoffbildung paradoxerweise nicht durch Bindungen im Grundstoff erfolgt, sondern durch Vermittlung eben dieser zusätzlichen Elemente. Die Ziereinlagen können aus Muscheln (ganze oder Scheibchen), Glas-, Ton-, Gummi- oder Metallperlen, Samen, Früchten, Metallplättchen oder -röhrchen, zylindrischen Holzstückchen usw. bestehen.

Perlenstoffe können grundlegend auf zwei verschiedene Arten gebildet werden: entweder durch Bindung der Grundelemente, wobei den Perlen reine Zierfunktion zukommt, oder durch Bindung der Perlen (so dass ohne diese der Stoff nicht zusammenhalten würde). Beide Verfahren können problemlos miteinander kombiniert werden.

Perlenstoffbildung durch Bindung der Grundelemente

Perlenstoffbildung in Maschenstofftechnik

Sämtliche Maschenstofftechniken eignen sich gut zur Erzeugung von Perlenstoffen.

1. Perlenstoffbildung durch Einhängen

Als Verfahren kommt nur das einfache Einhängen in Frage. Die einfachste Variation unterscheidet sich vom gewöhnlichen Maschenstoff nur durch die auf den Faden aufgereihten Zierelemente (Abb. 203a). In einer weiteren Variation wird die Einhängestelle durch eine Perle verdeckt und zugleich besser fixiert (Abb. 203b).

Bei einer verwandten Form führen auf- und absteigender Fadenteil einer Masche durch dieselbe Perle (Abb. 203c). Letzteres kann auch mit Überspringen von Reihen durchgeführt werden (Abb. 203d).

Abb. 203b: Perlenstoffbildung durch einfaches Einhängen (Perle fixiert Einhängestelle)

Abb. 203c: Perlenstoffbildung durch einfaches Einhängen

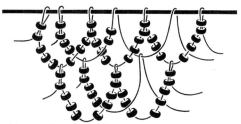

Abb. 203d: Perlenstoffbildung durch Einhängen mit Überspringen von Reihen

Andere Bezeichnung:
Bausteinverbindung (Lemaire 1960:216)

Abb. 203a: Einfaches Einhängen mit aufgereihten Perlen

2. Perlenstoffbildung durch Verschlingen

Beliebt sind die Techniken des einfachen (Abb. 204) und, eintourig, des verhängten Verschlingens (Abb. 205a–d). Die Perlen finden sich gewöhnlich auf den Maschenbögen gereiht.

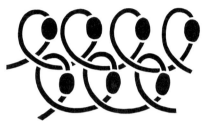

Abb. 204: Perlenstoffbildung durch einfaches Verschlingen

Abb. 205a: Perlenstoffbildung durch verhängtes Verschlingen

Abb. 205b: Perlenstoffbildung durch verhängtes Verschlingen

Abb. 205c: Perlenstoffbildung durch verhängtes Verschlingen

Abb. 205d: Perlenstoffbildung durch verhängtes Verschlingen

Andere Bezeichnung:
Verhängtes Verschlingen:
Method in assembling shells in a crochet-like stitch (Orchard 1929:23ff.)

3. Perlenstoffbildung durch Verknoten

Abgesehen von den Übergangsformen zwischen freien und festen Knoten ist das Verfahren zur Bildung von Perlenstoffen weniger geeignet und wird deshalb nur eintourig angewandt (Abb. 206).

Abb. 206: Perlenstoffbildung durch Verknoten

4. Perlenstoffbildung durch Häkeln und Stricken

Der Faden mit den aufgereihten Perlen wird wie bei der gewöhnlichen Stoffbildung gehäkelt oder gestrickt (Abb. 207), wobei die Perlen auf die Maschenbögen zu liegen kommen.

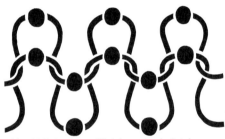

Abb. 207: Perlenstoffbildung durch Stricken

Andere Bezeichnungen:
Knitting and crocheting with beads (Edwards 1966:157ff.)
Häkeln und Stricken mit Perlen (Lammèr 1975:307)

Perlenstoffbildung durch Flechten

Von den Verfahren mit einem aktiven und einem passiven System wird neben dem Wickeln (Abb. 208) und Binden (Abb. 209) das Wulsthalbflechten zur Erzeugung von Perlenstoffen vorgezogen, so z.B. das umwickelnde (Abb. 210) oder das einfache (Abb. 211a) und das kreuzweise (Abb. 211b) einhängende Wulsthalbflechten, ferner das verschlingende Wulsthalbflechten (Abb. 212a–b).
Auch das Flechten mit zwei aktiven Systemen wird zur Herstellung von Perlenstoffen ge-

schätzt, insbesondere das Diagonalflechten (Abb. 213), Zopfflechten (Abb. 214), Macramé und klöppeleiartige Verfahren. Bei letzteren wird der Leinenschlag bevorzugt, wobei stets zwei Fäden durch eine Perle führen (Abb. 215a–b).

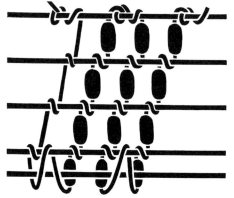

Abb. 208: Perlenstoffbildung durch Wickeln

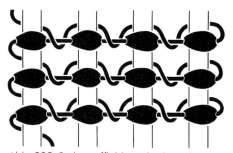

Abb. 209: Perlenstoffbildung durch Binden

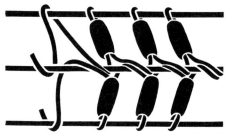

Abb. 210: Perlenstoffbildung durch umwickelndes Wulsthalbflechten

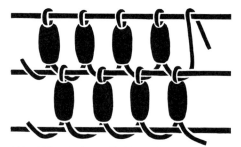

Abb. 211a: Perlenstoffbildung durch einfaches einhängendes Wulsthalbflechten

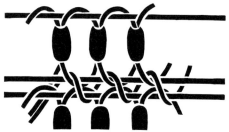

Abb. 211b: Perlenstoffbildung durch kreuzweise einhängendes Wulsthalbflechten

Abb. 212a: Perlenstoffbildung durch einfaches verschlingendes Wulsthalbflechten

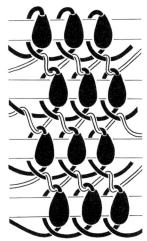

Abb. 212b: Perlenstoffbildung durch verschlingendes Wulsthalbflechten über einen eingehängten Faden

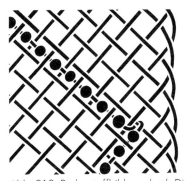

Abb. 213: Perlenstoffbildung durch Diagonalflechten

Abb. 214: Perlenstoffbildung durch Zopfflechten

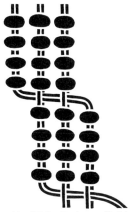

Abb. 215a: Perlenstoffbildung durch klöppeleiartige Verfahren

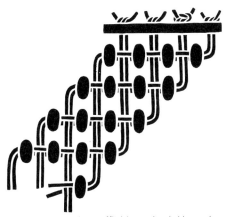

Abb. 215b: Perlenstoffbildung durch klöppeleiartige Verfahren

Andere Bezeichnungen:

Wulsthalbflechten:
Befestigung der Perlen auf gleichlaufenden oder spiraligen Bändern (Lemaire 1960:218)
Coiled weave with beads interwoven (Orchard 1929: Pl. XXI)

Klöppeleiartige Verfahren:
Bias weave (Orchard 1929:112ff.)

Perlenstoffbildung in Kettenstoffverfahren

Am beliebtesten ist die Perlenstoffbildung aufgrund von Kettenstofftechniken, vor allem von Flechten des Eintrages und Zwirnbinden der Kette oder des Eintrages.

125

Als Hilfsmittel werden einfache Flechtrahmen zur Befestigung der Kette und Nadeln zum Einführen des Eintrages verwendet.

1. Perlenstoffbildung durch Flechten des Eintrages

Dabei kann der Schuss durchgehend oder umkehrend geführt werden. Die Perlen fixiert man entweder durch einen Eintrag oder durch ein Eintragspaar. Bei paarweiser Fixierung verläuft der eine Schuss hinter allen, der andere über allen Kettfäden durch, wobei die Fäden vor dem Umkehren vertauscht werden (Abb. 216a).

Der gleiche Effekt kann auch mit einem fortlaufenden Eintragsfaden erzielt werden, wenn dieser zweimal durch dieselbe Perlenreihe geführt wird (Abb. 216b).

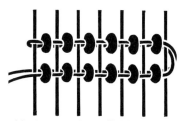

Abb. 216a: Perlenstoffbildung durch Flechten eines Eintragpaares

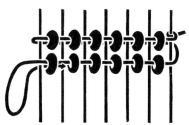

Abb. 216b: Perlenstoffbildung durch Flechten eines fortlaufenden Eintrages

Andere Bezeichnungen:
Square weave (Orchard 1929:92ff.)
Bead weaving, single or double weft (Lyford 1940:64ff.)
Simple beadweaving technique (beadweaving on a bow loom) (Edwards 1966:179ff.)

2. Perlenstoffbildung durch Zwirnbinden der Kette oder des Eintrages

Die Perlen werden beim Zwirnbinden der Kette auf den Eintragfaden gereiht, so dass je eine Perle zwischen zwei Kettfadenverzwirnungen zu liegen kommt (Abb. 217).

Beim Zwirnbinden des Eintrages werden sie über die zwirnbindigen Schussfäden gestreift und durch die Kette fixiert (Abb. 218).

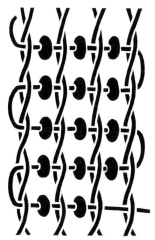

Abb. 217: Perlenstoffbildung durch Zwirnbinden der Kette

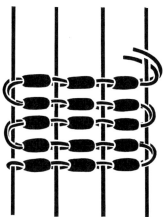

Abb. 218: Perlenstoffbildung durch Zwirnbinden des Eintrages

Andere Bezeichnung:
Technique of double-thread weave (Orchard 1929:104, 109)

Perlenstoffbildung durch Weben

Weben kommt zur Erzeugung von Perlenstoffen nur sehr beschränkt in Frage. Es werden hauptsächlich schmale Bänder mit Hilfe eines Webgitters hergestellt (Abb. 219a). Meist folgt dabei auf jeden zweiten Kettfaden eine Perle (Abb. 219b).

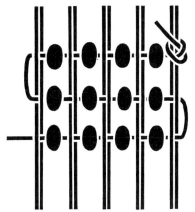

Abb. 219b: Perlenstoffbildung durch Weben

Andere Bezeichnungen:
Perlenweberei (Lammèr 1975:308)
Bead weaving (Burnham 1981:30)

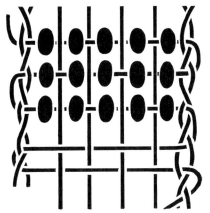

Abb. 219a: Perlenstoffbildung durch Weben

Perlenstoffbildung durch Bindung der Perlen

Im Gegensatz zu den bisher erwähnten Verfahren erfolgt hier der Zusammenhang im Stoff nicht durch Bindung der Grundelemente, sondern durch die Zierelemente selbst. Dabei kann wiederum mit einem einzigen fortlaufenden Faden (nur von begrenzter Länge!) oder mit Fadensystemen gearbeitet werden.

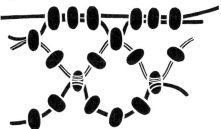

Abb. 220a: Waagrechtes Einhängen in die Perlen

Perlenstoffbildung mit einem fortlaufenden Faden

Die Fadenführung ist ähnlich wie bei der Maschenstoffbildung mit fortlaufendem Faden von begrenzter Länge. Statt in die Masche der vorangehenden Tour wird aber nur in die Perlen derselben eingehängt (einfaches Einhängen in die Perlen der vorangehenden Tour waagrecht, Abb. 220a oder senkrecht, Abb. 220b). Analog kann der Faden durch zwei Perlen verschlungen werden (Abb. 221).

Abb. 220b: Senkrechtes Einhängen in die Perlen

Abb. 221: Verschlingen in die Perlen

Andere Bezeichnungen:
Netzverbindung (Lemaire 1960:216ff.)
Perlenfädeln (Lammèr 1975:304)
Net-like weave (Orchard 1929:124)
Weaving with needle and thread (Edwards
   1966:187ff.)
Openwork variety (Cardale-Schrimpff 1972:96)

Perlenstoffbildung mit Fadensystemen

Anstatt mit einem fortlaufenden Faden wird mit Fadensystemen gearbeitet, wobei aber keine Fadenverkreuzungen im Sinne von echten Bindungen zustande kommen, sondern höchstens ein Übereinanderliegen von Fäden, die an der Kreuzungsstelle durch Perlen fixiert werden.

Wir können zwischen flechtereiartigen und kettenstoffartigen Verfahren unterscheiden. Die Endung -artig bezeichnet somit stets die Bindung durch die Perle.

1. Flechtereiartige Perlenstoffbildung

Die Verfahren erinnern an diejenigen des echten Flechtens, besonders an Macramé und klöppeleiartige Variationen.

In der einfachsten Form wird mit Fadenpaaren gearbeitet, die unverkreuzt von Zeit zu Zeit durch eine gemeinsame Perle geführt werden.

Strukturell unterscheiden sie sich kaum von den durch Einhängen in die Perlen der vorangehenden Tour gebildeten Stoffen. Bei komplizierteren klöppeleiartigen Variationen werden die Fadensysteme rechtwinklig oder diagonal übereinandergelegt, ohne jedoch eine Bindung einzugehen. Diese erfolgt dadurch, dass die sich kreuzenden Fäden durch eine gemeinsame Perle geführt werden (Abb. 222a–b).

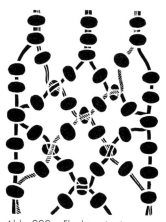

Abb. 222a: Flechtereiartige
        Perlenstoffbildung: diagonal

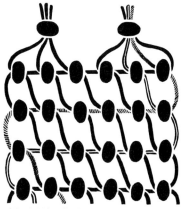

Abb. 222b: Flechtereiartige Perlenstoffbildung

Andere Bezeichnungen:
Netzverbindung (Lemaire 1960:230ff.)
Close-mesh variety (Cardale-Schrimpff 1972:96)

2. Kettenstoffartige Perlenstoffbildung

Man arbeitet mit einer gespannten Kette, deren Fäden entweder aktiv oder passiv sein können. Wiederum fehlen echte Bindungen in Form von Fadenverkreuzungen oder -verzwirnungen. Der Stoff wird nur durch die Zierelemente zusammengehalten (Abb. 223a–b).

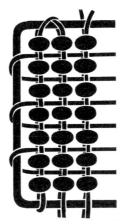

Abb. 223b: Kettenstoffartige Perlenstoffbildung

Andere Bezeichnung:
Skip weave (Orchard 1929:112)

Literatur zur Perlenstoffbildung:
siehe Seite 181f.

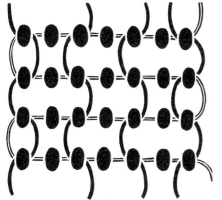

Abb. 223a: Kettenstoffartige Perlenstoffbildung

Bildung von Randabschlüssen und Fransen

In diese Gruppe gehören Verfahren, die unmittelbar an die Stoffbildung anschliessen, ja sogar oft mit stoffbildenden Techniken identisch, aber nicht ausschliesslich dekorativ gemeint sind.

Randabschlüsse erfüllen eine doppelte Funktion: Sie dienen der Fixierung und Verstärkung von Rändern eines Stoffes und gleichzeitig zu dessen Verzierung in Form von Bordüren. Ihre Bildung hängt oft eng mit der eigentlichen Stofferzeugung zusammen, kann aber auch nachträglich am fertigen Stoff erfolgen.

Rein äusserlich können die Randabschlüsse in solche mit und ohne Fransen gegliedert werden. Im Prinzip müsste sich innerhalb dieser Gruppierung die gesamte Textilsystematik wiederholen und wäre sogar durch bisher unerwähnt gebliebene Variationen zu ergänzen. Nur auf diese Weise könnte man dem unerhörten Reichtum an Randabschlüssen aller Art einigermassen gerecht werden. Im folgenden sollen für jede Gruppe einige ausgewählte, typische Formen, besonders neue Verfahren und Variationen bekannter stoffbildender Techniken, in Beispielen angeführt werden. Auf einfachste Formen wie Säume, das heisst Umlegen und Festnähen des Stoffrandes usw., wird nicht eingegangen.

Gestickte Zierborte aus Alpaca, Paracas-Necropolis-Kultur (500 v.Chr.), Südküste, Peru (IVc 23604).

Randabschlüsse ohne Fransenbildung

Auffallenderweise zeigen Randabschlüsse vorwiegend bei primären stoffbildenden Techniken Variationen des zur Stofferzeugung angewandten Verfahrens. Die enge Verbindung zwischen Stoffbildung und Randabschluss wird hier besonders deutlich. Bei höheren stoffbildenden Techniken heben sich die Randabschlüsse viel mehr vom Grundverfahren ab, und es kommen praktisch sämtliche Variationen vor.

Randabschlüsse in Maschenstofftechniken

Ausser den Einhängeverfahren eignen sich die meisten Maschenstofftechniken sehr gut zur Bildung von Randabschlüssen. Sie dienen hauptsächlich Maschenstoffen selbst als Abschluss und treten sehr viel seltener an Kettenstoffen oder Geweben auf, an Geflechten praktisch überhaupt nicht.

Verschlungene Randabschlüsse

Am beliebtesten sind Verschlingverfahren, die eine gewisse Dichte und Stabilität garantieren, so vor allem die zahlreichen Variationen des verhängten (Abb. 224a–b) und mehrfachen verhängten Verschlingens (Abb. 225), ferner das Kordelverschlingen (Abb. 226) und das Verschlingen mit Einlage (Abb. 227, s. S. 17, 24).

Abb. 225: Im dritten Umlauf verhängt eingehängtes Sanduhrverschlingen

Abb. 224a: Im zweiten Umlauf verhängt verschlungener Randabschluss

Abb. 224b: Im zweiten Umlauf verhängt verschlungener Randabschluss

Abb. 226: Kordelverschlingener Randabschluss

Abb. 227: Verschlingen mit Einlage als Randabschluss

Andere Bezeichnungen:
Looped and braided borderwork (Mason 1908:9)
Needleknitted cords, tabbed and fringed (O'Neale/ Kroeber 1937:216)
False braid top selvage (Green Gigli et al. 1974:84, 109)

Geknotete Randabschlüsse

Randabschlüsse dieser Art stellen meist Sonderformen von stoffbildend gebrauchten Knoten dar. Oft werden auch verschiedene Knoten miteinander kombiniert und so miteinander verbunden, dass wiederum ganz neue Knotenformen entstehen, z.B. Fingerknoten und zweischlaufiger Flachknoten (Abb. 228a–b). Dabei wird die äusserste Randtour durch Fingerknoten gebildet. Der Faden der folgenden Tour führt durch den ersten Schenkel des Fingerknotens nach unten und bildet einen zweischlaufigen Flachknoten. Danach verläuft er durch den zweiten Schenkel desselben Fingerknotens und anschliessend durch den ersten Schenkel des benachbarten Fingerknotens usw. (Abb. 228b).

Abb. 228a: Randabschluss mit Fingerknoten

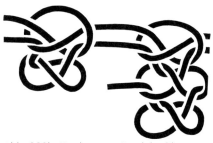

Abb. 228b: Kombinierter Randabschluss aus Fingerknoten und zweischlaufigem Flachknoten

Andere Bezeichnung:
Arrêt par nouage (Balfet 1952:278)

Gehäkelte und gestrickte Randabschlüsse

Sehr beliebt sind gehäkelte und gestrickte Randabschlüsse. Sie können mit jeder beliebigen stoffbildenden Technik verbunden werden und weisen mehr als alle bisher erwähnten Verfahren reinen Ziercharakter auf.

Gehäkelt werden in einfachen Varianten Luft- und Kettenmaschen, in komplizierten aber auch ganze Spitzenborten. Stricken wird in seinen gewöhnlichen Formen weniger verwendet. Für stabile Abschlüsse wird vor allem das Schnurstricken bevorzugt (Abb. 229a–b).

Abb. 229a: Einfacher schnurgestrickter Randabschluss

Abb. 229b: Schnurgestrickter Randabschluss mit Überspringen von Maschen

Geflochtene Randabschlüsse

Geflochtene Randabschlüsse sind weit verbreitet und gehören dank grosser Variations- und Kombinationsmöglichkeit zu den häufigsten Techniken der Randbildung. Sie treten natürlich besonders oft als Abschluss von Geflechten auf, werden aber vielfach auch an Geweben und Kettenstoffen angebracht.

Aktiv-passiv geflochtene Randabschlüsse

Durch Halbflechten hergestellte Randabschlüsse findet man fast ausschliesslich an Geflechten. Es gibt zahlreiche Variationen und Sonderformen, von denen hier nur wenige genannt werden können. Beliebt sind gewickelte Randabschlüsse, gebundene und wulsthalbgeflochtene Randabschlüsse.

1. Gewickelte Randabschlüsse

Unter gewickelten Randabschlüssen ist das doppelschlaufige kreuzweise Wickeln besonders für stabile Ränder geeignet (Abb. 230a–b).

Abb. 230a: Doppelschlaufig kreuzweise gewickelter Randabschluss

Abb. 230b: Doppelschlaufig kreuzweise gewickelter Randabschluss

Andere Bezeichnung:
Figure-of-8 borderwork (Mason 1908:9, Fig. 2)

2. Gebundene Randabschlüsse

Ebenfalls gebräuchlich sind gebundene Randabschlüsse, z. B. eine Variation des Bindens mit halbem asymmetrischem Knoten, ausgeführt mit zwei alternierend gebrauchten Fäden (Abb. 231).

Abb. 231: Gebundener Randabschluss

Andere Bezeichnung:
Borderwork concealing rough ends with hoops and knotwork (Mason 1908:10, Fig. 4)

2.1. Zwirngebundene Randabschlüsse

Zwirnbinden und Kimmen gehören zu den häufigsten und beliebtesten Randabschlüssen an Geflechten (Abb. 232).

Abb. 232: Zwirnbindiger Randabschluss

Andere Bezeichnungen:
Bord renversé cordé (Leroi-Gourhan 1943:290)
Randabschluss der Zuschlag (Zechlin 1966:200)
Braid finish (Buck 1957:148, Fig. 38, 8)
Crossed paired bend (Green Gigli et al. 1974:82)

3. Wulsthalbgeflochtene Randabschlüsse

Als einfachstes und effektvolles Verfahren ist das umwickelnde Wulsthalbflechten für Randabschlüsse weit verbreitet und beliebt (Abb. 233a–b).

Abb. 233a: Randabschluss durch umwickelndes Wulsthalbflechten

Abb. 233b: Randabschluss durch umwickelndes Wulsthalbflechten

Andere Bezeichnungen:
Bord renversé lié (Leroi-Gourhan 1943:290)
Arrêt en queue de spirale à brins roulés (Balfet 1952:278)
Wrapped loop finish (Buck 1957:148)

Das umschlingende (Abb. 234a) und kreuzweise doppelschlaufige Wulsthalbflechten (Abb. 234b) kommen ebenfalls häufig vor.

Abb. 234a: Randabschluss durch umschlingendes Wulsthalbflechten

Abb. 234b: Randabschluss durch kreuzweise doppelschlaufiges Wulsthalbflechten

Andere Bezeichnungen:
Arrêt en queue de spirale en 8 (Balfet 1952:278)
Acabamento anelar (Ribeiro 1988:72)

Aktiv-aktiv geflochtene Randabschlüsse

Unter den Verfahren des echten Flechtens eignet sich vor allem das Zopfflechten vorzüglich als Randabschluss. Eigentliche Zierborten werden in klöppelei- und macraméartigen Techniken hergestellt.

1. Diagonalgeflochtene Randabschlüsse

Sie sind relativ selten und werden aus verhältnismässig wenigen Elementen hergestellt, so dass man sie eher zu den Zopfgeflechten rechnen könnte (Abb. 235).

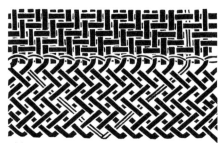

Abb. 235: Diagonal geflochtener Randabschluss

2. Randparallel geflochtene Randabschlüsse

Diese Art der Randbildung beschränkt sich fast ausschliesslich auf Geflechte, insbesondere auf Stakengeflechte. In der einfachsten Form wird dabei das eine (hier passive) System umgebogen und durch das andere (aktive) leinwandbindig fixiert (Abb. 236a).

Abb. 236a: Randparallel geflochtener Randabschluss

Andere Bezeichnungen:
Ösen-Abschluss (Zechlin 1966:200a)
Bord renversé tissé (Leroi-Gourhan 1943:290)

In einer anderen Variante werden die passiven Elemente spitzwinklig umgebogen und in Leinwandbindung (aber nicht ganz rechtwinklig) mit sich selbst verflochten (Abb. 236b).

Abb. 236b: Randparallel geflochtener Randabschluss

Andere Bezeichnung:
Übersteck-Randabschluss (Zechlin 1966:200c)

Bei einer weiteren Form wird jede Stake bogenförmig neben der übernächsten eingesteckt (Abb. 236c).

Abb. 236c: Randparallel geflochtener Randabschluss

Andere Bezeichnungen:
Bogen-Randabschluss (Zechlin 1966:200b)
Simple turn-in border (Mason 1908:10, Fig. 5)

Komplizierter ist ein geflochtener Randabschluss an einem Gewebe. Dabei werden parallel zu den Stoffrändern beidseitig Fäden gelegt und mit einem spiralig geführten, den Stoff durchstechenden Faden leinwandbindig durchflochten, so dass ein den Stoffrand umschliessender Schlauch entsteht (Abb. 237).

Abb. 237: Schlauchgeflochtener Randabschluss

3. Gezopfte Randabschlüsse

Durch Zopfflechten mit drei oder mehr Elementen lassen sich sehr solide und hübsche Randabschlüsse herstellen (Abb. 238a–b).

Abb. 238a: Gezopfter Randabschluss

Abb. 238b: Gezopfter Randabschluss

Andere Bezeichnungen:
Einfacher Zöpfchenschluss, Randabschluss der Zopf
  (Zechlin 1966:200f.; d, e)
Bord renversé tressé (Leroi-Gourhan 1943:290)
Braid finish (Buck 1957:148)
Plaited border (Hodges 1964:147, Fig. 9)

Bildung von Randabschlüssen in höheren stoffbildenden, stoffverzierenden und kombinierten Techniken

Höhere stoffbildende Techniken finden sich als Randabschlüsse nur an Kettenstoffen und Geweben.

Wickeln des Eintrages

Bei Kettenstoffen und Geweben kommt als Randverstärkung das Wickeln des Eintrages relativ häufig vor (Abb. 239a–b).

Andere Bezeichnungen:
Seitenverstärkung durch einfache Umwicklung oder
  durch Umwicklung in Achterschlingen mit zusätzlichem Faden (Nabholz 1980:26)
Parallel wrapping (Tanavoli 1985:97)

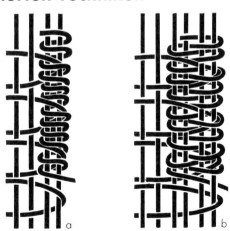

Abb. 239a–b: Randabschlüsse durch Wickeln des
Eintrages

Zwirnbinden des Eintrages oder der Kette

Von allen Kettenstofftechniken wird das Zwirnbinden des Eintrages (Abb. 240a) oder der Kette am häufigsten für Randabschlüsse verwendet (Abb. 240b).

Abb. 240a: Randabschluss durch Zwirnbinden des Eintrages

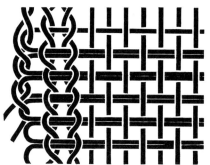

Abb. 240b: Randabschluss durch Zwirnbinden der Kette

Andere Bezeichnungen:
Fils toronnés autour des fils de chaîne (Boser-Sarivaxévanis 1972:53)
Twine – stitches (Kent Peck 1957:575)
Twine edge (Collingwood 1968:503)

Gewobene Randabschlüsse

Abgesehen von schmalen gewobenen und nachträglich am Stoff angebrachten Borten sind gewobene Randabschlüsse (nicht Webkanten) recht selten. Eine schmückende Randverdickung kann z.B. hergestellt werden, indem am Ende eines Gewebes die untere und obere Lage der Kettfäden einzeln, wie ein Gewebe für sich, durchschossen wird, so dass eine Art Schlauch entsteht (Abb. 241). Häufig kommen hingegen Brettchengewebe als Randabschlüsse vor.

Abb. 241: Gewobener Randabschluss

Andere Bezeichnungen:
Thickened edge made by the weaving of terminal loops of warp yarns (D'Harcourt 1962:135)
Tubular selvage (Cardale-Schrimpff 1972:242)

Genähte und gestickte Randabschlüsse

Genähte und gestickte Randabschlüsse bilden für sich eine grosse variationsreiche Gruppe. Da die angewandten Verfahren grösstenteils echte Verzierungstechniken darstellen (cf. Stickerei, Abb. 242c), sei hier nur eine sehr einfache Form erwähnt, nämlich die durch Umwikkeln von parallelen Fäden am Stoffrand befestigten Abschlüsse (Abb. 242a–b).

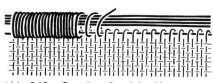

Abb. 242a: Genähter Randabschluss

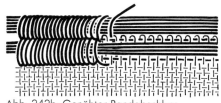

Abb. 242b: Genähter Randabschluss

Abb. 242c: Gestickter Randabschluss

Andere Bezeichnung:
Overcasting (Kent Peck 1957:575)

Kombinierte Randabschlüsse

Die genannten Verfahren können zur Randbildung natürlich beliebig miteinander kombiniert werden, so dass eine Fülle neuer Variationen entsteht. Der Reichtum an solchen Formen ist praktisch unbegrenzt.

Zwei Beispiele sollen genügen:

1. Gedrillte und verzwirnte Randabschlüsse

Diese einfachen Randabschlüsse treten vor allem an Geweben häufig auf. Mehrere Kett- oder Schussfäden werden, meist gebündelt, fortlaufend miteinander verdrillt (Abb. 243a), in einen rechtwinklig dazu verlaufenden Faden eingezwirnt oder auch nur in einen solchen eingehängt (Abb. 243b–c).

Abb. 243a: Gedrillter und verzwirnter Randabschluss

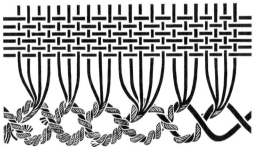

Abb. 243b: Gedrillter und verzwirnter Randabschluss

Abb. 243c: Gedrillter und verzwirnter Randabschluss

Andere Bezeichnungen:
Fils de chaîne roulés en cordon courant dans le sens de la trame et adhérant étroitement au bord du tissu (Boser-Sarivaxévanis 1972:59)

Twining selvage strings between warp or weft threads (Kent Peck 1957:577)

Resfuerzo de enlazado simple (Weitlaner Johnson 1977:37)

2. Kombiniert geflochtene und verzwirnte Randabschlüsse

Sehr beliebt ist die Kombination verschiedener Flechttechniken zur Randbildung (Abb. 244), doch können z.B. auch Kettfäden, gruppenweise zusammengefasst, zu einem Diagonalband verflochten und aus diesem heraustretend zu zwei Schnüren verdrillt und zu einer Kordel verzwirnt werden (Abb. 245).

Abb. 244: Kombinierter Randabschluss: Diagonal- und Zopfgeflecht

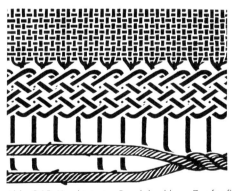

Abb. 245: Kombinierter Randabschluss: Zopfgeflecht und Zwirn

Andere Bezeichnung:
Madeira-Rand (Zechlin 1966:202)

Randabschlüsse mit Fransenbildung

Fransen und Quasten können entweder durch vorstehende Bestandteile eines Stoffes gebildet oder nachträglich durch Einziehen in den Stoffrand oder durch Annähen angebracht werden. Die Möglichkeiten der Fransenbildung sind beinahe noch grösser und vielgestaltiger als diejenigen der Randborten.

Einfache gedrillte, geknotete und eingehängte Fransen

In der einfachsten Form der Fransenbildung werden an Geflechten und Kettenstoffen oder Geweben Fäden des einen und/oder anderen Systems vorstehend gelassen und bündel- oder paarweise miteinander verdrillt (Abb. 246).

Abb. 247: Fransenbildung durch Verdrillen von Kett- und Schussfäden

Andere Bezeichnungen:
Fils de chaine torsadés, fringe of twisted warp (Tanavoli 1985:101)
Corner tassels (Kent Peck 1957:477)

Auch das Knoten von Kettfädenbündeln (Abb. 248) ist eine beliebte Form der Fransenbildung.

Abb. 246: Fransenbildung durch Verdrillen von Kettfäden

Fransenbildung durch Drillen, Zwirnen und Knoten

Eintrag- und Kettfäden können auch an den Rändern mit sich selbst verdrillt oder in einen zusätzlichen Zwirn eingedreht und die so gebildeten Schnüre an den Ecken verknotet werden, so dass dort die Fadenenden als Fransen oder Quasten vorstehen (Abb. 247).

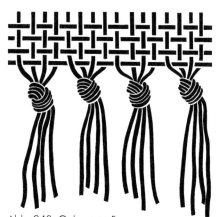

Abb. 248: Geknotete Franse

Andere Bezeichnung:
Groups of warp knotted together (Tanavoli 1985:99)

Fransenbildung durch Einhängen oder Einknoten eines fortlaufenden Fadens

Ein fortlaufender Faden wird in die Ränder eines Stoffes in losen Schlingen eingehängt (Abb. 249a–c), die sich, meist paarweise, von selbst eindrillen. Der Fransenfaden kann auch eingeknotet werden (Abb. 249d).

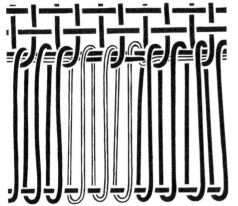

Abb. 249a: Fransenbildung durch Einhängen eines fortlaufenden Fadens

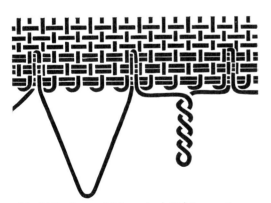

Abb. 249b: Fransenbildung durch Einhängen eines fortlaufenden Fadens

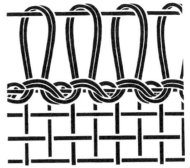

Abb. 249c: Fransenbildung durch Einschlingen eines Fadens

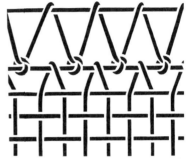

Abb. 249d: Fransenbildung durch Einknoten eines fortlaufenden Fadens

Andere Bezeichnung:
Overcast fringe (Bird/Bellinger 1954:101)

Bei einer etwas komplizierteren Variante wird der fortlaufende Faden nach einer gewissen Zahl von Umkehrungen durch die so gebildeten Fransenschlaufen geschlungen und diese werden dadurch bündelweise zusammengefasst (Abb. 250).

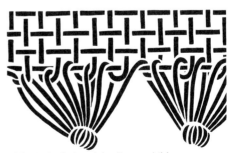

Abb. 250: Gebündelte Fransenbildung

Andere Bezeichnung:
Bundled fringe (Bird/Bellinger 1954:101)

Fransenbildung in stoffbildenden Techniken

Maschenstofftechniken eignen sich nur zum Teil zur Fransenbildung, wobei Einhängen und Stricken kaum in Betracht kommen. Eher ist das bei Variationen des Verschlingens der Fall. Sowohl durch Halbflechten als auch durch echtes Flechten lassen sich Fransen bilden. Beim Halbflechten stellen die Fransen das passive System dar, das durch Wickeln und Binden fixiert wird. Beim echten Flechten sind die fransenbildenden Elemente selbst aktiv.

Fransenbildung durch Verschlingen

Das einfache (Abb. 251a–b), zweifache (Abb. 252) Verschlingen und komplizierte Sonderformen des doppelschlaufigen Verschlingens (Abb. 253a–b) ergeben reizvolle Randabschlüsse.

Abb. 252: Zweifach verschlungene Fransenbildung

Abb. 251a: Einfach verschlungene Fransenbildung

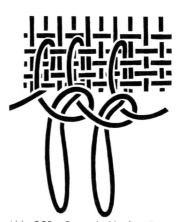

Abb. 253a: Doppelschlaufige Fransenbildung

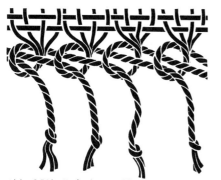

Abb. 251b: Einfach verschlungene Fransenbildung

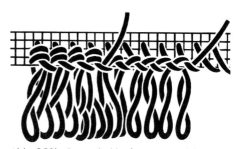

Abb. 253b: Doppelschlaufige Fransenbildung

Andere Bezeichnung:
Buttonhole loop fringe (Bird/Bellinger 1954:101)

Auch das verhängte Verschlingen kann zur Fransenbildung verwendet werden, einmal indem man einfach die Maschenbögen locker herunterhängen lässt (Abb. 254a) oder in einer komplizierten doppelschlaufigen Form bildet (Abb. 254b).

Abb. 254a: Verhängt verschlungene Fransenbildung

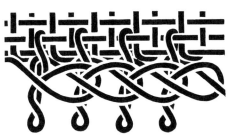

Abb. 254b: Verhängt verschlungene Fransenbildung

Fransenbildung durch Häkeln

Durch Luftmaschen mit locker gehäkelten Maschenbögen (Stabgitterhäkelei) können ähnlich wie beim verhängten Verschlingen Fransen gebildet werden.

Abb. 255: Gehäkelte Fransenbildung

Fransenbildung durch aktiv-passives Flechten

Umschlingendes (Abb. 256a–b) und verknotendes Wickeln (Abb. 257a–b) werden häufig zur Bildung von Kettfransen in Büscheln ge-

braucht. Dabei kann der aktive Faden noch zusätzlich in den Stoffrand eingehängt oder geschlungen werden (Abb. 256a).

Abb. 256a: Gewickelte Franse

Abb. 256b: Umschlingend gewickelte Franse

Abb. 257a: Geknotet gewickelte Franse

Abb. 257b: Geknotet gewickelte Franse mit Zwirn

141

Andere Bezeichnung:
Fil continu noué autour des fils de chaîne terminaux pris par groupes (Boser-Sarivaxévanis 1972:52)

Ebenso werden Fransen durch umwickelndes Binden (Abb. 258) und Zwirnbinden fixiert (Abb. 259).

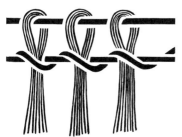

Abb. 258: Gebundene Franse

Abb. 259: Zwirngebundene Franse

Fransenbildung durch aktiv-aktives Flechten

Besonders beliebt an Geweben sind Kettfransen mit verzopften Kettfadenenden, entweder parallel zum Rand mit nach unten hängenden Enden (Abb. 260a–b) oder einfach zu Zöpfchen geflochten (Abb. 261).
Häufig kommen auch geklöppelte und macraméartige Fransenborten vor (Abb. 262).

Abb. 260a: Randparallel gezopfte Franse

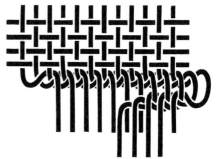

Abb. 260b: Randparallel gezopfte Franse

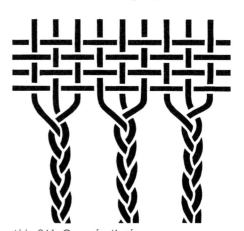

Abb. 261: Gezopfte Kettfranse

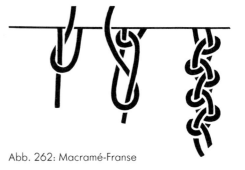

Abb. 262: Macramé-Franse

Andere Bezeichnungen:
Knüpffransen (De Dillmont o.J.:418ff.)
Fils de chaîne noués en filet (Boser-Sarivaxévanis
    1972:58)
Knotted fringe (O'Neale 1945:Fig. 49)
Finishing warp ends with alternative hitches (Colling-
    wood 1968:496)
Fils de chaîne tressés en natte plate, groups of warp
    braided (Tanavoli 1985:100)
Warps interlooped in a chain-like manner (Tanavoli
    1985:Fig. 150)

Fransenbildung durch höhere stoffbildende Techniken

Die Fransenbildung in Kettenstofftechnik ist im Prinzip gleich wie beim Halbflechten durch Wickeln und Zwirnbinden, während bei gewobenen Fransen z.B. die Einträge umkehrend über wenige Kettfäden geführt werden können (Abb. 263).

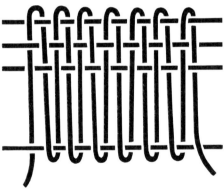

Abb. 263: Gewobene Franse

Andere Bezeichnung:
Gewobene Franse:
Woven fringe (Bird/Bellinger 1954:101)

Fransen können auch durch angenähte Quasten, Federn, Faserbündel usw. ersetzt oder ergänzt, die Ränder ferner mit aufgenähten Perlen usw. verziert werden.

Literatur zu Randabschlüssen:
siehe Seite 182f.

Stoffverzierung nach der Stoffbildung

Anstatt Stoffe im Verlauf ihrer Herstellung gleichzeitig zu mustern, kann man sie auch erst nach ihrer Fertigstellung verzieren. Nach den dazu verwendeten Substanzen unterscheidet man zwei Hauptgruppen: Stoffverzierung mit festem und flüssigem Material. Diese lassen sich wiederum in verschiedene Grundformen unterteilen.

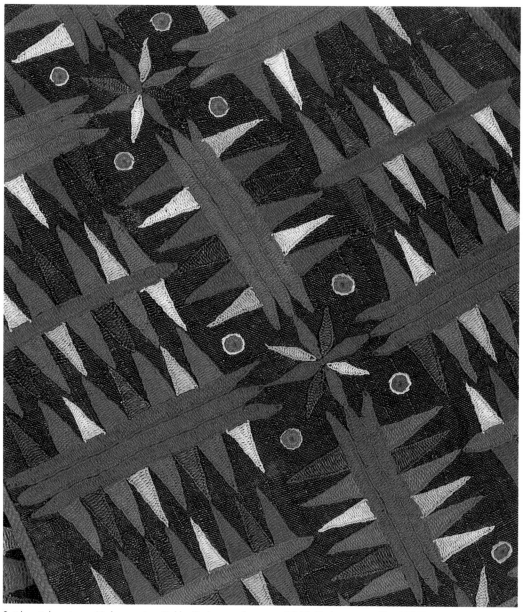

Seidenstickerei vom Umhang einer Tekke-Turkmenenfrau von 1946, Turkmenistan (IIa 1127).

Stoffverzierung mit festem Material

Die Verzierung von Stoffen mit festem Material bietet eine Fülle von Dekorationsmöglichkeiten. Diese unterscheiden sich einerseits in der Art der Verzierungstechnik, andererseits auch nach der Beschaffenheit des benutzten Materials.

Applikationstechniken

Eine der ursprünglichsten Verzierungsmethoden besteht in der Befestigung von Stoffstücken, Federn, Fäden, Muschelschalen, Zierperlen, Borsten, Federkielen, Haaren, Holz- und Rindenstücken, Leder usw. auf dem Stoff. Technisch sind die Verfahren relativ einfach. Die Fixierung der Zierteile in der gewünschten Anordnung kann sowohl durch Nähen als auch durch Ankleben erfolgen. Die Stichform beim Nähen zeigt zudem oft Ziercharakter, so dass es sich gleichzeitig um Stickerei handelt. Die Verfahren werden meist nach dem Applikationsmaterial und nach der Fixierungsart unterschieden. Hier seien kurz die wichtigsten Gruppen genannt.

Aufnähen von Stoffstücken

Verschiedenförmig ausgeschnittene Stoffstücke werden durch Stiche auf der Unterlage befestigt (Abb. 264).

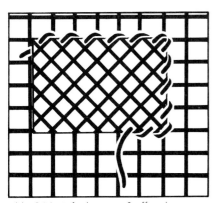

Abb. 264: Aufnähen von Stoffstücken

Andere Bezeichnungen:
Flickenstepperei, Patchwork (Lammèr 1975:269)
Aufnäh- und Fleckelarbeiten (Meyer-Heisig 1956:59ff.)
Ribbonwork (Lyford 1943:131)
Applied work (Cox 1959c.:5)
Appliqué (Emery 1966:251)
Aplicado (Vreeland/Muelle 1977:9)

Zusammennähen von Stofflagen (Steppen)

Zwei oder mehr Stofflagen werden mit Steppstichen so zusammengenäht, dass feine Muster sowohl durch die Stiche selbst als auch durch das so erzeugte Relief entstehen. Um jenes noch mehr zu betonen, können die einzelnen Stofflagen auch wattiert sein (Abb. 265).

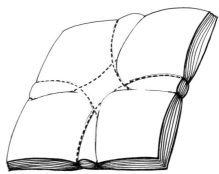

Abb. 265: Zusammennähen von Stofflagen

Andere Bezeichnungen:
Quilting (Fitzrandolph 1954:7ff.)
Quilt making (Wulff 1966:227ff.)
Appliqué quilt (Bishop/Coblentz 1975:71)

Zusammennähen und Ausschneiden von Stofflagen

Bei diesen Verfahren wird das Zusammennähen von Stofflagen mit dem Aufnähen von Stoffstücken und dem Ausschneiden gewisser Partien der so gebildeten Stofflagen kombiniert (Abb. 266a–d). Die Technik wurde vor allem durch die Mola-Arbeiten der Kuna-Indianer (Panama/Kolumbien) bekannt, kommt aber auch anderswo vor.

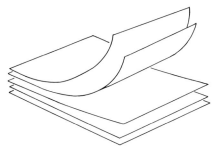

Abb. 266a: Applikations-Ausschneidetechnik: Aufeinanderlegen der Stofflagen

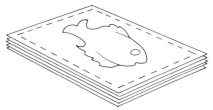

Abb. 266b: Vorzeichnen des gewünschten Musters und Zusammennähen der Lagen

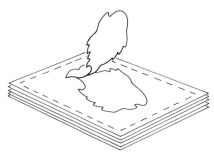

Abb. 266c: Ausschneiden des Musters

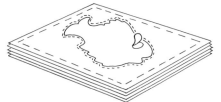

Abb. 266d: Umnähen der Kanten und Ausschneiden einer weiteren Stofflage usw.

Aufnähen von Perlen, Haaren, Schnüren, Federkielen, Borsten usw.

Bei diesen Verfahren kommt den Nähstichen keine verzierende, sondern nur fixierende Funktion zu. Auf der Oberfläche des Stoffes erscheint nur das Applikationsmaterial schmückend, oft sind die Stiche überhaupt nur auf der Rückseite sichtbar.

1. Perlenstickerei

Die Perlen können grundsätzlich auf zwei Arten auf der Unterlage befestigt werden. In der einfacheren Form werden die Perlen auf einen Faden gereiht und dieser von Zeit zu Zeit durch den Stoff geführt (Abb. 267a). Die andere Art besteht darin, den Perlenfaden mit zusätzlichen Stichen auf der Unterlage zu fixieren (Abb. 267b).

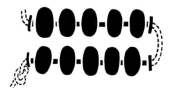

Abb. 267a: Perlenstickerei

Abb. 267b: Perlenstickerei

Andere Bezeichnungen:
Beadwork, sewing technique (Orchard 1929:128ff.)
Beadwork technique (Lyford 1940:60ff.)
Bead embroidery (Edwards 1966:13ff.)
Lazy stitch (Orchard 1929:129)
Overlaid or spot stitch (Orchard 1929:129)
Spot or couched stitch (Lyford 1943:125)

2. Federkiel- oder Borstenstickerei

Das Verfahren ist eng mit der Perlenstickerei verwandt. Der Unterschied besteht hauptsächlich darin, dass zuerst ein Faden, häufig auch zwei parallele Fäden, mit einfachen Stichen wie Vorstich, Steppstich, Verschlingstich (spotstitch, backstitch, loopstitch; Abb. 268a–c) auf dem Stoff befestigt und danach die angefeuchteten Kiele oder Borsten um die flottanten Fadenteile gewickelt oder geknickt werden (Abb. 269a–b).

Abb. 268a: Borstenstickerei mit zwei parallelen Fäden

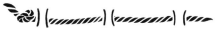

Abb. 268b: Borstenstickerei: Rückseite des Fixierfadens: Vorstich

Abb. 268c: Borstenstickerei: Rückseite des Fixierfadens: Verschlingstich

Abb. 269a: Borstenstickerei um einen Einzelfaden

Abb. 269b: Borstenstickerei um zwei parallele Fäden

Andere Bezeichnungen:
Quill sewing (Lyford 1940:48ff.)
Quill embroidery (Lyford 1943:122ff.)
Quillwork techniques (Ewers 1945:30ff.)
Travail aux piquants (Best/McClelland 1977)

3. Haarstickerei

In der einfachsten Form werden Haarbüschel auf die Unterlage gelegt und mit rechtwinklig dazu verlaufenden Stichen fixiert. Im Laufe der Arbeit werden immer neue Haarbüschel angesetzt. Diese können verdrillt sein. Statt Haaren kann man auch Schnüre und Kordeln auf diese Weise befestigen (Abb. 270a).

Abb. 270a: Haarstickerei

Andere Bezeichnung:
Hair embroidery, simple oversewn line (Turner 1955:31, Fig. 3, 5)

Eine andere Variation zeigt die gleiche Applikationsweise wie bei der Federkielstickerei (Abb. 270b). Ähnliche Verfahren werden auch zur Befestigung von dünnen Metallspiralen auf Stoff verwendet.

Abb. 270b: Haarstickerei

Andere Bezeichnungen:
Metallstickerei (Meyer-Heisig 1956:56ff.)
Hairs wound over straight stitching (Turner 1955:32, Fig. 6)

Stickereiartige Verfahren

Die stickereiartigen Verfahren unterscheiden sich von den Applikationstechniken dadurch, dass der Stickfaden selbst stoffverzierend gebraucht wird, ohne dass damit noch zusätzliche Elemente fixiert werden.

Stickerei

Unter Stickerei versteht man das Verzieren von Stoff mit Faden, der gleichzeitig zu seiner eigenen Befestigung auf der Unterlage dient. Viele Stickereien weisen grosse Ähnlichkeiten mit dem Nähen auf, was vor allem in Ziernähten (gestickten Nähten) zum Ausdruck kommt, wo Stickereiverfahren gleichzeitig stoffzusammensetzend und -verzierend angewendet werden. Auf die Beziehung zu Applikationsverfahren wurde bereits hingewiesen.

Stickerei ist in zahlreichen Formen bekannt, die man nach Stichen bezeichnet. Stichform und Fadenführung zeigen vielfach gleiche Maschen- und Bindungsformen wie in stoffbildenden Techniken – mit dem Unterschied natürlich, dass es sich um Zierverfahren auf einem Stoff und um Nadelarbeiten handelt (z.B. Verschlingstich-Verschlingen, Spannstich-Flechten, Weben).

Da 1968 eine ausgezeichnete und umfassende Systematik der Stichformen erschienen ist (Boser/Müller, Nachdruck 1984) erübrigt sich an dieser Stelle eine Wiederholung der Stichformen. Hier sollen nur einige Übergangs- und Sonderformen erwähnt werden.

Ziernähte

Die Stickerei dient hier nicht allein der Verzierung, sondern auch zur Verbindung von Stoffteilen. Dabei werden zweidimensionale Sticharten, entweder mit durch Fadenkreuzungen oder Verschlingen gebildeten Stichtypen (z.B. Kreuzstich, Verschlingstich, Abb. 271) bevorzugt.

Abb. 271: Ziernaht im Verschlingstich

Smok

Der Stoff wird mit Hilfe von durchgezogenen Fäden gleichmässig gefaltet (Abb. 272a), und die einzelnen Fältchen werden durch Stiche in beliebiger Weise fixiert. Der Reiz des Musters liegt sowohl in der Stickerei als auch im Gegensatz von glatter und geriffelter Fläche (Abb. 272b–c).

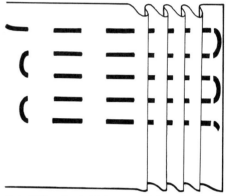

Abb. 272a: Smok: Nähen und Falten des Stoffes

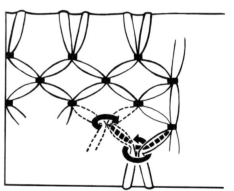

Abb. 272b: Fixieren der Falten durch verschiedene Stiche

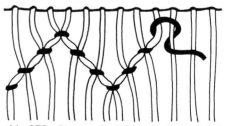

Abb. 272c: Fixieren der Falten durch verschiedene Stiche

Stickereiartige Verzierung von Netzgründen

Bei den Verfahren handelt es sich insofern um Stickerei, als auch hier Zierfäden auf dem fertigen Stoff befestigt werden. Da die Unterlage aber sehr locker (netzartig) ist, muss man die Zierfäden einschlingen oder festknüpfen, um ihnen Halt zu geben (Abb. 273).

Das Verfahren weist enge Beziehungen zu den Kettenstofftechniken des Wickelns auf.

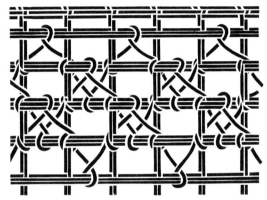

Abb. 273: Stickereiartige Verzierung von Netzgründen

Andere Bezeichnungen:
Filetstickerei, Guipure, Lacis (von Schorn 1885:164)
Netzstickerei, Guipure, Tüllspitzen (De Dillmont o.J.:470ff., 576ff.)
Netznadelarbeiten (Meyer-Heisig 1956:54ff.)
Filetspitze (Müller/Brendler/Spiess 1958:180)
Zugstickerei, Tüllstickerei (Zechlin 1966:75, 77ff.)
Broderie sur filet (Hardouin o.J.:19ff.)
Embroidery on fabric with square open spaces and on network (D'Harcourt 1962:129ff.)
Teijdo reticular anudado y enlazado (Fung Pineda 1978:325)

Durchbrucharbeiten

Die Verfahren unterscheiden sich von den bisher angeführten Verzierungsformen dadurch, dass die Ziereffekte zunächst durch Entfernen von Stoffteilen erzielt werden. Das Öffnen des Stoffgrundes (meist handelt es sich um Gewebe) erfolgt durch Herausziehen einzelner Fäden oder Fadengruppen (genähter oder gezogener Durchbruch) oder durch Ausschnei-

den ganzer Stoffstücke (geschnittener Durchbruch). In den so entstandenen Hohlräumen werden nun die Fäden zur Musterung gruppenweise zusammengebunden, umschlungen oder durchflochten, bei geschnittenem Durchbruch die ausgeschnittenen Partien mit Stichen eingerahmt. Beim gezogenen Durchbruch können entweder nur Kett- oder Schussfäden (einfacher Durchbruch) oder Kett- und Schussfäden entfernt werden (Doppeldurchbruch). Die einfachste Form der Durchbrucharbeit ist der sogenannte Hohlsaum (Abb. 274).

Ähnliche Ziereffekte entstehen, wenn man bei der Herstellung eines Stoffes zum vornherein einzelne Partien offenlässt, so dass dort die Fäden eines Systems frei liegen. Ihre Verzierung erfolgt dann wie beschrieben. Diese Art der Durchbrucharbeit ist mit der Jourbildung in Leinwandbindung eng verwandt, die Übergänge sind oft so fliessend, dass eine Trennung der Verfahren schwierig ist (Abb. 275).

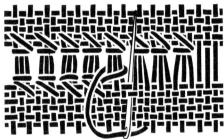

Abb. 274: Hohlsaum

Abb. 275: Durchbrucharbeit

Andere Bezeichnungen:
Openwork embroidery (Emery 1966:247)
Weft-warp openwork (Weitlaner Johnson 1976:64)

Gezogener Durchbruch:
Ausziehspitze, point tiré, punto tirato (Von Schorn
   1885:164ff.)
Drawn work (Emery 1966:247ff.)
Substractive embroidery (Dendel 1974:26)
Withdraw element work (Coleman/Sonday 1977:35)

Einfacher Durchbruch:
Punto tirato (De Dillmont o.J.:515ff.)

Doppeldurchbruch:
Punto tagliato (De Dillmont o.J.:515ff.)
Point coupé (Preising 1987:94)

Geschnittener Durchbruch:
Ausschnittstickerei (Niedner 1924:10)
Point coupé (Von Schorn 1885:164ff.)
Broderie Richelieu, Broderie Colbert, Broderie anglaise
   usw. (Hardouin o.J.:8ff.)
Cut work (Emery 1966:247ff.)
Cut fabric work (Coleman/Sonday 1977:35)

Literatur zur Stoffverzierung mit festem
Material: siehe Seite 183ff.

Kettenikat aus Seide von Buchara, Turkestan.

Stoffverzierung mit flüssigem Material

Mit flüssigen (oder auch pulverförmigen) Materialien lassen sich Stoffe direkt oder indirekt mustern. Während die direkte Musterung auf technisch einfachen Verfahren beruht, finden sich bei den indirekten Verzierungsformen Techniken von höchster Komplexität.

Direkte Musterung

Es handelt sich dabei um direkte Musterungen, die ursprünglich durchgehend mit Pigmentfarben ausgeführt wurden, d. h. mit Farben, die sich nicht im Sinne einer echten Färbung mit dem Stoff verbinden.

Übergangsformen: Auftragen trockener Farbsubstanzen

Anstatt mit festem Material kann man Stoffe auch mit Hilfe von Farbsubstanzen verzieren. Diese werden allerdings nur in den einfachsten Fällen trocken aufgetragen, so z. B. als Russ, Rötel oder Kreide. Strenggenommen handelt es sich hier um Applikationsverfahren unter Verwendung von festem Material in sehr feiner Form. Dasselbe gilt auch für die Verwendung von mineralischen Pigmenten, die in Flüssigkeit aufgelöst werden.

Bemalung mit flüssigen Farben

Zweifellos ist die Malerei eine der ursprünglichsten Arten der Flächenverzierung. Sie erlaubt zwar grösste individuelle Freiheit, ist aber zur Verzierung der wenigsten Stoffe geeignet.

Die Bemalung mit flüssiger Farbe setzt eine relativ glatte Oberfläche voraus, doch besteht auch hier die Gefahr, dass die Farben, ohne vorheriges Imprägnieren des Stoffes verlaufen.

Stoffdruck mit Stempeln

Der direkte Druck von farbigen Mustern bedeutet gegenüber der Malerei insofern einen Fortschritt, als die dazu verwendeten Stempel gestatten, ein Motiv rasch aufzutragen und beliebig oft zu wiederholen.

Tauchverfahren

Um verschiedenfarbige Stoffe zu erhalten, kann man sie stellenweise in ein Farbbad tauchen. Dies hat den Vorteil, dass auf beiden Stoffseiten eine intensivere Färbung erzielt wird, doch schliesst das Verfahren komplizierte Musterungen aus. Für das Farbbad können natürliche Farbstoffe zur Erzeugung einer echten Färbung verwendet werden, so entweder Direktfarbstoffe (Oxidationsfarbstoffe) oder Beizenfarbstoffe, die nur auf vorher präpariertem Stoff haften (z. B. Krapp).

Indirekte Musterung

Zur indirekten Musterung mit flüssigem Material gehören sämtliche Reserveverfahren. Die einfachste Stoffreservierung erhalten wir durch die Einwirkung des Sonnenlichtes z. B. auf eine Fläche, auf der zufällig oder absichtlich ein Objekt gelegen hat. Das Objekt wirkt dabei als Reserve (Sonnenbräune).

In der Regel werden Reserveverfahren zur Verzierung fester Stoffe verwendet, doch gibt es einen speziellen Typus, bei dem die Reservierung vor der Stoffbildung erfolgt (Ikat).

Dieses Verfahren müsste also von der Grobgliederung der Verzierungstechniken her noch vor der Stoffverzierung während der Stoffbildung eingeordnet werden. Im Rahmen der Gesamtsystematik gehört Ikat aber eindeutig zu den Techniken der Reserveverfahren, so dass eine Trennung von diesen wenig sinnvoll wäre.

Abdecken bestimmter Stoffteile vor der Färbung (Reserveverfahren)

Reservemusterungen sind Färbemethoden, die eine farbige Verzierung von Stoffen oder Garn mit Hilfe vor der Färbung angebrachter und nachher wieder entfernter partieller Abdeckungen oder Reserven erzielen. Die Musterung erfolgt also nicht durch direktes Auftragen von Farbe, sondern indirekt durch Aussparen auf einem zu färbenden Grund. In den einfachsten Formen erscheinen die so gebildeten Muster ungefärbt auf farbigem Grund. Durch vorherige Einfärbung des Stoffes, durch wiederholtes Anbringen von Abdeckungen bzw. durch deren sukzessive Entfernung in Verbindung mit verschiedenen Färbungen kann man aber auch mehrfarbige Dekorationen erzielen.

Die Reserveverfahren für Stoffe lassen sich in folgende Formengruppen gliedern: Falten, Nähen, Umwickeln, Abbinden, Schablonieren, Auftragen von Pasten oder flüssigem Material, Beizen- und Negativreservierung. Entsprechende Formen für Garn bezeichnet man als Ikat (s. S. 156f.).

1. Reservierung durch Falten

Durch Einfalten eines Stoffes in bestimmter Form schützt man gewisse Partien vor der Einwirkung der Farbe, weil die Farbe nicht ins Innere der zusammengepressten Stoffteile eindringen kann. Hier dienen also Teile des Stoffes selbst als Reserven (Abb. 276a–c). Gefalteter Stoff kann auch durch Pressen noch besser festgehalten werden (Abb. 277a–c).

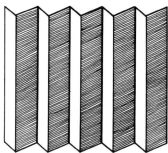

Abb. 276a: Reservieren durch Falten

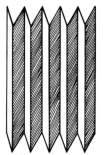

Abb. 276b: Reservieren durch Falten

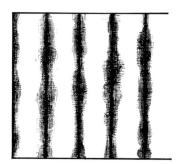

Abb. 276c: Reservemuster durch Falten

Abb. 277a: Reservieren durch Falten

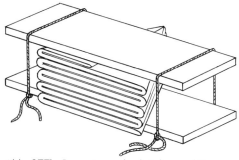

Abb. 277b: Reservieren durch Falten und Pressen

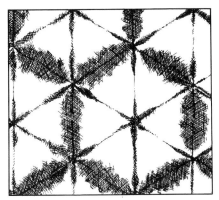

Abb. 277c: Reservemuster durch Falten und Pressen

Andere Bezeichnungen:
Tie-and-dye: folding (Maile 1963:52ff.)
Board clamping (Wada et al. 1983:118)

2. Reservierung durch Nähen (Tritik)

In der typischsten Form der Nähreservierung zieht man Fäden in Nähstichen ein, schiebt darauf den Stoff zusammen und verknotet die Fadenenden. In einer anderen Variation kneift man den Stoff in einfachen oder doppelten Falten ein und vernäht diese mit Faden in Vor- oder Spiralstichen, worauf der Stoff ebenfalls auf den Fäden zusammengepresst wird (Abb. 278). Eine weitere Möglichkeit besteht darin, den Stoff partienweise aufeinanderzulegen und die einzelnen Lagen an den Rändern teilweise zusammenzunähen. Um ein farbig genähtes Muster auf weissem Grund zu erhalten, was schwieriger ist als umgekehrt, ist es nötig, den durch Nähen vorbereiteten Stoff zu reservieren, indem man diesen z. B. auf einen zylindrischen Kern aufrollt (Abb. 279a–b). Das

satte Anbinden auf der Rolle wirkt also als Reserve. Im Farbbad dringt die Farbe nur in die Nähte ein, so dass ein farbiges Muster auf weissem Grund entsteht (Abb. 279c). Falten und Nähen werden zur Erzielung komplexer Muster gerne miteinander kombiniert.

Abb. 278b: Zusammenziehen des Stoffes auf dem Nähfaden

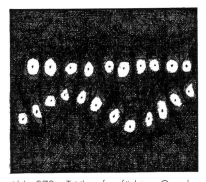

Abb. 278c: Tritik auf gefärbtem Grund

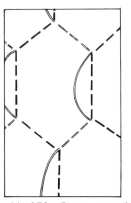

Abb. 279a: Eingezogene Nähreserve

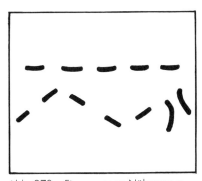

Abb. 278a: Eingezogene Nähreserve

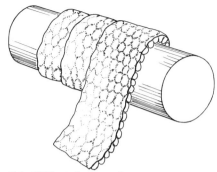

Abb. 279b: Aufrollen auf einen Kern

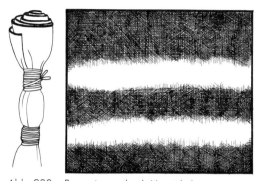

Abb. 280a: Reservieren durch Umwickeln

Andere Bezeichnungen:
Rope tieing ou réserves cordées (Boser-Sarivaxévanis 1969:157)
Tie-and-dye: twisting and coiling, binding (Maile 1963:19ff.)
Oprollen en afbinden (Claerhout 1975:2)

4. Reservierung durch Abbinden (Plangi)

Plangiartige Verfahren stellen eine Sonderform der Wickel- und Bindereservierung dar. Hier werden einzelne Stoffpartien in der Fläche knopf- oder kegelförmig, ganz oder auch nur teilweise eingebunden (Abb. 281). Als Reserven dienen Fäden und zum Teil auch zusätzliches flächiges Material (Blatt- oder Baststücke). In diesem Fall kann man auch sehr grosse Flächen aussparen. Plangiartige Techniken werden oft mit Nähreserven kombiniert. Um Zeit zu sparen, werden häufig mehrere Stofflagen gleichzeitig miteinander abgebunden, so dass im fertigen Stoff sich die gleichen Muster wiederholen.

Abb. 279c: Tritik auf weissem Grund

Andere Bezeichnungen:
Rope tieing ou réserves cordées (Boser-Sarivaxévanis 1969:157)
Tie-and-dye: twisting and coiling, binding (Maile 1963:19ff.)
Stitching (Wada/Kellog/Barton 1983:73)

3. Reservierung durch Umwickeln

Die Reservierung erfolgt durch stellenweises Einschnüren von gerolltem oder gefaltetem Stoff oder auch von Garnsträngen mit Schnur, Bast oder Bändern. Wird auf diese Weise gemustertes Garn zu Stoffen verwoben, so spricht man von Ikat (s. S. 156f.).

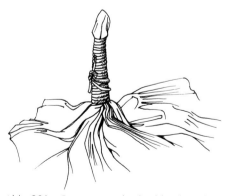

Abb. 281a: Reservieren durch Abbinden (Plangi)

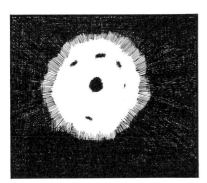

Abb. 281b: Reservieren durch Abbinden (Plangi)

Andere Bezeichnungen:
Knüpf-Batik (Zechlin 1966:161)
Tie-and-dye: binding (Maile 1963:38ff.)
Indisch: bandhani, bandhni (Bühler 1952:5)
Chungri, chundri, chunri (Nabholz 1969a:7)
Japanisch: maki shibori (Bühler 1952:5)
Dofjesuitsparingen (Claerhout 1975:8)

5. Reservierung durch Schablonieren

Die Verfahren beruhen auf der Befestigung von
farbundurchlässigen, dem Muster entsprechend ausgeschnittenen Vorlagen aus ver-
schiedenstem Material (Blätter, Holz, Papier,
Schnur). In der einfachsten Form werden bestimmte Stellen durch Verknoten oder Verflechten des Stoffes oder Garnes abgedeckt und so
schabloniert (Abb. 282a–b). Wie beim Falten
erhält man aber auf diese Weise auch nur einfache Streifen- oder Fleckenmuster. Die Farbe
kann aufgestrichen oder im Bad angebracht
werden. Im letzteren Fall muss man einander in

Abb. 282a: Schablonieren durch Knoten

der Form entsprechende Schablonen auf beiden Stoffseiten anbringen, um den Stoff wirk-
lich vor Färbung zu schützen (Pressen oder
Klemmen, Abb. 283).

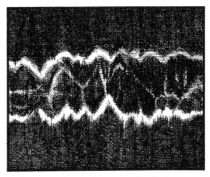

Abb. 282b: Schablonieren durch Knoten

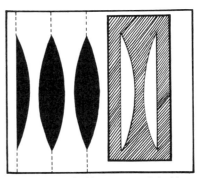

Abb. 283a: Schablonieren mit Schablone

Andere Bezeichnungen:
Tie-and-dye: knotting (Maile 1963:21ff.)
Folding and clamping (Wada et al. 1983:116)
Schabloonuitsparing (Claerhout 1975:12)

6. Reservierung durch pastenförmiges oder flüssiges Material (Batik)

Man bemalt, bestreicht oder bedruckt den
Stoff an den vor der Färbung zu bewahrenden
Stellen mit Pasten aus Kleister, Schlamm, Harz
oder flüssigem Wachs und entfernt das trocken
gewordene Abdeckmaterial nach der Färbung
durch Auswaschen oder Kochen in heissem
Wasser (Abb. 284a–c). Die Reserven können
von Hand, mit Pinsel, Düten, Kännchen oder mit
Hilfe von Schablonen und Stempeln aufgetragen werden.

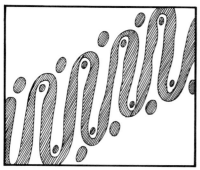

Abb. 284a: Batik: Aufgetragene Reserve

Abb. 284b: Batik: Färbung

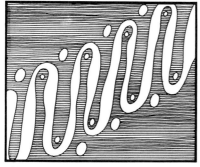

Abb. 284c: Batik: Reservierter Stoff

7. Beizen- und Negativreservierung

Der Unterschied zu den batikartigen Verfahren besteht darin, dass bei Beizen- und Negativreservierung der Stoff als Reserve dient und man die zu musternden Partien entsprechend behandeln muss.

7.1. Beizenreserven

In diesen Verfahren werden bestimmte Stoffstellen so präpariert (z.B. mit Alaun), dass nachher die Farbe nur dort, nicht aber an den unveränderten Partien, haftet. Die nicht behandelten Stoffteile wirken also als Reserven. Die Muster werden mit Beizenfarben aufgemalt oder aufgedruckt.

7.2. Negativreservierung

Bestimmte Stoffteile bestehen aus Material, das die Färbung nicht annimmt (z.B. Baumwolle). Diese dienen als Reserven, im Gegensatz zu den anderen Partien (z.B. aus Wolle), welche die Farbe leicht aufnehmen.

Andere Bezeichnung:
Uitsparen met een vloeibaar aangebrachte ... substantie (Claerhout 1975:12)

Reservierung von zum Weben bestimmten Garn (Ikat)

Da die Musterung nicht auf dem fertigen Stoff, sondern auf dem zum Weben bestimmten Garn vorgenommen wird, aber eng mit der Webarbeit zusammenhängt, stellen ikatartige Verfahren eine Sonderform der Reservefärberei dar. Je nachdem, ob Kett- oder Schussfäden oder gar beide Fadensysteme gemustert werden, unterscheidet man Ketten-, Eintrag- und Doppelikat (Abb. 285a–d).
Zur Musterung werden die Fäden bündelweise zusammengefasst und durch Verknoten, durch stellenweises Umwickeln, mit Hilfe von Pressplatten oder mit anderen Mitteln reserviert. Als Imitationen kommen aber auch direkte Farbaufträge vor, so z.B. mit Hilfe von Pinseln, Stäbchen oder durch Garndruck.

Abb. 285a: Kettenikat:
Einteilen der Garnstränge

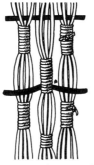

Abb. 285b: Kettenikat:
Umwickeln derselben

Abb. 285c: Kettenikat:
Reserviertes Garn

Abb. 285d: Kettenikat:
Verwobenes Garn

Andere Bezeichnungen:
Ikat or Jaspé dyeing (Start 1948:49ff.)
Klem- en afbinduitsparingen op weefgarens (Claerhout
     1975:14)

Kettenikat:
Ikat chaîne (CIETA 1970:28)
Warp ikat (CIETA 1970:28)
Catena ikat (CIETA 1970:28)
Urdimbre ikat (CIETA 1970:28)
Ikat de urdimbre (Chertudi/Nardi 1961:139)
Varpikat (CIETA 1970:28)

Schussikat:
Ikat trame (CIETA 1970:50)
Weft ikat (CIETA 1970:50)
Ikat trama (CIETA 1970:50)
Ikat de trama (Chertudi/Nardi 1961:140)
Inslagikat (CIETA 1970:50)

Doppelikat:
Double ikat (CIETA 1970:11)
Doppio ikat (CIETA 1970:11)
Doble ikat (Chertudi/Nardi 1961:140)

Kettendruck:
Chiner, chinieren (Loeber 1908:273)
Japanisch: Kasuri

Literatur zur Stoffverzierung mit flüssigem
Material: siehe Seite 185ff.

Die Techniken der Stoffverarbeitung (Stoffzusammensetzung)

Als Stoffverarbeitung bezeichnet man das Zuschneiden (Stoffaufteilung) und Zusammennähen (Stoffzusammensetzung) von Stoffen für bestimmte Zwecke, z.B. zur Anfertigung von Kleidern. Die Stoffaufteilung spielt in Kulturen mit einfacher Technologie eine geringe Rolle, da diese Völker Gewebe fast immer so, wie sie angefertigt wurden als Lenden-, Umschlagtücher usw. benutzen. Zudem greifen Verfahren, wie sie in der Schneiderei üblich sind, weit über die Grundlagen einer Textilsystematik hinaus, weshalb sie hier nicht berücksichtigt werden.

Da die Verfahren zur Stoffzusammensetzung oft eng mit denjenigen zur Stoffverzierung (Stickerei) verwandt sind, scheint es gerechtfertigt, an dieser Stelle kurz auf sie einzugehen.

Stoffe können entweder durch stoffbildende Techniken selbst oder aber durch typische stoffverbindende Verfahren zusammengesetzt werden. Übereinanderlegen und Verklopfen von Stoffen, wie es für Baststoffe und Filze üblich ist, oder die Zusammensetzung mit Hilfe von Klebstoffen kommen hingegen für Textilien in unserem Sinn kaum in Frage.

Ziernaht einer Wolldecke der Mabo-Peul aus Youvarou, Mali, von 1973 (III 20468).

159

Stoffzusammensetzung mit Hilfe von stoffbildenden Techniken

Sowohl für Maschenstoffe als auch für Geflechte und Kettenstoffe kennt man Verfahren, wo vorstehende Fadenenden der Stoffe selbst zur Vereinigung ihrer Partien dienen. Eine sehr grosse Zahl von stoffbildenden Techniken kann auch für Stoffzusammensetzungen verwendet werden, so dass sich innerhalb dieser Gruppe die gleiche Giederung ergibt. Ferner ist zu beachten, ob für die Erzeugung eines Stoffes und für die Verbindung seiner Teile die gleiche Technik angewendet wird oder nicht und auf welche Art verschieden angefertigte Stoffe zusammengesetzt sind. Dann gilt es zu unterscheiden, ob Stoffe oder Stoffteile durch besondere Fäden untereinander verbunden oder dazu Teile der Stoffe selbst verwendet werden.

Echte stoffverbindende Techniken

Echte stoffverbindende Techniken stellen vorwiegend neue Arbeitsmethoden dar, die nicht als Variationen stoffbildender Verfahren betrachtet werden können und nicht mit Teilen des Stoffes selbst, sondern mit einem besonderen Material, meist einem zusätzlichen Faden, arbeiten.

Heften

Die technisch einfachste Methode zur Verbindung von Stoffteilen stellt ihr Zusammenheften mit Dornen, Holzstiften, Nadeln usw. dar. Sie ist für Textilien unserer Definition aber von so geringer Bedeutung, dass es genügt, sie hier erwähnt zu haben.

Zusammenknüpfen

Durch die an- oder aufeinandergelegten Ränder zweier Stoffstücke zieht man in gewissen Abständen kurze Fadenstücke und verknüpft deren Enden. Selbst wenn die Knüpfstellen dicht aufeinanderfolgen, bleibt die Verbindung beider Teile stets relativ locker.

Nähen

Beim Nähen verbindet man Stoffteile mit Hilfe eines fortlaufenden Fadens, indem man diesen in der gewünschten Form (Stichart) durch die auf- oder aneinandergelegten Teile zieht und dadurch eine Naht bildet (Abb. 286a–e). Ob-

wohl bestimmte Sticharten auch zur Zusammensetzung sehr lockerer Stoffe angewendet werden können, beschränken sich die Verfahren hauptsächlich auf satte, dichte Stoffarten, vor allem auf Kettenstoffe und Gewebe. Im allgemeinen benötigt man zum Einführen des Fadens nadelartige Hilfsgeräte (Ahlen, Nadeln, Pfrieme) und zum Einstechen etwa auch Vorrichtungen zum Schutze der Finger oder des Handballens.

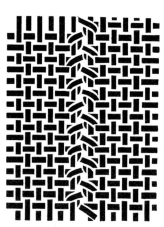

Abb. 286a: Zusammengenähter Stoff

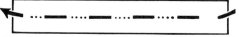

Abb. 286b: In Vorstichen zusammengenähter Stoff: Aufsicht

Abb. 286c: In Vorstichen zusammengenähter Stoff: Querschnitt

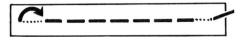

Abb. 286d: In Rückstichen zusammengenähter Stoff: Aufsicht

Abb. 286e: In Rückstichen zusammengenähter Stoff: Querschnitt

Andere Bezeichnung:
Seaming (Emery 1966:233)

Sticken

Die Stickereiverfahren zur Stoffzusammensetzung stehen in besonders naher Beziehung zum Nähen, unterscheiden sich aber von diesem durch ihren vorwiegend dekorativen Charakter, weshalb die betreffenden Techniken unter die Stoffverzierung eingereiht wurden (cf. Ziernähte).

Verriegeln

Das Verriegeln setzt Stoffe voraus, die aus Maschen gebildet sind oder in denen Fäden eines Systems am Stoffrand in Schlingen umkehren, also Kettenstoffe oder Gewebe. Man legt dann beide Teile so aneinander, dass die Schlingen gegeneinander gerichtet sind und zieht diese auf einen gemeinsamen Faden auf (Abb. 287).

Abb. 287: Durch Überwindlingsstich zusammengenähter Stoff

Verschliessen

Eine Weiterbildung des Verriegelns bildet die Stoffzusammensetzung durch Schliessen. Der Faden wird durch steifes Material wie Haken, Knöpfe, Holzstücke usw. ersetzt, die, an einer Stoffkante befestigt, durch die Schlingen der anderen gezogen werden. Schliesslich können aber auch diese weggelassen und durch Öffnungen bzw. Schlitze ersetzt werden (Abb. 288a–c).

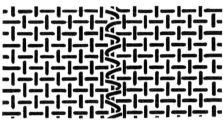

Abb. 288: Verriegeln

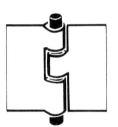

Abb. 289a:
Verschliessen mit Scharnier

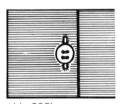

Abb. 289b:
Knopfverschluss

Abb. 289c: Ösenverschluss

Literatur zur Stoffverarbeitung: siehe Seite 187.

Anhang

Struktur

Möglichkeiten der Herstellung und der Identifizierung

1. Einfaches Einhängen (Fadenführung 2/2, 11/11).
2. Einhängesprang (nur Fadenführung 2/2: eindeutig, wenn spiegelbildliche Stoffteile oder eine Eintragsstelle vorhanden sind oder wenn dieses Verfahren mit dem Überspringen von Reihen, mit Zwirnbinden u. ä. zur Muster- oder Jourbildung kombiniert wurde.

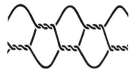

1. Mehrfaches Einhängen.
2. Einhängesprang, wenn mit einfachem Einhängen zur Muster- und Jourbildung kombiniert oder wenn Eintragsstelle im Stoff vorhanden ist.

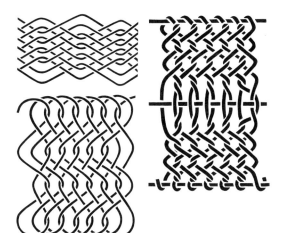

1. Einhängen mit Überspringen von Reihen: wenn horizontal über mehr als 20 Einhängestellen gearbeitet.
2. Eingehängtes verhängtes Sanduhrverschlingen: wenn senkrecht über weniger als 20 Einhängestellen gearbeitet.
3. Einhängesprang, wenn nicht mehr als zwei Reihen übersprungen werden, wenn mit einfachem Einhängesprang kombiniert wurde und/oder eine Eintragsstelle vorhanden ist.

1. Verhängtes Verschlingen.
2. Häkeln, Luftmasche: nur wenn eintourig gearbeitet, wobei die Fadenführung sich aus der Zahl 1 plus der Umlaufzahl minus 1 zusammensetzen muss.

163

1. Umfassendes Verschlingen, wenn sich beim Beschädigen des Stoffes keine Fallmaschen bilden.
2. Stricken mit verschränkter Masche, wenn sich Fallmaschen bilden.
3. Übergang zur Stickerei, wenn Unterlage vorhanden ist.

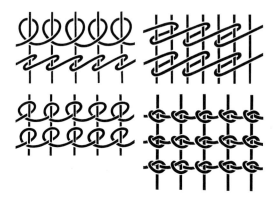

1. Flechten mit einem aktiven und einem passiven System: Wickeln.
2. Kettenstoffverfahren mit passiver Kette: Wickeln des Eintrages. Die Unterschiede sind bestenfalls materialbedingt feststellbar. Wenn die Verschiedenheit (Steife des passiven Elementes) zwischen den Systemen gross ist, kommt eher Flechten als Herstellung in Frage.

1. Zwirnbindiges Flechten über ein passives System: Die Unterschiede vom Flechten zum Kettenstoffverfahren (Zwirnbinden des Eintrages) sind materialbedingt.
2. Aktiv-passives Zwirnflechten
3. Diagonales Zwirnspalten
4. Zwirnbinden des Eintrages

1. Einhängendes Wulsthalbflechten: bei Gebrauch von Fadensystemen.
2. Einhängen (bzw. Verschlingen usw.) mit Einlage, bei Gebrauch eines einzigen fortlaufenden Fadens. Dies gilt auch für alle anderen Verfahren des umfassenden Wulsthalbflechtens (hier nicht weiter aufgeführt).

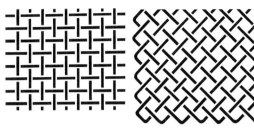

1. Zweirichtungsflechten (randparallel oder diagonal) in Leinwand- oder Köperbindung.
2. Zweidimensionales Zopfflechten in Leinwand- oder Köperbindung.
3. Dreidimensionales Schlauchflechten in Leinwand- oder Köperbindung. Die Verfahren unterscheiden sich nach der Zahl der Elemente (zahlreich = Zweirichtungsflechten; wenige = Zopfflechten, Schlauchflechten).
4. Klöppeln: Leinenschlag; meist kombiniert mit anderen Klöppelschlägen, grosse Feinheit des Materials.
5. Flechtsprang: diagonale Fadenführung, axialsymmetrische Stoffteile, Eintragsstelle.
6. Flechten des Eintrages und Wirken (letzteres, wenn Einträge umkehren).
7. Alternierendes Halbweben.
8. Weben: leinwandbindig oder köperbindig.

Merke: Flechten des Eintrages, Halbweben und Weben sind am fertigen Produkt nicht zu unterscheiden.

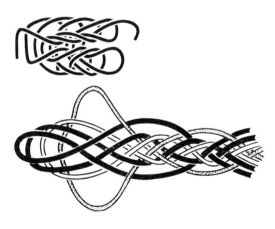

1. Kompakte dreidimensionale Kordelgeflechte auf der Basis von Schlaufen.
2. Schnurstricken und -häkeln. Bei der Analyse muss auf die Enden geachtet werden: lose Enden = Hinweis auf Flechten, Schlaufen = Hinweis auf Maschenstoff oder Schlaufengeflecht.

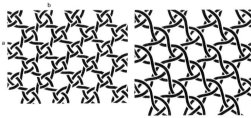

1. Aktiv-aktives Zwirnflechten.
2. Diagonales Zwirnspalten. Die Unterschiede manifestieren sich in der Beschaffenheit der Elemente (d.h. Zwirne).
3. Zwirnbindesprang, wenn Axialsymmetrie oder Eintragsstelle im Stoff vorhanden sind.
4. Klöppelei: feineres Material als 1. und 2.

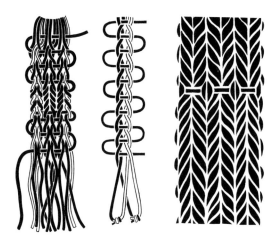

1. Randparalleles Zwirnspalten: passiv-aktiv.
2. Zwirnbinden der Kette: Kettenden an einem Ende lose, am anderen fixiert.
3. Reservierendes Halbweben: axialsymmetrische Stoffteile.
4. Brettchenweben: Umkehrstellen in der Drehrichtung der Zwirne, dichte Struktur, schmale Stoffe.
5. Fingerweben, wenn Kette aus einer geraden Zahl von Schlaufen besteht, schmale Stoffe.

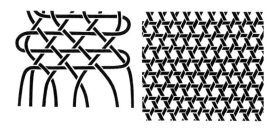

1. Dreirichtungsflechten.
2. Klöppelei: Die Unterschiede sind materialbedingt.

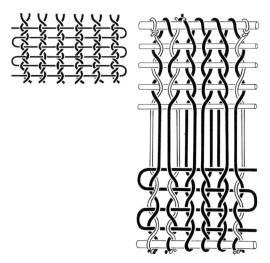

1. Reservierendes Halbweben, wenn axialsymmetrische Teile aufweisend. Oft in Kombination mit Köperbindung auftretend.
2. Einfache Dreherbindung.

Bibliographie

Literatur zu den Grosskapiteln

Literatur zur Fadenbildung

Systematik

Baines (1977), Bühler (1972), Burnham (1980), Cahlander (1980), Connor (1983), Crowfoot (1954), Dixon (1957), Emery (1952, 1966), Frödin & Nordenskiöld (1918), Hinderling (1959, 1960), Leroi-Gourhan (1943), Osborne (1954), Schnegelsberg (1971), Seiler-Baldinger (1971, 1979), Tanavoli (1985)

Analyse

Anonym (1957), Baines (1977), Bel & Ricard (1913), Bender-Jørgensen (1986), Bluhm (1952), Braulik (1900), Brauns & Löffler (1986), Brommer et al. (1988), Burnham (1980, 1981, 1986), Cahlander (1980), Campbell & Pongnoi (1978), Caspar (1975), Connor (1983), Cordry & Cordry (1973), Crawford (1915-16), Crowfoot (1931, 1954), Dombrowski & Pfluger-Schindlbeck (1988), Durand-Forest (1966), D'Harcourt (1962), Farke (1986), Feltham (1989), Fox (1978), Furger & Hartmann (1983), Gaitzsch (1986), Geijer (1979), Gordon (1980), Hald (1980), Hecht (1989), Henshall (1950), Hissink & Hahn (1989), Hodges (1965), Hundt (1969, 1980), Hyslop & Bird (1985), Justin (1980), Kaufmann (1986), Kent Peck (1957), Keppel (1984), King (1965), Koch-Grünberg (1923), Konieczny (1979), Lamb (1984), Lewis & Lewis (1984), Linder (1967), Lorenz (1980), Lorenzo (1933), Lothrop & Mahler (1957, 1957), MacKenzie (1986), Mc Neish et al. (1967), Menzel (1973), Millán de Palavecino (1960), Mirambell & Martínez (1986), Nachtigall (1955), Nevermann (1938), Nordenskiöld (1924), Osborne (1965), O'Neale (1946), Pownall (1976), Prümers (1990), Reswick (1985), Riester (1971), Roth (1910), Sanoja Obediente (1979), Sayer (1988), Schaedler (1987), Schlabow (1976), Segal et al. (1973), Seiler-Baldinger (1981), Sharma (1968), Sillitoe (1988), Stanková (1989), Sylwan (1941), Tanavoli (1985), Taullard (1949), Textilmuseum Krefeld (1978), Ullemeyer & Tidow (1973), Underhill (1948), Van Stan (1958), Veiga de Oliveira & Galhano (1978), Walton (1989), Weitlaner-Johnson (1976), West (1980), Willey & Corbett (1954), Wilson (1979), Wullf (1966)

Ethnographie

Adams (1969), Adovasio & Maslowski (1980), Ahmed (1967), Ali (1900), Amborn (1990), Analsad (1951), Anderson (1978), Archambault (1988), Aretz (1979), Baer (1972), Bailey (1947), Beals (1969), Bel & Ricard (1913), Bird (1960, 1968), Bolinder (1925), Brauns & Löffler (1986), Brigham (1908), Bühler (1972), Campbell (1836), Campbell & Pongnoi (1978), Cardale de Schrimpff (1972), Cardenas et al. (1988), Carreira (1968), Caspar (1975), Chevallier (1964), Connor (1983), Cordry & Cordry (1973), Cresson & Jeannin (1943), Crowfoot (1931), Dalman (1964), Dauer (1978), Delawarde (1967), Deuss (1981), Devassy (1964), Dombrowski & Pfluger-Schindlbeck (1988), Drucker et al. (1969), Duby & Blom (1969), Dürr (1978), Dunlop (1966), Durand-Forest (1966), Easmon (1924), Etienne-Nugue (1982, 1982, 1984), Feltham (1989), Fischer & Mahapatra (1980), Fischer & Shah (1970, 1970), Forelli & Harries (1977), Fowler (1989), Fox (1978), Foy (1909), Franquemont (1986), Frödin & Nordenskiöld (1918), Gardi (1976), Germann (1963), Gifford (1931-33), Goodell (1968), Gräbner (1909), Haas (1970), Haberland (1963), Harvey & Kelly (1969), Hecht (1989), Hennemann (1975), Hissink & Hahn (1989), Hooper (1915), Justin (1980), Kauffmann (1963, 1967), Kaufmann (1986), Keppel (1984), Kissel (1916), Koch (1961, 1965, 1965, 1969), Koch-Grünberg (1923), Konieczny (1979), Korsching (1980), Kron-Steinhardt (1989), Kussmaul & Snoy (1964), Labin (1979), Lakwete (1977), Lamb (1984), Lamb & Lamb (1981), Landreau & Yoke (1983), Lane (1952), Leach (1951), Lenser (1964), Lewis & Lewis (1984), Littlefield (1976), Luz & Schlenker (1967), Luz (1961), Mac Leish (1940), MacKenzie (1986), Manndorff & Scholz (1967, 1967), Manrique (1969), Menzel (1973), Métraux (1928), Moos, von (1983), Nachtigall (1955), Nambiar (1966), Nevermann (1938), Nordenskiöld (1924), Nordquist & Aradeon (1975), Ortiz (1979), Osborne, de Jongh (1935), Ottaviano de (1974), Ottovar & Munch-Petersen (1980), O'Neale (1946), Pangemanan (1919), Picton & Mack (1979), Pleyte (1912), Pownall (1976), Reswick (1981, 1985), Ribeiro (1982, 1983, 1985, 1988), Riester (1971, 1972), Roessel (1983), Rolandi & Pupareli, de (1985), Ross (1988), Rossie & Claus (1983), Roth (1910), Roy (1982), Sanoja-Obediente (1961), Sayer (1985, 1988), Scarce (1988/89), Schaedler (1987), Schlenker (1973, 1974, 1975), Scholz (1967, 1974, 1974), Schultz (1962), Schuster (1962), Schuster & Schuster (1981), Schweeger-Hefel (1973/74), Seiler-Baldinger (1971, 1973, 1981), Sharma (1968), Sharma (1964), Shiroishi Miyagi Prefecture (1946), Siegenthaler (1989), Signi (1988), Sillitoe (1988), Susnik (1986), Tanavoli (1985), Taullard (1949), Tietze (1941), Trivedi (1967), Underhill (1948), Vreeland (1986), Weber (1977), Weiner & Schneider (1989), Weir (1970, 1976), Weitlaner-Johnson (1976), Weitlaner-Johnson & Mac Dougall (1966), West (1980), Westfall (1981), Wilbert (1974), Wilson (1979), Wullf (1966), Yde (1965), Zerries (1976, 1976)

Volkskunde

Aguirre (o.J.), Anonym (1957, 1985), Aretz (1972), Baines (1977), Bodmer (1940), Boeve (1974), Bretz (1977), Burnham (1981, 1986), Cardenas et al. (1988), Debétaz (1965), Eaton (1937), Gordon (1980), Gubser (1965), Hentschel (1949), Holm (1978), Kimakowicz-Winnicki (1910), Linder (1967), Lorenz (1980), Lorenzo (1933), Lühning (1963, 1963, 1963, 1971, 1980, 1981), Marková (1967), Pocius (1979), Rural Industries Bureau (1930), Sanoja Obediente (1979), Schwarz (1945), Shivo (1978), Simon (1965), Stanková (1989), Svobodová & Kûava (1975), Thompson (1964), Ungricht (1917), Vallinheimo (1956), Veiga de Oliveira & Galhano (1978), Wanner (1979), Weiner & Schneider (1989), Wilson (1979)

Archäologie

Adovasio & Maslowski (1980), Alfaro Giner (1984), Amsden (1932), Azzola & Azzola (1986), Batigné & Bellinger (1965), Bellinger (1959), Bender-Jørgensen (1986), Bender-Jørgensen & Tidow (1981), Bennett & Bird (1960), Bird (1979), Bird & Mahler (1952), Bluhm (1952), Bluhm & Grange (1952), Bollinger (1983), Braulik (1900), Brommer et al. (1988), Clements-Scholtz (1975), Crawford (1946), Crowfoot (1931), Durand-Forest (1966), D'Harcourt (1962, 1974), Feltham (1989), Furger & Hartmann (1983), Gaitzsch (1986), Hald (1980), Hecht (1989), Henshall (1950), Hoffmann & Burnham (1973), Hooper (1915), Hundt (1969, 1980), Hyslop & Bird (1985), Kent Peck (1957), King (1965), La Baume (1968), Lothrop & Mahler (1957, 1957), Mayer Thurman & Williams (1979–), Mc Neish et al. (1967), Millán de Palavecino (1960), Mirambell & Martínez (1986), Olsen Bruhns (1989), Ortiz (1979), O'Neil (1974), Patterson (1956), Petrucci (1982), Prümers (1983, 1990), Rast (1990, 1991), Rosenberg & Haidler (1980), Ryder (1962, 1964), Schlabow (1976), Schoch (1985), Segal et al. (1973), Seiler-Baldinger (1971), Singer et al. (1954-57), Snethlage (1930), Stokar (1938), Swanson & Bryon (1954), Sylwan (1941), Taullard (1949), Thurmann & Williams (1979), Ullemeyer & Tidow (1973), Van Stan (1958), Walton (1989), Weiner & Schneider (1989), Weitlaner-Johnson (1976), Whitford (1943), Wilbert (1974), Wild (1976), Willey & Corbett (1954), Wilson (1979)

Sammlungsbeschreibungen

Aguirre (o.J.), Anderson (1978), Bird (1965), Brommer et al. (1988), Crawford (1946), Dürr (1978), Petrucci (1982), Riester (1971), Schlabow (1976), Signi (1988), Thompson (1964)

Arbeitsanleitungen

Burgess (1981), Cahlander (1980), Crawford Post (1961), La Plantz (1982), Markus (1974), Pownall (1976)

Filme

Baer (1972), Boeve (1974), Dauer (1978), Dunlop (1966), Germann (1963), Hennemann (1975), Kauff-

mann (1963, 1967), Koch (1961, 1965, 1965, 1969), Kussmaul & Snoy (1964), Lenser (1964), Lorenz (1980), Lühning (1963, 1963, 1963, 1971, 1980, 1981), Luz & Schlenker (1967), Luz (1961), Manndorff & Scholz (1967, 1967), Schlenker (1973, 1974, 1975), Scholz (1967, 1974, 1974), Schultz (1962), Schuster (1962), Schuster & Schuster (1981), Schweeger-Hefel (1973/74), Seiler-Baldinger (1973), Simon (1965), Svobodová & Kûava (1975), Zerries (1976, 1976)

Allgemeines, Historisches

Ahmed (1967), Anonym (o.J.), Batigné & Bellinger (1965), Bohnsack (1981), Bussagli (1980), Cavallo (1977), Chesley (1949), Franquemont (1986), Hahn (1924), Hausner (1963), Horwitz (1934), Karmasch (1858), Kelsey & Osborne, de Jongh (1939), Lévi-Strauss (1987), Little (1931), Lombard (1978), Müller & Brendler (1958), Naupert (1938), Patterson (1957), Stirling (1938), Warburg & Friis (1975), Wehmeyer (1949)

Literatur zur Maschenstoffbildung

Systematik

Brügger (1947), Bühler & Bühler-Oppenheim (1948), Bühler-Oppenheim (1947), Cahlander (1980), Collingwood (1974), Connor (1983), Davidson (1933, 1935), Dickey (1964), Emery (1955, 1966), Hinderling (1959), Larsen (1986), Lehmann (o.J.), Leroi-Gourhan (1943), Müller (1967), Neuwirth (1979), Nordland (1961), Oppenheim (1942), Reidemeister (1932), Ribeiro (1986, 1986), Seiler-Baldinger (1968, 1971, 1977, 1979), Singer Wieder (1935), Vogt (1935)

Analyse

Albers (1965), Amano & Tsunoyama (1979), Amsden (1934), Anton (1984), Bahr (1983), Bel & Ricard (1913), Belen (1952), Bianchi et al. (1982), Biebuyck (1984), Bird & Bellinger (1954), Birrel (1959), Bluhm (1952), Brandt, von (1957, 1962), Brigham (1974), Brügger (1947), Buck (1944, 1957), Cahlander (1980), Califano (1982), Campbell & Pongnoi (1978), Caspar (1975), Caulfeild & Saward (1882), Collingwood (1974, 1987, 1988), Connor (1983), Cordry & Cordry (1973), Day (1967), Deuss (1981), Donner & Schnebel (1913), Dudovikova (1986), Dussan de Reichel (1960), D'Harcourt (1930, 1934, 1960, 1962), Eisleb (1975), Engel (1963, 1966), Feick (1917), Feldman (1986), Feltham (1989), Flury von Bültzingslöwen (1955, 1955), Fox (1978), Fuhrman (1941), Gaitzsch (1986), Gibson & Mc Gurk (1977), Graumont (1945), Graumont & Hensel (1942), Graumont & Wenstrom (1948), Grieder (1986), Grieder et al. (1988), Grünberg (1967), Hald (1950, 1975, 1980), Hundt (1980), Hyslop & Bird (1985), Iklé (1963), Kaufmann (1980, 1986), Kent Peck (1957, 1983), Keppel (1984), Kidder & Guernsey (1921), King (1965), Kissel (1916), Koch-Grünberg (1923), Kroeber & Wallace (1954), La Baume (1955), Lamb (1984), Lamster (1926), Larsen

(1986), Lehmann (1908), Lothrop (1928), Mac Laren (1955), MacKenzie (1986), Mc Neish et al. (1967), Millán de Palavecino (1960), Miner (1936), Mooi (1974), Müller (1967), Museo Chileno (1989), Nachtigall (1955), Nordenskiöld (1919, 1920), Nordland (1961), Nylén (1969), Oezbel (1976), Oppenheim (1942), O'Neale (1942, 1945, 1986), O'Neale & Kroeber (1930), Prümers (1989, 1990), Ribeiro (1986), Riddell (1978), Riester (1971), Roth (1910, 1918, 1929), Rutt (1987), Sayer (1988), Schlabow (1976), Schuster (1989), Schuster (1976), Segal et al. (1973), Seiler-Baldinger (1981, 1987), Siewertsz van Reseema (1926), Signorini (1979), Sillitoe (1988), Speiser (1983), Taullard (1949), Tsunoyama (1980), Villegas & Rivera (1982), Vogt (1935, 1937), Walton (1989), West (1980), Wiedemann (1975), Willey & Corbett (1954), Wilson (1979), Zechlin (1966)

Ethnographie

Adovasio & Maslowski (1980), Albers (1965), Amsden (1934), Anderson (1978), Aretz (1977, 1979), Baer (1972), Bahr (1983), Ball (1924), Bel & Ricard (1913), Bianchi et al. (1982), Biebuyck (1984), Bolinder (1925), Borgatti (1983), Boulay (1990), Brigham (1908), Brügger (1947), Buck (1944, 1957), Bühler-Oppenheim (1945), Burch (1984), Califano (1982), Câmara Cascudo, da (1959), Campbell & Pongnoi (1978), Cannizzo (1969), Cardale de Schrimpff (1972, 1977), Caspar (1975), Chaumeil (1987), Collingwood (1987, 1988), Connor (1983), Cordry & Cordry (1941, 1973), Crawford (1981), Davidson (1933, 1935), Dendel (1974), Deuss (1981), Dickey (1964), Drucker et al. (1969), Duby & Blom (1969), Dussan de Reichel (1960), D'Harcourt (1930), Ekpo (1978), Emery & Fiske (1977), Espejel & Català Roca (1978), Feick (1917), Fejos (1943), Feltham (1989), Femenias (1988), Fischer & Shah (1970, 1970), Foster (1969), Fowler & Matley (1979), Fox (1978), Frame (1983, 1989), Gayton (1948), Gibson & Mc Gurk (1977), Gifford (1931-33), Gowd (1965), Gräbner (1909, 1913), Grünberg (1967), Guhr & Neumann (1982), Guiart (1945), Haas (1970), Haberland (1963), Hammel & Haase (1962), Hauser-Schäublin (1989), Heermann (1989), Heizer (1987), Henking (1955), Hinderling (1965), Houwald, von (1990), Izikowitz (1932), Kaufmann (1980, 1986), Kelly & Fowler (1986), Kemp (1984), Keppel (1984), Kissel (1916), Koch (1969), Koch-Grünberg (1923), Kooijman (1959), Lamb (1984), Lamster (1926), Lane (1952), Lantis (1984), Lehmann (1907, 1908), Leib & Romano (1984), Lips (1947), Littlefield (1976), Lothrop (1928), MacKenzie (1986), Malkin (1974), Müller (1967), Nachtigall (1955), Nordenskiöld (1919, 1920), Oezbel (1967, 1976), Ortiz (1979, 1983), Ottenberg & Knudsen (1985), Ovalle Fernandez (1982), O'Neale (1945, 1986), Radin (1906), Reichel-Dolmatoff (1946), Ribeiro (1980, 1985, 1986, 1986, 1988), Riddell (1978), Riester (1971, 1972), Rogers (1967), Rogers & Smith (1981), Roth (1910, 1918, 1929), Rutt (1987), Rydén (1935), Saraf (1987), Saugy de Kliauga (1984), Sayer (1985, 1988), Schevill (1986), Schultz (1963), Schuster (1989), Schuster (1976), Seiler-Bal-

dinger (1968, 1971, 1974, 1977, 1981, 1987), Sieber (1987), Signorini (1979), Sillitoe (1988), Singer Wieder (1935), Stokes (1906), Susnik (1986), Taullard (1949), Van Gennep (1909), Venegas (1956), Villegas & Rivera (1982), Von Bayern (1908), Vreeland (1974), Vrydagh (1977), Waite (1987), Wallace (1978), Washburn & Crowe (1988), Weisswange (1966), Weitlaner-Johnson (1977), Weitlaner-Johnson & Mac Dougall (1966), West (1980), Wiedemann (1975, 1979), Wilson (1979), Wirz (1934), Yde (1965), Zerries & Schuster (1974)

Volkskunde

Albers (1965), Apostolaki (1956), Aretz (1972, 1977), Ashley (1977, 1986), Collin (1917), Csernyánsky (1962), Dahl (1987), Dudovikova (1986), Eaton (1937), Haberlandt (1912), Hald (1945), Heikinmäki (1970), Kurrick (1932), Müller (1948), Nixdorff (1977), Nordland (1961), Nylén (1969), Pearson's (1984), Pocius (1979), Rutt (1987), Schinnerer (1897), Schneider (1975), Strömberg & Arbman (1934), Upitis (1981), Václavík (1956), Václavík & Orel (o.J.), Wilson (1979)

Archäologie

Adovasio & Maslowski (1980), Albers (1965), Alfaro Giner (1984), Amano & Tsunoyama (1979), Anton (1984), Bellinger (1954), Bird (1952), Bird & Bellinger (1954), Bird & Mahler (1952), Bird et al. (1981), Bluhm (1952), Bluhm & Grange (1952), Bollinger (1983), Broholm & Hald (1948), Bültzingslöwen, von & Lehmann (1951), Cardale de Schrimpff (1978, 1987), Clements-Scholtz (1975), Collingwood (1974), Conklin (1975), Cortes Moreno (1987), Dickey (1964), D'Harcourt (1934, 1952, 1962, 1974), Eisleb (1975), Engel (1960, 1963, 1966), Feldman (1986), Feltham (1989), Frame (1990), Fuhrman (1941), Gaitzsch (1986), Grieder (1986), Grieder et al. (1988), Hald (1950, 1980), Harner (1979), Holmes (1884, 1896), Hundt (1980), Hyslop & Bird (1985), Izikowitz (1932), Jaques (1968), Kent Peck (1957, 1983), Kidder & Guernsey (1919, 1921), King (1962, 1965, 1979), Kroeber (1944), Kroeber & Wallace (1954), Lautz (1982), Lehmann & Bültzingslöwen von (1954), Levillier (1928), Lindberg (1964), Lynch (1980), Martin et al. (1954), Mc Neish et al. (1967), Millán de Palavecino (1960), Museo Chileno (1989), Ortiz (1979), O'Neale (1934, 1942), O'Neale & Bacon (1949), O'Neale & Kroeber (1930), Petrucci (1982), Prümers (1983, 1989, 1990), Rast (1990, 1991), Rau (1884), Reindel (1987), Rolandi (1971, 1985), Rutt (1987), Schinnerer (1891), Schlabow (1976, 1983), Schoch (1985), Segal et al. (1973), Seiler-Baldinger (1971), Siewertsz van Reseema (1926), Silva Celis (1978), Singer (1947), Singer Wieder (1936), Spahni (1967), Steffensen (1975, 1978, 1978), Steward (1937), Taullard (1949), Taylor (1966), Tidow (1982), Ulloa (1985), Van Stan (1964), Vogt (1937), Vreeland (1974), Walton (1989), Washburn & Crowe (1988), Wassén (1972), Whitford (1943), Willey & Corbett (1954), Wilson (1979)

Sammlungsbeschreibungen

Amano & Tsunoyama (1979), Anderson (1978), Bird (1965), Borgatti (1983), Boulay (1990), Eisleb (1975), Femenias (1988), Fowler & Matley (1979), Frame (1990), Grünberg (1967), Guhr & Neumann (1982), Gyula (1984), Hauser-Schäublin (1989), Heermann (1989), Iklé (1935), Iklé & Vogt (1935), Jaques (1968), Museo Chileno (1989), Nixdorff (1977), Petrucci (1982), Riester (1971), Schlabow (1976), Schmedding (1978), Schneider (1975), Seiler-Baldinger (1987), Tsunoyama (1980), Waite (1987)

Arbeitsanleitungen

Belash (1936), Belen (1952), Burgess (1981), Cahlander (1980), Caulfeild & Saward (1882), Chamberlain & Crookelt (1974), Collingwood (1974), De Leon (1978), Dendel (1974), Dillmont, de (o.J.), Donner & Schnebel (1913), Floses (1960), Hald (1975), Hartung (1963), Hochfelden (o.J.), Lammèr (1975), Liebert (1916), Mooi (1974), Phillips (1971), Schachenmayr (1934), Speiser (1983), Steffensen (1975, 1978, 1978), Steven (1950), Strömberg & Arbman (1934), Thomas (1972, 1972), Tiesler (1980), Upitis (1981), Weldon's Encyclopaedia (o.J.), Zechlin (1966)

Filme

Baer (1972), Kaufmann (1980), Koch (1969), Schultz (1963), Weisswange (1966)

Allgemeines, Historisches

Ferchion (1971), Glassmann (1935), Kiewe (1967), Oezbel (1981), Oka (1982), Rogers (1967), Schuette (1963), Seiler-Baldinger (1986), Singer Wieder (1937), Stirling (1938), Thomas (1926, 1936), Wehmeyer (1949)

Literatur zum Flechten

Systematik

Balfet (1952, 1957, 1986), Brügger (1947), Bühler & Bühler-Oppenheim (1948), Bühler-Oppenheim (1947), Burnham (1980), Cahlander (1980), Collingwood (1968), Connor (1983), Crowfoot (1954), Davidson (1933), Emery (1955, 1966), Harvey (1976), Larsen (1986), Leroi-Gourhan (1943), Mason (1902), Müller (1967), Museo Etnográfico Barcelona (1976), Oppenheim (1942), Quick & Stein (1982), Ribeiro (1985, 1986, 1986), Seiler-Baldinger (1979)

Analyse

Adovasio (1977), Ahlbrinck (1925), Albers (1965), American Indian Basketry Magazine (1979), Amsden (1934), Anonym (1957), Arbeit (1990), Bahr (1983), Balfet (1986), Barkow (1983), Bel & Ricard (1913), Belen (1952), Bianchi et al. (1982), Biebuyck (1984), Bird & Bellinger (1954), Bluhm (1952), Brauns & Löffler (1986), Brigham (1974), Brommer et al. (1988), Broudy (1979), Brügger (1947), Buck (1944, 1957), Bühler et

al. (1972), Burnham (1980), Cahlander (1980), Cahlander & Cason (1976), Califano (1982), Campbell & Pongnoi (1978), Caspar (1975), Caulfeild & Saward (1882), Collings (1987), Collingwood (1987, 1988), Colyer Ross (1989), Connor (1983), Cordry & Cordry (1973), Corey (1987), Cornet (1982), Corrie Newman (1985), Crowfoot (1954), Detering (1962), Disselhoff (1981), Donner & Schnebel (1913), Douglas (1935), D'Harcourt (1934, 1940, 1960, 1962), Eisleb (1975), Elsasser (1978), Engel (1963), Etienne-Nugue (1985), Farke (1986), Feldman & Rubinstein (1986), Fenelon-Costa & Malhano (1986), Fernandez Distel (1983), Flemming (1923), Fox (1978), Freyvogel (1959), Furger & Hartmann (1983), Gaitzsch (1986), Gass & Lozado (1985), Geijer (1979), Grant (1954), Green Gigli et al. (1974), Grieder et al. (1988), Grünberg (1967), Guss (1989), Häberlin (1907), Haeberlin & Teit (1928), Hald (1950, 1962, 1975), Harvey (1976, 1986), Heissig & Müller (1989), Henshall (1950), Hissink & Hahn (1984, 1989), Hodges (1965), Hugger (1967), Hundt (1969, 1980), Jager-Gerlings (1952), Jasper & Pirngadie (1912-16), Jones (1983), Kaudern (1935), Kelly (1932), Kent Peck (1954, 1957, 1983), Keppel (1984), Kidder & Guernsey (1921), King (1965), Kissel (1916), Koch-Grünberg (1923), Kogan (1985), Kok (1979), Kuhn (1980), Lamster (1926), Lane (1981), Lane (1986), Larsen (1986), Lehmann (1912), Leigh-Theisen (1988), Leontidi (1986), Lewis & Lewis (1984), Lismer (1941), Lothrop (1928), Lothrop & Mahler (1957), Mantuba-Ngoma (o.J.), Marková (1962), Martin (1986), Mason (1890, 1901, 1901, 1904, 1907, 1908), Mc Clellan & Denniston (1981), Mc Lendon & Holland (1979), Mc Neish et al. (1967), Meyers & Co. (o.J.), Miner (1936), Mooi (1974), Müller (1967), Nabholz-Kartaschoff (1986), Nachtigall (1955), Newman (1974, 1977), Nixdorff (1977), Nordenskiöld (1919, 1920, 1924), Oppenheim (1942), O'Neale (1942, 1945, 1946, 1986), O'Neale & Kroeber (1937), Paulis (1923), Pendergast (1982, 1987), Pestalozzianum (1990), Petersen (1963), Pownall (1976), Prümers (1989, 1990), Quick & Stein (1982), Ranjan & Yier (1986), Rendall & Tuohy (1974), Ribeiro (1980, 1985, 1986), Riddell (1978), Riester (1971), Rodel (1949), Roquette-Pinto (1954), Roth (1910, 1918, 1929), Rydén (1955), Sahashi (1988), Schaar & Delz (1983), Schier (1951), Schlabow (1976), Schmidt (1905), Schneider (1988), Schuster (1976), Seiler-Baldinger (1987), Sillitoe (1988), Speiser (1983), Sylwan (1941), Tanner (1968), Tiesler (1980), Turnbaugh & Turnbaugh (1986), Underhill (1945, 1948), Valonen (1952), Villegas & Rivera (1982), Vogt (1937), Walton (1989), Widmer (o.J.), Wiedemann (1975), Wilbert (1975), Will (1978), Willey & Corbett (1954), Zechlin (1966), Zerries (1980), Zorn (1980)

Ethnographie

Adams (1989), Adovasio & Maslowski (1980), Ahlbrinck (1925), Albers (1965), All India Handicrafts Board (o.J.), Alvarez de Williams (1983), American Indian Basketry Magazine (1979), Amsden (1934), Anderson (1978), Anonym (1964, 1990), Arbeit (1990),

Aretz (1977), Ashabranner & Ashabranner (1981), Ave & King (1986), Baer (1960, 1973, 1977), Bahr (1983), Balbino Camposeco (1983), Balfet (1986), Barrett (1905, 1908), Bates (1982), Bel & Ricard (1913), Berin (1978), Bianchi et al. (1982), Biebuyck (1984), Blackwood (1950), Bliss (1982), Bolinder (1925), Boulay (1990), Branford (1984), Brasser (1975), Brauns & Löffler (1986), Brigham (1906, 1908), Brügger (1947), Buck (1944, 1950, 1957), Burnham (1977), Cahlander & Cason (1976), Califano (1982), Campbell & Pongnoi (1978), Cannizzo (1969), Cardale de Schrimpff (1972, 1977), Caspar (1975), Cervellino (1979), Chattopadhyaya (1976), Chaumeil (1987), Cocco (1972), Collings (1987), Collingwood (1987, 1988), Connor (1983), Cordry & Cordry (1973), Corey (1987), Cornet (1982), Corrie Newman (1985), Crawford (1981), Danneil (1901), Das (1979), Davidson (1933), Delawarde (1967), Dendel (1974), Desrosiers (1982), Detering (1962), Devassy (1964), Dhamija (1966, 1970), Douglas (1935, 1937, 1940), Douglas & D'Harcourt (1941), Drucker et al. (1969), Dürr (1978), Dunsmore (1985), Dusenbury (1983), D'Azevedo (1986), D'Harcourt (1940, 1948), Ellis & Walpole (1959), Ellis (1980), Elsasser (1978), Emmons (1903), Engelbrecht (1986), Espejel & Català Roca (1978), Etienne-Nugue (1982, 1982, 1984, 1985), Farrand (1975), Fejos (1943), Feldman & Rubinstein (1986), Fenelon-Costa & Malhano (1986), Fernandez Distel (1983), Fischer & Mahapatra (1980), Forde (1931), Foss (1978), Fowler (1989), Fowler & Dawson (1986), Fowler & Matley (1979), Fox (1978), Frame (1989), Freyvogel (1959), Gass & Lozado (1985), Geary (1987), Gettys (1984), Gifford (1931-33), Gluck & Gluck (1974), Goddard (1931, 1934), Goggin (1949), Gowd (1965), Gräbner (1909, 1913), Green Gigli et al. (1974), Grosset (1978), Grünberg (1967), Guhr & Neumann (1982), Guss (1989), Haas (1970), Haberland (1963), Haberland (1979), Haeberlin & Teit (1928), Hald (1962), Hames (1976), Hartmann (1966, 1971, 1972), Harvey & Kelly (1969), Hauser-Schäublin (1989), Heathcote (1976), Heermann (1989), Heissig & Müller (1989), Heizer (1987), Henking (1957), Henley & Mattei-Muller (1978), Henninger (1971), Herle (1990), Herzog (1985), Higuera (1987), Hissink & Hahn (1984, 1989), Hobi (1982), Hodge (1982), Holm & Reid (1975), Holter (1983), Houlihan et al. (1987), Houwald, von (1990), Idiens (1990), Jager-Gerlings (1952), James (1903), Jensen (1971), Jones (1983), Jones (o.J.), Kasten (1990), Kaudern (1935), Keller (1988), Kelly (1930, 1932), Kelly & Fowler (1986), Kenagy et al. (1987), Kensinger (1975), Keppel (1984), Kissel (1916), Klausen (1957), Koch (1961, 1969, 1969), Koch & König (1956), Koch-Grünberg (1909, 1923), Kogan (1985), Kooijman (1959), Kremser & Westhart (1986), Kroeber (1905), Krucker (1941), Kuhn (1980), Kussmaul & Snoy (1980), La Pierre (1984), Lambrecht (1981), Lamster (1926), Lane (1981), Lane (1986), Lantis (1984, 1984), Lehmann (1907, 1912), Leigh & Kerajinan (1989), Leigh-Theisen (1988), Levinsohn (1979, 1980, 1983), Lewis & Lewis (1984), Linden-Museum (1989), Lippuner (1981), Lips (1947), Lismer (1941), Loebèr (1902,

1909, 1914, 1916), Lothrop (1928), Lumholtz (1904), Luz & Schlenker (1974), Lyford (1943), Malkin (1975, 1975, 1975, 1976), Manrique (1969), Mantuba-Ngoma (o.J.), Mapelli Mozzi & Castello Yturbide (1987), Martin (1986), Mason (1912), Mason (1890, 1900, 1904, 1908), Mathews (1983), Matsumoto (1984), Matthews (1894), Mauldin (1977), Mc Clellan & Denniston (1981), Mc Lendon (1981), Mc Lendon & Holland (1979), Melo Taveira (1980), Métraux (1928), Miles & Bovis (1977), Moore (1989), Morrison (1982), Mowat (1989), Müller (1967), Mukharji (1888), Munan (1989), Nabholz-Kartaschoff (1986), Nachtigall (1955), Navajo School of Indian Basketry (1949), Nettinga Arnheim (1977), Nevermann (1960), Newman (1974, 1977), Newton (1981), Nieuwenhuis (1913), Nordenskiöld (1919, 1920, 1924), Ortiz (1979, 1983), Ottovar & Munch-Petersen (1980), Ovalle Fernandez (1982), O'Neale (1932, 1945, 1946, 1986), Palm (1958), Paul (1944), Pelletier (1982), Pendergast (1982, 1987), Pérez de Micou (1984), Petersen (1963), Porter (1988), Pownall (1976), Quick & Stein (1982), Ranjan & Yier (1986), Ray (1984), Reichel-Dolmatoff (1960, 1985), Rendall & Tuohy (1974), Ribeiro (1978, 1980, 1980, 1982, 1982, 1984, 1985, 1985, 1986, 1986, 1986, 1988, 1988, 1989), Richman (1980), Riddell (1978), Riester (1971, 1972), Roberts (1929), Roessel (1983), Rogers & Leacock (1981), Rogers & Smith (1981), Rohrer (1928), Ronge (1982), Roquette-Pinto (1954), Rossbach (1973), Rossie & Claus (1983), Roth (1910, 1918, 1929), Sahashi (1988), Sanoja-Obediente (1960, 1961), Saraf (1987), Sayer (1985), Schindler (1990), Schlesier (1967), Schmidt (1905), Schneebaum (1985), Schneider (1988), Scholz (1967, 1968, 1968), Schultz (1963-65, 1965), Schultz (1981), Schulze-Thulin (1989), Schuster (1962, 1976), Schuster & Schuster (1980, 1981), Schweeger-Hefel (1973/74, 1973/74), Sedlak (1987), Seiler-Baldinger (1987), Sibeth (1990), Sieber (1972, 1981), Signi (1988), Sillitoe (1988), Smith (1978), Solyom & Solyom (1984), Speiser (1925), Speiser (1972, 1985), Spencer (1984), Staub (1936), Streiff (1967), Susnik (1986), Suttles (1990), Swartz (1958), Tada (1986), Tanner (1968, 1982, 1983), Taylor & Moore (1948), Taylor (1984), Torres (1980), Trigger (1978), Trivedi (1961), Trupp (1980), Tschopik (1940), Turnbaugh & Turnbaugh (1986), Underhill (1941, 1941, 1945, 1948), Uplegger (1969), Valentin (1970), Vanstone (1984), Vasco Uribe (1987), Verma (1961), Verswijver (1983), Villegas & Rivera (1982), Wagner (1949), Waite (1987), Wallace (1978), Wardle (1912), Washburn & Crowe (1988), Weber (1986), Weiner & Schneider (1989), Weir (1989), Wells (1982), Weltfish (1930, 1930), Westphal-Hellbusch (1980), Whiteford (1988), Wiedemann (1975), Wilbert (1975), Willoughby (1905), Woolley (1929, 1932), Wright (1977), Yamamoto (1986), Yde (1965), Yoffe (1978), Zaldivar (1982), Zerries (1974, 1980), Zerries & Schuster (1974), Zigmond (1986), Zorn (1980)

Volkskunde

Abadia Morales (1983), Aguirre (o.J.), Albers (1965), Anonym (1928, 1957, 1985, 1985), Aretz (1972, 1977), Ashley (1977, 1986), Bianconi (1965), Burnham (1977), Csernyánsky (1962), Dahl (1987), Eaton (1937), Eddy (1989), Efthymiou-Chatzilakou (1980), Flemming (1923), Frantisek (1960), Freeman (1958), Gabric (1962), Gandert (1963), Gusic (1955), Haberlandt (1912), Häberlin (1907), Herzog (1985), Horvàth & Werder (1978), Hugger (1967), Kuhar (1970), Kurrick (1932), Leontidi (1986), Linden-Museum (1989), Lippuner (1981), Marková (1962), Martin (1984), Meyers & Co. (o.J.), Meyer-Heisig (1956), Müller (1948), Munksgaard (1980), Musée d'Art (1984), Nixdorff (1977, 1977), Nordiska Museet (1984), Palotay (o.J.), Paulis (1923), Pelanzy & Català (1978), Pellaton-Chable (1987), Petrasch (1970), Reichelt (1956), Rodel (1949), Rosengarten (1986), Rossbach (1973), Schier (1951), Schier & Simon (1975), Schneider (1975), Seeberger (1987), Sonderausstellung des Steirischen Bauernmuseums (1976), Suter (1978), Teleki (1975), Tucci (1963), Václavík (1956), Valonen (1952), Weber (1979), Weiner & Schneider (1989), Will (1978), Wright (1977)

Archäologie

Adovasio (1977, 1980, 1986), Adovasio & Maslowski (1980), Albers (1965), Alfaro Giner (1984), Bedaux & Bolland (1989), Bird & Bellinger (1954), Bird et al. (1981), Bluhm (1952), Brommer et al. (1988), Brown (1981), Cardale de Schrimpff (1978, 1987), Cardale de Schrimpff & Falchetti de Sáenz (1980), Clements-Scholtz (1975), Csalog (1965), Dawson (1979), Dellinger (1936), Disselhoff (1967, 1981), D'Azevedo (1986), D'Harcourt (1934, 1948, 1948, 1962, 1974), Egloff (1984), Eisleb (1975), Engel (1960, 1963), Feldtkeller & Schlichterle (1987), Forbes (1956), Furger & Hartmann (1983), Gaitzsch (1986), Geijer (1938), Grant (1954), Grieder et al. (1988), Hald (1950), Harner (1979), Harvey (1975), Henshall (1950), Holmes (1889), Hundt (1969, 1980), Kent Peck (1954, 1957, 1983), Kidder & Guernsey (1919, 1921), King (1965, 1979), Kroeber (1937, 1944), Lambert & Ambler (1961), Lapiner (1976), Laurencich-Minelli & Ciruzzi (1981), Lavalle, de & Lang (1980), Lothrop & Mahler (1957), Loud & Harrington (1929), Lucas (1948), Lynch (1980), Martin et al. (1954), Massey & Osborne (1961), Mc Neish et al. (1967), Meyer (1987), Millán de Palavecino (1957, 1966), Mohr & Sample (1955), Morris (1975), Ortiz (1979), O'Neale (1942), O'Neale & Bacon (1949), Perini (1990), Pestalozzianum (1990), Petrucci (1982), Plazas de Nieto (1987), Prümers (1989, 1990), Rast (1990, 1991), Rolandi (1981, 1985), Rydén (1955), Schaar & Delz (1983), Schlabow (1976), Schulze-Thulin (1989), Seipel (1989), Singer et al. (1954-57), Spahni (1967), Steward (1937), Sylwan (1941), Taylor (1966), Turnbaugh & Turnbaugh (1986), Ulloa (1985), Van Stan (1959), Vogt (1937), Walton (1989), Washburn & Crowe (1988), Wassén (1972), Weiner & Schneider (1989), Weitlaner-Johnson (1971), Weltfish (1930, 1932), Whitford (1943), Willey & Corbett (1954)

Sammlungsbeschreibungen

Aguirre (o.J.), American Indian Basketry Magazine (1979), Anderson (1978), Anonym (1964), Boulay (1990), Branford (1984), Brommer et al. (1988), Bühler et al. (1972), Corey (1987), Dürr (1978), Eisleb (1975), Fowler & Matley (1979), Genoud (1981), Grünberg (1967), Guhr & Neumann (1982), Gusic (1955), Hartmann (1952), Hauser-Schäublin (1989), Heathcote (1976), Heermann (1989), Hobi (1982), Iklé (1935), Iklé & Vogt (1935), Kahlenberg (1976), Kundegraber (1976), Laurencich-Minelli & Ciruzzi (1981), Lavalle, de & Lang (1980), Linden-Museum (1989), Mapelli Mozzi & Castello Yturbide (1987), Meyer (1987), Museum für Völkerkunde Basel (1970), Nixdorff (1977), Okada (1958), Petrucci (1982), Rabineau (1975), Riester (1971), Schlabow (1976), Schneider (1975), Schulze-Thulin (1989), Seiler-Baldinger (1987), Signi (1988), Start (1948), Sonderausstellung des Steirischen Bauernmuseums (1976), Streiff (1967), Tenri Sankokan Museum (1981), Verswijver (1983), Waite (1987), Weber (1986), Zerries (1980)

Arbeitsanleitungen

American Indian Basketry Magazine (1979), Anonym (1964), Anquetil (1979), Arbeit (1990), Atwater (1976), Barker (1973), Barkow (1983), Barnes & Blake (1976), Belash (1936), Belen (1952), Blanchard (1937), Brotherton (1977), Burgess (1981), Cahlander (1980), Cahlander & Cason (1976), Caulfeild & Saward (1882), Chamberlain & Crookelt (1974), Churcher & Gloor (1986), Corrie Newman (1985), De Leon (1978), Dendel (1974), Dillmont, de (o.J., 1902, 1910), Donner & Schnebel (1913), Finckh-Haelsing (o.J.), Floses (1960), Gallinger-Tod & Benson (1975), Georgens & Von Gayette Georgens (o.J.), Glashauser & Westfall (1976), Hald (1975), Hartung (1963), Heinze (1969), Huber & Stöcklin (1977), Kunz (1980), La Plantz (1982), Lammèr (1975), Martin (1986), Mas (1978), Mooi (1974), Navajo School of Indian Basketry (1949), Osornio Lopez (1938), Pestalozzianum (1990), Pownall (1976), Speiser (1983), Thümmel (o.J.), Tiesler (1980), Voshage (1910), Widmer (o.J.), Will (1978), Wright (1977), Zechlin (1966), Zorn (1980), Zschorsch & Wallach (1923)

Filme

Baer (1973, 1977), Hugger (1967), Koch (1969, 1969), Kussmaul & Snoy (1980), Luz & Schlenker (1974), Malkin (1975, 1975, 1975, 1976), Schier & Simon (1975), Schlesier (1967), Scholz (1967, 1968, 1968), Schultz (1963-65, 1965), Schultz (1981), Schuster (1962), Schuster & Schuster (1980, 1981), Schweeger-Hefel (1973/74), Suter (1978), Trupp (1980), Zerries (1974)

Allgemeines, Historisches

Chattopadhyaya (1976), Douglas & D'Harcourt (1941), Kelsey & Osborne, de Jongh (1939), Kok (1979), Laufer (1925), Lübke (1969), Müller & Brendler (1958), Nevermann (1960), Oka (1982), Okada (1958), Schneebaum (1985), Schuette (1963), Seiler-Baldinger (1986), Underhill (1941, 1941), Wirz (1955)

Literatur zu Kettenstoffen

Systematik

Bühler (1938), Bühler & Bühler-Oppenheim (1948), Burnham (1980), Cahlander (1980), Collingwood (1964, 1968, 1974), Crowfoot (1954), Emery (1966), Larsen (1986), Leroi-Gourhan (1943), Oppenheim (1942), Ribeiro (1986), Seiler-Baldinger (1979), Tanavoli (1985), Vogt (1935)

Analyse

Acar (1975), Acar (1983), Albers (1965), Amano & Tsunoyama (1979), Anton (1984), Azadi & Andrews (1985), Bergman (1975), Bird (1979), Bird & Bellinger (1954), Bird & Skinner-Dimitrijevic (1974), Birrel (1959), Bolland (1989), Broholm & Hald (1935), Broudy (1979), Burnham (1980), Cahlander (1980), Caspar (1975), Castle (1977), Caulfeild & Saward (1882), Collingwood (1974), Crawford (1915-16), Crowfoot (1985), Crowfoot (1977), Crowfoot (1954), Disselhoff (1981), Dombrowski (1976), Dombrowski & Pfluger-Schindlbeck (1988), D'Harcourt (1934, 1960, 1962), Eiland (1979), Emmons & Boas (1907), Engel (1963), Farke (1986), Feldman (1986), Feltham (1989), Fernandez Distel (1983), Frame (1981, 1986), Fraser-Lu (1988), Gervers (1977), Gittinger (1971, 1989), Grieder (1986), Grieder et al. (1988), Haebler (1919), Hald (1950), Hecht (1989), Hissink & Hahn (1984, 1989), Hodges (1965), Hyslop & Bird (1985), Kent Peck (1954, 1957), King (1965), Koch-Grünberg (1923), Konieczny (1979), La Baume (1955), Landreau & Pickering (1969), Larsen (1986), Lothrop & Mahler (1957), Mc Neish et al. (1967), Mead (1968), Millán de Palavecino (1960), Mirambell & Martínez (1986), Nabholz-Kartaschoff (1979), Nabholz-Kartaschoff & Näf (1980), Nevermann (1932, 1938), Nooteboom (1948), Nordenskiöld (1919, 1920, 1924), Oppenheim (1942), O'Neale (1942, 1945), O'Neale & Kroeber (1937), Pendergast (1987), Pestalozzianum (1990), Pownall (1976), Prümers (1989), Reath & Sachs (1937), Reswick (1985), Ribeiro (1986, 1986), Riester (1971), Rodee (1987), Roquette-Pinto (1954), Roth (1910, 1918), Rowe (1984), Rutt (1987), Sayer (1988), Schaar & Delz (1983), Schlabow (1976), Schmidt (1905), Schuster (1976), Siewertsz van Reesema (o.J.), Sillitoe (1988), Skinner (1986), Smith (1975), Speiser (1974, 1983), Stoltz Gilfoy (1987), Sylwan (1941), Tanavoli (1985), Tanner (1968), Tattersall (1927), Taullard (1949), Topham (1981), Treiber-Netoliczka (1970), Tsunoyama (1980), Ullemeyer & Tidow (1973), Underhill (1948), Villegas & Rivera (1982), Vogt (1935, 1937), Weitlaner-Johnson (1950, 1976), Wertime (1979), Willey & Corbett (1954), Willoughby (1910), Wilson (1979), Ziemba & Abdulkadir (1979)

Ethnographie

Acar (1983), Adovasio & Maslowski (1980), Albers (1965), Amar & Littleton (1981), Anderson (1978), Aretz (1977), Azadi & Andrews (1985), Baer (1960), Barrow (1962), Bidder (1964), Bighorse & Bennett (1978), Bird (1979), Bolland (1989), Brandford (1977), Buck (1911, 1924), Câmara Cascudo, da (1959), Cardale de Schrimpff (1972, 1977), Caspar (1975), Chantreaux (1946), Cocco (1972), Crowfoot (1943), Danneil (1901), Deuss (1981), Dombrowski (1976), Dombrowski & Pfluger-Schindlbeck (1988), Duby & Blom (1969), Feltham (1989), Fernandez Distel (1983), Fischer & Shah (1970, 1970), Forelli & Harries (1977), Fraser-Lu (1988), Gayton (1948), Gervers (1977), Gittinger (1971, 1975, 1989), Grosset (1978), Grossmann (1955), Haberland (1979), Haebler (1919), Hartmann (1972), Hecht (1989), Heizer (1987), Henking (1957), Herzog (1985), Hissink & Hahn (1984, 1989), Holm & Reid (1975), Indianapolis Museum of Art (1976), James (1971, 1974), Kaeppler (1978), Kahlenberg & Berlant (1976), Kaufmann (1989), Kenagy et al. (1987), Kent Peck (1940, 1961), Kidder (1935), King (1977), Kissel (1928), Koch-Grünberg (1923), Konieczny (1979), Kooijman (1959), Landreau (1973, 1978), Landreau & Pickering (1969), Landreau & Yoke (1983), Lindblom (1928), Lyford (1943), Mead (1945), Mead (1968, 1969), Miller (1988), Moschner (1955), Nabholz-Kartaschoff (1979), Nestor (1987), Nevermann (1938), Newton (1974), Nooteboom (1948), Nordenskiöld (1919, 1920, 1924), Ottaviano de (1974), O'Neale (1945), Pendergast (1987), Pownall (1976), Reichel-Dolmatoff (1946), Reinhard (1974), Reswick (1985), Ribeiro (1978, 1980, 1983, 1985, 1986, 1986, 1989), Riester (1971, 1972), Rodee (1987), Rogers (1983), Roquette-Pinto (1954), Roth (1910, 1918), Rowe (1977), Rutt (1987), Samuel (1982), Sanoja-Obediente (1961), Sayer (1985, 1988), Schmidt (1905), Scholz (1967), Schultz (1963, 1964), Schulze-Thulin (1989), Schuster (1962, 1962, 1976), Signi (1988), Sillitoe (1988), Smith (1975), Stoltz Gilfoy (1987), Susnik (1986), Suttles (1990), Tanavoli (1985), Tanner (1968), Taullard (1949), Topham (1981), Underhill (1948), Villegas & Rivera (1982), Vreeland (1974), Washburn & Crowe (1988), Weitlaner-Johnson (1950, 1956, 1976, 1977), Wertime (1979), Wheat (1977), Wiedemann (1979), Willoughby (1910), Wilson (1979), Zerries & Schuster (1974), Ziemba & Abdulkadir (1979)

Volkskunde

Albers (1965), Aretz (1972, 1977), Collin (1924), Dahrenberg (1936), Gabric (1962), Gervers (1977), Herzog (1985), Meyer-Heisig (1956), Millán de Palavecino (1952), Nixdorff (1977), Palotay & Ferenc (1934), Plá (1990), Preysing (1987), Rutt (1987), Schneider (1975), Sheltman (1922), Smolková (1904), Tkalcic (1929), Treiber-Netoliczka (1970), Vuia (1914), Wilson (1979)

Archäologie

Adovasio & Maslowski (1980), Albers (1965), Alfaro Giner (1984), Amano & Tsunoyama (1979), Amsden (1932), Anton (1984), Beckwith (1959), Bedaux & Bolland (1989), Bennett & Bird (1960), Bergman (1975), Bird (1952), Bird & Bellinger (1954), Bird & Mahler (1952), Bird & Skinner-Dimitrijevic (1974), Bollinger (1983), Bourguet, du (1964), Broholm & Hald (1935, 1940, 1948), Cardale de Schrimpff (1977, 1987), Collin (1924), Collingwood (1974), Conklin (1971, 1975), Crowfoot (1985), Crowfoot (1977), Dahrenberg (1936), Dellinger (1936), Disselhoff (1967, 1981), Dwyer (1979), D'Harcourt (1934, 1962, 1974), Egger (1964), Eisleb (1964), Eisleb & Strelow (1965), Engel (1960, 1963), Feldman (1986), Feldtkeller & Schlichtherle (1987), Feltham (1989), Frame (1981, 1982, 1986), Garaventa (1979), Gazda et al. (1980), Geijer (1938), Gervers (1977), Grieder (1986), Grieder et al. (1988), Hald (1950), Hecht (1989), Heizer & Weitlaner-Johnson (1953), Hellervik (1977), Hoffmann & Burnham (1973), Hoffmann & Traetteberg (1959), Holmes (1889), Horn (1968), Hyslop & Bird (1985), Jenkins & Williams (1987), Kent Peck (1954, 1957), Kidder & Guernsey (1919), King (1965, 1968, 1969, 1983), King & Gardner (1981), Laurencich-Minelli & Ciruzzi (1981), Lehmann & Bültzingslöwen, von (1954), Lindberg (1964), Lothrop & Mahler (1957), Lynch (1980), Mc Neish et al. (1967), Means (1932), Millán de Palavecino (1960), Mirambell & Martínez (1986), Moseley & Barrett (1969), Nevermann (1932), O'Neale (1942), Pestalozzianum (1990), Peter (1976), Pfister (1934), Pittard (1946), Prümers (1983, 1989), Rast (1990, 1991), Rosenberg & Haidler (1980), Rowe (1972, 1977, 1979, 1984), Rutt (1987), Schaar & Delz (1983), Schinnerer (1891), Schlabow (1958, 1976, 1983), Schoch (1985), Schulze-Thulin (1989), Siewertsz van Reesema (o.J., 1920), Skinner (1986), Stone (1987), Sylwan (1941), Taullard (1949), Thurmann & Williams (1979), Tsunoyama (1966), Ullemeyer & Tidow (1973), Ulloa (1985), Van Stan (1964), Vogt (1937), Vreeland (1974, 1977), Washburn & Crowe (1988), Weitlaner-Johnson (1950, 1967, 1976), Wey (1990), Whitford (1943), Willey & Corbett (1954), Wilson (1979), Wyss (1990)

Sammlungsbeschreibungen

Amano & Tsunoyama (1979), Amar & Littleton (1981), Anderson (1978), Barten (1976), Boralevi & Faccioli (1986), Bourguet, du (1964), Egger (1964), Enderlein (1986), Landreau (1978), Landreau & Pickering (1969), Laurencich-Minelli & Ciruzzi (1981), Nixdorff (1977), Peter (1976), Preysing (1987), Ramos & Blasco (1976), Reath & Sachs (1937), Riester (1971), Schlabow (1976), Schneider (1975), Schürmann (o.J.), Schulze-Thulin (1989), Signi (1988), Stoltz Gilfoy (1987), Straka & Mackie (1978), Tattersall (1927), Tsunoyama (1966, 1980)

Arbeitsanleitungen

Atwater (1976), Bighorse & Bennett (1978), Cahlander (1980), Caulfield & Saward (1882), Collingwood

(1974), Dillmont, de (o.J.), Gerhardt-Wentzky (1984), Gerhardt-Wenzky (o.J.), Grostol (1932), Hartung (1963), Johnson (1949), Mead (1968), Niedner & Weber (1915), Nilsson (1928), Pestalozzianum (1990), Pownall (1976), Reijnders-Baas (1988), Smith (1975), Speiser (1974, 1983)

Filme

Scholz (1967), Schultz (1963), Schuster (1962, 1962)

Allgemeines, Historisches

Aga-Dglu (1941), Beattie (1971), Biggs (1983), Black (1985), Black & Loveless (1977), Boralevi & Faccioli (1986), Boyd (1974), Eiland (1979), Flint (1974), Gans-Ruedin (1971), Gazda et al. (1980), Horn (1968), Muthmann (1977), Schürmann (o.J.), Seiler-Baldinger (1986), Straka & Mackie (1978), Sylwan (1928), Victoria and Albert Museum (1931)

Literatur zur Wirkerei

Systematik

Burnham (1980), Emery (1966)

Analyse

Acar (1975), Acar (1983), Amano & Tsunoyama (1979), Amsden (1934), Baerlocher (1978, 1978), Bauspack (1983), Birrel (1959), Brommer et al. (1988), Burnham (1980), Collingwood (1987, 1988), Cootner (1981), Disselhoff (1981), Dombrowski & Pfluger-Schindlbeck (1988), Egloff (1976), Feltham (1989), Fisher & Bowen (1979), Fox (1978), Geijer (1979), Gervers (1977), Jager-Gerlings (1952), Justin (1980), Kahlenberg & Berlant (1976), King (1965), Kroeber & Wallace (1954), Kümpers (1961), Landreau & Pickering (1969), Lothrop & Mahler (1957), Means (1925), Mellaart & Hirsch (1989), Mirambell & Martínez (1986), Museo Chileno (1989), Nabholz-Kartaschoff & Näf (1980), Nevermann (1932), Nylén (1969), O'Neale & Kroeber (1930, 1937), Petsopoulos (1980), Prümers (1990), Ramos & Blasco (1977), Rapp & Stucky (1990), Reswick (1985), Schaar & Delz (1983), Segal et al. (1973), Taullard (1949), Van Stan (1958, 1967), Willey & Corbett (1954), Ziemba & Abdulkadir (1979)

Ethnographie

Acar (1983), Amar & Littleton (1981), Amsden (1934), Andrews (o.J.), Balbino Camposeco (1983), Blomberg (1988), Brandford (1977), Cohen (1982), Collingwood (1987, 1988), Dockstader (1978, 1987), Dombrowski & Pfluger-Schindlbeck (1988), Douglas & D'Harcourt (1941), Dutton (1961), Eggebrecht (1979), Feltham (1989), Fisher & Bowen (1979), Fox (1978), Frauenknecht & Frantz (1975), Frost (1977), Getzwiller (1984), Gisbert & Arze (1987), Gluck & Gluck (1974), Goetz (1952), Haegenbart (1982), Herrli (1985), Housego (1978), Jager-Gerlings (1952), James (1971, 1974), James (1988), Justin (1980), Kahlenberg &

Berlant (1972), Kenagy et al. (1987), Kent Peck (1961, 1985), Kiewe (1952), King (1977), Klingmüller & Münch (1989), Kümpers (1961), Landreau (1973, 1978), Landreau & Pickering (1969), Matsumoto (1984), Mellaart & Hirsch (1989), Montell (1925), Myers (1989), Osborne, de Jongh (1964), Payne Hatcher (1967), Pendelton (1974), Petsopoulos (1980), Philip Stoller (1977), Reichard (1936, 1974), Reinhard (1974), Renne (1986), Reswick (1981, 1985), Riboud (1989), Rodee (1977, 1981), Roessel (1983), Schevill (1986), Schulze-Thulin (1989), Segal Brandford (1977), Taullard (1949), Washburn & Crowe (1988), Wegner (1974), Weir (1976), Wells (1969), Wheat (1984), Whitaker (1986), Wiet (1935), Wissa (1972), Zick-Nissen (1968), Ziemba & Abdulkadir (1979)

Volkskunde

Egloff (1976), Geijer (1972), Hicks (1976), Klingmüller & Münch (1989), Millán de Palavecino (1957), Montell (1925), Nylén (1969), Petrasch (1970), Petrescu (1967), Vergara Wilson (1988)

Archäologie

Amano & Tsunoyama (1979), Baerlocher (1978, 1978), Bajinski & Tidhar (1980), Beckwith (1959), Bellinger (1952, 1954, 1962), Bird (1964), Bird et al. (1981), Bourguet, du (1964), Brommer et al. (1988), Cortes Moreno (1987), Coulin-Weibel (1952), Disselhoff (1967, 1981), D'Harcourt (1936), Egger (1964), Einstein (1922), Eisleb (1964), Feltham (1989), Flemming (1957), Forbes (1956), Frame (1990), Garaventa (1981), Gazda et al. (1980), Gervers (1977), Jaekel-Greifswald (1911-12), Jaques (1963), Kendrick (1922, 1924), King (1965), Krafft (1956), Kroeber & Wallace (1954), Lapiner (1976), Lavalle, de & Lang (1980), Lothrop & Mahler (1957), Maurer (1951), Means (1925, 1927, 1930), Mellaart & Hirsch (1989), Millán de Palavecino (1941), Mirambell & Martínez (1986), Murra (1962), Museo Chileno (1989), Nauerth (1978), Nevermann (1932), Oakland (1986), O'Neale (1933), O'Neale & Kroeber (1930), Peter (1976), Pleyte (1900), Prümers (1990), Ramos & Blasco (1977), Renner (1974, 1985), Renner-Volbach (1988), Riboud (1989), Rowe (1972, 1978, 1979), Rowe (1979), Sawyer (1963, 1966), Schaar & Delz (1983), Schmidt (1910, 1911), Schulze-Thulin (1989), Segal et al. (1973), Shurinova (1967), Stone (1987), Taullard (1949), Turner (1971), Van Stan (1958, 1961, 1964, 1964, 1967), Wace (1944, 1954), Washburn & Crowe (1988), Wassén (1972), Willey & Corbett (1954), Zaloscer (1962)

Sammlungsbeschreibungen

Amano & Tsunoyama (1979), Amar & Littleton (1981), Andrews (o.J.), Blomberg (1988), Boralevi & Faccioli (1986), Bourguet, du (1964), Brommer et al. (1988), Cerny (1975), Cootner (1981), Coulin-Weibel (1952), Egger (1964), Enderlein (1986), Flemming (1957), Frame (1990), Gruber (1990), Haegenbart (1982), Harmsen (1977), Herrli (1985), Jaques (1963), Kah-

lenberg & Berlant (1976), Kendrick (1924), Kiewe (1952), Landreau (1978), Landreau & Pickering (1969), Lavalle, de & Lang (1980), Means (1927), Museo Chileno (1989), Nauerth (1978), Peter (1976), Renne (1986), Renner (1974, 1985), Renner-Volbach (1988), Rodee (1977), Schulze-Thulin (1989), Van Stan (1967), Wace (1944), Zick-Nissen (1968)

Arbeitsanleitungen

Pendelton (1974), Reichard (1974)

Film

Egloff (1976)

Allgemeines, Historisches

Aga-Dglu (1941), Black (1985), Black & Loveless (1979), Boralevi & Faccioli (1986), Douglas & D'Harcourt (1941), Forman & Wasseff (1968), Frauenknecht & Frantz (1975), Gans-Ruedin (1971), Gazda et al. (1980), Gombos (1980), Hubel (1972), Jarry (1976), Kadow (1973), Muthmann (1977), Pianzola & Coffinet (1971), Sylwan (1928), Victoria and Albert Museum (1931)

Literatur zum Halbweben

Systematik

Bühler & Bühler-Oppenheim (1948), Bühler-Oppenheim (1947), Oppenheim (1942), Seiler-Baldinger (1979), Seiler-Baldinger & Ohnemus (1986)

Analyse

Brommer et al. (1988), Collingwood (1987, 1988), Kent Peck (1957, 1983), Lamb (1984), Nordenskiöld (1924), Oppenheim (1942), Schaar & Delz (1983)

Ethnographie

Cardale de Schrimpff (1972), Collingwood (1987, 1988), Desrosiers (1980), Dürr (1978, 1989), Lamb (1984), Ling Roth (1920), Nordenskiöld (1924), Ohnemus (1989), Schmidt (1907), Seiler-Baldinger & Ohnemus (1986), Simon (1989)

Archäologie

Brommer et al. (1988), Kent Peck (1957, 1983), Schaar & Delz (1983)

Sammlungsbeschreibungen

Brommer et al. (1988), Dürr (1978)

Filme

Ohnemus (1989), Simon (1989)

Literatur zum Weben

Systematik

Bühler (1938, 1943, 1972), Bühler & Bühler-Oppenheim (1948), Bühler-Oppenheim (1947), Burnham (1980), Collingwood (1968), Crowfoot (1954), Emery (1966), Larsen (1986), Leroi-Gourhan (1943), Ling Roth (1934), Oppenheim (1942), Praeger (1986), Ribeiro (1986, 1986), Rowe (1984), Schams (o.J.), Schnegelsberg (1971), Seiler-Baldinger (1979), Tanavoli (1985), Vial (1986)

Analyse

Albers (1952, 1965), Amano & Tsunoyama (1979), Amsden (1934), Anonym (1957), Anquetil (1977), Anton (1984), Aronson (1989), Baerlocher (1978), Barendse & Lobera (1987), Bel & Ricard (1913), Bellinger & Kühnel (1952), Bender-Jørgensen (1986), Bergman (1975), Bianchi et al. (1982), Bird & Bellinger (1954), Birrel (1959), Bluhm (1952), Bolland (1970, 1975, 1977, 1979), Boser-Sarivaxévanis (1972, 1972, 1975, 1980), Braulik (1900), Brauns & Löffler (1986), Brigham (1974), Broholm & Hald (1935), Brommer et al. (1988), Broudy (1979), Buck (1944), Bühler (1943), Bühler & Ramseyer-Gygi (1975), Bühler et al. (1972), Burnham (1977, 1980, 1981, 1986), Cahlander & Baizerman (1985), Cahlander & Cason (1976), Cahlander et al. (1978), Campbell & Pongnoi (1978), Castle (1977), Caulfeild & Saward (1882), Cheesman (1988), Chertudi & Nardi (1960, 1961), Christensen (1979), Claerhout & Bolland (1975), Collingwood (1982, 1987, 1988), Conklin (1979), Cootner (1981), Cordry & Cordry (1973), Cornet (1982), Crawford (1915-16), Crowfoot (1985), Crowfoot (1977), Crowfoot (1939, 1948/49, 1954), Desrosiers (1986), Deuss (1981), Disselhoff (1981), Dombrowski (1976), Dombrowski & Pfluger-Schindlbeck (1988), Donat (1899), Durand-Forest (1966), D'Harcourt (1934, 1960), Egloff (1976), Eisleb (1975), Ephraim (1904), Etienne-Nugue (1985), Farke (1986), Feldman & Rubinstein (1986), Feltham (1989), Fisher & Bowen (1979), Flemming (1923), Fox (1978), Franquemont (1983), Fraser-Lu (1988), Frey (1955), Furger & Hartmann (1983), Gallinger-Tod & Couch del Deo (1976), Geijer (1979, 1982), Gervers (1977), Gittinger (1971, 1989), Gordon (1980), Gräbner (1922), Grieder (1986), Grünberg (1967), Hagino & Stothert (1983), Hald (1950, 1980), Hansen (1990), Hecht (1989), Heissig & Müller (1989), Henshall (1950), Hentschel (1937), Hissink & Hahn (1984, 1989), Hodges (1965), Hoffmann (1964), Hundt (1969, 1980), Hyslop & Bird (1985), Innes (1959), Jager-Gerlings (1952), Jaques & Wencker (1967), Jasper & Pirngadie (1912-16), Jelmini & Clerc-Junier (1986), Johl (1924), Jongh, de (1985), Justin (1980), Kahlenberg & Berlant (1976), Kalter (1983), Kauffmann (1937), Kent Peck (1941, 1954, 1957), King (1965, 1979), Klein (1961), Knottenbelt (1983), Konieczny (1979), Koob (1979), Krishna (1966), Kroeber & Wallace (1954), Kümpers (1961), La Baume (1955), Laczko (1979), Lamb (1975, 1984), Lamb & Lamb (1975), Landreau & Pickering (1969), Larsen

(1986), Lehmann-Filhes (1901), Lewis & Lewis (1984), Linder (1967), Lipton (1989), Loir (1935), Lorenz (1980), Lorenzo (1933), Lothrop (1928), Lothrop & Mahler (1957, 1957), Mannová (1972), Mason (1901), Mc Neish et al. (1967), Means (1925), Meisch (1986), Menzel (1973), Meurant & Tunis (1989), Millán de Palavecino (1960), Mirambell & Martínez (1986), Museo Chileno (1989), Nabholz-Kartaschoff (1979), Nachtigall (1955), Nevermann (1938), Newman (1974, 1977), Niessen (1989), Noppe & Castillon, du (1988), Nordenskiöld (1920), Nylén (1969), Oppenheim (1942), Osborne (1965), O'Neale (1942, 1945, 1946), O'Neale & Clark (1948), O'Neale & Kroeber (1930, 1937), Pancake & Baizerman (1981), Pestalozzianum (1990), Ponting & Chapman (1980), Prümers (1989, 1990), Ramos & Blasco (1977), Reath & Sachs (1937), Reswick (1985), Ribeiro (1986, 1986), Riboud & Vial (1970), Riesenberg & Gayton (1952), Riester (1971), Rodee (1987), Roth (1918), Rowe (1975, 1984, 1984), Roy (1979), Rutt (1987), Sanoja Obediente (1979), Sayer (1988), Schaar & Delz (1983), Schaedler (1987), Schlabow (1957, 1976), Segal et al. (1973), Seiler-Baldinger (1987), Selvanayagam (1990), Sharma (1968), Signorini (1979), Simpson & Weir (1932), Snow & Snow (1973), Sonday (1979), Sonday & Kajitani (1971), Standigel (1975), Stanková (1989), Stanley (1983), Stoltz Gilfoy (1987), Stout (1976), Sylwan (1941), Tanavoli (1985), Taullard (1949), Textilmuseum Krefeld (1978), Topham (1981), Tsunoyama (1980), Tunis & Meurant (1989), Ullemeyer & Tidow (1973), Underhill (1945, 1948), Van Stan (1967), Veiga de Oliveira & Galhano (1978), Veltman & Fischer (1912), Vial (1976, 1980, 1986, 1986), Villegas & Rivera (1982), Vogt (1937), Vollmer (1977), Voskresensky & Tikhonov (1936), Walton (1989), Weitlaner-Johnson (1976, 1979), Wertime (1979), Willey & Corbett (1954), Wilson (1979), Wulff (1966), Zechlin (1966), Zumbühl (1988)

Ethnographie

Adams (1984), Adams (1969, 1971, 1977, 1978, 1989), Adelson & Tracht (1983), Adovasio & Maslowski (1980), Agthe (1975), Ahmed (1967), Albers (1965), Ali (1900), Alman (1960), Amborn (1990), Amsden (1934), Anand (1974), Anderson (1978), Ankermann (1922), Anonym (1944, 1956, 1965), Archambault (1988), Aretz (1977), Aronson (1982, 1986, 1989), Baer & Seiler-Baldinger (1989), Bailey (1947), Ball (1924), Baranowicz, de & Bernheimer (1957), Barker (1985), Barnes (1987, 1989), Bayley Willis (1987), Beals (1969), Becker-Donner (1968), Bedford (1974), Bel & Ricard (1913), Bellinger (1961), Ben-Amos (1978), Berin (1978), Bhavani (1968), Bhushan (1985), Bianchi et al. (1982), Billeter (o.J., o.J.), Bird (1960, 1979), Bird & Skinner-Dimitrijevic (1964), Bjerregaard (1977, 1979), Blinks (1960, 1979), Blomberg (1988), Bolinder (1925), Bolland (1956, 1970, 1971, 1975, 1977, 1979), Bombay Government (o.J.), Borgatti (1983), Boser-Sarivaxévanis (1972, 1972, 1972, 1975, 1980), Boyd (1964), Boyer (1983), Brauns & Löffler (1986), Braunsberger de Solari

(1983), Breguet & Martin (1983), Bubolz-Eicher (o.J.), Buck (1944), Bühler (1943, 1947, 1972), Bühler & Ramseyer-Gygi (1975), Burnham (1962, 1965), Cahlander & Cason (1976), Cahlander et al. (1978), Câmara Cascudo, da (1959), Campbell (1836), Campbell & Pongnoi (1978), Cannizzo (1969), Cardale de Schrimpff (1972, 1977), Cardenas et al. (1988), Cardoso et al. (1988), Carreira (1968), Casagrande (1977), Cervellino (1979), Chantreaux (1941, 1945), Chao (1977), Chattopadhyaya (1963, 1976), Chattopadhyaya (1923), Cheesman (1982, 1988), Chertudi & Nardi (1960, 1961), Chishti & Sanyal (1989), Chor Lin (1987), Christensen (1979), Cisneros (1981), Claerhout & Bolland (1975), Clarke (1938), Claude (1928), Cohen (1957), Cole & Ross (1977), Collingwood (1987, 1988), Combe (1947, 1948), Cook de Leonard et al. (1966), Cordry & Cordry (1940, 1941, 1973), Cornet (1982), Crawford (1916), Cresson & Jeannin (1943), Crowfoot (1943, 1945, 1956), Cuéllar (1977), Dalman (1964), Dalrymple (1984), Damm (1960), Danneil (1901), Deimel (1982), Delgado (1963), Deuss (1981), Devassy (1964), Dhamija (1970, 1985), Dhamija & Jain (1989), Dietrich (1979), Dijk van (1980), Dockstader (1978, 1987), Does, de (o.J.), Dombrowski (1976), Dombrowski & Pfluger-Schindlbeck (1988), Dongerkery (o.J.), Dornheim (1948), Drewal & Pemberton (1989), Dürr (1978), Dunsmore (1983, 1985), Dupaigne (1974), Duponchel (1987), Duque Gomez (1945), Durand-Forest (1966), Durban Art Gallery (1977), Dutton (1961), D'Harcourt (1948, 1970), Easmon (1924), Elmberg (1968), Emery & Fiske (1977, 1979), Engelbrecht (1986), Espejel & Català Roca (1978), Etienne-Nugue (1982, 1982, 1984, 1985), Fauconnier (1980), Feldman & Rubinstein (1986), Feltham (1989), Femenias (1988), Fenton & Stuart-Fox (1976), Fischer (1965), Fischer & Shah (1970, 1970), Fischer et al. (1979), Fisher & Bowen (1979), Forelli & Harries (1977), Foster (1969), Fox (1978), Frame (1983, 1989), Franquemont (1986), Franquemont (1983), Fraser-Lu (1988), Freshley (1979), Galestin et al. (1956), Gardi (1976, 1985), Gardi & Seydou (1989), Gardi (1958), Geirnaert (1989), Gerhards (1987), Gervers (1977), Ghose (1948), Gil del Pozo (1974), Gilfoy (1979), Girault (1969), Gisbert (o.J.), Gisbert & Arze (1987), Gittinger (1971, 1972, 1974, 1979, 1989, 1989), Gluck & Gluck (1974), Goddard (1931), Goetz (1952), Goitein (1955), Goody (1982), Gräbner (1909), Grünberg (1967), Guelton (1989), Guhr & Neumann (1982), Haas (1970), Haberland (1963), Haddon & Start (1982), Hagino & Stothert (1983), Hahn-Hissink (1971), Hailey (1904), Hamilton (1979), Hansen (1960), Hartkamp-Jonxis (1989), Hartkopf (1971), Harvey & Kelly (1969), Hauser-Schäublin & Nabholz-Kartaschoff (1991, 1991), Heathcote (1976), Hecht (1989), Heissig & Müller (1989), Henriksen (1978), Heringa (1989), Hissink & Hahn (1984, 1989), Hitchcock (1985), Hodge (1982), Högl (1980), Holmgren & Spertus (1980), Hooper (1915), Houlihan et al. (1987), Huang & Wenzhao (1982), Imperato (1979), Indianapolis Museum of Art (1976), Irwin (1973, 1978), Jacobs (1983), Jager-Gerlings (1952), James (1971, 1974),

James (1988), Jayakar (1962, 1967, 1978), Jingshan (1982), Joplin (1977), Joseph (1978), Justin (1980), Kahlenberg & Berlant (1972), Kalter (1983), Kann (1982), Karsten (1972), Kartiwa (1980, 1982, 1986), Kauffmann (1937, 1963, 1967), Kensinger (1975), Kent Peck (1940, 1941, 1977, 1985, 1989), Khan Majlis (1977, 1984, 1985), Kidder (1935), King (1988), King (1974, 1979), Kissel (1910), Klein (1974, 1979), Klein (1961), Klingmüller & Münch (1989), Knottenbelt (1983), Koch (1973), Koch-Grünberg (1909), Konieczny (1979), Korsching (1980), Kosswig (1967), Kreischer (1907), Krishna (1966), Kron-Steinhardt (1989), Kümpers (1961), Kuhn (1977), Kussmaul & Moos, von (1981), Labin (1979), Laczko (1979), Lakwete (1977), Lamb (1975, 1984), Lamb & Lamb (1975, 1981), Landreau (1978), Landreau & Pickering (1969), Landreau & Yoke (1983), Langewis (1956), Langewis & Wagner (1964), Laquist (1947), Lehmann (1945), Leigh & Kerajinan (1989), Lévi-Strauss (1984), Lewis & Lewis (1984), Lin (1987), Lindahl & Knorr (1975), Lindblom (1928), Ling Roth (1920, 1934), Lipton (1989), Loebèr (1903), Loir (1935), Lorm, de (1938), Lothrop (1928), Lyman (1962), Mac Leish (1940), Mack (1987, 1989), Manderloot (1971), Manndorff & Scholz (1967, 1968), Manrique (1969), Mapelli Mozzi & Castello Yturbide (1987), March (1983), Marschall (1989), Mason (1910), Matthews (1891-92), Maxwell (1990), Mayer Stinchecum (1984), Mc Creary (1975), Mc Kelvy Bird & Mendizábal Losak (1986), Mc Reynolds (1982), Medlin (1983, 1986), Mege Rosso (1990), Meisch (1981), Meisch (1986), Menzel (1973), Merritt (1989), Metha (1970), Métraux (1928), Meurant (1986), Meurant & Tunis (1989), Miller (1979), Miller (1988), Mom Dusdi (1975), Montandon (1934), Montell (1925), Moos, von (1983), Morris (1980), Morton (1981), Moshkova (1970), Mukharji (1888), Munan (1989), Muraoka & Okamura (1973), Murray (1938), Myers (1989), Nabholz-Kartaschoff (1979), Nachtigall (1955, 1963, 1966, 1969), Nambiar (1961, 1964, 1966), Nestor (1987), Nettleship (1970), Nevermann (1938), Newman (1974, 1977), Niessen (1989), Niggemeyer (1952, 1955, 1966), Nooteboom (1958), Nooy-Palm (1980), Noppe & Castillon, du (1988), Nordenskiöld (1920), Nordquist & Aradeon (1975), Olagniers-Riottot (1972), Olschak (1966), Ortiz (1979, 1983), Osborne, de Jongh (1935, 1964, 1965), Ottovar & Munch-Petersen (1980), Ovalle Fernandez (1982), O'Neale (1945, 1946), Palm (1958), Pancake & Baizerman (1981), Pangemanan (1919), Pauly & Corrie (1975), Payne Hatcher (1967), Pelras (1962, 1972), Perani (1979, 1989), Philip Stoller (1977), Picton & Mack (1979), Pleyte (1912), Ploier (1988), Plumer (1971), Polakoff (1982), Ponting & Chapman (1980), Powell (1985), Poynor (1980), Prangwatthanakun & Cheesman (1987), Ramseyer (1987), Rangnekar (1966), Rau (1970), Ravicz & Romney (1969), Ravines (1978), Ray (1989), Redwood (1974), Reichard (1936, 1974), Renne (1986), Reswick (1981, 1985), Ribeiro (1978, 1980, 1980, 1985, 1986, 1986, 1986, 1988), Riboud (1989), Riedinger & Riedinger (1980), Riefstahl (1923), Riesenberg & Gayton (1952), Riester (1971), Rodee

(1987), Rodee (1977, 1981), Rodgers (1985), Rodgers-Siregar (1980), Roessel (1983), Rolandi & Papareli, de (1985), Ronge (1982), Rossie & Claus (1983), Roth (1918), Rouffaer (1902), Rowe (1975, 1977, 1977, 1978, 1981), Roy (1982), Roy (1979), Rutt (1987), Ryesky (1977, 1977), Salomon (1977), Saraf (1987), Saugy (1973), Sayer (1985, 1988), Sayles (1955), Scarce (1988/89), Schaedler (1987), Schermann (1913), Schevill (1986), Schindler (1990), Schmidt-Thome & Tsering (1975), Schneider (1987), Scholz (1967, 1968, 1974, 1974, 1977), Schulze-Thulin (1989), Sedlak (1987), Seiler-Baldinger (1987), Selvanayagam (1990), Sharma (1968), Sharma (1964), Shepherd (1973), Shiroishi Miyagi Prefecture (1946), Sibeth (1990), Sieber (1972, 1987), Siegenthaler (1989), Signorini (1979), Silverman-Proust (1986, 1988, 1989), Siskin (1977), Snoddy-Cuellar (1977), Solyom & Solyom (1979, 1984), Sperlich & Sperlich (1980), Spier (1924), Spring (1989), Stanley (1983), Start (1917), Steinman (1937), Stoeckel (1921-23), Stoltz Gilfoy (1987), Stout (1976), Strupp-Green (1971), Supakar (1985), Susnik (1986), Suwati (1982), Tanavoli (1985), Tanner (1975), Taullard (1949), Therik (1989), Thompson (1983), Tietze (1941), Topham (1981), Torres (1980), Trivedi (1967), Tunis & Meurant (1989), Turnbull (1982), Underhill (o.J., 1945, 1948), University of Singapore Art Museum (1964), Van Gennep (1912, 1914), Vargas (1985), Veltman & Fischer (1912), Verma (1965), Vial (1980, 1985, 1986), Victoria and Albert Museum (1928), Villegas & Rivera (1982), Völger & Weck (1987), Vogelsanger (1980), Vollmer (1977), Vreeland (1979), Wacziarg & Nath (1987), Warming & Gaworski (1981), Washburn & Crowe (1988), Wass & Murnane (1978), Wassermann & Hill (1981), Wassing-Visser (1982), Watkins (1939), Watson-Franke (1974), Weber (1935), Weber (1977), Weigand, de & Weigand, de (1977), Weiner & Schneider (1989), Weir (1970, 1976), Weisswange (1975), Weitlaner-Johnson (1976, 1977, 1979), Wells (1969), Wertime (1979), Westfall (1981), Wheat (1977, 1984), Whitaker (1986), Whiting (1977), Wiedemann (1979), Wiet (1935), Wilson (1979), Wulff (1966), Yorke & Allen (1980), Zebrowski (1989), Zorn (1979), Zumbühl (1988)

Volkskunde

Abadia Morales (1983), Aguirre (o.J.), Albers (1965), Anawalt (1979), Andersen (1980), Anonym (1893, 1957, 1985), Anquetil (1977), Apostolaki (1956), Aretz (1972, 1977), Barendse & Lobera (1987), Barletta (1985), Berbenni (1984), Bodmer (1940), Bouza & Calzada (1977), Bretz (1977), Brunner-Littmann & Hahn (1988), Burnham (1981, 1986), Cardenas et al. (1988), Collin (1924), Cyrus (1956), Dahl (1987), Eaton (1937), Eddy (1989), Egloff (1976), Endrei (1985), Engelstad (1958), Eyk, van (1977), Fink (1979), Flemming (1923), Gehret & Keyser (1976), Geijer (1964, 1972, 1982), Gervers (1977), Gimbatas (1966), Gordon (1980), Grabowicz (1977), Grabowicz & Wolinetz (1981), Gustafson (1980), Haberlandt (1912), Hald (1932), Heikinmäki (1970), Henschen (1943,

1951), Hicks (1976), Hörlén (1948, 1950), Hoffmann (1958, 1964, 1965, 1979, 1979), Juhasz (1990), Kaukonen (1961), Kerkhoff-Hader (1989), Kimakowicz-Winnicki (1910), King (1988), Klingmüller & Münch (1989), Kurrick (1932), Lechner (1958), Linder (1967), Lönnqvist (1972), Lorenz (1980), Lorenzo (1933), Mannová (1972), Marková (1967), Mayer (1969), Meyer-Heisig (1956), Millán de Palavecino (1957, 1961), Montell (1925), Müller-Christensen (1975), Müller-Peter (1983), Nixdorff (1977), Nordiska Museet (1984), Noss (1966), Nylén (1969), Otric (1981), Pelanzy & Català (1978), Petrasch (1970), Pocius (1979), Rauter (1969), Reichelt (1956), Rural Industries Bureau (1930), Rutt (1987), Sanoja Obediente (1979), Scarin et al. (1989), Schneider (1975), Shepherd (1943), Shivo (1978), Simpson & Weir (1932), Spirito (1964), Stanková (1975, 1989), Stapeley (1924), Stojanovic (1962), Sturtevant (1977), Svobodová (1975, 1975), Swiezy (1958), Taszycka (1972), Tidow (1978), Tkalcic (1929), Torella Nuibò (1949), Tucci (1963), Ungricht (1917), Václavík (1956), Václavik & Orel (o.J.), Valansot (1986), Veiga de Oliveira & Galhano (1978), Vergara Wilson (1988), Volkart (1907, 1915, 1916), Weiner & Schneider (1989), Wencker (1968), Wilson (1979)

Archäologie

Adovasio (1975), Adovasio & Maslowski (1980), Albers (1952, 1965), Alfaro Giner (1984), Amano & Tsunoyama (1979), Amsden (1932), Anonym (1944), Anton (1984), Baerlocher (1978), Bajinski & Tidhar (1980), Becker (1981), Bedaux & Bolland (1980, 1981), Bellinger (1952, 1954, 1959, 1959, 1962), Bellinger & Kühnel (1952), Bender-Jørgensen (1986), Bender-Jørgensen & Tidow (1981), Bennett (1935, 1954), Berberian (1941), Bergman (1975), Billeter (o.J.), Bird (1983), Bird & Bellinger (1954), Bird & Skinner-Dimitrijevic (1964), Bird et al. (1981), Bluhm (1952), Bollinger (1983), Braulik (1900), Bray (1987), Broholm & Hald (1935, 1940, 1948), Brommer et al. (1988), Bruce (1986), Cachot (1949), Cammann (1964), Cardale de Schrimpff (1977, 1978, 1987, 1988), Cardale de Schrimpff & Falchetti de Sáenz (1980), Carvajal (1938), Chaves (1984), Cherblanc (1935), Collin (1924), Conklin (1978, 1978, 1979), Cortes Moreno (1987), Coulin-Weibel (1952), Crawford (1916, 1946), Crowfoot (1985), Crowfoot (1977), Crowfoot (1939, 1943, 1947, 1948/49), Crowfoot & Davies (1941), Dawson (1979), Dimand (1930), Disselhoff (1967, 1981), Durand-Forest (1966), Dwyer (1979), D'Harcourt (1934, 1948), Egger (1964), Eisleb (1975), Eisleb & Strelow (1965), Emery & King (1971), Faxon (1932), Feltham (1989), Flemming (1957), Forbes (1956), Frame (1990), Freshley (1979), Furger & Hartmann (1983), Garaventa (1979), Gardner (1982), Gazda et al. (1980), Geijer (1964, 1967), Geijer & Franzen (1956), Gervers (1977), Grieder (1986), Grossman (1958), Guliev (1961), Hägg (1984), Hald (1933, 1950, 1963, 1980), Harner (1979), Hecht (1989), Hellervik (1977), Henneberg, von (1932), Henshall (1950), Hentschel (1937), Hissink (1965),

Hoffmann & Burnham (1973), Hoffmann & Traetteberg (1959), Hooper (1915), Hsian (1963), Hundt (1960, 1963, 1969, 1970, 1970, 1974, 1980), Hyslop & Bird (1985), Ingstad (1982), Jaques (1968), Jerusalimskaia (1967), Johl (1917, 1924), Joyce (1921, 1922), Kent Peck (1954, 1957), King (1956, 1962, 1965, 1974, 1974, 1979), Kjellberg (1982), Krafft (1956), Krause (1921), Kroeber (1937, 1944), Kroeber & Wallace (1954), Lapiner (1976), Laurencich-Minelli & Ciruzzi (1981), Lavalle, de & Lang (1980), Lehmann (1920), Lindström (1981), Ling Roth (1951), Lothrop & Mahler (1957, 1957), Lucas (1948), Lynch (1980), Magnus (1982), Mailey & Hathaway (1958), Marcos (1979), Mastache (1971), Mc Neish et al. (1967), Means (1925, 1927), Meyer (1987), Millán de Palavecino (1941, 1960, 1966), Mirambell & Martínez (1986), Müller-Christensen (1972, 1977), Munksgaard (1982), Murra (1962), Museo Chileno (1989), Olsen Bruhns (1989), Ortiz (1979), Osborne (1950), O'Neale (1930, 1937, 1942, 1943, 1943, 1947), O'Neale & Bacon (1949), O'Neale & Clark (1948), O'Neale & Kroeber (1930), Patterson (1956), Paul (1979, 1980, 1986), Pedersen (1982), Pestalozzianum (1990), Peter-Müller (1978), Petrucci (1982), Pfister (1934, 1937, 1937-40, 1938, 1946, 1950, 1951), Pfister & Bellinger (1945), Portillo (1976), Prümers (1983, 1989, 1990), Ramos & Blasco (1977), Raymond & Bayona (1982), Reindel (1987), Renner (1985), Renner-Volbach (1988), Restrepo (1972), Riboud (1973, 1975, 1975, 1977, 1989), Riboud & Vial (1968), Rolandi (1979), Rowe (1977, 1979, 1979, 1984), Rowe & Bird (1981), Rutt (1987), Sawyer (1966), Schaar & Delz (1983), Schinnerer (1891), Schlabow (1951, 1958, 1961, 1965, 1972, 1976, 1983), Schmidt (1910, 1911), Schoch (1985), Schottelius (1946), Schulze-Thulin (1989), Segal et al. (1973), Seipel (1989), Shepherd (1974), Silva Celis (1978), Singer et al. (1954-57), Skinner (1974), Smart & Gluckman (1989), Spahni (1967), Spuhler (1978), Standigel (1975), Stettiner (1911), Stokar (1938), Strupp-Green (1971), Sylwan (1941, 1949), Taullard (1949), Thurmann & Williams (1979), Tidow (1982, 1982, 1983), Timmerman (1982), Tsunoyama (1966), Ullemeyer & Tidow (1973), Ulloa (1985), Van Gennep & Jéquier (1916), Van Stan (1965, 1967, 1967, 1970, 1979), Vial (1976), Völger & Weck (1987), Vogt (1937, 1952, 1958, 1964), Vollmer (1977, 1979), Voskresensky & Tikhonov (1936), Wace (1944), Wallace (1967, 1975, 1979), Walton (1989), Wardle (1944), Washburn & Crowe (1988), Wassén (1972), Weiner & Schneider (1989), Weitlaner-Johnson (1971, 1976, 1977), Wild (1976), Willey & Corbett (1954), Wilson (1979), Zebrowski (1989), Zerries (1968), Zimmermann (1981, 1982, 1984), Zimmern (1949)

Sammlungsbeschreibungen

Adams (1984), Adelson & Tracht (1983), Agthe (1975), Aguirre (o.J.), Altman & Lopez (1975), Amano & Tsunoyama (1979), Anderson (1978), Barten (1976), Bartholomew (1985), Billeter (o.J.), Bird (1965), Blomberg (1988), Blomberg de Avila (1980), Borgatti (1983), Bridgewater (1986), Brommer et al. (1988), Bühler et al. (1972), Castello Yturbide & Martinez del Rio, de (1979), Cootner (1981), Coulin-Weibel (1944, 1952), Crawford (1946), Davidson & Christa (1973), Dietrich (1979), Dürr (1978), Durban Art Gallery (1977), Egger (1964), Eisleb (1975), Enderlein (1986), Errera (1907), Femenias (1988), Flemming (1957), Frame (1990), Gimbatas (1966), Gisbert (o.J.), Grabowicz (1977), Grabowicz & Wolinetz (1981), Gruber (1990), Grünberg (1967), Guhr & Neumann (1982), Hahn-Hissink (1971), Hald (1967), Harmsen (1977), Heathcote (1976), Innes (1959), Jaques (1968), Jaques & Wencker (1967), Kahlenberg & Berlant (1976), Lamb & Lamb (1975), Landreau (1978), Landreau & Pickering (1969), Laurencich-Minelli & Ciruzzi (1981), Lavalle, de & Lang (1980), Lemberg (1973), Lin (1987), Lindahl & Knorr (1975), Lipton (1989), Mackie & Rowe (1976), Mapelli Mozzi & Castello Yturbide (1987), Mayer (1969), Mayer Stinchecum (1984), Means (1927), Mege Rosso (1990), Meyer (1987), Mikosch (1985), Museo Chileno (1989), Nabholz-Kartaschoff (1986), Niggemeyer (1966), Nixdorff (1977), Nooteboom (1958), Otric (1981), Pauly & Corrie (1975), Peebles (1982), Pence Britton (1938), Petrucci (1982), Ploier (1988), Powell (1985), Rabineau (1975), Ramos & Blasco (1976), Reath & Sachs (1937), Renne (1986), Renner (1985), Renner-Volbach (1988), Riboud & Vial (1970), Riester (1971), Rodee (1977), Rouffaer (1901, 1902), Rowe (1948), Schlabow (1976), Schmedding (1978), Schmidt (1975), Schneider (1975), Schulz (1988), Schulze-Thulin (1989), Seiler-Baldinger (1987), Singh (1979), Singh & Mathey (1985), Smith (1925, 1931), Spuhler (1978), Start (1948), Stoltz Gilfoy (1987), Taszycka (1972), Tenri Sankokan Museum (1981), Torella Nuibò (1949), Tsunoyama (1966, 1980), Turnbull (1982), Van Stan (1967), Vial (1980), Victoria and Albert Museum (1928), Völger & Weck (1987), Volbach (1932), Wace (1944), Wencker (1968), Yorke & Allen (1980), Zerries (1968), Zimmern (1949)

Arbeitsanleitungen

Ankermann (1922), Anonym (1964), Atwater (1976), Baizerman & Searle (1980), Barendse & Lobera (1987), Barker (1973), Bjerregaard (1979), Bolland (1977), Buff (1985), Burgess (1981), Cahlander & Baizerman (1985), Cahlander & Cason (1976), Caulfeild & Saward (1882), Clifford (1947), Collingwood (1982), Crawford Post (1961), Debétaz-Grünig (1977), Gallinger-Tod & Benson (1975), Gallinger-Tod & Couch del Deo (1976), Gil del Pozo (1974), Hansen (1990), Hentschel (1937), Hörlén (1948, 1950), Holzklau (1977), Johnson (1942, 1949), Joliet van der Berg (1975), Lammèr (1975), Machschefes (1983), Markus (1974), Morton (1981), Pestalozzianum (1990), Redwood (1974), Reichard (1974), Riedinger & Riedinger (1980), Simpson & Weir (1932), Snow & Snow (1973), Specht & Rawlings (1973), Thorpe (1952), Tovey (1965), Zechlin (1966), Zolles (1942), Zumbühl (1981)

Filme

Berbenni (1984), Egloff (1976), Kauffmann (1963, 1967), Koch (1973), Kussmaul & Moos, von (1981), Lorenz (1980), Manndorff & Scholz (1967, 1968), Nachtigall (1963, 1969), Rauter (1969), Scholz (1967, 1968, 1974, 1974, 1977), Svobodová (1975, 1975), Weisswange (1975)

Allgemeines, Historisches

Aga-Dglu (1941), Ahmed (1967), Altman (o.J.), Bartholomew (1985), Bernès (1974), Bernès & Jacob (1974), Black (1985), Black & Loveless (1977), Bohnsack (1981), Bombay Government (o.J.), Boyd (1974), Braun, Pater (1907), Bushell (1924), Chattopadhyaya (1976), Chesley (1949), Cook de Leonard et al. (1966), Denny (1972), Fischer (1979), Flint (1974), Forcart-Respinger (1942), Forman & Wasseff (1968), Franquemont (1986), Gayet (1900), Gazda et al. (1980), Gehret & Keyser (1976), Geijer & Lamm (1944), Glazier (1923), Goody (1982), Graw, de & Kuhn (1981), Grothe (1883), Gruber (1984), Guicherd (1952), Hahn (1924), Hahn (1971), Huang & Wenzhao (1982), Irwin (1973), Kadow (1973), Kelsey & Osborne, de Jongh (1939), Kreischer (1907), Kuhn (1977), Lévi-Strauss (1987), Lewis (1953), Little (1931), Lombard (1978), Mc Kelvy Bird & Mendizábal Losak (1986), Meisch (1986), Mikosch (1985), Müller & Brendler (1958), Müller-Christensen (1973), Olson (1929), Opt'land (1969), Otavsky (1987), Patterson (1957), Paul (1986), Pfister (1946, 1948, 1950), Rau (1970), Rickenbach (1944), Rossbach (1980), Rowe (1985), Schaefer (1937), Schermann & Schermann (1922), Schlabow (1961), Schneider (1987), Seiler-Baldinger (1986), Shenai (1974), Singh (1981), Stirling (1938), Taber & Anderson (1975), Timmermann (1986), Underhill (o.J.), Usher (1959), Volbach (1932), Von Schorn (1885), Wehmeyer (1949), Weitlaner-Johnson (1976), Wirz (1955), Wroth (1977), Zorn (1986)

Literatur zur Florstoffbildung

Systematik

Bühler & Bühler-Oppenheim (1948), Burnham (1980), Cahlander (1980), Collingwood (1968), Emery (1966), Leroi-Gourhan (1943), Ribeiro (1957, 1986), Rowe (1984), Schnegelsberg (1971), Schoepf (1971), Seiler-Baldinger (1974, 1979), Tanavoli (1985)

Analyse

Albers (1965), Amano & Tsunoyama (1979), Anton (1984), Bender-Jørgensen (1986), Bergman (1975), Bianchi et al. (1982), Biebuyck (1984), Birrel (1959), Brommer et al. (1988), Buck (1944, 1957), Burnham (1980, 1986), Burnham (1959), Cahlander (1980), Califano (1982), Chertudi & Nardi (1961), Collingwood (1987, 1988), Cootner (1981), Corey (1987), Crawford (1915-16), Crowfoot (1985), Crowfoot (1948/49), Detering (1962), Disselhoff (1981), Due

(1980), D'Harcourt (1934, 1960, 1962), Eiland (1979), Emmons & Boas (1907), Engel (1963), Farke (1986), Fawcett (1979), Feick (1917), Feltham (1989), Gallinger-Tod & Couch del Deo (1976), Geijer (1979), Gräbner (1922), Grünberg (1967), Gupta (1966), Hodges (1965), Hongsermeier (1987), Hunter (1953), Innes (1959), Izikowitz (1933), Justin (1980), Kalter (1983), Kent Peck (1971), King (1965), Klein (1961), Koch-Grünberg (1923), La Baume (1955), Lamb (1984), Laurencich-Minelli & Bagli (1984), Lipton (1989), Lothrop & Mahler (1957), Mead (1908), Mead (1968), Mellaart & Hirsch (1989), Meurant & Tunis (1989), Millán de Palavecino (1960), Mirambell & Martínez (1986), Museo Chileno (1989), Nabholz-Kartaschoff & Näf (1980), Nicola & Dorta (1986), Nordenskiöld (1924), Nylén (1969), O'Neale (1945), Pendergast (1987), Petersen (1980), Pownall (1976), Rapp & Stucky (1990), Rendall & Tuohy (1974), Reswick (1985), Riddell (1978), Rodee (1987), Rowe (1984), Schaedler (1987), Schoepf (1985), Segal et al. (1973), Seiler-Baldinger (1974, 1987), Sillitoe (1988), Stritz (1971), Sylwan (1934), Tanavoli (1985, 1985), Tattersall (1927), Taullard (1949), Textilmuseum Krefeld (1978), Tsunoyama (1980), Tunis & Meurant (1989), Turnbaugh & Turnbaugh (1986), Vial (1986), Vogt (1937), Wattal (1965), Wulff (1966), Zechlin (1966), Zerries (1980)

Ethnographie

Albers (1965), Andrews (o.J.), Anonym (o.J.), Arthur (1926), Azadi (1970), Ball (1924), Baranowicz, de & Bernheimer (1957), Berthoud (1964), Bhushan (1985), Bianchi et al. (1982), Biebuyck (1984), Billeter (o.J.), Bolinder (1925), Brigham (1899), Buck (1944, 1957), Califano (1982), Cannizzo (1969), Chattopadhyaya (1963, 1965, 1969), Chertudi & Nardi (1961), Collingwood (1987, 1988), Corey (1987), Costa Fénelon & Monteiro (1968), Denwood (1974), Detering (1962), Dhamija (1965, 1970), Due (1980), Fawcett (1979), Feick (1917), Feltham (1989), Ferraro-Dorta (1981, 1986), Fontaine (1982), Forelli & Harries (1977), Fowler & Matley (1979), Gewerbemuseum Basel (1974), Gil del Pozo (1974), Gluck & Gluck (1974), Gräbner (1909), Grünberg (1967), Guhr & Neumann (1982), Gupta (1966), Hartmann (1971), Heizer (1987), Henking (1955), Holt (1985), Hongsermeier (1987), Housego (1978), Hussak von Velthem (1975), Izikowitz (1932), Justin (1980), Kaeppler (1978), Kaeppler et al. (1978), Kalter (1983), Kaufmann (1989), Kensinger (1975), Kent Peck (1971), Klein (1961), Koch (1969), Koch-Grünberg (1923), Lamb (1984), Lamb & Lamb (1981), Landreau (1978), Lindahl & Knorr (1975), Linden-Museum (1989), Lipton (1978, 1989), Mackie & Thomson (1980), Mead (1908), Mead (1945), Mead (1968), Mege Rosso (1990), Mellaart & Hirsch (1989), Métraux (1928), Meurant & Tunis (1989), Michell (1986), Milhofer (1979), Moschner (1955), Moshkova (1970), Myers (1984), Nabholz-Kartaschoff (1972), Nambiar (1965), Navajo School of Indian Basketry (1949), Nicola & Dorta (1986), Nordenskiöld (1924), Opie (1986), O'Neale (1945), Pendergast (1987), Petersen (1980), Ploier (1988), Pownall (1976), Price (1979), Quadiri (o.J.), Rendall & Tuohy (1974), Reswick (1981, 1985), Ribeiro (1957, 1988, 1989), Ribeiro (1957), Riboud (1989), Riddell (1978), Rodee (1987), Rogers & Smith (1981), Ronge (1982), Rose (1978), Rossbach (1973), Schaedler (1987), Schindler (1990), Schoepf (1971, 1985), Schulze-Thulin (1989), Seiler-Baldinger (1974, 1987), Sekhar (1964), Sharma (1964), Sieber (1972), Signi (1988), Sillitoe (1988), Spring (1989), Streiff (1967), Stritz (1971), Susnik (1986), Tanavoli (1974, 1978, 1985, 1985), Taullard (1949), Tunis & Meurant (1989), Turnbaugh & Turnbaugh (1986), Valentin (1970), Verswijver (1983, 1987), Vial (1986), Wacziarg & Nath (1987), Watt (1903), Wattal (1965), Wegner (1964), Wegner (1974), Whiting (1925), Wullf (1966), Yde (1965), Zerries (1980)

Volkskunde

Akkent & Franger (1987), Albers (1965), Anjou (1934), Anonym (1985), Bouza & Calzada (1977), Burnham (1986), Collin (1924), Geijer (1972), Henschen (1951), Juhasz (1990), Kissling (1982), Linden-Museum (1989), Mantscharowa (1960), Marková (1964), Mayer (1969), Meyer-Heisig (1956), Nylén (1969), Otric (1981), Pelanzy & Català (1978), Petrasch (1970), Pocius (1979), Pylkkanen (1974), Rossbach (1973), Shivo (1978), Sylwan (1934), Tkalcic (1929)

Archäologie

Albers (1965), Amano & Tsunoyama (1979), Anton (1984), Bender-Jørgensen (1986), Bender-Jørgensen & Tidow (1981), Bergman (1975), Billeter (o.J.), Bird et al. (1981), Brommer et al. (1988), Cherblanc (1937), Collin (1924), Cortes Moreno (1987), Crowfoot (1985), Crowfoot (1948/49), Denis (1875), Disselhoff (1981), D'Harcourt (1933, 1934, 1962, 1974), Engel (1963), Feldtkeller & Schlichtherle (1987), Feltham (1989), Frame (1990), Hellervik (1977), Izikowitz (1932, 1933), Jaekel-Greifswald (1911-12), King (1965, 1968, 1969), Lapiner (1976), Laurencich-Minelli & Bagli (1984), Laurencich-Minelli & Ciruzzi (1981), Lavalle, de & Lang (1980), Lindberg (1964), Lindström (1981), Lothrop & Mahler (1957), Massey & Osborne (1961), Mellaart & Hirsch (1989), Millán de Palavecino (1960), Mirambell & Martínez (1986), Museo Chileno (1989), Rast (1990, 1991), Riboud (1989), Rolandi (1971), Rosenberg & Haidler (1980), Rowe (1986), Schulze-Thulin (1989), Segal et al. (1973), Smart & Gluckman (1989), Spuhler (1978), Taullard (1949), Turnbaugh & Turnbaugh (1986), Ulloa (1985), Van Stan (1959), Vogt (1937), Zerries (1968), Zimmern (1949)

Sammlungsbeschreibungen

Amano & Tsunoyama (1979), Andrews (o.J.), Billeter (o.J.), Bolour (1981), Brommer et al. (1988), Brüggemann & Böhmen (1980), Cootner (1981), Corey (1987), D'Hennezel (1924), Ellis (1975), Enderlein (1986), Ettinghausen & Dimand (1974), Fowler & Mat-

ley (1979), Frame (1990), Grünberg (1967), Guhr & Neumann (1982), Hubel (1967), Innes (1959), Landreau (1978), Laurencich-Minelli & Bagli (1984), Laurencich-Minelli & Ciruzzi (1981), Lavalle, de & Lang (1980), Lindahl & Knorr (1975), Linden-Museum (1989), Lipton (1989), Mackie (1969), Mackie & Rowe (1976), Mayer (1969), Mc Mullan & Sylvester (1972), Mege Rosso (1990), Mostafa (1953), Museo Chileno (1989), Otric (1981), Ploier (1988), Provence (1946), Rabineau (1975, 1980), Reed (1966), Schoepf (1985), Schürmann (o.J.), Schulze-Thulin (1989), Seiler-Baldinger (1987), Signi (1988), Singh (1979), Spuhler (1978), Straka & Mackie (1978), Streiff (1967), Tanavoli (1974, 1978, 1985), Tattersall (1927), Tsunoyama (1980), Verswijver (1983), Watt (1903), Zerries (1968, 1980), Zimmern (1949)

Arbeitsanleitungen

Cahlander (1980), Gallinger-Tod & Couch del Deo (1976), Gil del Pozo (1974), Hartung (1963), Lammèr (1975), Mead (1968), Navajo School of Indian Basketry (1949), Pownall (1976), Zechlin (1966)

Filme

Kissling (1982), Koch (1969), Nabholz-Kartaschoff (1972)

Allgemeines, Historisches

Aga-Dglu (1941), Anawalt (1981), Biggs (1983), Black (1985), Black & Loveless (1979), Bosc du (1948), Bushell (1924), Chattopadhyaya (1965, 1969), Denny (1973), Eiland (1979), Ellis (1969), Ettinghausen & Dimand (1974), Gans-Ruedin (1971), Grote-Hasenbalg (1922), Hubel (1972), Lettenmair (1962), Lipton (1978), Lombard (1978), Mc Mullan & Sylvester (1972), Milhofer (1979), Mostafa (1953), Müller & Brendler (1958), Myers (1984), Neugebauer & Orendi (1923), Revault (1973), Ricard (1926), Rose (1978), Rowe (1986), Schlosser (1960), Schürmann (o.J.), Straka & Mackie (1978), Victoria and Albert Museum (1931), Wegner (1980)

Literatur zur Perlenstoffbildung

Systematik

Burnham (1980), Lemaire (1960), Orchard (1929), Rowe (1984), Seiler-Baldinger (1979)

Analyse

Anquetil (1977), Bianchi et al. (1982), Biebuyck (1984), Birrel (1959), Burnham (1980, 1981), Collingwood (1987, 1988), Dubin (1987), Heissig & Müller (1989), Koch-Grünberg (1923), Lyford (1940), Newman (1977), Riesenberg & Gayton (1952), Roth (1918, 1929), Rowe (1984), Schuster (1976), Sillitoe (1988), Turnbaugh & Turnbaugh (1986)

Ethnographie

Alvarez de Williams (1983), Beier (1981), Berin (1978), Bianchi et al. (1982), Biebuyck (1984), Burnham (1977), Cannizzo (1969), Cardale de Schrimpff (1972), Collingwood (1987, 1988), Deimel (1982), Drewal & Pemberton (1989), Dubin (1987), Ellis (1980), Forno (1966), Guhr & Neumann (1982), Haug (1988), Heermann (1989), Heissig & Müller (1989), Heizer (1987), Henking (1957), Houwald, von (1990), Klingmüller & Münch (1989), Koch-Grünberg (1923), Lambrecht & Lambrecht (1977), Lemaire (1953), Linden-Museum (1989), Loeb (1983), Loebèr (1913), Lyford (1940), Mathews (1983), Maxwell (1980), Maxwell (1990), Morrison (1982), Munan (1989), Munan-Oettli (1987), Nanavati & Vora (1966), Newman (1977), Ohnemus (1989), Orchard (1929), Pemberton (1980), Picton & Mack (1979), Pokornowsky (1979), Ribeiro (1988), Richman (1980), Riesenberg & Gayton (1952), Rossbach (1973), Roth (1918, 1929), Salzer (1961), Schulze-Thulin (1989), Schuster (1976), Scoville (1922), Sedlak (1987), Sibeth (1990), Sieber (1972), Signi (1988), Sillitoe (1988), Simon (1989), Smith (1983), Susnik (1986), Torres (1980), Trigger (1978), Turnbaugh & Turnbaugh (1986), Verswijver (1983), Washburn & Crowe (1988), Wassing-Visser (1982), Wells (1982), Westfall (1981), Wildschut & Ewers (1985), Wissler (1919)

Volkskunde

Anquetil (1977), Burnham (1977, 1981), Dubin (1987), Haberlandt (1912), Klingmüller & Münch (1989), Linden-Museum (1989), Rossbach (1973)

Archäologie

Dubin (1987), Lavalle, de & Lang (1980), Loud & Harrington (1929), Schulze-Thulin (1989), Seipel (1989), Turnbaugh & Turnbaugh (1986), Washburn & Crowe (1988)

Sammlungsbeschreibungen

Gogol (1985), Guhr & Neumann (1982), Heermann (1989), Lavalle, de & Lang (1980), Lemaire (1953), Linden-Museum (1989), Pemberton (1980), Schulze-Thulin (1989), Signi (1988), Verswijver (1983)

Arbeitsanleitungen

Anquetil (1979), Heinze (1969), Lammèr (1975), Scholz-Peter (1975)

Filme

Ohnemus (1989), Simon (1989)

Allgemeines, Historisches

Edwards (1966), Pazaurek (1911)

Literatur zu Randabschlüssen

Systematik

Balfet (1952), Bühler & Bühler-Oppenheim (1948), Burnham (1980), Collingwood (1968), Leroi-Gourhan (1943), Müller (1967), Oppenheim (1942), Ribeiro (1985, 1986), Seiler-Baldinger (1971, 1979), Tanavoli (1985)

Analyse

Bender-Jørgensen (1986), Bergman (1975), Bianchi et al. (1982), Bird & Bellinger (1954), Bird & Skinner-Dimitrijevic (1974), Bolland (1989), Boser-Sarivaxévanis (1972), Braulik (1900), Brigham (1974), Brommer et al. (1988), Buck (1944, 1957), Burnham (1980), Collingwood (1987, 1988), Detering (1962), Dombrowski (1976), D'Harcourt (1934, 1960), Emmons & Boas (1907), Gass & Lozado (1985), Geijer (1979), Gittinger (1989), Green Gigli et al. (1974), Grünberg (1967), Haeberlin & Teit (1928), Hald (1950, 1980), Harvey (1986), Hodges (1965), Hundt (1980), Hyslop & Bird (1985), Kelly (1932), Kent Peck (1957, 1983), Keppel (1984), King (1965), Konieczny (1979), Kroeber & Wallace (1954), La Baume (1955), Leigh-Theisen (1988), Leontidi (1986), Lismer (1941), Mason (1908), Mc Neish et al. (1967), Mead (1908), Mead (1968), Müller (1967), Museo Chileno (1989), Nabholz-Kartaschoff & Näf (1980), Oppenheim (1942), O'Neale & Kroeber (1937), Pendergast (1987), Petersen (1963), Pilar de (1968), Prümers (1989, 1990), Ramos & Blasco (1977), Ranjan & Yier (1986), Rendall & Tuohy (1974), Ribeiro (1980, 1985), Roth (1918), Rowe (1984), Schlabow (1976), Schuster (1989), Sillitoe (1988), Snow & Snow (1973), Sylwan (1941), Tanavoli (1985), Tanner (1968), Tattersall (1927), Turnbaugh & Turnbaugh (1986), Underhill (1945, 1948), Van Stan (1967), Walton (1989), West (1980), Wiedemann (1975), Willey & Corbett (1954), Zechlin (1966)

Ethnographie

Baizerman & Searle (1978), Bianchi et al. (1982), Bolland (1989), Boser-Sarivaxévanis (1972, 1972), Buck (1944, 1957), Cardale de Schrimpff (1972), Collingwood (1987, 1988), Detering (1962), Dombrowski (1976), Gass & Lozado (1985), Gittinger (1989), Green Gigli et al. (1974), Grünberg (1967), Haeberlin & Teit (1928), Kelly (1932), Keppel (1984), Konieczny (1979), Krucker (1941), Leigh-Theisen (1988), Lismer (1941), Mason (1908), Mead (1908), Mead (1968), Müller (1967), Nettinga Arnheim (1977), Paul (1944), Pendergast (1987), Petersen (1963), Pilar de (1968), Ranjan & Yier (1986), Rendall & Tuohy (1974), Ribeiro (1980, 1980, 1985, 1988), Roth (1918), Sanoja-Obediente (1960), Sayer (1985), Schuster (1989), Seiler-Baldinger (1971), Sillitoe (1988), Susnik (1986), Tanavoli (1985), Tanner (1968), Turnbaugh & Turnbaugh (1986), Underhill (1945, 1948), Wardle (1912), West (1980), Wiedemann (1975)

Volkskunde

Leontidi (1986), Lühning (1971), Pilar de (1968), Start (1939)

Archäologie

Alfaro Giner (1984), Bender-Jørgensen (1986), Bender-Jørgensen & Tidow (1981), Bergman (1975), Bird & Bellinger (1954), Bird & Skinner-Dimitrijevic (1974), Braulik (1900), Brommer et al. (1988), Clements-Scholtz (1975), D'Harcourt (1934), Hägg (1984), Hald (1950, 1980), Hellervik (1977), Henneberg, von (1932), Hoffmann & Burnham (1973), Hoffmann & Traetteberg (1959), Hundt (1980), Hyslop & Bird (1985), Kent Peck (1957, 1983), King (1957, 1965), Kjellberg (1982), Kroeber & Wallace (1954), Loud & Harrington (1929), Mc Neish et al. (1967), Museo Chileno (1989), Prümers (1983, 1989, 1990), Ramos & Blasco (1977), Rast (1991), Rowe (1984), Schlabow (1976), Seiler-Baldinger (1971), Sylwan (1941), Turnbaugh & Turnbaugh (1986), Van Stan (1958, 1967), Wallace (1979), Walton (1989), Weitlaner-Johnson (1967), Willey & Corbett (1954)

Sammlungsbeschreibungen

Boralevi & Faccioli (1986), Brommer et al. (1988), Castello Yturbide & Martinez del Rio, de (1979), Grünberg (1967), Museo Chileno (1989), Schlabow (1976), Start (1939), Tattersall (1927), Van Stan (1967)

Arbeitsanleitungen

Anquetil (1979), Baizerman & Searle (1978), Dillmont, de (o.J.), 1902), Finckh-Haelsing (o.J.), Gallinger-Tod & Benson (1975), Kunz (1980), Mead (1968), Snow & Snow (1973), Zechlin (1966)

Film

Lühning (1971)

Allgemeines, Historisches

Boralevi & Faccioli (1986)

Literatur zur Stoffverzierung mit festem Material

Systematik

Boser-Sarivaxévanis & Müller (1968), Bühler & Bühler-Oppenheim (1948), Burnham (1980), Coleman & Sonday (1974), Emery (1966), Oppenheim (1942), Orchard (1929), Seiler-Baldinger (1979)

Analyse

Abbass (1986), Adi-Rubin (1983), All India Handicrafts Board (o.J.), Amano & Tsunoyama (1979), Anonym (1957), Anton (1984), Asch (1981), Basilov & Naumova (1989), Bel & Ricard (1913), Biebuyck (1984), Bird & Bellinger (1954), Birrel (1959), Black & Loveless (1981), Boser-Sarivaxévanis (1972), Boser-Sarivaxé-

vanis & Müller (1968), Brommer et al. (1988), Bühler et al. (1972), Burnham (1980, 1986), Campbell & Pongnoi (1978), Caulfeild & Saward (1882), Chung (1979), Collingwood (1987, 1988), Colyer Ross (1989), Cornet (1982), Cousin (1972), Crawford (1915-16), Crowfoot (1985), Day & Buckle (1907), Disselhoff (1981), Dombrowski (1976), Dudovikova (1986), D'Harcourt (1934, 1960), Eisleb (1975), Feltham (1989), Fisher & Bowen (1979), Flemming (1923), Fraser-Lu (1988), Geijer (1982), Gervers (1977), Gittinger (1971, 1989), Goodman (1976), Gordon (1980), Gostelow (1977), Hald (1950), Hecht (1989), Heissig & Müller (1989), Hemert, van (1967), Iklé (1930), Jaques & Wencker (1967), Kalter (1983), Kent Peck (1983), King (1965), Kümpers (1961), Landreau & Pickering (1969), Lang-Meyer & Nabholz-Kartaschoff (1987), Lewis & Lewis (1984), Lorenzo (1933), Lyford (1940), Mannová (1972), Markrich (1976), Mattern-Pabel (1981), Mead (1968), Mersich (1982), Museo Chileno (1989), M'hari (1975), Nabholz-Kartaschoff (1979), Newman (1974), Noppe & Castillon, du (1988), Nylén (1969), Oppenheim (1942), O'Neale (1942, 1945), O'Neale & Kroeber (1937), Paine (1989), Pandit (1976), Prümers (1989, 1990), Puls (1988), Ramos & Blasco (1977), Rol (1980), Rowe (1984), Sayer (1988), Schaedler (1987), Segal et al. (1973), Sharma (1968), Taullard (1949), Tsunoyama (1980), Tunis & Meurant (1989), Turner (1955), Van Stan (1967), Wanner (1983), Weitlaner-Johnson (1976), Yoshimoto (1988), Zechlin (1966)

Ethnographie

Abbasi (o.J.), Abbass (1986), Adams (1984), Adams (1974, 1978, 1980, 1989), Adler (1980), Agthe (1975), All India Handicrafts Board (o.J.), Anand (1974), Anderson (1978), Andrews (1976), Anonym (1990), Aryan (1984), Asch (1981), Ashton & Wace (1929), Baker & Lunt, M. (1977), Basilov & Naumova (1989), Bayley Willis (1987), Beer (1970), Bel & Ricard (1913), Berin (1978), Best (1977), Bhagwat & Jayakar (1972), Bhattacharyya (1968), Bhavani (1968), Bhushan (1985), Biebuyck (1984), Billeter (o.J.), Biro & Fondation Dapper (1988), Bliss (1982), Borgatti (1983), Boser-Sarivaxévanis (1972), Boyer (1983), Brandenbourg (1987), Bubolz-Eicher & Erekosima (1982), Bühler (1951), Burman (1970), Cadoux (1990), Campbell & Pongnoi (1978), Chattopadhyaya (1963, 1964, 1976, 1977), Chongkol (1982), Chung (1979), Cohen (1990), Cohen (1977), Cole & Ross (1977), Collingwood (1987, 1988), Cornet (1982), Cousin (1972, 1986), Dalrymple (1984), Deimel (1982), Dendel (1974), Deuss (1981), Devi (1982), Dhamija (1964, 1966, 1970, 1970), Dhamija & Jain (1989), Dixit (1965), Djajasoebrata & Adams (1965), Dombrowski (1976), Dongerkery (1951), Douglas (1941), Douglas & D'Harcourt (1941), Drewal & Pemberton (1989), Drucker et al. (1969), Durban Art Gallery (1977), Elmberg (1968), Elson (1979), Erekosima & Bubolz-Eicher (1981), Etienne-Nugue (1982, 1982, 1984), Ewers (1945), Feltham (1989), Fischer (1989), Fischer & Shah (1970), Fischer et al. (1979), Fisher & Bowen (1979),

Forsythe (1982, 1987), Fowler & Matley (1979), Fraser-Lu (1982, 1988), Frater (1975), Geary (1987), Geirnaert (1989), Gervers (1977), Gewerbemuseum Basel (1974), Gill (1977), Gittinger (1971, 1989), Gluck & Gluck (1974), Goodman (1976), Guelton (1989), Guhr & Neumann (1982), Gwinner, von (1987), Haas et al. (1987), Haberland (1979), Hartmann (1980), Hartmann (1985, 1986), Heathcote (1973, 1974, 1975, 1976, 1979), Hecht (1989), Heissig & Müller (1989), Herzog (1985), Hitkari (1980, 1985, 1989), Holm & Reid (1975), Icke-Schwalbe (1989), Irwin & Jayakar (1956), Jaitly (1985), Janata & Jawad (1983), Joseph (1978), Kalter (1983), Kasten (1990), Khan Majlis (1984), Kiewe (1952), Klingmüller & Münch (1989), Korea-Britain Centennial Committee (o.J.), Kroeber (1905), Kron-Steinhardt (1989), Kümpers (1961), Lamb (1980), Lamb & Lamb (1981), Landreau (1978), Landreau & Pickering (1969), Lang-Meyer & Nabholz-Kartaschoff (1987), Lantz (1938), Leigh & Kerajinan (1989), Lewis & Lewis (1984), Lindahl & Knorr (1975), Lumholtz (1904), Lyford (1940, 1943), Ma & Zhan (1981), Mack (1989), Majmudar (1968), Mapelli Mozzi & Castello Yturbide (1987), Matsumoto (1984), Maxwell (1980), Maxwell (1990), Mayer Stinchecum (1984), Mead (1968), Metha (1970), Meurant (1986), Michell (1986), Miller (1988), Mirza (o.J.), Moes & Tay Pike (1985), Mohanty (1980), Mollet (1976), Mom Dusdi (1975), Mueller (1973), Nabholz-Kartaschoff (1979, 1987), Nachtigall (1966), Nana (1975), Nanavati & Vora (1966), Newman (1974), Noppe & Castillon, du (1988), Nordquist & Aradeon (1975), Omar (1987), Orchard (1929), Ortiz (1979), Ovalle Fernandez (1982), O'Neale (1945), Paine (1989), Pandit (1976), Parker & Neal (1977, 1977), Perani (1979), Pfister (1936), Picton & Mack (1979), Puls (1988), Rajab (1984, 1987), Riboud (1989), Rose (1985), Roy (1982), Roze (1989), Salvador (1976), Saraf (1987), Sayer (1985, 1988), Schaedler (1987), Schevill (1986), Schneider (1987), Schulze-Thulin (1989), Scott (1981), Sedlak (1987), Segawa (1985), Sekhar (1964), Sharma (1968), Sheares (1987), Sibeth (1990), Siderenko (1981), Sieber (1972), Solyom & Solyom (1984), Spring (1989), Stanislaw (1987), Susnik (1986), Taullard (1949), Torres (1980), Tunis & Meurant (1989), Turnbull (1982), Turner (1955), University of Singapore Art Museum (1964), Victoria and Albert Museum (1931), Völger & Weck (1987), Vollmer (1981), Vollmer & Gilfoy (1981), Wacziarg & Nath (1987), Wallace (1978), Wang (1986), Washburn & Crowe (1988), Wass & Murnane (1978), Wassén (1964), Wassén (1962), Wastraprema (1976), Watt (1903), Wegner (1983), Wegner (1974), Weiner & Schneider (1989), Weir (1970, 1989), Weitlaner-Johnson (1976), Westfall (1981), Westfall & Desai (1987, 1987), Westphal-Hellbusch (1965), White (1982), Wilbush (1976), Yoshimoto (1988), Zebrowski (1989)

Volkskunde

Anonym (1957, 1985), Apostolaki (1956), Azizbekova (1971, 1972), Balke (1976), Brunner-Littmann & Hahn

(1988), Burnham (1986), Colby (1958), Cooper & Buferd (1978), Dahlin (o.J.), Dillmont, de (o.J.), Dudovikova (1986), Dunare (1985), Eaton (1937), Emery (1949), Fél (1976), Ferenc & Palotay (1940), Flemming (1923), Geijer (1982), Gervers (1977), Gockerell (1980), Gordon (1980), Grabowicz (1977, 1980), Grabowicz & Wolinetz (1981), Gudjonsson (1977), Gusic (1955), Gwinner, von (1987), Haberlandt (1912), Hänsel (1983), Hamilton & Hamilton (1976), Harvey (1983), Hemert, van (1967), Herzog (1985), Johnstone (1961), Juhasz (1990), Kiewe (1954), King (1977), Klingmüller & Münch (1989), Lorenzo (1933), Lundbäck & Ingers (1952), Magalhaes Calvet de (o.J.), Mannová (1972), Matterna (1982), Mattern-Pabel (1981), Mayer (1969), Mersich (1982), Meyer-Heisig (1956), Mozes (1975), Nelson (1977), Nelson & Houck (1984), Nistoroaia (1975), Nixdorff (1977), Nordiska Museet (1984), Nylén (1969), Palotay & Szabú (1940), Patterson & Gellermann (1979), Pelanzy & Català (1978), Pocius (1979), Pottinger (1983), Powers (1987), Preysing (1987), Rapp (1976), Reichelt (1956), Robinson (1987), Safford & Bishops (1980), Scarin et al. (1989), Schneider (1975), Sebba (1979), Shivo (1978), Sonday (1982), Stanková (1985), Stapeley (1924), Start (1939), Trilling (1983), Trudel (1954), Václavík (1956), Václavik & Orel (o.J.), Wahlman (1986), Walker (1985), Wanner (1979), Weiner & Schneider (1989), Young (1974), Zoras (1966)

Archäologie

Amano & Tsunoyama (1979), Anton (1984), Batigné & Bellinger (1965), Bennett (1954), Billeter (o.J.), Bird (1961), Bird & Bellinger (1954), Bird et al. (1981), Bollinger (1983), Broholm & Hald (1948), Brommer et al. (1988), Clabburn (1977), Crawford (1946), Crowfoot (1985), Crowfoot & Davies (1941), Disselhoff (1981), Dwyer (1979), D'Harcourt (1934, 1948, 1954), Eisleb (1975), Feltham (1989), Fung-Pineda (1978), Gervers (1977), Hald (1950), Hecht (1989), Hellervik (1977), Iklé (1930), Jaques (1968), Kent Peck (1983), King (1965), Lamm (1938), Lapiner (1976), Laurencich-Minelli & Ciruzzi (1981), Lautz (1982), Lavalle, de & Lang (1980), Mailey (1978), Means (1927), Merlange (1928), Museo Chileno (1989), Ortiz (1979), O'Neale (1934, 1942, 1943), O'Neale & Whitaker (1947), Paul (1979, 1980, 1986), Pfister (1934), Prümers (1989, 1990), Ramos & Blasco (1977), Riboud (1989), Rowe (1984), Sawyer (1960), Schulze-Thulin (1989), Segal et al. (1973), Stafford (1941), Taullard (1949), Van Stan (1961, 1967, 1967), Völger & Weck (1987), Wallace (1960), Wardle (1939), Washburn & Crowe (1988), Wassén (1972), Weiner & Schneider (1989), Weitlaner-Johnson (1976), Zebrowski (1989), Zerries (1968), Zimmern (1949)

Sammlungsbeschreibungen

Adams (1984), Adams (1964), Agthe (1975), Amano & Tsunoyama (1979), Anderson (1978), Ashton & Wace (1929), Azizbekova (1971, 1972), Beer (1970), Bhattacharyya (1968), Billeter (o.J.), Bird (1965), Bishop & Coblentz (1975), Black & Loveless (1981), Borgatti

(1983), Brommer et al. (1988), Bühler et al. (1972), Crawford (1946), Devi (1982), Djajasoebrata & Adams (1965), Durban Art Gallery (1977), Eisleb (1975), Elson (1979), Fowler & Matley (1979), Grabowicz (1977, 1980), Grabowicz & Wolinetz (1981), Gruber (1990), Guhr & Neumann (1982), Gusic (1955), Haas et al. (1987), Hartmann (1980), Heathcote (1976), Hwa (1987), Icke-Schwalbe (1989), Irwin & Jayakar (1956), Jaques (1968), Jaques & Wencker (1967), Johnson (1985), Jones (1973), Kiewe (1952), Landreau (1978), Landreau & Pickering (1969), Laurencich-Minelli & Ciruzzi (1981), Lavalle, de & Lang (1980), Lindahl & Knorr (1975), Mapelli Mozzi & Castello Yturbide (1987), Mayer (1969), Mayer Stinchecum (1984), Means (1927), Merlange (1928), Moes & Tay Pike (1985), Moss (1984), Museo Chileno (1989), Museum für Völkerkunde Basel (1970), Nabholz-Kartaschoff (1986), Nixdorff (1977), Okada (1958), Peebles (1982), Pottinger (1983), Preysing (1987), Ramos & Blasco (1976), Rapp (1976), Schneider (1975), Schulz (1988), Schulze-Thulin (1989), Sheares (1987), Singh (1979), Singh & Mathey (1985), Start (1939), Tsunoyama (1980), Turnbull (1982), Van Stan (1967), Victoria and Albert Museum (1931), Völger & Weck (1987), Vollmer & Gilfoy (1981), Wanner (1983), Watt (1903), Yoshimoto (1988), Zerries (1968), Zimmern (1949)

Arbeitsanleitungen

Adi-Rubin (1983), Baker (1975, 1975), Cammann (1973), Caulfeild & Saward (1882), Colby (1958), Dawson (1985), Day & Buckle (1907), Dendel (1974), Dillmont, de (o.J., o.J., o.J., 1902), Fitzrandolph (1954), Georgens & Von Gayette Georgens (o.J.), Gostelow (1977), Grafton (1975), Gross (1981), Hänsel (1983), Hardouin (o.J.), Harvey (1983), James (1978, 1981), Jessen (1972), Kahmann (1985), Lammèr (1975), Lundbäck & Ingers (1952), Mallin (o.J.), Malon (o.J.), Markrich (1976), Mead (1968), Nel (1980), Nelson & Houck (1984), Niedner (1921, 1924), Pottinger (1983), Rol (1980), Schäpper (1984), Tiesler (1977), Timmins (1968), Walker (1985), Wark (1984), Weldon's Encyclopaedia (o.J.), Westfall & Desai (1987), Zechlin (1966)

Allgemeines, Historisches

Adler (1980), Anthony (o.J.), Aryan (o.J.), Barista (1981), Basilov & Naumova (1989), Batigné & Bellinger (1965), Bernès (1974), Boyd (1974), Bunting (1980), Burrows (1921), Bushell (1924), Chattopadhyaya (1964, 1976), Clabburn (1984), Coomaraswamy (1964), Douglas & D'Harcourt (1941), Edwards (1966), Gombos (1980), Hwa (1987), Kiewe (1954), Lancet-Müller (1967), Little (1931), Müller & Brendler (1958), Okada (1958), Paul (1986), Powers (1987), Schneider (1987), Seiler-Baldinger (1986), Sigerus (1922), Simeon (1979), Sonday (1982), Steinmann (1939), Targonska (1985), Von Schorn (1885), Webster (1948), White (1982), Wroth (1977), Zaman (1981)

Literatur zur Stoffverzierung mit flüssigem Material

Systematik

Bühler (1943, 1953, 1972), Bühler & Bühler-Oppenheim (1948), Burnham (1980), Seiler-Baldinger (1979), Wada (1983)

Analyse

Ackermann-Ando (1978), Albers (1965), All India Handicrafts Board (o.J.), Amano & Tsunoyama (1979), Anton (1984), Barnes (1989), Basilov & Naumova (1989), Birrel (1959), Boser-Sarivaxévanis (1969, 1972, 1972, 1975, 1980), Bühler (1939, 1941, 1943, 1953, 1963, 1969), Bühler & Fischer (1979), Bühler & Ramseyer-Gygi (1975), Bühler et al. (1972), Burnham (1980), Campbell & Pongnoi (1978), Cheesman (1988), Chertudi & Nardi (1961), Claerhout (1975), Claerhout & Bolland (1975), Claerhout (1964), Cordry & Cordry (1973), Crawford (1915-16), Crill (1989), De Bone (1976), Desai (1988), Djambatan (1985), Donner & Schnebel (1913), D'Harcourt (1962), Elliot-Mc Cabe (1984), Etienne-Nugue (1985), Feltham (1989), Fisher & Bowen (1979), Flanagan (1957), Fraser-Lu (1988), Gervers (1977), Gittinger (1971, 1989), Golden de Bone (1976), Haake (1984), Hecht (1989), Heuermann (1972), Iklé (1941), Iklé (1928), Ito (1981), Jager-Gerlings (1952), Jasper & Pirngadie (1912-16), Kalter (1983), Kent Peck (1957, 1971, 1983), King (1965), Klein (1961), Kümpers (1961), Laczko (1979), Lamster (1930), Larsen et al. (1976), Lewis & Lewis (1984), Loebèr (1908), Maile (1963), Mohanty & Krishna (1974), Mohanty & Mohanty (1983), Moser (1974), Murphy & Crill (1989), Museo Chileno (1989), Nabholz-Kartaschoff (1979), Nevermann (1938), Newman (1974, 1977), Polakoff (1980), Ponting & Chapman (1980), Prümers (1990), Ritch & Wada (1975), Rogers (1986), Rouffaer (1902), Sayer (1988), Schaedler (1987), Schevill (1986), Segal et al. (1973), Selvanayagam (1990), Sheares (1975), Spée (1977), Stanfiled & Barbour (1971), Stanková (1989), Steinmann (1947, 1953), Taullard (1949), Theisen (1982), Tomita (1982), Tsunoyama (1980), Van Gelder (1980), Van Stan (1967), Veltman & Fischer (1912), Wada (1983), Wilson (1979), Zechlin (1966)

Ethnographie

Abdurachman (1982), Adam (1935), Adams (1969, 1971, 1974, 1977, 1989), Agthe (1975), Albers (1965), All India Handicrafts Board (o.J.), Anderson (1978), Anonym (1956, 1970, 1975, 1978, 1978, 1980), Archambault (1988), Arseven (1953), Bachinger (1979), Baker (1921), Barbour (1970), Barbour & Simmonds (1971), Barkley (1980), Barnes (1989, 1989), Barton et al. (1980), Basilov & Naumova (1989), Becker-Donner (1968), Bergman (1954), Berg, van den (1984), Bezemer (1920), Bhavani (1968), Bhushan (1985), Billeter (o.J.), Blackwood (1950), Blakemore (1979, 1982), Bohackova (1975), Boser-Sarivaxévanis (1969, 1972, 1972, 1975, 1980), Boyd

(1964), Brandon (1986), Breguet & Martin (1983), Bruignac, de et al. (1982), Bühler (1939, 1943, 1943, 1951, 1959, 1963, 1977), Bühler & Boser-Sarivaxévanis (1969), Bühler & Fischer (1974, 1979), Bühler & Ramseyer-Gygi (1975), Burman (1970), Buser-Abt (1977), Campbell (1836), Campbell & Pongnoi (1978), Cannizzo (1983), Cardale de Schrimpff (1972), Chandra (1938), Chattopadhyaya (1963), Cheesman (1988), Chertudi & Nardi (1961), Chevallier (1962), Chishti & Sanyal (1989), Chongkol (1982), Claerhout (1975), Claerhout & Bolland (1975), Cohen (1990), Cordry & Cordry (1973), Cousin (1975, 1976), Couvreur & Goslings (o.J.), Crill (1989), Crystal (1979), Daniel (1938), Delahaye (1983), Dendel (1974), Desai (1988), Deuss (1981), Devi (1982), Dhamija (1970, 1985), Dhamija & Jain (1989), Djajasoebrata & Adams (1965), Djambatan (1985), Djoemena (1986, 1990), Djumena (1990), Does, de (o.J.), Drewal & Pemberton (1989), Dürr (1978), Dunham (1980), Dupaigne (1968, 1974, 1983), Duponchel (1987), Dusenbury (1978, 1985), Elliot-Mc Cabe (1984), Ellis (1980), Enserinck (o.J.), Erikson (1984), Etienne-Nugue (1982, 1984, 1985), Feltham (1989), Fenton & Stuart-Fox (1976), Fischer (1972), Fischer & Jain (1982), Fischer & Pathy (1982), Fischer & Shah (1970, 1970), Fischer et al. (1979), Fisher & Bowen (1979), Fraser-Lu (1986, 1988), Fukuni (1973), Futagami & Plötz (1983), Gardi (1957, 1958), Geirnaert (1989), Geirnaert & Heringa (1989), Geirnaert-Martin (1981), Gewerbemuseum Basel (1974), Gittinger (1971, 1976, 1976, 1979, 1979, 1980, 1982, 1989, 1989), Gluck & Gluck (1974), Godon (1944), Golden de Bone (1976), Guelton (1989), Gulati (1951), Haake (1984), Haas (1966), Hacker (1982), Hadaway (1911), Haddon & Start (1982), Hall & Irwin (1971), Hambruch (1929), Hardjonagoro (1980), Harris (1986), Hartkamp-Jonxis (1989), Hartland-Rowe (1985), Haselberger (1965), Hauser-Schäublin & Nabholz-Kartaschoff (1991, 1991), Haussmann (1847), Hecht (1989), Heringa (1989), Hitchcock (1985), Hodge (1982), Holz (1980), Hurwitz (1962), Icke-Schwalbe (1989), Iklé (1931, 1941), Ito (1981), Jager-Gerlings (1952), Janata (1978), Jannes (1973), Jayakar (o.J., 1947), Jeanneret (1965), Jenny (1919), Jingshan (1982), Joseph (1978), Joseph (1986), Juel (1984), Jusuf et al. (1984), Kahlenberg (1977, 1980), Kalter (1983), Kartiwa (1963, 1982), Kent Peck (1971), Khan Majlis (1984, 1985), Kidder (1935), King (1988), Kitley (1981), Klein (1961), Klopfer (1988), Kooijman (1974), Kreischer (1907), Kron-Steinhardt (1989), Kümpers (1961), Labin (1979), Laczko (1979), Lamb (1980), Lamb & Lamb (1981), Lamster (1930), Landolt-Tüller (1976/77), Langewis (1960, 1963), Langewis & Wagner (1964), Leib & Romano (1984), Lestrange, de (1950), Levinsohn (1980), Lewis & Lewis (1984), Lindahl & Knorr (1975), Linden-Museum (1989), Loebèr (1902, 1903, 1914, 1926), Lorm, de (1938), Mack (1989), Majmudar (1968), Matsumoto (1984), Maxwell (1990), Maxwell (1980, 1984), Mc Kinnon (1989), Mege Rosso (1990), Metha (1970), Moes & Tay Pike (1985), Mohanty & Krishna (1974), Mohanty & Mohanty (1983), Mollet (1976), Moser (1974), Moss (1979), Mukharji (1888), Munan

(1989), Muraoka & Okamura (1973), Murphy & Crill (1989), Mylius (1979), Nabholz-Kartaschoff (1970, 1979, 1980, 1982, 1989, 1989, 1989), Nabholz-Kartaschoff & Krehl-Eschler (1980), Nevermann (1938), Newman (1974, 1977), Nieuwenhuis (1913), Niggemeyer (1965), Nooteboom (1958), Nordquist & Aradeon (1975), Oei (1982, 1985), Okamura & Muraoka (1973), Ong (1970), Palmieri & Ferentinos (1979), Paravicini (1924), Peacock (1977), Pfister (1936, 1939), Picton & Mack (1979), Pleyte (1912), Polakoff (1980, 1982), Ponting & Chapman (1980), Prangwatthanakun & Cheesman (1987), Raadt-Apel (1981), Rajab (1987), Ramseyer (1980, 1984, 1987), Ramseyer & Ramseyer-Gygi (1979), Riboud (1989), Ricard (1925), Ritch & Wada (1975), Robinson (1969), Robyn (1989), Rodgers (1985), Rolandi & Pupareli, de (1985), Ronge (1982), Rose (1985), Rouffaer (1914), Rowe (1977), Saraf (1987), Saugy (1973), Sayer (1985, 1988), Schaedler (1987), Schermann (1910), Schevill (1986, 1986), Schindler (1990), Schneider (1987), Scholz (1974, 1974), Schuster (1948), Schuster & Schuster (1980), Schwartz (1977), Schwartz (1962), Selvanayagam (1990), Senthna (1985), Sheares (1975, 1987), Sibeth (1990), Sieber (1972), Sievers, von (1911), Skyring & Bogle (1982), Soekawati, (1941), Solyom & Solyom (1979, 1984), Solyom & Solyom (1973, 1980, 1980), Sorber (1983), Spée (1977), Speiser (1985), Spring (1989), Stanfiled & Barbour (1971), Steinmann (o.J., 1941, 1947, 1949, 1953), Sugimura & Suzuki (1973), Sumadio (1976), Supakar (1985), Swallow (1987), Taullard (1949), Theisen (1982), Therik (1989), Tietze (1941), Tirta (1974), Tirtaamidjaja & Anderson (1966), Tomoyuki (1966), Trivedi (1969), Tsevan (1956), Turnbull (1982), University of Singapore Art Museum (1964), Van Gelder (1979, 1980), Varadarajan (1978, 1982, 1983), Veldhuisen- Djajasoebrata (1972, 1984), Veldhuisen-Djajasoebrata (1980, 1988), Veltman & Fischer (1912), Viatte & Pinault (1987), Völger & Weck (1987), Vogelsanger (1980), Vollmer & Gilfoy (1981), Vromen (1970, 1970), Vuldy (1987), Wacziarg & Nath (1987), Wagner (1949), Warming & Gaworski (1981), Washburn & Crowe (1988), Wass & Murnane (1978), Wassing-Visser (1982), Watt (1903), Weber (1977), Wegner (1974), Weir (1989), Westfall (1981), Westfall & Desai (1987), Wilson (1979), Wirz (1932), Yamanobe (1966), Yanagi & Ota (1932), Yogi (1980), Yoshida (1980), Yoshioka & Yoshimoto (1980), Zebrowski (1989), Zeller (1907, 1926)

Volkskunde

Albers (1965), Anonym (1949, 1954), Bachmann & Reitz (1962), Boser-Sarivaxévanis (1972), Brailaschwili (1964, 1964), Brett (1949), Dahlin (o.J.), Domonkos (1981), Henschen (1942), King (1988), Linden-Museum (1989), Muntschurowa (1960), Meyer-Heisig (1956), Müllers (1977), Nabholz-Kartaschoff (1968, 1969), Orel & Stanková (1960), Phillips (1932), Reichelt (1956), Scheller (1941), Schmalenbach (1950), Schneider (1975), Stanková (1989), Trnka (1959), Vahter (1951), Vergara Wilson (1988), Vydra (1954), Wallace (1972), Wiasmitinow (1963), Wilson (1979)

Archäologie

Albers (1965), Amano & Tsunoyama (1979), Anton (1984), Bedaux & Bolland (1980), Billeter (o.J.), Bird (1952), Bird et al. (1981), Bollinger (1983), Cardale de Schrimpff (1986), Carter (o.J.), Clabburn (1987), Crawford (1946), Crowfoot (1947), Dawson (1979), D'Harcourt (1962, 1974), Eisleb & Strelow (1964, 1965), Feltham (1989), Gardner (1982), Gervers (1977), Haberland (1964), Hägg (1984), Hecht (1989), Jaques (1968), Katara (1972), Kent Peck (1957, 1983), King (1958, 1965), Kobel-Streiff (1972), Kroeber (1944), Lapiner (1976), Laurencich-Minelli & Ciruzzi (1981), Lavalle, de & Lang (1980), Lindberg (1964), Linné (1953), Mastache (1973), Museo Chileno (1989), Pfister (1938), Prümers (1983, 1990), Reichlen (1965), Riboud (1989), Rowe (1977), Sawyer (1979), Segal et al. (1973), Snethlage (1931), Stephani & Tolmachoff (1942), Taullard (1949), Tsunoyama (1966), Valette (1913), Van Stan (1955, 1957, 1961, 1963, 1967), Völger & Weck (1987), Washburn & Crowe (1988), Weitlaner-Johnson (1970, 1971), Wilson (1979), Zebrowski (1989)

Sammlungsbeschreibungen

Adams (1972), Agthe (1975), Amano & Tsunoyama (1979), Anderson (1978), Anonym (1962), Bachinger (1979), Bezault (1954), Billeter (o.J.), Brett (1949), Bühler (1953, 1969), Bühler & Boser-Sarivaxévanis (1969), Bühler et al. (1972), Castello Yturbide & Martinez del Rio, de (1979), Chandra (1938), Claerhout (1964), Crawford (1946), Devi (1982), Djajasoebrata & Adams (1965), Djoemena (1990), Dürr (1978), Gittinger (1976), Hall & Irwin (1971), Hartland-Rowe (1985), Hartmann (1974), Heine-Geldern, von (1949), Hurwitz (1962), Icke-Schwalbe (1989), Jaques (1968), Jaquet (1975), Jusuf et al. (1984), Klimburg & Pinto (1986), Laurencich-Minelli & Ciruzzi (1981), Lavalle, de & Lang (1980), Lindahl & Knorr (1975), Linden-Museum (1989), Louber (1937), Mangkdilaga & Hutapea (1980), Mege Rosso (1990), Moes & Tay Pike (1985), Museo Chileno (1989), Museum für Völkerkunde Basel (1970), Nabholz-Kartaschoff (1970, 1986), Okada (1958), Peacock (1977), Peebles (1982), Pence Britton (1938), Rogers (1986), Rouffaer (1901), Schneider (1975), Schulz (1988), Sheares (1987), Singh (1979), Singh & Mathey (1985), Smith (1924, 1924), Solyom & Solyom (1973, 1979), Start (1948), Steinmann (1925), Sumadio (1976), Tenri Sankokan Museum (1981), Tsunoyama (1966, 1980), Turnbull (1982), Van Stan (1967), Völger & Weck (1987), Vollmer & Gilfoy (1981), Watt (1903), Zeller (1907)

Arbeitsanleitungen

Battenfield (1978), Dendel (1974), Donner & Schnebel (1913), Haake (1984), Heinze (1969), Houston (1975), Lammèr (1975), Lechuga (1979), Maile (1963), Mijer (1928), Nakamo (1982), Proud (1965), Rachman (o.J.), Rangkuty (o.J.), Reichert (1984), Spée (1977), Tidball (1957), Ursin & Kilchenmann (1979), Van Gelder (1980), Vesper (1922), Zechlin (1966)

Filme

Mylius (1979), Ramseyer & Ramseyer-Gygi (1979), Scholz (1974, 1974), Schuster & Schuster (1980)

Allgemeines, Historisches

Altman (o.J.), Basilov & Naumova (1989), Beauvais-Raseau (1770), Boyd (1974), Brinckmann (1892), Bunting (1980), Grothe (1912), Hambruch (1929), Holz (1980), Jaques (1950), Jean-Richard (1968), Jenny (1919), Kreischer (1907), Lancet-Müller (1967), Lewis (1924), Metha (1951, 1961), Moss (1979), Noma (1977), Okada (1958), Osumi (1963), Pfister (1939), Raaschou (1967), Réal (1923, 1977), Rowe (1985), Schneider (1987), Schuster (1965), Schwartz (1962, 1967), Seiler-Baldinger (1986), Steinmann (o.J., 1958), Storey (1974), Strickler-Streiff (1925), Swallow (1987), Talwar & Krishna (1979), Timmermann (1984), Vuldy (1987)

Literatur zur Stoffverarbeitung

Systematik

Emery (1966)

Analyse

Cousin (1972), Deuss (1981), Hald (1980), Kent Peck (1957, 1983), La Baume (1955), Lothrop & Mahler (1957), Mattern-Pabel (1981), O'Neale (1942), Schlabow (1976), Snow & Snow (1973), Ullemeyer & Tidow (1973), West (1980), Zechlin (1966)

Ethnographie

Cousin (1972), Deuss (1981), Dürr (1978), Kremser & Westhart (1986), Sedlak (1987), West (1980)

Volkskunde

Johnson (1985), Mattern-Pabel (1981), Müller (1957), Nixdorff (1977), Reichelt (1956)

Archäologie

Bender-Jørgensen & Tidow (1981), Bird & Mahler (1952), Cherblanc (1937), Hägg (1984), Hald (1980), Hellervik (1977), Hundt (1960), Kent Peck (1957, 1983), King (1956), Lothrop & Mahler (1957), O'Neale (1942), Pedersen (1982), Renner-Volbach (1988), Schlabow (1976), Ullemeyer & Tidow (1973), Weitlaner-Johnson (1977)

Sammlungsbeschreibungen

Dürr (1978), Nixdorff (1977), Renner-Volbach (1988), Schlabow (1976)

Arbeitsanleitungen

Dillmont, de (1902), Snow & Snow (1973), Zechlin (1966)

Allgemeines, Historisches

Fontaine (1986)

Literaturverzeichnis

Abadia Morales, G.: Compendio General de Folklore Colombiano. Bogotá 1983
Volkskunde; Flechten; Weben

Abbasi, S.: ‹Embroidery›, Traditional Arts of Hyderabad, o.O. o.J.: 37-39
Ethnographie; Vrz. festes Mat.

Abbass, D.K.: ‹American Indian Ribbonwork›, Lore 36 (2), Milwaukee 1986: 8-15
Analyse; Ethnographie; Vrz. festes Mat.

Abdulkadir, A.: siehe auch Ziemba, W.T.

Abdurachman, P.R.: ‹The batik tradition›, Abdurachman, P.R. (ed.) Cerbon. Jakarta 1982: 129-157
Ethnographie; Vrz. flüssiges Mat.

Acar, B.K.: Kilim ve düz dokuma yaygilar. Istanbul 1975
Analyse; Kettenstoffe; Wirken

Acar, B.K.: Kilim, Cicim, Zili, Sumak: Türkische Flachgewebe. Istanbul 1983
Analyse; Ethnographie; Kettenstoffe; Wirken

Ackermann-Ando, H.: Die Shibori-Textilmustertechnik von Arimatsu, Japan. Basel 1978
Analyse; Vrz. flüssiges Mat.

Adam, T.: ‹The Art of Batik in Java›, The Needle and Bobbin Club 18, New York 1935: 3-17
Ethnographie; Vrz. flüssiges Mat.

Adams, B.: Traditional Buthanese Textiles. Bangkok 1984
Ethnographie; Sammlungsbeschr.; Weben; Vrz. festes Mat.

Adams, L.G.: Textile Arts: From the 16th to the Early 19th Century. New York 1964
Sammlungsbeschr.; Vrz. festes Mat.

Adams, M.: System and Meaning in East Sumba Textile Design: A Study in traditional Indonesian Art. Cultural Report Series No. 16, New Haven 1969
Ethnographie; Fadenbildung; Weben; Vrz. flüssiges Mat.

Adams, M.: ‹Designs in Sumba Textiles, Local Meanings and Foreign Influences›, Textile Museum Journal 3 (2), Washington 1971: 28-37
Ethnographie; Weben; Vrz. flüssiges Mat.

Adams, M.: ‹Classic and Eccentric Elements in East Sumba Textiles›, Bulletin of the Needle and Bobbin Club 55 (1+2), New York 1972
Sammlungsbeschr.; Vrz. flüssiges Mat.

Adams, M.: ‹Dress and Design in Highland Southeast Asia: The Hmong (Miao) and Yao›, Textile Museum Journal Vol. 4 No. 1, Washington 1974: 51-66
Ethnographie; Vrz. festes Mat.; Vrz. flüssiges Mat.

Adams, M.: ‹Style in Southeast Asian Materials Processing›, Lechtman, H. & Merill, R.S. (ed.) Material Culture 1975, St. Paul 1977: 21-52
Ethnographie; Weben; Vrz. flüssiges Mat.

Adams, M.: ‹Kuba Embroidered Cloth›, African Arts Vol. 12 No. 1, Los Angeles 1978: 24-39
Ethnographie; Weben; Vrz. festes Mat.

Adams, M.: ‹Fon Appliqued Cloths›, African Arts Vol. 13 No. 2, Los Angeles 1980: 28-41
Ethnographie; Vrz. festes Mat.

Adams, M.: ‹Beyond symmetry in middle African design›, African Arts Vol. 23 No. 1, Los Angeles 1989: 34-43
Ethnographie; Flechten; Weben; Vrz. festes Mat.; Vrz. flüssiges Mat.

Adams, M.: siehe auch Djajasoebrata, V.A.

Adelson, L. & Tracht, A.: Aymara Weavings. Ceremonial Textiles of Colonial and Nineteenth Century Bolivia. Washington 1983
Ethnographie; Sammlungsbeschr.; Weben

Adi-Rubin, M.: Israeli Yemenite Embroidery. Cone-Heiden 1983
Analyse; Arbeitsanleitung; Vrz. festes Mat.

Adler, A.: Textilkunst der Cuna im Grenzgebiet von Kolumbien und Panama. Koblenz 1980
Ethnographie; Allg.; Vrz. festes Mat.

Adovasio, J.M.: ‹Prehistoric Great Basin Textiles›, I. Emery Roundtable on Museum Textiles 1974, Washington 1975: 141-149
Archäologie; Weben

Adovasio, J.M.: Basketry Technology, a Guide to Identification and Analysis. Chicago 1977
Analyse; Archäologie; Flechten

Adovasio, J.M.: ‹Prehistoric Basketry of Western North America and Mexico›, Browman, D. (ed.) Early Native America. New York 1980: 341-362
Archäologie; Flechten

Adovasio, J.M.: ‹Prehistoric Basketry›, Handbook of North American Indians 11, Washington 1986: 194-205
Archäologie; Flechten

Adovasio, J.M. & Maslowski, R.F.: ‹Cordage, Basketry and Textiles›, Lynch, Th.F. (ed.) Guittarero Cave – Early Man in the Andes. London 1980: 253-289
Ethnographie; Archäologie; Fadenbildung; Maschenstoffe; Flechten; Kettenstoffe; Weben

Aga-Dglu, M.: Safawid Rugs and Textiles. New York 1941
Allg.; Kettenstoffe; Weben; Florbildung; Wirken

Agthe, J.: Kunsthandwerk in Afrika im Wandel. Roter Faden zur Ausstellung 2, Frankfurt 1975
Ethnographie; Sammlungsbeschr.; Weben; Vrz. festes Mat.; Vrz. flüssiges Mat.

Aguirre, J.: Eusko-Bilkin – Degi: Museo Vasco (Etnográfico). Museo Municipal de S. Sebastián 3 & 5, San Sebastián o.J.
Volkskunde; Sammlungsbeschr.; Fadenbildung; Flechten; Weben

Ahlbrinck, W.: ‹Over de vlechtmethoden gebruikelijk bij de Kalina›, Anthropos 20, Freiburg 1925: 638-652
Analyse; Ethnographie; Flechten

Ahmed, M.: A monograph on village Manhira. Census of India, Village Survey 12 (6), 1961, New Delhi 1967
Ethnographie; Allg.; Fadenbildung; Weben

Akkent, M. & Franger, G.: Das Kopftuch: Ein Stückchen Stoff in Geschichte und Gegenwart. Frankfurt 1987
Volkskunde; Florbildung

Albers, A.: A Structural Process in Weaving. New Haven 1952
Analyse; Archäologie; Weben

Albers, A.: On Weaving. Middletown 1965
Analyse; Ethnographie; Volkskunde; Archäologie; Maschenstoffe; Flechten; Kettenstoffe; Weben; Florbildung; Vrz. flüssiges Mat.

Alfaro Giner, C.: Tejido y cestería en la peninsula Ibérica. Bibl. Praehist. Hispana 21, Madrid 1984
Archäologie; Fadenbildung; Maschenstoffe; Flechten; Kettenstoffe; Weben; Ränder

Ali, Y.: A monograph on silk fabrics produced in the North-Western provinces and Oudh. Allahabad 1900
Ethnographie; Fadenbildung; Weben

All India Handicrafts Board: Cane grass and bamboo crafts of India. New Delhi o.J.
Ethnographie; Flechten

All India Handicrafts Board: Indian printed textiles. New Delhi o.J.
Analyse; Ethnographie; Vrz. festes Mat.; Vrz. flüssiges Mat.

Allen, M.: siehe auch Yorke, R.

Alman, J.H.: ‹Bajau Weaving›, Sarawak Museum Journal 9 (15-26), Kuching, Sarawak 1960: 603-618
Ethnographie; Weben

Altman, B. & Lopez, R.: Guatemala: Quetzal and Cross. Los Angeles 1975
Sammlungsbeschr.; Weben

Altman, P.H.: The Loom, the needle and dye pot. o.O. o.J.
Allg.; Weben; Vrz. flüssiges Mat.

Alvarez de Williams, A.: ‹Cocopa›, Handbook of North Am. Indians 10, Washington 1983: 99-112
Ethnographie; Flechten; Perlenstoffe

Amano, Y.& Tsunoyama, Y. (ed.): Textiles of the Andes: Catalog of Amano Collection Lima. San Francisco 1979
Analyse; Archäologie; Sammlungsbeschr.; Maschenstoffe; Kettenstoffe; Weben; Florbildung; Vrz. festes Mat.; Vrz. flüssiges Mat.; Wirken

Amar, A.B. & Littleton, C.: Traditional Algerian flatweavings. Cullowhee 1981
Ethnographie; Sammlungsbeschr.; Kettenstoffe; Wirken

Ambler, R.: siehe auch Lambert, M.F.

Amborn, H.: Differenzierung und Integration. Notos Band 1, München 1990
Ethnographie; Fadenbildung; Weben

American Indian Basketry Magazine: Portland ab 1979
Analyse; Ethnographie; Sammlungsbeschr.; Arbeitsanleitung; Flechten

American Society for testing materials: Standard Methods of Identification of Fibres in Textiles. Philadelphia 1949
Allg.

Amsden, C.: ‹The Loom and its Prototypes›, American Anthropologist Vol. 34 No. 2, Menasha 1932: 216-235
Archäologie; Fadenbildung; Kettenstoffe; Weben

Amsden, C.: Navajo Weaving: its Technique and History. Santa Ana 1934
Analyse; Ethnographie; Maschenstoffe; Flechten; Weben; Wirken

Analsad, D.M.: Cotton Hand Spinning. Madras 1951
Ethnographie; Fadenbildung

Anand, M.R.: ‹The Art of living in the Punjab village›, Marg 28 (1), Bombay 1974
Ethnographie; Weben; Vrz. festes Mat.

Anawalt, P. R.: ‹The Ramifications of Treadle Loom Introduction in 16th Century Mexico›, I. Emery Roundtable on Museum Textiles 1977, Washington 1979: 170-187
Volkskunde; Weben

Anawalt, P.R.: Indian clothing before Cortés: Mesoamerican costumes from the Codices. Norman 1981
Allg.; Florbildung

Andersen, E.: ‹Solution of the mystery›, Folk 21-22, 1979-80, Kopenhagen 1980
Volkskunde; Weben

Anderson, B.R.O.: siehe auch Tirtaamidjaja, N.

Anderson, M.: Guatemalan Textiles Today. New York 1978
Ethnographie; Sammlungsbeschr.; Fadenbildung; Maschenstoffe; Flechten; Kettenstoffe; Weben; Vrz. festes Mat.; Vrz. flüssiges Mat.

Anderson, M.: siehe auch Taber, B.

Andrews, M.: Türkmen Needlework: Dressmaking and Embroidery among the Türkmen of Iran. Central Asian Research Centre, London 1976
Ethnographie; Vrz. festes Mat.

Andrews, P.: The Turcoman of Iran. Kendal o.J.
Ethnographie; Sammlungsbeschr.; Florbildung; Wirken

Andrews, P.A.: siehe auch Azadi, S.

Anjou, S.: ‹Ryer i det Nordenfjelske Norge›, Röhsska Konstslöjdenusects, Årstryck 1934
Volkskunde; Florbildung

Ankermann, B.: ‹Gemusterte Raphiagewebe vom unteren Niger›, Bässler Archiv 6, Berlin 1922: 204-206
Ethnographie; Arbeitsanleitung; Weben

Anonym: Guimaraes Gualterianos: Abbildungen spinnender Frauen. Journal de Noticias, o.O. o.J.
Allg.; Fadenbildung

Anonym: Orient-Teppiche: eine erste Einführung. Binningen o.J.
Ethnographie; Florbildung

Anonym: Arts and crafts in Indonesia. Djakarta o.J.
Ethnographie

Anonym: Der antike Webstuhl. Mitteil. K. u. K. öster. Mus. für Kunst und Industrie No. 8, Wien 1893
Volkskunde; Weben

Anonym: Das Spitzenschulwesen: Das Schulwesen der Spitzenklöppelei in der Tschechoslowakei. Prag 1928
Volkskunde; Flechten

Anonym: Two thousand years of silk weaving. New York 1944
Ethnographie; Archäologie; Weben

Anonym: European printed textiles. London 1949
Volkskunde; Vrz. flüssiges Mat.

Anonym: Présentation de la Collection Louis Becker: Mouchoirs et Tissus imprimés du XVIIIe et XIXe siècle. Mulhouse 1954
Volkskunde; Vrz. flüssiges Mat.

Anonym: Indonésie. Les Arts et les Dieux. Sumatra, Java, Bali, Timor, Borneo, Célébes, Iles du Sud-Ouest. Neuchâtel 1956
Ethnographie; Weben; Vrz. flüssiges Mat.

Anonym: Slovensky l'udovy textil. Tkaniny, vysivky cipky, kroje. Osveta 1957
Analyse; Volkskunde; Fadenbildung; Flechten; Weben; Vrz. festes Mat.

Anonym: Craft designs. Delhi 1961
Ethnographie; Allg.

Anonym: Exposition de toiles peintes anciennes des Indes. Mulhouse 1962
Sammlungsbeschr.; Vrz. flüssiges Mat.

Anonym: Catalogue of exhibition of Shoso-in treasures. Nara 1964
Arbeitsanleitung; Flechten; Weben

Anonym: Chumash Indian Art. The Art Gallery University of California 18, o.O. 1964
Ethnographie; Sammlungsbeschr.; Flechten

Anonym: Handwoven Textiles. Bombay 1965
Ethnographie; Weben

Anonym: The art of tie-dyeing. Standard Bangkok Magazine 30 (8), Bangkok 1970
Ethnographie; Vrz. flüssiges Mat.

Anonym: Ein Museum für Textiles: Sammlung Iklé im Industrie- und Gewerbe Museum St. Gallen. St. Gallen 1972

Anonym: Cultural relics unearthed in Sinkiang. Bejing 1975
Archäologie; Allg.

Anonym: Ikats from central Asia. New York 1975
Ethnographie; Vrz. flüssiges Mat.

Anonym: Hommage to Kalam-kari. Marg 31.4, Bombay 1978
Ethnographie; Vrz. flüssiges Mat.

Anonym: Ikat: Indonesian Textile Traditions. Glasgow 1978
Ethnographie; Vrz. flüssiges Mat.

Anonym: Kanoko aus Kyoto. Kyoto 1980
Ethnographie; Vrz. flüssiges Mat.

Anonym: Volkskunst. München 1985
Volkskunde; Fadenbildung; Flechten

Anonym: Weben und Knüpfen. Ausstellung des bildnerischen Volksschaffens in der DDR. Leipzig 1985
Volkskunde; Flechten; Weben; Florbildung; Vrz. festes Mat.

Anonym: Nias: Tribal Treasures. Delft 1990
Ethnographie; Flechten; Vrz. festes Mat.

Anquetil, J.: Le Tissage. Paris 1977
Analyse; Volkskunde; Weben; Perlenstoffe

Anquetil, J.: La Vannerie. Paris 1979
Arbeitsanleitung; Flechten; Perlenstoffe; Ränder

Anthony, I.E.: ‹Quilting and Patchwork in Wales›, Bulletin of the Natural Museum Wales, Portsmouth o.J.
Allg.; Vrz. festes Mat.

Anton, F.: Altindianische Textilkunst aus Peru. Leipzig 1984
Analyse; Archäologie; Maschenstoffe; Kettenstoffe; Weben; Florbildung; Vrz. festes Mat.; Vrz. flüssiges Mat.

Aoki, M.: siehe auch Sekido, M.

Apostolaki, A.: Kentimata Mallina. Benaki Mus. Athen 1956
Volkskunde; Maschenstoffe; Weben; Vrz. festes Mat.

Aradeon, S.B.: siehe auch Nordquist, B.K.

Arbeit, W.: Baskets in Polynesia. Honolulu 1990
Analyse; Ethnographie; Arbeitsanleitung; Flechten

Arbman, H.: siehe auch Strömberg, E.

Archambault, M.: Tissus royaux, tissus villageois de Thaïlande. Mulhouse 1988
Ethnographie; Fadenbildung; Weben; Vrz. flüssiges Mat.

Aretz, I.: Manual de Folklore Venezolano. Carácas 1972
Volkskunde; Fadenbildung; Maschenstoffe; Flechten; Kettenstoffe; Weben

Aretz, I.: El traje del Venezolano. Carácas 1977
Ethnographie; Volkskunde; Maschenstoffe; Flechten; Kettenstoffe; Weben

Aretz, I.: La artesanía folklórica de Venezuela. Carácas 1979
Ethnographie; Fadenbildung; Maschenstoffe

Aronson, L.: ‹Popo Weaving: The Dynamics of Trade in Southeastern Nigeria›, African Arts Vol. 15 No. 3, Los Angeles 1982: 43-47
Ethnographie; Weben

Aronson, L.: Akwete weaving: a study of change in response to the palmoil trade in the nineteenth century. Ann Arbor 1986
Ethnographie; Weben

Aronson, L.: ‹Akwete Weaving: Tradition and Change›, Basler Beiträge zur Ethnologie Band 30, Basel 1989: 35-64
Analyse; Ethnographie; Weben

Arseven, C.E.: Le yazama. Les arts décoratifs Turcs. Istanbul 1953
Ethnographie; Vrz. flüssiges Mat.

Arthur, L.: Der echte Teppich. Wien 1926
Ethnographie; Florbildung

Aryan, K.C.: Rural art of the Western Himalaya. New Delhi 1985
Ethnographie

Aryan, S.: Himachal Embroidery. New Delhi o.J.
Allg.; Vrz. festes Mat.

Aryan, S.: ‹Pahari Embroidery›, Arts of Asia Vol. 14 No. 5, Hong Kong 1984: 81-91
Ethnographie; Vrz. festes Mat.

Arze, S.: siehe auch Gisbert, T.

Asch, M.I.: ‹Slavey›, Handbook of North Am. Indians 6, Washington 1981: 338-349
Analyse; Ethnographie; Vrz. festes Mat.

Ashabranner, B. & Ashabranner, M.: ‹The Basket Art of Northern Luzon›, Arts of Asia Vol. 11 No. 5, Hong Kong 1981: 120-126
Ethnographie; Flechten

Ashabranner, M.: siehe auch Ashabranner, B.

Ashley, C.W.: The Ashley Book of Knots. London 1977
Volkskunde; Maschenstoffe; Flechten

Ashley, C.W.: Das Ashley Buch der Knoten. Hamburg 1986
Volkskunde; Maschenstoffe; Flechten

Ashton, L. & Wace, A.J.B.: Brief Guide to the Persian Embroideries. Victoria and Albert Museum, London 1929
Ethnographie; Sammlungsbeschr.; Vrz. festes Mat.

Atwater, M.M.: Byways in hand-weaving. New York 1976
Arbeitsanleitung; Flechten; Kettenstoffe; Weben

Ave, J.B. & King, V.T.: Borneo: People of the Weeping Forest. Leiden 1986
Ethnographie; Flechten

Azadi, S.: Turkmenische Teppiche. Hamburg 1970
Ethnographie; Florbildung

Azadi, S. & Andrews, P.A.: Mafrash. Berlin 1985
Analyse; Ethnographie; Kettenstoffe

Azizbekova, P.A.: Aserbeidschanische Stickereien. Moskau 1971
Volkskunde; Sammlungsbeschr.; Vrz. festes Mat.

Azizbekova, P.A.: Aserbeidschanische Nationaltracht. Moskau 1972
Volkskunde; Sammlungsbeschr.; Vrz. festes Mat.

Azzola, F.K.: siehe auch Azzola, J.

Azzola, J. & Azzola, F.K.: ‹Die Tuchschere im Bergischen Museum auf Schloss Burg an der Wupper›, Das Kleindenkmal No. 1, 11, Burg a.d. Wupper 1985
Volkskunde

Azzola, J. & Azzola, F.K.: ‹Spinnrocken und Handspindel, zwei steinerne Denkmale von 1447›, Schwäbische Heimat No. 1, 36, Stuttgart 1986
Archäologie; Fadenbildung

Bachinger, R.: Pua: Zeremonialtücher der Iban aus Borneo. Frankfurt 1979
Ethnographie; Sammlungsbeschr.; Vrz. flüssiges Mat.

Bachmann, M. & Reitz, G.: Der Blaudruck. Leipzig 1962
Volkskunde; Vrz. flüssiges Mat.

Bacon, E.: siehe auch O'Neale, L.M.

Baer, G.: Beiträge zur Kenntnis des Xingu-Quellgebietes. Basel, München 1960
Ethnographie; Flechten; Kettenstoffe

Baer, G.: Matsigenka (Ostperu, Montaña), Schnurdrehen und Netzknüpfen. Encyclopaedia Cinematographica E 1718, Göttingen 1972
Ethnographie; Film; Fadenbildung; Maschenstoffe

Baer, G.: Matsigenka (Ostperu, Montaña), Herstellen eines Deckelkorbes. Encyclopaedia Cinematographica E 1719, Göttingen 1973
Ethnographie; Film; Flechten

Baer, G.: Píro (Ostperu, Montaña) Herstellen einer Matte. Encyclopaedia Cinematographica 7 (29), E 1716, Göttingen 1977: 3-10
Ethnographie; Film; Flechten

Baer, G. & Seiler-Baldinger, A.: ‹Cushmas der Matsingenka, Ost-Peru›, Basler Beiträge zur Ethnologie Band 30, Basel 1989: 421-431
Ethnographie; Weben

Baerlocher, M.: Veränderungen in der Arbeitsweise der Ägyptisch-Koptischen Wirkereien. Dissertation. Basel 1978
Analyse; Archäologie; Wirken

Baerlocher, M.: Vorbereitungsschritte zu Wirkereien, Fadenverläufe als Ausdruck der Stoffbildungsmöglichkeiten. Anhang zur Dissertation. Basel 1978
Analyse; Archäologie; Weben; Wirken

Bagli, M.: siehe auch Laurencich-Minelli, L.

Bahr, D.M.: ‹Pima and Papago Social Organization›, Handbook of North American Indians 10, Washington 1983: 178-192
Analyse; Ethnographie; Maschenstoffe; Flechten

Bailey, T.E.: The manual industries of Peru. New York 1947
Ethnographie; Fadenbildung; Weben

Baines, P.: Spinning wheels: Spinners and spinning. London 1977
Systematik; Analyse; Volkskunde; Fadenbildung

Baizerman, S. & Searle, K.: Finishes in the Ethnic Tradition. St. Paul 1978
Ethnographie; Arbeitsanleitung; Ränder

Baizerman, S. & Searle, K.: Latin American brocades: Explorations in supplementary weft techniques. St. Paul 1980
Arbeitsanleitung; Weben

Baizerman, S.: siehe auch Cahlander, A.

Baizerman, S.: siehe auch Pancake, C.M.

Bajinski, A. & Tidhar, A.: Textiles from Egypt: 4th–13th Century. Tel Aviv 1980
Archäologie; Weben; Wirken

Baker, G.P.: Calico Painting and Printing in the East Indies in the 17th and 18th centuries. London 1921
Ethnographie; Vrz. flüssiges Mat.

Baker, M. & Lunt, M.: Blue and white: The cotton embroideries of rural China. New York 1977
Ethnographie; Vrz. festes Mat.

Baker, M.L.: The abc's of Canvas embroidery. Sturbridge 1975
Arbeitsanleitung; Vrz. festes Mat.

Baker, M.L.: The xyz's of Canvas embroidery. Sturbridge 1975
Arbeitsanleitung; Vrz. festes Mat.

Balbino Camposeco, M.J.: La Cestería de la Aldea Cerro Alto, San Juan Sacatepéquez. Guatemala 1983
Ethnographie; Flechten; Wirken

Balfet, H.: ‹La vannerie: Essai de classification›, L'Anthropologie 56, Paris 1952: 259-280
Systematik; Flechten; Ränder

Balfet, H.: ‹Basketry: A Proposed Classification›, Univ. Calif. Arch. Survey Rep. 37, Pap. Cal. Arch. 47, Berkeley 1957: 1-21
Systematik; Flechten

Balfet, H.: ‹Essai de classification de la vannerie›, Schweiz. Arbeitslehrerinnen Zeitung 9, No. 69, Biel 1986: 7
Systematik; Analyse; Ethnographie; Flechten

Balfet, H. & Desrosiers, S.: ‹Où en sont les classifications textiles›, Techniques et Culture 10, Paris 1987: 207-212
Systematik

Balke, L.: Serbische Stickereien. Bautzen 1976
Volkskunde; Vrz. festes Mat.

Ball, S.C: Clothing. Mus. Handbook 2, B.P. Bishop Mus. Special Publ. 9, Honolulu 1924
Ethnographie; Maschenstoffe; Weben; Florbildung

Baranowicz, de, I. & Bernheimer, L. & Soustiel, J.: Udstilling af orientalske textiler tilhørende I. de Baranowicz. København 1957
Ethnographie; Weben; Florbildung

Barbour, J.: ‹Nigerian Adire Cloths›, Bässler Archiv NF 18, 2, Berlin 1970: 363-426
Ethnographie; Vrz. flüssiges Mat.

Barbour, J. & Simmonds, D. (ed.): Adire Cloth in Nigeria. Ibadan 1971
Ethnographie; Vrz. flüssiges Mat.

Barbour, J.: siehe auch Stanfiled, N.

Barendse, R. & Lobera, A.: Manual de Artesanía Textil. Barcelona 1987
Analyse; Volkskunde; Arbeitsanleitung; Weben

Barista, O.: ‹Broderies turques du XIXe siècle: Les serviettes de bain›, Objets et Mondes 21, Paris 1981
Allg.; Vrz. festes Mat.

Barker, D.K.: ‹Bhutanese Handwoven Textiles›, Arts of Asia Vol. 15 No. 4, Hong Kong 1985: 103-111
Ethnographie; Weben

Barker, J.: Decorative Braiding and Weaving. Newton Centre, Massachusetts 1973
Arbeitsanleitung; Flechten; Weben

Barkley, S.: Adire: Indigo Cloth of Nigeria. Toronto 1980
Ethnographie; Vrz. flüssiges Mat.

Barkow, I.: Klöppelspitzen in Idriatechnik. Hannover 1983
Analyse; Arbeitsanleitung; Flechten

Barletta, R.: Appunti e immagini su cartapula, terracotta, teintura e telaio. o.O. 1985
Volkskunde; Weben

Barnes, C. & Blake, D.P.: Creative macramé projects. New York 1976
Arbeitsanleitung; Flechten

Barnes, R.: ‹Weaving and non-weaving among the Lamaholot›, Indonesian Circle 42, London 1987
Ethnographie; Weben

Barnes, R.: The Ikat Textiles of Lamalera: A Study of an Eastern Indonesian Weaving Tradition. Leiden 1989
Analyse; Ethnographie; Vrz. flüssiges Mat.

Barnes, R.: ‹The Bridewealth Cloth of Lamalera, Lembata›, Gittinger, M. (ed.) To Speak with Cloth. Los Angeles 1989
Ethnographie; Weben; Vrz. flüssiges Mat.

Barrett, L.K.: siehe auch Moseley, M.

Barrett, S.A.: ‹Basket Designs of the Pomo Indians›, American Anthropologist 7, Menasha 1905
Ethnographie; Flechten

Barrett, S.A.: ‹Pomo Indian Basketry›, UCLA Publ. Amer. Arch. and Ethnology 7, 1907-10, Berkeley 1908: 134-266
Ethnographie; Flechten

Barrow, T.: ‹Die Taniko-Weberei der Maori auf Neuseeland›, Palette 9, Basel 1962
Ethnographie; Kettenstoffe

Barten, S.: Navajo blankets. Zürich 1976
Sammlungsbeschr.; Kettenstoffe; Weben

Bartholomew, M.: Thunder dragon textiles from Bhutan: The Bartholomew collection. Tokyo 1985
Sammlungsbeschr.; Allg.; Weben

Barton, J. et al.: Itchiku Kubota: Kimono in the Tqujigahana Tradition: Exhibition Catalogue. Fullerton Art Gallery, Fullerton, Ca. 1980
Ethnographie; Vrz. flüssiges Mat.

Basilov, V.N. & Naumova, O.B. (ed.): Yurts, rugs, felts. Nomads of Eurasia. Los Angeles 1989: 97-110
Analyse; Ethnographie; Allg.; Vrz. festes Mat.; Vrz. flüssiges Mat.

Bates, C.D.: Coiled basketry of the Sierra Miwok. San Diego 1982
Ethnographie; Flechten

Batigné, R. & Bellinger, L.: ‹The significance and technical analysis of ancient textiles as historical documents›, Proceedings of American Philos. Soc. 97, Philadelphia 1965: 670-680
Archäologie; Allg.; Fadenbildung; Vrz. festes Mat.

Battenfield, J.: Ikat technique. New York 1978
Arbeitsanleitung; Vrz. flüssiges Mat.

Bauspack, P.: Kelim: antike orientalische Flachgewebe. München 1983
Analyse; Wirken

Bayley Willis, E.: ‹The Textile Arts of India's North-East Borderlands›, Arts of Asia Vol. 17 No. 1, Hong Kong 1987: 93-115
Ethnographie; Weben; Vrz. festes Mat.

Bayona, B.: siehe auch Raymond, P.

Beals, R.: ‹The Tarascans›, Handbook of Middle Am. Indians 8, Austin 1969: 725-773
Ethnographie; Fadenbildung; Weben

Beattie, M.H.: ‹Some weft-float brocaded rugs of the Bergama Ezine Region›, Textile Museum Journal 3.2, Washington 1971: 20-27
Allg.; Kettenstoffe

Beauvais-Raseau: Die Kunst des Indigobereitens. Paris 1770
Allg.; Vrz. flüssiges Mat.

Becker, J.: ‹Silk-weaving techniques of Han-China: The monochrome patterned weaves›, CIETA, Lyon 1981
Archäologie; Weben

Becker-Donner, E.: ‹Die Bedeutung der Weberei in Dorfgemeinschaften Guatemalas›, Verhand. des 38. Internat. Amerik. Kongress Band 2, München 1968
Ethnographie; Weben; Vrz. flüssiges Mat.

Beckwith, J.: ‹Koptische Textilien›, Ciba Rundschau Band 13, No. 145, Basel 1959: 2-27
Archäologie; Kettenstoffe; Wirken

Bedaux, R.M.A. & Bolland, R.: ‹Tellem, reconnaissance archéologique d'une culture de l'ouest africaine au Moyen Âge: les textiles›, Journal des Africanistes 50, Paris 1980
Archäologie; Weben; Vrz. flüssiges Mat.

Bedaux, R.M.A. & Bolland, R.: ‹Medieval textiles from the Tellem Caves in Central Mali, West Afrika›, Textile Museum Journal 19-20, 1980-81, Washington 1981: 65-74
Archäologie; Weben

Bedaux, R.M.A. & Bolland, R.: ‹Vêtements féminins mé-diévaux du Mali: les cache-sexes de fibre des Tellem›, Basler Beiträge zur Ethnologie Band 30, Basel 1989: 15-34
Archäologie; Flechten; Kettenstoffe

Bedford, M.C.: Pit loom weaving: Blampur and Fatepur, Swat, West Pakistan. California Uni. 1974
Ethnographie; Weben

Beer, A.B.: Trade Goods: A study of Indian Chintz. Washington 1970
Ethnographie; Sammlungsbeschr.; Vrz. festes Mat.

Beier, U.: Yoruba beaded crowns: Sacred regalias of the Olokuku of Okuku. London 1981
Ethnographie; Perlenstoffe

Bel, A. & Ricard, P.: Le travail de la laine à Tlemcen: Les industries indigènes de l'Algérie. Jourdan 1913
Analyse; Ethnographie; Fadenbildung; Maschenstoffe; Flechten; Weben; Vrz. festes Mat.

Belash, C.A.: Braiding and Knotting Techniques and Projects. Repr. 1974, New York 1936
Arbeitsanleitung; Maschenstoffe; Flechten

Belen, H.F.: Philippine Creative Handicrafts. Manila 1952
Analyse; Arbeitsanleitung; Maschenstoffe; Flechten

Bellinger, L.: ‹Textile analyses. Early techniques in Egypt and the Near East. Part 3›, Workshop Notes, Textile Museum Paper 6, Washington 1952
Archäologie; Weben; Wirken

Bellinger, L.: ‹Patterned stockings: possibly Indian, found in Egypt, and textile analysis: early techniques in Egypt and Near East›, Workshop Notes, Textile Museum No. 2-3, 10, Washington 1954
Archäologie; Maschenstoffe; Weben; Wirken

Bellinger, L.: ‹Craft Habits: 1›, Workshop Notes, Textile Museum 19, Washington 1959
Archäologie; Weben

Bellinger, L.: ‹Craft Habits 2: Spinning and fibres in warp yarns›, Workshop Notes, Textile Museum 20, Washington 1959
Archäologie; Fadenbildung; Weben

Bellinger, L.: ‹Repeats in Silk Weaving in the Near East›, Workshop Notes, Textile Museum 24, Washington 1961
Ethnographie; Weben

Bellinger, L.: ‹Textiles from Gordion›, Bull. Needle and Bobbin Club Vol. 46 No. 1 & 2, New York 1962
Archäologie; Weben; Wirken

Bellinger, L. & Kühnel, E.: Catalogue of Dated Tiraz Fabrics. The Textile Museum, Washington 1952
Analyse; Archäologie; Weben

Bellinger, L.: siehe auch Batigné, R.

Bellinger, L.: siehe auch Bird, J.B.

Bellinger, L.: siehe auch Pfister, R.

Bender-Jørgensen, L.: Forhistoriske textiler i Skandina-vien. Nordiske Fortidsminder Serie B, Band 9, Kopenhagen 1986
Analyse; Archäologie; Fadenbildung; Weben; Florbildung; Ränder

Bender-Jørgensen, L. & Tidow, K.: Textilsymposium Neumünster: Archäologische Textilfunde. Neumünster 1981
Archäologie; Fadenbildung; Weben; Florbildung; Ränder; Stoffzusammensetzung

Bennett, N.: siehe auch Bighorse, T.

Bennett, W.C.: ‹Weaving in the Land of the Incas›, Natural History 35 (1), New York 1935: 63-72
Archäologie; Weben

Bennett, W.C.: Ancient Arts of the Andes. New York 1954
Archäologie; Weben; Vrz. festes Mat.

Bennett, W.C. & Bird, J.B.: Andean Culture History. Handbook Series. American Mus. of Natural History 15, New York 1960
Archäologie; Fadenbildung; Kettenstoffe

Benson, H.O.: siehe auch Gallinger-Tod, O.

Ben-Amos, P.: ‹Owina N'ido: Royal Weavers of Benin›, African Arts Vol. 11 No. 4, Los Angeles 1978: 49-53
Ethnographie; Weben

Berbenni, A.: ‹Mitteleuropa, Lombardei: Weben von Flickenteppichen auf dem .Trittwebstuhl›, Encyclopaedia Cinematographica 14 (3), Göttingen 1984: 3-15
Volkskunde; Film; Weben

Berberian, E.E.: ‹Enterratorios de Adultos en Urnas en el Area Valliserrana del Noroeste Argentino›, Instituto de Antropología 29, 1969, Córdoba 1941: 1-71
Archäologie; Weben

Bergman, I.: Late Nubian Textiles. The Scandinavian Joint Expedition to Sudanese Nubia, Vol. 8, Stockholm 1975
Analyse; Archäologie; Kettenstoffe; Weben; Florbildung; Ränder

Bergman, R.A.M.: Kleur of doek: Hoe exotische weefsels worden gekleurd. Amsterdam 1954
Ethnographie; Vrz. flüssiges Mat.

Berg, van den, R.: ‹Het grafische borduurwerk van de Akhavrouwen uit het dorp Pa Mee›, Handwerken zonder grenzen 1, Utrecht 1984
Ethnographie; Vrz. flüssiges Mat.

Berin, K. (ed.): Art of the Huichol Indians. New York 1978
Ethnographie; Flechten; Weben; Perlenstoffe; Vrz. festes Mat.

Berlant, A.: siehe auch Kahlenberg, M.H.

Bernès, J.P.: Arts et objets du Maroc: Costumes, broderies, brocats. Paris 1974
Allg.; Weben; Vrz. festes Mat.

Bernès, J.P. & Jacob, A.: Arts et objets du Maroc: Meubles, zellidjs, tapis. Paris 1974
Allg.; Weben

Bernheimer, L.: siehe auch Baranowicz, de, I.

Berry, G.M. & Hersh, P.A.: Properties of some Archaeological Textiles. Zagreb 1974
Archäologie

Berthoud, G.: ‹Considérations sur la culture matérielle des Kuba›, Bulletin Annuel: Musée et Inst. d'Ethnographie No. 7, Genève 1964: 49-60
Ethnographie; Florbildung

Best, A.: Traveaux en piquants de porc-épic exécutés par les autochtones au Canada. Toronto 1977
Ethnographie; Vrz. festes Mat.

Beutlich, T.: The Technique of Woven Tapestry. London 1982
Wirken

Bezault, P.: La collection Louis Becker 1re partie: Les Indiennes 17e, 18e, 19e siècles. Bull. de la Soc. Ind. de Mulhouse No. 3-16, Mulhouse 1954
Sammlungsbeschr.; Vrz. flüssiges Mat.

Bezemer, T.J.: Indonesisches Kunstgewerbe. Den Haag 1920
Ethnographie; Vrz. flüssiges Mat.

Bhagwat, D. & Jayakar, P.: ‹Stickerei in Indien: Dichtung und Wahrheit›, Ciba Rundschau No. 3, Basel 1972
Ethnographie; Vrz. festes Mat.

Bhattacharyya, A.K.: Chamba Rumal. Indian Museum Monograph No. 2, Calcutta 1968
Ethnographie; Sammlungsbeschr.; Vrz. festes Mat.

Bhavani, E.: Decorative designs and craftmanship of India: With over 10,000 designs and motifs from crafts of India. Bombay 1968
Ethnographie; Weben; Vrz. festes Mat.; Vrz. flüssiges Mat.

Bhushan, J.B.: The Costumes and Textiles of India. Bombay 1985
Ethnographie; Weben; Florbildung; Vrz. festes Mat.; Vrz. flüssiges Mat.

Bianchi, C. et al.: Artesanías y técnicas shuar. Mundo Shuar 4, Quito 1982
Analyse; Ethnographie; Maschenstoffe; Flechten; Weben; Florbildung; Perlenstoffe; Ränder

Bianconi, G.: Artigianati scomparsi. L'industria della paglia in Onsernone. Locarno 1965
Volkskunde; Flechten

Bidder, H.: Teppiche aus Ost-Turkestan. Tübingen 1964
Ethnographie; Kettenstoffe

Biebuyck, D.P.: The power of headdresses: A cross-cultural study of forms and functions. Brüssel 1984
Analyse; Ethnographie; Maschenstoffe; Flechten; Florbildung; Perlenstoffe; Vrz. festes Mat.

Biggs, R.D.: Discoveries from Kurdish looms. Illinois 1983
Allg.; Kettenstoffe; Florbildung

Bighorse, T. & Bennett, N.: ‹Weaving, the Navajo Way›, Interweave Vol. 4, 1978: 12-19
Ethnographie; Arbeitsanleitung; Kettenstoffe

Billeter, E. (ed.): Textilparadies Indien. o.O. o.J.
Ethnographie; Weben

Billeter, E. (ed.): Aussereuropäische Textilien. Kunstgewerbemuseum, Zürich o.J.
Ethnographie; Archäologie; Sammlungsbeschr.; Weben; Florbildung; Vrz. festes Mat.; Vrz. flüssiges Mat.

Billeter, E. (ed.): Europäische Textilien. Kunstgewerbemuseum. Sammlungskatalog, Zürich o.J.
Volkskunde; Sammlungsbeschr.

Bird, J.B.: ‹A Pre-Spanish Peruvian Ikat›, American Fabrics No. 20, 1951-52, New York 1952: 73-77
Archäologie; Vrz. flüssiges Mat.

Bird, J.B.: ‹Before heddles were invented›, Handweaver and Craftsman Vol. 3 No. 3, New York 1952
Archäologie; Maschenstoffe; Kettenstoffe

Bird, J.B.: ‹Suggestions for the recording of data on spinning and weaving and the collecting of material›, Kroeber Anthropol. Series 20-23, 1959-60, Berkeley 1960: 1-9
Ethnographie; Fadenbildung; Weben

Bird, J.B.: ‹Textile designing and samplers in Peru›, Essays in Pre-Columbian Art. Cambridge 1961: 299-316
Archäologie; Vrz. festes Mat.

Bird, J.B.: ‹Shaped Tapestry Bags from the Nazca – Ica Area of Peru›, Textile Museum Journal 1 (3), Washington 1964: 2-7
Archäologie; Wirken

Bird, J.B.: Ancient Peruvian textiles from the Collection of the Textile Museum Washington. New York 1965
Sammlungsbeschr.; Fadenbildung; Maschenstoffe; Weben; Vrz. festes Mat.

Bird, J.B.: ‹Handspun Yarn Production Rates in the Cuzco Region of Peru›, Textile Museum Journal 2 (3), Washington 1968: 9-16
Ethnographie; Fadenbildung

Bird, J.B.: ‹Heta weaving›, Museum of Natural History: Anthropol. Papers Vol. 55 Part 6, New York 1979: 425-434
Analyse; Ethnographie; Kettenstoffe

Bird, J.B.: ‹Fibres and Spinning Procedures in the Andean Area›, The J.B. Bird Pre-Columbian Tex. Conf. 1973, Washington 1979: 13-17
Archäologie; Fadenbildung

Bird, J.B.: ‹New World Fabric Production and the Distribution of the Backstrap Loom›, I. Emery Roundtable on Mus. Textiles 1977, Washington 1979: 115-126
Ethnographie; Weben

Bird, J.B.: ‹A Matched Pair of Archaeological Looms from Peru›, Rogers, N. & Stanley, M. (ed.) In Celebration of the Curious Mind. Loveland 1983: 1-8
Archäologie; Weben

Bird, J.B. & Bellinger, L.: Paracas Fabrics and Nazca Needlework. Washington 1954
Analyse; Archäologie; Maschenstoffe; Flechten; Kettenstoffe; Weben; Ränder; Vrz. festes Mat.

Bird, J.B. & Mahler, J.: ‹America's Oldest Cotton Fabrics: A Report on Textiles Made in Peru›, American Fabrics No. 20 1951-52, New York 1952: 73-79
Archäologie; Fadenbildung; Maschenstoffe; Kettenstoffe; Stoffzusammensetzung

Bird, J.B. & Skinner-Dimitrijevic, M.: ‹The Care and Conservation of Ethnological and Archaeological Backstrap Looms›, Curator Vol. 12 No. 2, Washington 1964: 99-120
Ethnographie; Archäologie; Weben

Bird, J.B. & Skinner-Dimitrijevic, M.: ‹The technical features of a Middle Horizon tapestry shirt from Peru›, Textile Museum Journal 4 (1), Washington 1974: 5-13
Analyse; Archäologie; Kettenstoffe; Ränder

Bird, J.B. et al.: Museums of the Andes. Tokyo/New York 1981
Archäologie; Maschenstoffe; Flechten; Weben; Florbildung; Vrz. festes Mat.; Vrz. flüssiges Mat.; Wirken

Bird, J.B.: siehe auch Bennett, W.C.

Bird, J.B.: siehe auch Hyslop, J.S.

Bird, J.B.: siehe auch Rowe, A.P.

Biro, A. & Fondation Dapper, (ed.): Au royaume du signe. Paris 1988
Ethnographie; Vrz. festes Mat.

Birrel, V.: The Textile Art. New York 1959
Analyse; Maschenstoffe; Kettenstoffe; Weben; Florbildung; Perlenstoffe; Vrz. festes Mat.; Vrz. flüssiges Mat.; Wirken

Bishop, R. & Coblentz, P.: New discoveries in American quilts. New York 1975
Sammlungsbeschr.; Vrz. festes Mat.

Bishops, R.: siehe auch Safford, L.

Bjerregaard, L.: ‹Recent Changes of Pattern in Guatemalan Backstrap Weaving›, I. Emery Roundtable on Mus. Textiles 1976, Washington 1977: 133-142
Ethnographie; Weben

Bjerregaard, L.: Techniques of Guatemalan Weaving. New York 1979
Ethnographie; Arbeitsanleitung; Weben

Black, D. (ed.): World Rugs and Carpets. London 1985
Allg.; Kettenstoffe; Weben; Florbildung; Wirken

Black, D. & Loveless, C.: The undiscovered kilim. London 1977
Allg.; Kettenstoffe; Weben

Black, D. & Loveless, C.: Woven Gardens. London 1979
Allg.; Florbildung; Wirken

Black, D. & Loveless, C.: Embroidered Flowers from Thrace to Tartary. London 1981
Analyse; Sammlungsbeschr.; Vrz. festes Mat.

Blackwood, B.: The Technology of a Modern Stone Age People in New Guinea. Occ. Papers on Technology, Pitt Rivers Museum 3, Oxford 1950
Ethnographie; Flechten

Blackwood, B.M.: ‹Reserve Dyeing in New Guinea›, Man Vol. 50, London 1950: 52-55
Ethnographie; Vrz. flüssiges Mat.

Blake, D.P.: siehe auch Barnes, C.

Blakemore, F.: Japanese design through textile patterns. New York 1979
Ethnographie; Vrz. flüssiges Mat.

Blakemore, F.: ‹Kataami: the Japanese Stencil›, Orientations Vol. 13 No. 1, Hong Kong 1982: 60-65
Ethnographie; Vrz. flüssiges Mat.

Blanchard, M.M.: The Basketry Book. New York 1937
Arbeitsanleitung; Flechten

Blasco, M.C.: siehe auch Ramos, L.J.

Blinks, A.: ‹An unusual pattern-loom from Bangkok›, Bull. Needle and Bobbin Club 44, New York 1960: 15-21
Ethnographie; Weben

Blinks, A.: ‹An Unusual Shedding Device from Thailand›, I. Emery Roundtable on Mus. Textiles 1977, Washington 1979: 76-77
Ethnographie; Weben

Bliss, F.: ‹Das Kunsthandwerk der Oase Siwa (Ägypten)›, Bässler Archiv 30, Berlin 1982: 1-68
Ethnographie; Flechten; Vrz. festes Mat.

Blom, F.: siehe auch Duby, G.

Blomberg, N.J.: Navajo Textiles: The William Randolph Hearst Collection. Tucson 1988
Ethnographie; Sammlungsbeschr.; Weben; Wirken

Blomberg de Avila, A.: Catalog for an exhibition of Mexican textiles from the Middle Am. Research Inst. at the Dep. of Art, Newcomb Coll. New Orleans 1980
Sammlungsbeschr.; Weben

Bluhm, E.: ‹Clothing and Textiles›, Martin, P. et al. (ed.) Mogollan Cultural Continuity and Change, Fieldiana Anthrop. 40, Chicago 1952: 231-330
Analyse; Archäologie; Fadenbildung; Maschenstoffe; Flechten; Weben

Bluhm, E. & Grange, R.: ‹Cordage, Knots and Cordage Artifacts›, Martin P. et al. (ed.) Mogollan Cultural Continuity and Change. Fieldiana Anthrop. 40, Chicago 1952: 205-230
Archäologie; Fadenbildung; Maschenstoffe

Boas, F.: siehe auch Emmons, G.T.

Bodmer, A.: ‹Spinnen und Weben im französischen und deutschen Wallis›, Romanica Helvetica 459, No. 15-17, Zürich 1940
Volkskunde; Fadenbildung; Weben

Böhmen, H.: siehe auch Brüggemann, W.

Boeve, E.: ‹Westeuropa, Overijssel: Spinnen von Wolle mit dem Spinnrad in Staphorst›, Encyclopaedia Cinematographica 4 (3), Göttingen 1974: 242-252
Volkskunde; Film; Fadenbildung

Bogle, M.: siehe auch Skyring, F.

Bohackova, L.: ‹Katazome – die japanische Schablonenmusterung der Stoffe›, Abhandlungen, Staatl. Mus. Dresden 34, Dresden 1975: 417-428
Ethnographie; Vrz. flüssiges Mat.

Bohnsack, A.: Spinnen und Weben. Hamburg 1981
Allg.; Fadenbildung; Weben

Bolinder, G.: Die Indianer der tropischen Schneegebirge. Stuttgart 1925
Ethnographie; Fadenbildung; Maschenstoffe; Flechten; Weben; Florbildung

Bolland, R.: ‹Weaving a Sumba woman's skirt›, Galestin, Th.P. et al. (ed.) Lamak and Malat in Bali and a Sumba Loom. Amsterdam 1956: 49-56
Ethnographie; Weben

Bolland, R.: ‹Three Looms for Tablet Weaving›, Tropical Man 3, Amsterdam 1970: 160-189
Analyse; Ethnographie; Weben

Bolland, R.: ‹A comparison between the looms used in Bali and Lombok for weaving sacred cloths›, Tropical Man 4, Amsterdam 1971: 171-182
Ethnographie; Weben

Bolland, R.: ‹Het Roller-Ophalergetouw en enkele van zijn variaties›, Enkele niet-westerse textieltechnieken, Amsterdam 1975: 17-42
Analyse; Ethnographie; Weben

Bolland, R.: ‹Weaving the pinatkan, a warp-patterned kain bentenan from North Celebes›, Gervers, V. (ed.) Studies in Textile History. Toronto 1977: 1-17
Analyse; Ethnographie; Arbeitsanleitung; Weben

Bolland, R.: ‹Demonstration of Three Looms›, I. Emery Roundtable on Mus. Textiles 1977, Washington 1979: 69-75
Analyse; Ethnographie; Weben

Bolland, R.: ‹Batak bags in weft twining›, Gittinger, M. (ed.) To Speak with Cloth. Los Angeles 1989: 213-223
Analyse; Ethnographie; Kettenstoffe; Ränder

Bolland, R.: siehe auch Bedaux, R.M.A.

Bolland, R.: siehe auch Claerhout, A.

Bollinger, A.: So kleideten sich die Inka. Institut Lateinamerikaforschung Band 2, St. Gallen 1983
Archäologie; Fadenbildung; Maschenstoffe; Kettenstoffe; Weben; Vrz. festes Mat.; Vrz. flüssiges Mat.

Bolour, Y.: ‹Knotted Persian Saddle-Covers›, Hali 3 (4), London 1981
Sammlungsbeschr.; Florbildung

Bombay Government Cottage Industries: Handwoven Textiles: Bombay Government Cottage and small scale Industries. Bombay o.J.
Ethnographie; Allg.; Weben

Boralevi, A. & Faccioli, R.: Sumakh: tappati tessuti del Caucaso: Flat-woven carpets of the Caucasus. Firenze 1986
Sammlungsbeschr.; Allg.; Kettenstoffe; Ränder; Wirken

Borgatti, J.: Cloth as metaphor: Nigerian Textiles from the Museum of Cultural History. Los Angeles 1983
Ethnographie; Sammlungsbeschr.; Maschenstoffe; Weben; Vrz. festes Mat.

Bosc du, J.P.: ‹Contribution à l'étude des tapisseries d'époque Song›, Artibus Asiae Vol. 11 No. 1-2, Ascona 1948: 73-89
Allg.; Florbildung

Boser-Sarivaxévanis, R.: ‹Aperçus sur la teinture à l'indigo en Afrique Occidentale›, Verh. der Naturforschenden Gesellschaft 80 (1), 1968, Basel 1969: 152-208
Analyse; Ethnographie; Vrz. flüssiges Mat.

Boser-Sarivaxévanis, R.: ‹Anciennes techniques textiles artisanales de la Thrace et la Macédonie›, Verh. der Naturforschenden Gesellschaft 82 (2) 1971, Basel 1972: 230-241
Volkskunde; Vrz. flüssiges Mat.

Boser-Sarivaxévanis, R.: ‹Les tissus de l'Afrique Occidentale à dessin réservé par froissage›, Ethnologische Zeitschrift Zürich 1, Zürich 1972: 53-60
Ethnographie; Weben; Ränder; Vrz. festes Mat.; Vrz. flüssiges Mat.

Boser-Sarivaxévanis, R.: Les tissus de l'Afrique occidentale. Basler Beiträge zur Ethnologie 13, Basel 1972
Analyse; Ethnographie; Weben; Ränder; Vrz. flüssiges Mat.

Boser-Sarivaxévanis, R.: Textilhandwerk in Westafrika. Basel 1972
Analyse; Weben; Vrz. festes Mat.; Vrz. flüssiges Mat.

Boser-Sarivaxévanis, R.: ‹Weben›, Schweiz. Arbeitslehrerinnen Zeitung 1, Biel 1972
Ethnographie; Weben

Boser-Sarivaxévanis, R.: ‹Recherche sur l'histoire des textiles traditionnels tissés et teints de l'Afrique occidentale›, Verhandl. der Naturforschenden Gesellschaft 86, Basel 1975: 301-341
Analyse; Ethnographie; Weben; Vrz. flüssiges Mat.

Boser-Sarivaxévanis, R.: West African Textiles and Garments. Minneapolis 1980
Analyse; Ethnographie; Weben; Vrz. flüssiges Mat.

Boser-Sarivaxévanis, R. & Müller, I.: Stickerei: Systematik der Stichformen. Basel 1968
Systematik; Analyse; Vrz. festes Mat.

Boser-Sarivaxévanis, R.: siehe auch Bühler, A.

Boulay, R. (ed.): De jade et de nacre. Réunion des musées nationaux, Paris 1990
Ethnographie; Sammlungsbeschr.; Maschenstoffe; Flechten

Bourguet, du, P.: Catalogue des étoffes coptes I. Paris 1964
Archäologie; Sammlungsbeschr.; Kettenstoffe; Wirken

Bouza, Y.L. & Calzada, M.S.: ‹Aproximación al arte popular en Galicia›, Sesena, N. (ed.) Cuardernos del Seminario 22, 23, Sargadelos 1977
Volkskunde; Weben; Florbildung

Bovis, P.: siehe auch Miles, C.

Bowen, D.D.: siehe auch Fisher, N.

Boyd, E.: ‹Rio Grande Blankets Containing Hand Spun Cotton Yarn›, El Palacio, Winter, Santa Fe 1964: 22-27
Ethnographie; Weben; Vrz. flüssiges Mat.

Boyd, E.: Popular arts of Spanish New Mexico. New Mexico 1974
Allg.; Kettenstoffe; Weben; Vrz. festes Mat.; Vrz. flüssiges Mat.

Boyer, R.M.: ‹Yoruba Cloths with Regal Names›, African Arts Vol. 16 No. 2, Los Angeles 1983: 42-45
Ethnographie; Weben; Vrz. festes Mat.

Brailaschwili, N.P.: Bedruckte Stoffe. Tiflis 1964
Volkskunde; Vrz. flüssiges Mat.

Brailaschwili, N.P.: ‹Blaue Tischtücher›, VIIe Cong. Int. de Science Ethn. Tiflis 1964
Volkskunde; Vrz. flüssiges Mat.

Brandenbourg, M.: Seminole Patchwork. Batsford 1987
Ethnographie; Vrz. festes Mat.

Brandford, J.S.: ‹The old Saltillo Sarape›, I. Emery Roundtable on Museum Textiles 1976, Washington 1977: 271-292
Ethnographie; Kettenstoffe; Wirken

Brandon, R.M.: Country Textiles of Japan: The Art of Tsutsugaki. New York 1986
Ethnographie; Vrz. flüssiges Mat.

Brandt, von, A.: Fischnetzknoten: aus der Geschichte der Fischnetzherstellung. Schriften der Bundesforschungs-Anstalt, Berlin 1957
Analyse; Maschenstoffe

Brandt, von, A.: Netzstricken mit Hakennadeln. Schriften der Bundesforschungs-Anstalt, Berlin 1962
Analyse; Maschenstoffe

Branford, J.S.: From the Tree Where the Bark Grows. Chicago 1984
Ethnographie; Sammlungsbeschr.; Flechten

Brasser, T.J.: A basketfull of Indian culture change. Mercury Series 22, Ottawa 1975
Ethnographie; Flechten

Braulik, A.: Altägyptische Gewebe. Stuttgart 1900
Analyse; Archäologie; Fadenbildung; Weben; Ränder

Brauns, C.D. & Löffler, L.G.: Mru: Bergbewohner im Grenzgebiet von Bangladesh. Basel 1986
Analyse; Ethnographie; Fadenbildung; Flechten; Weben

Braunsberger de Solari, C.: ‹Una Manta de Taquile: Interpretación de sus Signos›, Boletín de Lima No. 29, Lima 1983: 57-73
Ethnographie; Weben

Braun, Pater, J.: Die liturgische Gewandung in Occident und Orient. o.O. 1907
Allg.; Weben

Bray, W.: The Gold of El Dorado. London 1987
Archäologie; Weben

Breguet, G. & Martin, J.: Art textile traditionnel d'Indonésie. Los Angeles 1983
Ethnographie; Weben; Vrz. flüssiges Mat.

Brendler, E.: siehe auch Müller, E.

Brett, G.: European printed Textiles. Victoria and Albert Museum, London 1949
Volkskunde; Sammlungsbeschr.; Vrz. flüssiges Mat.

Bretz, G.: Die mundartliche Fachsprache der Spinnerei und Weberei in Hetau, Siebenbürgen. Marburg 1977
Volkskunde; Fadenbildung; Weben

Bridgewater, A. & G.: Guide to Weaving. London 1986
Sammlungsbeschr.; Weben

Brigham, W.T.: Additional Notes on Hawaiian Feather Work. Mem. Bernice Bishop Mus. 1 (5), Honolulu 1899
Ethnographie; Florbildung

Brigham, W.T.: Mat and Basket Weaving of the Ancient Hawaiians. Mem. Bernice Bishop Mus. 2 (1), Honolulu 1906
Ethnographie; Flechten

Brigham, W.T.: The Ancient Hawaiian House. Mem. Bernice Bishop Mus. 2 (3), Honolulu 1908
Ethnographie; Fadenbildung; Maschenstoffe; Flechten

Brigham, W.T.: Mat and basket weaving of the Ancient Hawaiians: Reprint. New York 1974
Analyse; Maschenstoffe; Flechten; Weben; Ränder

Brinckmann, J.: Ein Beitrag zur Kenntnis des japanischen Kunstgewerbes. Aarau 1892
Allg.; Vrz. flüssiges Mat.

Britton, N.P.: A study of some early Islamic textiles in the Museum of Fine Arts Boston. Boston 1938
Archäologie; Allg.

Broholm, H.C. & Hald, M.: ‹To Sprangede Textilarbeijder i Danske Oldfund›, Særtryk af Aarbger for nordisk olkyndighed og historie 35, Copenhagen 1935: 29-46
Analyse; Archäologie; Kettenstoffe; Weben

Broholm, H.C. & Hald, M.: Costumes of the Bronze Age in Denmark. Copenhagen 1940
Archäologie; Kettenstoffe; Weben

Broholm, H.C. & Hald, M.: Bronze Age Fashion. Copenhagen 1948
Archäologie; Maschenstoffe; Kettenstoffe; Weben; Vrz. festes Mat.

Brommer, B. et al.: 3000 jaar weven in de Andes. Gemeente Museum Helmond, Helmond 1988
Analyse; Archäologie; Sammlungsbeschr.; Fadenbildung; Flechten; Halbweben; Weben; Florbildung; Ränder; Vrz. festes Mat.; Wirken

Brotherton, G.: Rush and Leafcraft. Boston 1977
Arbeitsanleitung; Flechten

Broudy, E.: The Book of Looms. New York 1979
Analyse; Flechten; Kettenstoffe; Weben

Brown, J.A.: ‹The Potential of Systematic Collections for Archaeological Research›, Annales of the New York Academy of Science Vol. 376, New York 1981: 65-75
Archäologie; Flechten

Bruce, S.L.: ‹Textile Miniatures from Pacatnamu, Peru›, Rowe, A.P. (ed.) J.B. Bird Conf. on Andean Textiles 1984, Washington 1986: 183-204
Archäologie; Weben

Brüggemann, W. & Böhmen, H.: Teppiche der Bauern und Nomaden in Anatolien. Hannover 1980
Sammlungsbeschr.; Florbildung

Brügger, M.: Die primären textilen Techniken der Neu-Hebriden und Banks-Insulaner. Basel 1947
Systematik; Analyse; Ethnographie; Maschenstoffe; Flechten

Bruignac, de, V. et al. (ed.): Teinture, Expression de la Tradition en Afrique Noire. Mulhouse 1982
Ethnographie; Vrz. flüssiges Mat.

Brunner-Littmann, B. & Hahn, R.: Motiv und Ornament: Textilien aus der Sammlung des Rätischen Museums Chur. Schriftenreihe des Rätischen Museums No. 34, Chur 1988
Volkskunde; Weben; Vrz. festes Mat.

Bryan, N.G. & Young, S.: Navajo Native Dyes and their Preparation and Use. Indian Handicrafts No. 2, Los Angeles 1940
Ethnographie

Bryon, A.: siehe auch Swanson, E.

Bubolz-Eicher, J.: Nigerian Handcrafted Textiles. University of Ife Press, Ile-Ife o.J.
Ethnographie; Weben

Bubolz-Eicher, J.: African Dress. Michigan 1969
Ethnographie

Bubolz-Eicher, J. & Erekosima, T.V.: Pelet bite: Kalabari cut-thread cloth. St. Paul 1982
Ethnographie; Vrz. festes Mat.

Bubolz-Eicher, J.: siehe auch Erekosima, T.V.

Buck, P.H: ‹On the Maori art of weaving cloaks, capes and kilts›, Dominion Museum Bull. 3, 1911: 69-90
Ethnographie; Kettenstoffe

Buck, P.H: ‹The evolution of Maori clothing›, Journ. of the Polynesian Soc. Wellington 33, 1924/25/26, Wellington 1924: 25-47
Ethnographie; Kettenstoffe

Buck, P.H.: Arts and Crafts of the Cook Islands. B.P. Bishop Mus. Bull. 179, Honolulu 1944
Analyse; Ethnographie; Maschenstoffe; Flechten; Weben; Florbildung; Ränder

Buck, P.H.: Material Culture of the Kapingamarangi. Honolulu 1950
Ethnographie; Flechten

Buck, P.H.: Arts and Crafts of Hawai. B.P. Bishop Mus. Special Publ. 45, Honolulu 1957
Analyse; Ethnographie; Maschenstoffe; Flechten; Florbildung; Ränder

Buckle, M.: siehe auch Day, L.F.

Bühler, A.: ‹Die Entwicklung des Webens bei den Naturvölkern›, Ciba Rundschau 25, Basel 1938: 912-922
Systematik; Kettenstoffe; Weben

Bühler, A.: ‹Die Herstellung von Ikattüchern auf der Insel Rote›, Verh. der Naturforschenden Gesellschaft Band L, Basel 1939
Analyse; Ethnographie; Vrz. flüssiges Mat.

Bühler, A.: ‹Ikatten›, Ciba Rundschau 51 No. 8, Basel 1941
Analyse; Vrz. flüssiges Mat.

Bühler, A.: Materialien zur Kenntnis der Ikattechnik. Int. Archiv für Ethnographie 43 Suppl. Band, Leiden 1943
Systematik; Analyse; Ethnographie; Weben; Vrz. flüssiges Mat.

Bühler, A.: ‹Die Reservemusterung›, Acta Tropica 3, 1946, Basel 1943: 242-366
Ethnographie; Vrz. flüssiges Mat.

Bühler, A.: Indonesische Gewebe. Gewerbemuseum Basel, Basel 1947
Ethnographie; Weben

Bühler, A.: ‹Sumba-Expedition des Museums für Völkerkunde und des Naturhistorischen Museums in Basel›, Verh. der Naturforschenden Gesell. Basel Band 62, Basel 1951
Ethnographie; Vrz. festes Mat.; Vrz. flüssiges Mat.

Bühler, A.: ‹Plangi›, Ciba Rundschau 111, Basel 1953: 4062-4083
Systematik; Vrz. flüssiges Mat.

Bühler, A.: Primitive Stoffmusterung. Führer durch das Museum für Völkerkunde Basel, Basel 1953
Analyse; Sammlungsbeschr.; Vrz. flüssiges Mat.

Bühler, A.: ‹Patola Influences in Southeast Asia›, Journal of Indian Textiles IV 55, No. 129, 1959: 4-47
Ethnographie; Vrz. flüssiges Mat.

Bühler, A.: ‹Shibori und Kasuri›, Folk 5, Kopenhagen 1963: 45-64
Analyse; Ethnographie; Vrz. flüssiges Mat.

Bühler, A.: Plangi. Führer durch das Museum für Völkerkunde Basel 58, Basel 1969
Analyse; Sammlungsbeschr.; Vrz. flüssiges Mat.

Bühler, A.: Vokabular der Textiltechniken. Centre Int. d'Etude Textiles Anciens, Lyon 1971

Bühler, A.: Ikat, Plangi, Batik. Basel 1972
Systematik; Fadenbildung; Weben; Vrz. flüssiges Mat.

Bühler, A.: ‹Hanfverarbeitung und Batik bei den Meau in Nordthailand›, Ethnologische Zeitschrift Zürich 1, Zürich 1972: 61-82
Ethnographie; Fadenbildung; Weben

Bühler, A.: Clamp Resist Dyeing of Fabrics. Ahmedabad 1977
Ethnographie; Vrz. flüssiges Mat.

Bühler, A. & Boser-Sarivaxévanis, R.: Exposition de tissus japonais. Mulhouse 1969
Ethnographie; Sammlungsbeschr.; Vrz. flüssiges Mat.

Bühler, A. & Bühler-Oppenheim, K.: Die Textiliensammlung Fritz Iklé-Huber. Denkschrift d. Naturforschenden Gesell. 78, Zürich 1948
Systematik; Maschenstoffe; Flechten; Kettenstoffe; Halbweben; Weben; Florbildung; Ränder; Vrz. festes Mat.; Vrz. flüssiges Mat.

Bühler, A. & Fischer, E.: Musterung von Stoffen mit Hilfe von Pressschablonen. Basler Beiträge zur Ethnologie 16, Basel 1974
Ethnographie; Vrz. flüssiges Mat.

Bühler, A. & Fischer, E.: The Patola of Gujarat: Double Ikat in India. Basel 1979
Analyse; Ethnographie; Vrz. flüssiges Mat.

Bühler, A. & Ramseyer-Gygi, U. & N.: Patola und geringsing: Zeremonialtücher aus Indien und Indonesien. Basel 1975
Analyse; Ethnographie; Weben; Vrz. flüssiges Mat.

Bühler, A. et al.: ‹Die Textilsammlung im Museum für Völkerkunde Basel›, Schweiz. Arbeitslehrerinnen Zeitung 1, Biel 1972: 2-22
Analyse; Sammlungsbeschr.; Flechten; Weben; Vrz. festes Mat.; Vrz. flüssiges Mat.

Bühler-Oppenheim, K.: Primäre textile Techniken. Ciba Rundschau 73, Basel 1947
Systematik; Maschenstoffe; Flechten; Halbweben; Weben

Bühler-Oppenheim, K.: ‹Textiltechnologischer Beitrag: Die Technik der Ziertasche aus Kaup›, Annali Lateranensi Vol. 9, Rom 1945: 298-302
Ethnographie; Maschenstoffe

Bühler-Oppenheim, K.: siehe auch Bühler, A.

Bültzingslöwen, von, R. & Lehmann, E.: Nichtgewebte Textilien vor 1400. Bisingen 1951
Archäologie; Maschenstoffe

Bültzingslöwen, von, R.: siehe auch Lehmann, E.

Buferd, N.B.: siehe auch Cooper, P.

Buff, R.: Bindungslehre – ein Webmusterbuch. Bern 1985
Arbeitsanleitung; Weben

Bunting, E.-J.W.: Sindhi tombs and textiles: The persistence of pattern. Maxwell Mus. Anthro. Publ. Albuquerque 1980
Allg.; Vrz. festes Mat.; Vrz. flüssiges Mat.

Burch, E.S.: ‹Kotzebue Sound Eskimo›, Handbook of North Am. Indians 5, Washington 1984: 301-319
Ethnographie; Maschenstoffe

Burgess, J.T.: Die praktische Knotenfibel. München 1981
Arbeitsanleitung; Fadenbildung; Maschenstoffe; Flechten; Weben

Burman, B.K.R.: Textile dyeing and hand-painting in Madhya Pradesh. Census of India, Monograph Series Vol. 1 Part 7 No. 3,61, New Delhi 1970
Ethnographie; Vrz. festes Mat.; Vrz. flüssiges Mat.

Burnham, D.K.: ‹Constructions used by Jacquard coverlet weavers in Ontario›, Gervers, V. (ed.) Studies in Textile History. Toronto 1977: 34-40
Analyse; Weben

Burnham, D.K.: ‹Braided «Arrow» Sashes of Quebec›, I. Emery Roundtable on Mus. Textiles 1976, Washington 1977: 356-365
Ethnographie; Volkskunde; Flechten; Perlenstoffe

Burnham, D.K.: Warp and Weft, a Textile Terminology. Toronto 1980
Systematik; Analyse; Fadenbildung; Flechten; Kettenstoffe; Weben; Florbildung; Perlenstoffe; Ränder; Vrz. festes Mat.; Vrz. flüssiges Mat.; Wirken

Burnham, D.K.: The comfortable Arts: Traditional spinning and weaving in Canada. Ottawa 1981
Analyse; Volkskunde; Fadenbildung; Weben; Perlenstoffe

Burnham, D.K.: Unlike the lilies: Doukhobor textile traditions in Canada. Royal Ontario Museum, Toronto 1986
Analyse; Volkskunde; Fadenbildung; Weben; Florbildung; Vrz. festes Mat.

Burnham, H.B.: Chinese Velvets. Occ. Papers Art and Archaeology 2, Toronto 1959
Analyse; Florbildung

Burnham, H.B.: ‹Four Looms›, Annual Royal Ontario Museum, Toronto 1962: 77-128
Ethnographie; Weben

Burnham, H.B.: Japanese Country Textiles. Toronto 1965
Ethnographie; Weben

Burnham, H.B.: Canadian Textiles: 1750-1900. Toronto 1965
Volkskunde; Sammlungsbeschr.

Burnham, H.B.: siehe auch Hoffmann, M.

Burrows, L.B.: Note on Indian Chikan Works. Calcutta 1921
Allg.; Vrz. festes Mat.

Buser-Abt, V.: Exporttextilien aus Gujarat. Basel 1977
Ethnographie; Vrz. flüssiges Mat.

Bushell, S.W.: Chinese Art. Victoria and Albert Museum, London 1924
Allg.; Weben; Florbildung; Vrz. festes Mat.

Bussagli, M.: Cotton and silk making in Manchu China. New York 1980
Allg.; Fadenbildung

Cachot, R.C.: Paracas: Cultural Elements. Lima 1949
Archäologie; Weben

Cadoux, A.M.: ‹Asian Domestic Embroideries›, Arts of Asia Vol. 20 No. 3, Hong Kong 1990: 138-145
Ethnographie; Vrz. festes Mat.

Cahlander, A.: Sling braiding of the Andes. Weaver's Journal Monograph IV, Boulder 1980
Systematik; Analyse; Arbeitsanleitung; Fadenbildung; Maschenstoffe; Flechten; Kettenstoffe; Florbildung

Cahlander, A. & Baizerman, S.: Double-woven treasures from old Peru. St. Paul 1985
Analyse; Arbeitsanleitung; Weben

Cahlander, A. & Cason, M.: The Art of Bolivian Highland Weaving. New York 1976
Analyse; Ethnographie; Arbeitsanleitung; Flechten; Weben

Cahlander, A. et al.: Bolivian tubular edging and crossed warp techniques. Weaver's Journal Monograph 1, Boulder 1978
Analyse; Ethnographie; Weben

Califano, M.: Etnografía de los Mashco. Buenos Aires 1982
Analyse; Ethnographie; Maschenstoffe; Flechten; Florbildung

Calzada, M.S.: siehe auch Bouza, Y.L.

Câmara Cascudo, da, L.: Rede de dormir. Rio de Janeiro 1959
Ethnographie; Maschenstoffe; Kettenstoffe; Weben

Cammann, N.F.: Embroidery: Designs from American Indian Art. London 1973
Arbeitsanleitung; Vrz. festes Mat.

Cammann, S.: ‹Chinese Influence in Colonial Peruvian Tapestries›, Textile Museum Journal Vol. 1 No. 3, Washington 1964
Archäologie; Weben

Campbell, A.: ‹Notes on the state of the arts of cotton, spinning, printing and dyeing in Nepal›, Journ. of the Asiatic Soc. of Bengal 5, 1836: 219-227
Ethnographie; Fadenbildung; Weben; Vrz. flüssiges Mat.

Campbell, M. & Pongnoi, N.: From the hands of the hills. Hong Kong 1978
Analyse; Ethnographie; Fadenbildung; Maschenstoffe; Flechten; Weben; Vrz. festes Mat.; Vrz. flüssiges Mat.

Cannizzo, J.: Into the Heart of Africa. Toronto 1969
Ethnographie; Maschenstoffe; Flechten; Weben; Florbildung; Perlenstoffe

Cannizzo, J.: ‹Gara Cloth by Senesse Tarawallie›, African Arts Vol. 16 No. 4, Los Angeles 1983: 60-64
Ethnographie; Vrz. flüssiges Mat.

Cardale de Schrimpff, M.: Techniques of hand-weaving and allied arts in Colombia. St. Hughs 1972
Ethnographie; Fadenbildung; Maschenstoffe; Flechten; Kettenstoffe; Halbweben; Weben; Perlenstoffe; Ränder; Vrz. festes Mat.

Cardale de Schrimpff, M.: ‹Textiles arqueológicos de Nariño›, Revista Colombiana de Antropología Vol. 21, 1977-78, Bogotá 1977: 245-282
Archäologie; Kettenstoffe; Weben

Cardale de Schrimpff, M.: ‹Weaving and other Indigenous Textile Techniques in Colombia›, I. Emery Roundtable on Mus. Textiles 1976, Washington 1977: 44-60
Ethnographie; Maschenstoffe; Flechten; Kettenstoffe; Weben

Cardale de Schrimpff, M.: ‹Informe preliminar sobre una mochila Muisca hallada en la región de Pisba›, Bol. Museo del Oro 1, Bogotá 1978: 18-21
Archäologie; Maschenstoffe; Flechten; Weben

Cardale de Schrimpff, M.: ‹Painted Textiles from Caves in the Eastern Cordillera, Colombia›, The J.B. Bird Precolumbian Textile Conf. 1984, Washington 1986: 205-217
Archäologie; Vrz. flüssiges Mat.

Cardale de Schrimpff, M.: ‹Informe preliminar sobre el hallazgo de textiles y otros elementos perecederos, conservados en cuevas en Purnia›, Boletín de Arqueología No. 3, Año 2, Bogotá 1987: 3-23
Archäologie; Maschenstoffe; Flechten; Kettenstoffe; Weben

Cardale de Schrimpff, M.: ‹Nota sobre un fragmento de tela hallado en la hoya del Quindio›, Museo del Oro, Boletín No. 20, Bogotá 1988: 13-15
Archäologie; Weben

Cardale de Schrimpff, M.: ‹Textiles arqueológicos del Bajo Río San Jorge›, Museo del Oro, Boletín No. 20, Bogotá 1988: 88-95
Analyse; Archäologie

Cardale de Schrimpff, M. & Falchetti de Sáenz, A.M: ‹Objetos prehispánicos de madera procedentes del altiplano nariñense, Colombia›, Bol. Museo del Oro 3, Bogotá 1980: 1-15
Archäologie; Flechten; Weben

Cardenas, H. et al.: Artesanía Textil Andina. Lima 1988
Ethnographie; Volkskunde; Fadenbildung; Weben

Cardoso, L. et al.: Alguns aspectos da tecelagem Manjaca. Bissau 1988
Ethnographie; Weben

Carreira, A.: Panaria. Lisboa 1968
Ethnographie; Fadenbildung; Weben

Carter, T.F.: The invention of printing in China and its spread westward. o.O. o.J.
Archäologie; Vrz. flüssiges Mat.

Carvajal, M.: ‹Cerámica y restos indígenas de Santander›, Estudio 7, 83-84, Santander 1938
Archäologie; Weben

Casagrande, J.B.: ‹Looms of Otavalo›, Natural History 86 (8), New York 1977: 48-59
Ethnographie; Weben

Cason, M.: siehe auch Cahlander, A.

Caspar, F.: Die Tupari: ein Indianerstamm in Westbrasilien. Berlin 1975
Analyse; Ethnographie; Fadenbildung; Maschenstoffe; Flechten; Kettenstoffe

Castany Saladrigas, F.: Análisis de tejidos. Barcelona 1944
Weben

Castany Saladrigas, F.: Diccionario de tejidos. Barcelona 1949
Weben

Castello, C.M.: siehe auch Yturbide, M.T.

Castello Yturbide, T. & Martinez del Rio, de, R.: El rebozo. Artes de Mexico 142, Repr. Mexico 1979
Sammlungsbeschr.; Weben; Ränder; Vrz. flüssiges Mat.

Castello Yturbide, T.: siehe auch Mapelli Mozzi, C.

Castillon, du, M.F.: siehe auch Noppe, C.

Castle, N.: ‹A peruvian crossed-warp weave›, Textile Museum Journal 4 (4), Washington 1977: 61-70
Analyse; Kettenstoffe; Weben

Català, R.: siehe auch Pelanzy, A.

Català Roca, F.: siehe auch Espejel, C.

Caulfeild, S.T.A. & Saward, B.C.: Dictionary of Needlework. London 1882
Analyse; Arbeitsanleitung; Maschenstoffe; Flechten; Kettenstoffe; Weben; Vrz. festes Mat.

Cavallo, A.S: A festival of fibres. Masterworks of textile art from the collection of the Honolulu Academy of Arts. Honolulu 1977
Allg.; Fadenbildung

Cerny, C.: Navajo pictorial weaving. New Mexico 1975
Sammlungsbeschr.; Wirken

Cervellino, M.: ‹Colorantes vegetales chilenos y textiles Mapuches›, Actas d. 7 Cong. de Arqueología de Chile 1979, Santiago 1979: 193-215
Ethnographie; Flechten; Weben

Chamberlain, M. & Crookelt, C.: Beyond Weaving. New York 1974
Arbeitsanleitung; Maschenstoffe; Flechten

Chandra, M.: A Handbook to the Indian Art Collection. Prince of Wales Museum of Western India, Bombay 1938
Ethnographie; Sammlungsbeschr.; Vrz. flüssiges Mat.

Chantreaux, G.: Le tissage sur métier de haute lisse à Ait-Hichem et dans le Haut-Sébaou. Rev. Africaine No. 85, Alger 1941
Ethnographie; Weben

Chantreaux, G.: ‹Les tissages décorés chez les Beni-Mguild›, Hésperis Tome 32, Paris 1945: 19-33
Ethnographie; Weben

Chantreaux, G.: ‹Notes sur un procédé de tissage torsadé›, Hésperis Tome 33, Paris 1946: 65-81
Ethnographie; Kettenstoffe

Chao, K.: The Development of Cotton Textile Production in China. Harvard East As. Monogr. 74, Cambridge 1977
Ethnographie; Weben

Chapman, S.D.: siehe auch Ponting, K.G.

Chattopadhyaya, K.: Indian Handicrafts. New Delhi 1963
Ethnographie; Weben; Florbildung; Vrz. festes Mat.; Vrz. flüssiges Mat.

Chattopadhyaya, K.: ‹Origins and Development of Embroidery in our Land›, Marg Vol. 17, Bombay 1964: 5-10
Ethnographie; Allg.; Vrz. festes Mat.

Chattopadhyaya, K.: ‹The origin of pile carpets and their development in India›, Marg Vol. 18. No. 4, Bombay 1965
Ethnographie; Allg.; Florbildung

Chattopadhyaya, K.: Carpets and Floor Coverings of India. Bombay 1969
Ethnographie; Allg.; Florbildung

Chattopadhyaya, K.: The glory of Indian handicrafts. New Delhi 1976
Ethnographie; Allg.; Flechten; Weben; Vrz. festes Mat.

Chattopadhyaya, K.: Indian embroidery. New Delhi 1977
Ethnographie; Vrz. festes Mat.

Chattopadhyaya, K.P.: ‹An essay on the history of the Newar culture›, Journ. and Proc. Asiatic Soc. of Bengal 19 (10), 1923: 465-560
Ethnographie; Weben

Chaumeil, J.P.: Nihamwo: Los Yagua del Nor-Oriente Peruano. Lima 1987
Ethnographie; Maschenstoffe; Flechten

Chaves, A.: ‹Trama y urdimbre en la historia del tejido muisca›, Lampana 94, Vol. 12, 1984
Archäologie; Weben

Cheesman, P.: ‹The Antique Weavings of the Lao Neua›, Arts of Asia Vol. 12 No. 4, Hong Kong 1982: 120-125
Ethnographie; Weben

Cheesman, P.: Lao textiles: ancient symbols – living art. Bangkok 1988
Analyse; Ethnographie; Weben; Vrz. flüssiges Mat.

Cheesman, P.: siehe auch Prangwatthanakun, S.

Cherblanc, E.: ‹Mémoire sur l'invention du tissu›, Histoire Générale du Tissu Band 1, Paris 1935
Archäologie; Weben

Cherblanc, E.: Etude critique d'après les textes, les monuments figurés et les survivances supposées du tissu. Histoire Générale du Tissu Band 2, Paris 1937
Archäologie; Florbildung; Stoffzusammensetzung

Chertudi, S. & Nardi, R.L.J.: ‹El tejido en Santiago del Estero›, Cuadernos del Inst. Nac. Inv. Folkl. 1, Buenos Aires 1960: 53-82
Analyse; Ethnographie; Weben

Chertudi, S. & Nardi, R.L.J.: ‹Tejidos Araucanos en la Argentina›, Cuadernos del Inst. Nac. Inv. Folkl. 2, Buenos Aires 1961: 97-182
Analyse; Ethnographie; Weben; Florbildung; Vrz. flüssiges Mat.

Chesley, B.: Man is a weaver. New York 1949
Allg.; Fadenbildung; Weben

Chevallier, D.: ‹Les tissus ikatés d'Alep et de Damas›, Revue Syria 39, Paris 1962: 300-324
Ethnographie; Vrz. flüssiges Mat.

Chevallier, D.: ‹Techniques et société en Syrie›, Bull. d'Etudes Orient. Inst. Fr. Tome 18, 63-64, Damas 1964: 85-93
Ethnographie; Fadenbildung

Chishti, R.K. & Sanyal, A.: Saris of India: Madhya Pradesh. New Delhi 1989
Ethnographie; Weben; Vrz. flüssiges Mat.

Chongkol, C.: ‹Textiles and Costumes in Thailand›, Arts of Asia Vol. 12 No. 6, Hong Kong 1982: 121-131
Ethnographie; Vrz. festes Mat.; Vrz. flüssiges Mat.

Chor Lin, L.: Ancestral Ships: Lampung Culture. Nat. Mus. Singapore 1987
Ethnographie; Weben

Christa, C.: siehe auch Davidson, M.

Christensen, B.: ‹Otomi Looms and Quechquemitls from San Pablito, State of Puebla and from Santa Ana Huetlalpan, State of Hidalgo, Mexico›, I. Emery Roundtable on Mus. Textiles 1977, Washington 1979: 160-169
Analyse; Ethnographie; Weben

Chung, Y.Y.: The Art of oriental embroidery. New York 1979
Analyse; Ethnographie; Vrz. festes Mat.

Churcher, E. & Gloor, V.: ‹Peruanisches Schnurflechten›, Schweiz. Arbeitslehrerinnen Zeitung 9, No. 69, Biel 1986: 10-14
Arbeitsanleitung; Flechten

Ciruzzi, S.: siehe auch Laurencich-Minelli, L.

Cisneros, H.J.: Inventario de diseños en tejidos indígenas de la provincia de Imbabura. Otavalo 1981
Ethnographie; Weben

Clabburn, P.: Samplers. Aylesbury 1977
Archäologie; Vrz. festes Mat.

Clabburn, P.: Masterpieces of embroidery. Oxford 1984
Allg.; Vrz. festes Mat.

Clabburn, P.: Shawls in imitation of the Indian. Aylesbury 1987
Archäologie; Vrz. flüssiges Mat.

Claerhout, A.: ‹Uitsparingstechnieken voor Weefselversiering›, Enkele niet-westerse textieltechnieken. Amsterdam 1975: 1-16
Analyse; Ethnographie; Vrz. flüssiges Mat.

Claerhout, A. & Bolland, R. (ed.): Enkele niet-westerse textieltechnieken. Amsterdam 1975
Analyse; Ethnographie; Weben; Vrz. flüssiges Mat.

Claerhout, A.G.: Exposition Textiles Exotiques. Nivelles 1964
Analyse; Sammlungsbeschr.; Vrz. flüssiges Mat.

Clark, B.: siehe auch O'Neale, L.M.

Clarke, J.D.: ‹Ilorin weaving›, Nigeria No. 14, London 1938: 121-124
Ethnographie; Weben

Claude, J.H.: ‹Los tejidos araucanos›, Revista Chilena 12, No. 103-104, Santiago 1928
Ethnographie; Weben

Claus, G.J.M.: siehe auch Rossie, J.P.

Clements-Scholtz, S.: Prehistoric Plies: A Structural and Comparative Analysis of Cordage, Netting, Basketry and Fabric from Ozark Bluff Shelters. Arkansas Arch. Survey Research Series No. 9, Fayetteville 1975
Archäologie; Fadenbildung; Maschenstoffe; Flechten; Ränder

Clerc-Junier, C.: siehe auch Jelmini, J.P.

Clifford, L.I.: Card Weaving. Illinois 1947
Arbeitsanleitung; Weben

Coblentz, P.: siehe auch Bishop, R.

Cocco, P.L.: Iyëwei-teri: Quince años entre los yanomamos. Carácas 1972
Ethnographie; Flechten; Kettenstoffe

Coffinet, J.: siehe auch Pianzola, M.

Cohen, E.: ‹Hmong (Meo) Commercialized Refugee Art: From Ornament to Picture›, Eban, D. (ed.) Art as Means of Communication in Pre-Literate Societies. Jerusalem 1990: 51-96
Ethnographie; Vrz. festes Mat.; Vrz. flüssiges Mat.

Cohen, J.: An investigation of contemporary weaving of the Peruvian Indians. MA Thesis, Yale Univ. 1957
Ethnographie; Weben

Cohen, R.: Contemporary art of Canada: The western Subarctic. Royal Ontario Museum, Toronto 1977
Ethnographie; Vrz. festes Mat.

Cohen, S.: The unappreciated Dhurrie. London 1982
Ethnographie; Wirken

Colby, A.: Patchwork. London 1958
Volkskunde; Arbeitsanleitung; Vrz. festes Mat.

Cole, H.M. & Ross, D.H.: The Arts of Ghana. Los Angeles 1977
Ethnographie; Weben; Vrz. festes Mat.

Coleman, E.A. & Sonday, M.: ‹Practical Definitions for the three Openwork Techniques›, Textile Museum Journal Vol. 4 No. 4, Washington 1974: 35-40
Systematik; Vrz. festes Mat.

Collin, M.: ‹Sydda vantar›, Fataburen Häfte 2, Styresman 1917
Volkskunde; Maschenstoffe

Collin, M.: Skånsk Konstvävnad. Lund 1924
Volkskunde; Archäologie; Kettenstoffe; Weben; Florbildung

Collings, J.L.: ‹Basketry from Foundation Past›, Collings, J.L. (ed.) Harmony by Hand. San Francisco 1987: 23-47
Analyse; Ethnographie; Flechten

Collingwood, P.: ‹Sprang›, Handweaver and Craftsman 15, New York 1964
Systematik; Kettenstoffe

Collingwood, P.: The Techniques of Rug-Weaving. London 1968
Systematik; Flechten; Kettenstoffe; Weben; Florbildung; Ränder

Collingwood, P.: Rugs and wall-hangings by Peter Collingwood. Victoria and Albert Museum, London 1969
Kettenstoffe; Florbildung

Collingwood, P.: The Techniques of Sprang. London 1974
Systematik; Analyse; Archäologie; Arbeitsanleitung; Maschenstoffe; Kettenstoffe

Collingwood, P.: The Techniques of Tablet-Weaving. London 1982
Analyse; Arbeitsanleitung; Weben

Collingwood, P.: Textile and weaving structures. London 1987
Analyse; Ethnographie; Maschenstoffe; Flechten; Halbweben; Weben; Florbildung; Perlenstoffe; Ränder; Vrz. festes Mat.; Wirken

Collingwood, P.: Textile Strukturen. Bern 1988
Analyse; Ethnographie; Maschenstoffe; Flechten; Halbweben; Weben; Florbildung; Perlenstoffe; Ränder; Vrz. festes Mat.; Wirken

Colyer Ross, H.: L'art du costume de l'Arabie. Montreux 1989
Analyse; Flechten; Vrz. festes Mat.

Combe, E.: Une institution de l'état musulman. Revue des conférences françaises en Orient Jb. 2 No. 2, Kairo 1947
Ethnographie; Weben

Combe, E.: Introduction à l'étude des tissus musulmans. Revue des conférences françaises en Orient Jb. 12 No. 5, Kairo 1948
Ethnographie; Weben

Conklin, W.J.: ‹Chavin textiles and the origin of Peruvian weaving›, Textile Museum Journal 3 (2), Washington 1971: 13-19
Archäologie; Kettenstoffe

Conklin, W.J.: ‹Pampa Gramalote Textiles›, I. Emery Roundtable on Mus. Textiles 1974, Washington 1975: 77-92
Archäologie; Maschenstoffe; Kettenstoffe

Conklin, W.J.: ‹Precolumbian South American textiles›, I. Emery Roundtable on Mus. Textiles 1974, Washington 1975: 17-33
Archäologie

Conklin, W.J.: ‹Estructura de los tejidos moche›, Ravines (ed.) Tecnología Andina. Lima 1978: 299-335
Archäologie; Weben

Conklin, W.J.: ‹The revolutionary weaving inventions of the Early Horizon›, Nawpa Pacha 16, Berkeley 1978: 1-12
Archäologie; Weben

Conklin, W.J.: ‹Moche Textile Structures›, Bird, J. (ed.) The J.B. Bird Precolumbian Textile Conf. 1973, Washington 1979: 155-164
Analyse; Archäologie; Weben

Conn, R.: ‹Influences of technique upon textile design: Some Examples from the Great Lakes Region›, I. Emery Roundtable on Mus. Textiles 1976, Washington 1977: 519-528
Flechten; Kettenstoffe; Perlenstoffe; Vrz. festes Mat.

Connor, J.: ‹A descriptive classification of Maori fabrics›, Journal of the Polyn. Soc. 92, Wellington 1983: 189-213
Systematik; Analyse; Ethnographie; Fadenbildung; Maschenstoffe; Flechten

Cook de Leonard, C. et al.: Indumentaria mexicana. Artes de Mexico 13 (77/78), México 1966
Ethnographie; Allg.; Weben

Coomaraswamy, A.K.: The Arts and Crafts of India and Ceylon. New York 1964
Allg.; Vrz. festes Mat.

Cooper, P. & Buferd, N. B.: The quilters: Women and domestic Art. New York 1978
Volkskunde; Vrz. festes Mat.

Cootner, C.: Flat-woven textiles. Washington 1981
Analyse; Sammlungsbeschr.; Weben; Florbildung; Wirken

Corbett, J.M.: siehe auch Willey, G.

Cordry, D.B. & Cordry, D.M.: Costumes and Textiles of the Aztec Indians of the Cuetzalán Region, Puebla, Mexico. Southwest Museum Papers No. 14, Los Angeles 1940
Ethnographie; Weben

Cordry, D.B. & Cordry, D.M.: Costumes and Weaving of the Zoque Indians of Chiapas, Mexico. Southwest Museum Papers 15, Los Angeles 1941
Ethnographie; Maschenstoffe; Weben

Cordry, D.B. & Cordry, D.M.: Mexican Indian Costumes. London 1973
Analyse; Ethnographie; Fadenbildung; Maschenstoffe; Flechten; Weben; Vrz. flüssiges Mat.

Cordry, D.M.: siehe auch Cordry, D.B.

Corey, P.L.: Faces, Voices & Dreams. Alaska 1987
Analyse; Ethnographie; Sammlungsbeschr.; Flechten; Florbildung

Cornet, J.: Art Royal Kuba. Milano 1982
Analyse; Ethnographie; Flechten; Weben; Vrz. festes Mat.

Corrie, R.W.: siehe auch Pauly, S.B.

Corrie Newman, S.: Indian Basket Weaving. Flagstaff 1985
Analyse; Ethnographie; Arbeitsanleitung; Flechten

Cortes Moreno, E.: ‹Industria Textil Precolombina Colombiana›, Museo del Oro No. 18, Bogotá 1987
Archäologie; Maschenstoffe; Weben; Florbildung; Wirken

Costa Fénelon, M.H. & Monteiro, D.: ‹Dois estilos plumarios: Barroco e Classico›, Revista Museu Paulista N.S. Vol. 18, São Paulo 1968: 121-143
Ethnographie; Florbildung

Couch del Deo, J.: siehe auch Gallinger-Tod, O.

Coulin-Weibel, A.: The Elsberg collection of Peruvian Textiles. Bull. Detroit Inst. Arts 19 (4), Detroit 1940
Archäologie; Sammlungsbeschr.

Coulin-Weibel, A.: 2000 years of Silk-Weaving. New York 1944
Sammlungsbeschr.; Weben

Coulin-Weibel, A.: 2000 years of Tapestry Weaving: A loan exhibition. Baltimore 1952
Archäologie; Sammlungsbeschr.; Weben; Wirken

Cousin, F.: ‹Blouses brodées du Kutch›, Objets et Mondes 12, Paris 1972: 287-311
Analyse; Ethnographie; Vrz. festes Mat.; Stoffzusammensetzung

Cousin, F.: ‹Teinture à réserves ligaturées et décor de voiles dans le Kutch›, Objets et Mondes Vol. 15 No. 1, Paris 1975
Ethnographie; Vrz. flüssiges Mat.

Cousin, F.: ‹Lumière et ombre, bleu et rouge: Les azark du Sind›, Objets et Mondes 16, Paris 1976: 65-78
Ethnographie; Vrz. flüssiges Mat.

Cousin, F.: Tissus imprimés du Rajasthan. Paris 1986
Ethnographie; Vrz. festes Mat.

Couvreur, A.J.L. & Goslings, B.M.: De timorgroep en de Zuid-Western Eilanden: Weven en ikatten. Gids in het Volkenkundig Mus. No. 10, Amsterdam o.J.
Ethnographie; Vrz. flüssiges Mat.

Cox, T.: Notes on Applied Work and Patchwork. London 1953
Vrz. festes Mat.

Crawford, A.L: Aida: Life and Ceremony of the Gogodala. Nat. Cultural Council of Papua New Guinea, Bathurst 1981
Ethnographie; Maschenstoffe; Flechten

Crawford, M.D.C.: ‹Peruvian Textiles›, Anthro. Pap. Am. Mus. Nat. Hist. 12, 1912, New York 1915-16: 53-191
Analyse; Fadenbildung; Kettenstoffe; Weben; Florbildung; Vrz. festes Mat.; Vrz. flüssiges Mat.

Crawford, M.D.C.: ‹The Loom in the New World›, American Mus. Nat. History Journal 16 (6), New York 1916: 381-387
Ethnographie; Archäologie; Weben

Crawford, M.D.C.: 5000 years of Fibres and Fabrics. Brooklin 1946
Archäologie; Sammlungsbeschr.; Fadenbildung; Weben; Vrz. festes Mat.; Vrz. flüssiges Mat.

Crawford Post, G.: ‹Setting up a Tape Loom›, Handweaver and Craftsman 12, New York 1961
Arbeitsanleitung; Fadenbildung; Weben

Cresson & Jeannin, R.: ‹La toile Méo›, Bull. et Travaux Inst. Indoch. Zs. 1. 6. Hanoi 1943: 435-447
Ethnographie; Fadenbildung; Weben

Crill, R.: Indian Ikat Textiles. o.O. 1989
Analyse; Ethnographie; Vrz. flüssiges Mat.

Crill, R.: siehe auch Murphy, V.

Crockett, C.: Cardweaving. New York 1973
Weben

Crockett, C.: ‹Cardweaving›, I. Emery Roundtable on Mus. Textiles 1977, Washington 1978
Weben

Crookelt, C.: siehe auch Chamberlain, M.

Crowe, D.W.: siehe auch Washburn, D.K.

Crowfoot, E.: ‹The Textiles›, Bruce-Mitford R. (ed.) The Sutton Hoo Ship Burial Band 3, London 1985
Analyse; Archäologie; Kettenstoffe; Weben; Florbildung; Vrz. festes Mat.

Crowfoot, E.G.: ‹The Clothing of a Fourteenth-Century Nubian Bishop›, Gervers, V. (ed.) Studies in Textile History. Toronto 1977: 43-51
Analyse; Archäologie; Kettenstoffe; Weben

Crowfoot, G.M.: ‹Methods of Hand Spinning in Egypt and the Sudan›, Bankfield Museum Notes 12, Halifax 1931
Analyse; Ethnographie; Archäologie; Fadenbildung

Crowfoot, G.M.: ‹The tablet-woven braids from the vestments of St. Cuthbert at Durham›, The Antiquaries Journal Vol. 19 No. 1, Oxford 1939: 57-80
Analyse; Archäologie; Weben

Crowfoot, G.M.: ‹The vertical loom in Palestine and Syria›, Palestine Exploration Fund 1941-43, London 1943: 141-150
Archäologie; Weben

Crowfoot, G.M.: ‹Handicrafts in Palestine: Primitive Weaving. Plaiting and finger weaving›, Palestine Exploration Quarterly Oct. London 1943: 75-89
Ethnographie; Kettenstoffe; Weben

Crowfoot, G.M.: ‹The tent beautiful: A study of pattern weaving in Transjordan›, Palestine Exploration Quarterly Apr. London 1945: 34-47
Ethnographie; Weben

Crowfoot, G.M.: ‹Two Textiles from the National Museum, Edinburgh›, Proc. Soc. Antiquaries of Scotland Vol. 82 7th, Edinburgh 1947
Archäologie; Weben; Vrz. flüssiges Mat.

Crowfoot, G.M.: ‹Textiles from a Viking Grave at Kildonan›, Proc. Soc. Antiquaries of Scotland Vol. 83, Edinburgh 1948/49: 24-28
Analyse; Archäologie; Weben; Florbildung

Crowfoot, G.M.: ‹Textiles, Basketry and Mats›, Singer, C. & Holmyard E.J. (ed.) A History of Technology Band 1, Oxford 1954: 413-447
Systematik; Analyse; Fadenbildung; Flechten; Kettenstoffe; Weben

Crowfoot, G.M.: ‹The Sudanese Camel Girth›, Kush 4, Khartoum 1956: 34-38
Ethnographie; Weben

Crowfoot, G.M. & Davies, N.: ‹The Tunic of Tut'Ankhamun›, The Journ. Egyptian Archaeol. Vol. 27, Oxford 1941: 113-130
Archäologie; Weben; Vrz. festes Mat.

Crowfoot, G.M. & Ling Roth, H.: Hand spinning and wool combing. Bedford 1974
Fadenbildung

Crystal, E.: ‹Mountain Ikats and Coastal Silk: Traditional Textiles in South Sulawesi›, Fischer, I. (ed.) Threads of Tradition. Berkeley 1979: 53-62
Ethnographie; Vrz. flüssiges Mat.

Csalog, J.: ‹Die Lehren des neusten Geflechtabdruckes von Kökenyodonb›, Mora Ferenc Muzeum 1, 1964-65, Zzeged 1965: 43-45
Archäologie; Flechten

Csernyánsky, M.: Ungarische Spitzenkunst. Budapest 1962
Volkskunde; Maschenstoffe; Flechten

Cuéllar, E.S.: ‹San Augustin Tlacotepec and Mixteca Alta Beltweaving Village›, I. Emery Roundtable on Mus. Textiles 1976, Washington 1977: 310-322
Ethnographie; Weben

Cyrus, U.: Manual of Swedish Handweaving. Boston 1956
Volkskunde; Weben

Dahl, H.: Högsäng och klädbod: ur svenskbygdernas textilhistoria. Folklivsstudier No. 18, Helsingfors 1987
Volkskunde; Maschenstoffe; Flechten; Weben

Dahlin, I.: Blekingedräkten. o.O. o.J.
Volkskunde; Vrz. festes Mat.; Vrz. flüssiges Mat.

Dahrenberg, T.: ‹«Sprang» – eine dreitausendjährige Handarbeit›, Frauenkultur Heft 9, Leipzig 1936: 6-11
Volkskunde; Archäologie; Kettenstoffe

Dalgaard, H.F.: ‹Danish needlework›, Folk 21-22, 1979-80, Kopenhagen 1980
Archäologie

Dalman, G.H.: Arbeit und Sitte in Palästina. Hildesheim 1964
Ethnographie; Fadenbildung; Weben

Dalrymple, R.E.: ‹Gold Embroidered Ceremonial Sarongs from South Sumatra›, Arts of Asia Vol. 14 No. 1, Hong Kong 1984: 90-99
Ethnographie; Weben; Vrz. festes Mat.

Damm, H.: ‹Ein Schiffstuch aus Süd-Sumatra›, Jahrbuch Museum für Völkerkunde No. 17, 1958, Leipzig 1960: 67-75
Ethnographie; Weben

Daniel, F.: ‹Yoruba Pattern Dyeing›, Nigeria No. 14, Lagos 1938: 125-129
Ethnographie; Vrz. flüssiges Mat.

Danneil, C.: ‹Der Übergang vom Flechten zum Weben, nebst einem weiteren Beitrag zur Kenntnis der Weberei in Melanesien›, Int. Archiv für Ethnol. 14, Leiden 1901: 227-238
Ethnographie; Flechten; Kettenstoffe; Weben

Das, A.K.: Tribal Art and Craft. Delhi 1979
Ethnographie; Flechten

Dauer, A.M.: Fulbe: Spinnen eines Baumwollfadens. Encyclopaedia Cinematographica Ser. 8, No. 8, Göttingen 1978
Ethnographie; Film; Fadenbildung

Davidson, D.S.: ‹Australian Netting and Basketry Techniques›, Journal of the Polyn. Soc. 42, Wellington 1933: 257-299
Systematik; Ethnographie; Maschenstoffe; Flechten

Davidson, D.S.: ‹Knotless netting in America and Oceania›, American Anthropologist 37, Menasha 1935: 117-134
Systematik; Ethnographie; Maschenstoffe

Davidson, M. & Christa, C.: Coverlets. Chicago 1973
Sammlungsbeschr.; Weben

Davies, N.: siehe auch Crowfoot, G.M.

Dawson, B.: The technique of metal thread embroidery: Repr. from an extended version. First published 1968. London 1985
Arbeitsanleitung; Vrz. festes Mat.

Dawson, L.E.: ‹Painted mummy masks of Ica, Peru›, The J.B. Bird Precolumbian Textile Conf. 1973, Washington 1979: 83-104
Archäologie; Flechten; Weben; Vrz. flüssiges Mat.

Dawson, L.E.: siehe auch Fowler, C.S.

Day, C.L.: Quipus and Witches Knots. Los Angeles 1967
Analyse; Maschenstoffe

Day, L.F. & Buckle, M.: Art in Needlework: A Book about Embroidery. London 1907
Analyse; Arbeitsanleitung; Vrz. festes Mat.

De Bone, M.G.: ‹Patola and its techniques›, Textile Museum Journal 4 (3), Washington 1976: 49-62
Analyse; Vrz. flüssiges Mat.

De Leon, S.: The Basketry Book. New York 1978
Arbeitsanleitung; Maschenstoffe; Flechten

Debétaz, V.: Von den Spinnerinnen im Eringertal und ihrem Betreuer. Heimatwerk 1, Zürich 1965: 2-17
Volkskunde; Fadenbildung

Debétaz-Grünig, E.: Apprenons à tisser. Fribourg 1977
Arbeitsanleitung; Weben

Deimel, C.: ‹Kleidung und Kultgegenstände der Huichol (Wirarika)›, Mitteilungen Museum für Völkerkunde 12 NF, Hamburg 1982: 55-108
Ethnographie; Weben; Perlenstoffe; Vrz. festes Mat.

Delahaye, G.: ‹Les tissus teints à l'indigo de l'Afrique Occidentale›, La Navette 23, Cordes 1983: 22-29
Ethnographie; Vrz. flüssiges Mat.

Delawarde, J.B.: ‹Les Galibi de la Mana et d'Iracoubo (Guayane Française)›, Journ. Soc. Américan. 56 (1), Paris 1967
Ethnographie; Fadenbildung; Flechten

Delgado, H.: Aboriginal Guatemalan Handweaving and Costume. Thesis Indiana Univ. Ann Arbor 1963
Ethnographie; Weben

Delgado-Pang, H.: ‹Overview and Introduction to Central American Ethnographic Textiles›, I. Emery Roundtable on Mus. Textiles 1976, Washington 1977: 84-105
Ethnographie

Delgado-Pang, H.: ‹Similarities between certain early Spanish, contemporary Spanish Folk, and Mesoamerican Indian Textile Design Motifs›, I. Emery Roundtable on Mus. Textiles 1976, Washington 1977: 386-404
Volkskunde

Dellinger, S.C.: ‹Baby Cradles of the Ozark Bluff Dwellers›, American Antiquity 1, 1935-36, Salt Lake City 1936: 197-214
Archäologie; Flechten; Kettenstoffe

Delz, S.: siehe auch Schaar, E.

Dendel, E.W.: African fabric crafts: Sources of African designs and technique. New York 1974
Ethnographie; Arbeitsanleitung; Maschenstoffe; Flechten; Vrz. festes Mat.; Vrz. flüssiges Mat.

Denis, F.: Arte plumaria – Les plumes dans les Arts au Mexique, au Pérou, au Brésil, etc. Paris 1875
Archäologie; Florbildung

Denniston, G.: siehe auch Mc Clellan, C.

Denny, W.B.: ‹Ottoman Turkish textiles›, Textile Museum Journal 3 (3), Washington 1972: 55-66
Allg.; Weben

Denny, W.B.: ‹Anatolian rugs›, Textile Museum Journal 3 (4), Washington 1973: 7-26
Allg.; Florbildung

Denwood, P.: The Tibetan Carpet. Warminster 1974
Ethnographie; Florbildung

Desai, C.: Ikat Textiles of India. Tokyo 1988
Analyse; Ethnographie; Vrz. flüssiges Mat.

Desai, D.: siehe auch Westfall, C.D.

Desrosiers, S.: ‹Un «métier à tisser aux baguettes» du Pérou›, Bull. CIETA 1 & 2, Lyon 1980: 36-40
Ethnographie; Halbweben

Desrosiers, S.: Le tissu comme être vivant. Paris 1982
Weben

Desrosiers, S.: ‹Beschreibung einer tibetischen Schleuder›, Müller, C.C. (ed.) Der Weg zum Dach der Welt. München 1982: 176-177
Ethnographie; Flechten

Desrosiers, S.: ‹An Interpretation of Technical Weaving Data Found in an Early 17th-Century Chronicle›, Rowe, A.P. (ed.) J.B. Bird Conf. on Andean Textiles 1984, Washington 1986: 219-242
Analyse; Weben

Desrosiers, S.: siehe auch Balfet, H.

Detering, D.: ‹Flechtwerke und Flechttechniken der Kaschuyana-Indianer Nordost Brasiliens›, Bässler Archiv NF 10, Berlin 1962: 63-103
Analyse; Ethnographie; Flechten; Florbildung; Ränder

Deuss, K.: Indian Costumes from Guatemala. Twickenham 1981
Ethnographie; Fadenbildung; Kettenstoffe; Vrz. festes Mat.; Vrz. flüssiges Mat.

Deuss, K.: Fest der Farben: Trachten und Textilien aus dem Hochland Guatemalas. Köln 1981
Analyse; Ethnographie; Maschenstoffe; Weben; Stoffzusammensetzung

Deutsches Textilforum: Arbeitsgruppe für Textilien. Hannover ab 1982
Arbeitsanleitung; Allg.

Devassy, M.K.: Selected Crafts of Kerala. New Delhi 1964
Ethnographie; Fadenbildung; Flechten; Weben

Devi, P. (ed.): The master weavers. Bombay 1982
Ethnographie; Sammlungsbeschr.; Vrz. festes Mat.; Vrz. flüssiges Mat.

Dhamija, J.: ‹The Survey of Embroidery Traditions›, Marg Vol. 17 No. 2, Bombay 1964
Ethnographie; Vrz. festes Mat.

Dhamija, J.: ‹Survey of pile carpet industry in India›, Marg 18, Bombay 1965
Ethnographie; Florbildung

Dhamija, J.: Survey of crafts of Bihar. Bombay 1966
Ethnographie; Flechten

Dhamija, J.: ‹Survey of Crafts›, Marg Vol. 20, Bombay 1966
Ethnographie; Vrz. festes Mat.

Dhamija, J.: Indian folk arts and crafts. New Delhi 1970
Ethnographie; Weben; Florbildung; Vrz. festes Mat.; Vrz. flüssiges Mat.

Dhamija, J.: ‹Arts and Crafts of Himachal Pradesh›, Marg 23 (2), Bombay 1970
Ethnographie; Flechten; Vrz. festes Mat.

Dhamija, J.: Crafts of Gujarat: Living traditions of India. New York 1985
Ethnographie; Weben; Vrz. flüssiges Mat.

Dhamija, J. & Jain, J.: Handwoven Fabrics of India. Ahmedabad 1989
Ethnographie; Weben; Vrz. festes Mat.; Vrz. flüssiges Mat.

Dickey, S.F.: A Historical Review of Knotless Netting in South America. Berkeley 1964
Systematik; Ethnographie; Archäologie; Maschenstoffe

Dietrich, M.G.: Guatemalan Costume: The Heard Museum Collection. Phoenix 1979
Ethnographie; Sammlungsbeschr.; Weben

Dijk van, T.: Ship Cloths of the Lampung, South Sumatra. Amsterdam 1980
Ethnographie; Weben

Dillmont, de, T.: Encyclopédie des ouvrages de dames. Mulhouse o.J.
Arbeitsanleitung; Flechten; Ränder; Vrz. festes Mat.

Dillmont, de, T.: Die Durchbruchsarbeit. Mülhausen o.J.
Arbeitsanleitung; Kettenstoffe

Dillmont, de, T.: Die Bändchenspitze: Point Lace. Mülhausen o.J.
Arbeitsanleitung; Maschenstoffe

Dillmont, de, T.: Motifs de broderie copte. Dornach o.J.
Arbeitsanleitung; Vrz. festes Mat.

Dillmont, de, T.: Hardanger Arbeiten. Mülhausen o.J.
Volkskunde; Arbeitsanleitung; Vrz. festes Mat.

Dillmont, de, T.: Enzyklopädie der weiblichen Handarbeiten. Dornach 1902
Arbeitsanleitung; Flechten; Ränder; Vrz. festes Mat.; Stoffzusammensetzung

Dillmont, de, T.: Die Klöppelspitzen. Mülhausen 1910
Arbeitsanleitung; Flechten

Dimand, M.S.: A Handbook of Muhammadan Art. New York 1974
Allg.

Dimand, M.S.: siehe auch Ettinghausen, R.

Dimand, M.S.: Altislamische Gewebe. o.O. 1930
Archäologie; Weben

Disselhoff, H.D.: Daily Life in Ancient Peru. New York 1967
Archäologie; Flechten; Kettenstoffe; Weben; Wirken

Disselhoff, H.D.: Leben im alten Peru. München 1981
Analyse; Archäologie; Flechten; Kettenstoffe; Weben; Florbildung; Vrz. festes Mat.; Wirken

Dixit, D.K.: Zari embroidery and batwa making of Bhopal. Census of India 1961 Vol. 8,Part 7a,61, Jabalpur 1965
Ethnographie; Vrz. festes Mat.

Dixon, K.A.: ‹Systematic Cordage Structure Analysis›, American Anthropologist 59, Menasha 1957: 134-136
Systematik; Fadenbildung

Djajasoebrata, V.A. & Adams, M.: Life and Death on Sumba. Rotterdam 1965
Ethnographie; Sammlungsbeschr.; Vrz. festes Mat.; Vrz. flüssiges Mat.

Djambatan, P.: Hamzuri: Classical Batik. Jakarta 1985
Analyse; Ethnographie; Vrz. flüssiges Mat.

Djoemena, N.S.: Ungkapan sehelai: Batik: its mystery and meaning. Jakarta 1986
Ethnographie; Vrz. flüssiges Mat.

Djoemena, N.S.: Pameran Lintasan Budaya Dalam Batik Koleksi. Jakarta 1990
Ethnographie; Sammlungsbeschr.; Vrz. flüssiges Mat.

Djumena, N.S.: Batik and its Kind. Jakarta 1990
Ethnographie; Vrz. flüssiges Mat.

Dockstader, F.J.: Weaving Arts of the North American Indian. London 1978
Ethnographie; Weben; Wirken

Dockstader, F.J.: The Song of the Loom: New Traditions in Navajo Weaving. New York 1987
Ethnographie; Weben; Wirken

Dodds, D.R.: Südpersische Stammeserzeugnisse. New York 1983
Ethnographie

Dörner, G.: Volkskunst in Mexico: Ausstellung des städtischen Museums für Völkerkunde. Frankfurt 1964
Ethnographie; Sammlungsbeschr.

Does, de, A.M.K.: Toestand der Nijverheid in de afdeeling Banjaruegara. o.O. o.J.
Ethnographie; Weben; Vrz. flüssiges Mat.

Dombrowski, G.: ‹Über eine besondere Form textiler Randverzierung in Turkestan›, Bässler Archiv 24, Berlin 1976: 365-387
Analyse; Ethnographie; Kettenstoffe; Weben; Ränder; Vrz. festes Mat.

Dombrowski, G. & Pfluger-Schindlbeck, I.: Flachgewebe aus Anatolien. Staatl. Museen Preussischer Kulturbesitz No. 58 & 59, Berlin 1988
Analyse; Ethnographie; Fadenbildung; Kettenstoffe; Weben; Ränder

Domonkos, O.: Blaudruckhandwerk in Ungarn. Budapest 1981
Volkskunde; Vrz. flüssiges Mat.

Donat, F.: Methodik der Bindungslehre und Decomposition. Wien 1899
Analyse; Weben

Dongerkery, K.S.: The Indian Sari. New Delhi o.J.
Ethnographie; Weben

Dongerkery, K.S.: The Romance of Indian Embroidery. Bombay 1951
Ethnographie; Vrz. festes Mat.

Donner, M. & Schnebel, C.: Handarbeiten wie zu Grossmutters Zeiten: Faksimiledruck von: Ich kann handarbeiten. Berlin 1913
Analyse; Arbeitsanleitung; Maschenstoffe; Flechten; Vrz. flüssiges Mat.

Dornheim, A.: ‹Posición ergológica de los Telares Cordobeses en la América del Sur›, Revista del Inst. Nac. Trad. 1, Buenos Aires 1948
Ethnographie; Weben

Dorta, S.F.: siehe auch Nicola, N.

Douglas, F.H.: Basketry Construction Technics. Denver Art Mus. Dept. of Indian Art, Leaflet 67, Denver 1935
Analyse; Ethnographie; Flechten

Douglas, F.H.: The Main Division of California Indian Basketry. Denver Art Mus. Dept. of Indian Art, Leaflet 83-84, Denver 1937
Ethnographie; Flechten

Douglas, F.H.: Southwest Twined, Wicker and Plaited Basketry. Denver Art Mus. Dept. of Indian Art, Leaflets 99-100, Denver 1940
Ethnographie; Flechten

Douglas, F.H.: Porcupine Quillwork. Denver Art Mus. Dept. of Indian Art, Leaflet 103, Denver 1941
Ethnographie; Vrz. festes Mat.

Douglas, F.H. & D'Harcourt, R.: Indian Art of the United States. New York 1941
Ethnographie; Allg.; Flechten; Vrz. festes Mat.; Wirken

Drewal, H.J. & Pemberton, J.: Yoruba: Nine Centuries of African Art and Thought. New York 1989
Ethnographie; Weben; Perlenstoffe; Vrz. festes Mat.; Vrz. flüssiges Mat.

Drinbao, S.: Babi: tekuilt mengergakan tenunan ikat. S. Augustin 1980
Ethnographie

Drucker, S. et al.: ‹The Cuitlatec›, Handbook of Middle Am. Indians 7, Austin 1969: 565-576
Ethnographie; Fadenbildung; Maschenstoffe; Flechten; Vrz. festes Mat.

Dubin, L.S.: The History of Beads. New York 1987
Analyse; Ethnographie; Volkskunde; Archäologie; Perlenstoffe

Duby, G. & Blom, F.: ‹The Lacandon›, Handbook of Middle Am. Indians 7, Austin 1969: 276-297
Ethnographie; Fadenbildung; Maschenstoffe; Kettenstoffe

Dudvikova, M.: Moravska lidova vysivka. Brno 1986
Analyse; Volkskunde; Maschenstoffe; Vrz. festes Mat.

Due, B.: ‹A shaman's cloak?›, Folk 21-22, 1979-80, Kopenhagen 1980
Analyse; Ethnographie; Florbildung

Dürr, A.: Die Weberei in der zentralen peruanischen Montaña. Basel 1978
Ethnographie; Sammlungsbeschr.; Fadenbildung; Flechten; Halbweben; Weben; Vrz. flüssiges Mat.; Stoffzusammensetzung

Dürr, A.: ‹Halbweben in der peruanischen Montaña›, Basler Beiträge zur Ethnologie Band 30, Basel 1989: 431-442
Ethnographie; Halbweben

Dunare, N.: Rumänische Stickereien. Bukarest 1985
Volkskunde; Vrz. festes Mat.

Dunham, S.A.: Women's work in village industries on Java. Jakarta 1980
Ethnographie; Vrz. flüssiges Mat.

Dunlop, J.: People of the Australian Western Desert: Spinning Hair String. Encyclopaedia Cinematographica No. 9, Göttingen 1966
Ethnographie; Film; Fadenbildung

Dunsmore, S.: Weaving in Nepal: Dhaka-Topi Cloth. London 1983
Ethnographie; Weben

Dunsmore, S.: The Nettle in Nepal: A Cottage Industry. London 1985
Ethnographie; Flechten; Weben

Dupaigne, B.: ‹Aperçus sur quelques techniques afghanes›, Objets et Mondes 8 (1), Paris 1968: 41-84
Ethnographie; Vrz. flüssiges Mat.

Dupaigne, B.: ‹Un artisan d'Afghanistan: sa vie, ses problèmes, ses espoirs›, Objets et Mondes 14 Fasc. 3, Paris 1974: 143-170
Ethnographie; Weben; Vrz. flüssiges Mat.

Dupaigne, B.: ‹Les ikats d'Usbekistan et d'Afghanistan›, Textilhandwerk in Afghanistan. Liestal 1983: 77-92
Ethnographie; Vrz. flüssiges Mat.

Duponchel, P.: Le Tissage du Coton a San, République du Mali. Paris 1987
Ethnographie; Weben; Vrz. flüssiges Mat.

Duque Gomez, L.: Tejidos y Bordados. Bogotá 1945
Ethnographie; Weben

Durand-Forest, J.: ‹Survivances de quelques techniques précolombiennes dans le Mexique moderne›, Jour. Soc. Américanistes 55 (2), Paris 1966: 525-561
Analyse; Ethnographie; Archäologie; Fadenbildung; Weben

Durban Art Gallery: Exhibition of Traditional Indian Costumes of Guatemala: Exhibition Catalogue. Durban 1977
Ethnographie; Sammlungsbeschr.; Weben; Vrz. festes Mat.

Dusenbury, M.: ‹Kasuri: a japanese textile›, Textile Museum Journal 17, Washington 1978
Ethnographie; Vrz. flüssiges Mat.

Dusenbury, M.: ‹Braiding in Japan›, Rogers, N. (ed.) In celebration of the curious mind. Loveland 1983: 81-102
Ethnographie; Flechten

Dusenbury, M.: Textiles of old Japan: Bast-fibre textiles and old Kasuris. San Francisco 1985
Ethnographie; Vrz. flüssiges Mat.

Dussan de Reichel, A.: ‹La mochila de fique: Aspectos tecnológicos, socio-económicos y etnográficos›, Rev. Col. de Folclor Band 11 (4), Bogotá 1960: 137-148
Analyse; Ethnographie; Maschenstoffe

Dutton, B.: Navaho Weaving Today. 3. Edition, Santa Fe 1961
Ethnographie; Weben; Wirken

Dwyer, E.B.: ‹Early Horizon Tapestry from South Coastal Peru›, The J.B. Bird Precolumbian Textile Conf. 1973, Washington 1979: 61-82
Archäologie; Kettenstoffe; Vrz. festes Mat.

Dwyer, J.P.: ‹The Chronology and Iconography of Paracas Style Textiles›, The J.B. Bird Precolumbian Textile Conf. 1973, Washington 1979: 105-128
Archäologie; Weben

D'Azevedo, W.L. (ed.): Great Basin. Handbook of North Am. Indians 11, Washington 1986
Ethnographie; Archäologie; Flechten

D'Harcourt, R.: ‹Technique du point de tricot à Nazca›, Jour. Soc. Américanistes 22, Paris 1930: 207-209
Analyse; Ethnographie; Maschenstoffe

D'Harcourt, R.: ‹Un bonnet péruvien en similivelours›, Bull. de Mus. d'Ethno. de Trocadero No. 5, Paris 1933: 3-7
Archäologie; Florbildung

D'Harcourt, R.: Les textiles anciens du Pérou et leurs techniques. Paris 1934
Analyse; Archäologie; Maschenstoffe; Flechten; Kettenstoffe; Weben; Florbildung; Ränder; Vrz. festes Mat.

D'Harcourt, R.: ‹Techniques des tissus Péruviens à fils de chaîne et de trame discontinus›, Journ. de la Soc. des Américanistes N.S. 28, Paris 1936: 323-325
Archäologie; Wirken

D'Harcourt, R.: ‹Le Tressage des Frondes au Pérou et en Bolivie et les Textiles chez les Uro-Cipaya›, Jour. Soc. Américanistes Tome 32, Paris 1940: 103-132
Analyse; Ethnographie; Flechten

D'Harcourt, R.: Arts de l'Amérique. Paris 1948
Ethnographie; Archäologie; Flechten; Weben

D'Harcourt, R.: ‹Un tapis brodé de Paracas, Pérou›, Journ. de la Soc. des Américanistes N.S. 37, Paris 1948: 241-257
Archäologie; Vrz. festes Mat.

D'Harcourt, R.: ‹Techniques du tressage des sandales chez les tribus indiennes de la côte du Pérou›, Actes du XXVIIIe Congrès International des Américain. Paris 1948: 615-619
Archäologie; Flechten

D'Harcourt, R.: ‹Un réseau à bouclettes décoratives de Nazca: Note technologique›, Journ. de la Soc. des Américanistes N.S. 41, Paris 1952: 39-41
Archäologie; Maschenstoffe

D'Harcourt, R.: ‹Une broderie sur filet de Nazca, Pérou›, Soc. Suisse des Améric. Bulletin No. 8, Genève 1954: 1-2
Archäologie; Vrz. festes Mat.

D'Harcourt, R.: ‹Peruanische Textiltechnik›, Ciba Rundschau 148, Basel 1960: 2-39
Analyse; Maschenstoffe; Flechten; Kettenstoffe; Weben; Florbildung; Ränder; Vrz. festes Mat.

D'Harcourt, R.: Textiles of ancient Peru and their techniques. Paris 1962
Analyse; Archäologie; Fadenbildung; Maschenstoffe; Flechten; Kettenstoffe; Florbildung; Vrz. flüssiges Mat.

D'Harcourt, R.: ‹Notes technologiques sur les tissus in-
diens modernes de Bolivie›, Jour. Soc. Américanistes
59, Paris 1970: 171-175
Ethnographie; Weben
D'Harcourt, R.: Textiles of Ancient Peru and their tech-
niques. Denny, G.K. & Osborne, C.M. (ed.) Univ.
Wash. Press, Seattle 1974
Archäologie; Fadenbildung; Maschenstoffe; Flech-
ten; Kettenstoffe; Florbildung; Vrz. flüssiges Mat.
D'Harcourt, R.: siehe auch Douglas, F.H.
D'Hennezel, H.: Catalogue des principales pièces ex-
posées. Musée Historique des Tissus, Lyon 1924
Sammlungsbeschr.; Florbildung

Easmon, M.C.F.: Sierra Leone Country Cloths. British
Empire Exhibition, London 1924
Ethnographie; Fadenbildung; Weben
Eaton, A.M.: Handicrafts of the Southern Highlands.
New York 1937
Volkskunde; Fadenbildung; Maschenstoffe; Flechten;
Weben; Vrz. festes Mat.
Eddy, M.: Crafts and Traditions of the Canary Islands.
Shire Ethnography No. 17, Dyfed 1989
Volkskunde; Flechten; Weben
Edwards, J.: Bead Embroidery. London 1966
Allg.; Perlenstoffe; Vrz. festes Mat.
Efthymiou-Chatzilakou, M.: ‹I Kalathoplektiki tou Ar-
gous: Basket-weaving in Argos›, Ethnografica 2,
1979-80, Athen 1980: 57-82
Volkskunde; Flechten
Eggebrecht, A.: Das Land am Nil: Bildteppiche aus
Harrania. Hildesheim 1979
Ethnographie; Wirken
Egger, G.: Frühchristliche und koptische Kunst. Wien
1964
Archäologie; Sammlungsbeschr.; Kettenstoffe; We-
ben; Wirken
Egloff, M.: ‹Le panier du cueilleur›, Jagen und Sammeln.
Jahrbuch Hist. Museum 63-64, 1983-84, Bern 1984
Archäologie; Flechten
Egloff, W.: Weben und Wirken im Lötschental. Schweiz.
Gesell. für Volkskunde, Abt. Film, Basel 1976
Analyse; Volkskunde; Film; Weben; Wirken
Eiland, M.L.: Chinese and Exotic Rugs. London 1979
Analyse; Allg.; Kettenstoffe; Florbildung
Einstein, C.: ‹Peruanische Bildgewebe der Sammlung
Gaus›, Westheim, P. (ed.) Das Kunstblatt 6 (4), Pots-
dam 1922: 172-175
Archäologie; Wirken
Eisleb, D.: ‹Altperuanische Kelimgewebe aus Pachaca-
mac›, Bässler Archiv NF 12, Berlin 1964: 257-270
Archäologie; Kettenstoffe; Wirken
Eisleb, D.: Altperuanische Kulturen, I. Veröffentl. Mu-
seum Völkerkunde NF 31. 1974, Berlin 1975
Analyse; Archäologie; Sammlungsbeschr.; Ma-
schenstoffe; Flechten; Weben; Vrz. festes Mat.
Eisleb, D. & Strelow, R.: ‹Altperuanische Ikat-Gewebe
aus den Sammlungen des Berliner Museums für Völkerkunde›, Bässler Archiv NF 12, Berlin 1964: 179-
191
Archäologie; Vrz. flüssiges Mat.

Eisleb, D. & Strelow, R.: ‹Altperuanische unechte Par-
tialgewebe mit Plangimusterung›, Bässler Archiv NF
13, Berlin 1965: 293-308
Archäologie; Kettenstoffe; Weben; Vrz. flüssiges
Mat.
Ekpo, I.A.: ‹Ekpe Costume of the Cross River›, African
Arts Vol. 12 No. 1, Los Angeles 1978: 72-75
Ethnographie; Maschenstoffe
Elliot-Mc Cabe, I.: Batik: Fabled cloth of Java. New
York 1984
Analyse; Ethnographie; Vrz. flüssiges Mat.
Ellis, C.G.: ‹The Ottoman prayer rugs›, Textile Museum
Journal 2 (4), Washington 1969
Allg.; Florbildung
Ellis, C.G.: Early caucasian rugs. Textile Museum
Washington, Washington 1975
Sammlungsbeschr.; Florbildung
Ellis, F. & Walpole, U.: ‹Posible Pueblo, Navajo and
Jicarilla Basketry Relationships›, El Palacio 66 (6),
Santa Fe 1959: 181-198
Ethnographie; Flechten
Ellis, G.R.: ‹The Art of the Toradja›, Arts of Asia Vol. 10
No. 5, Hong Kong 1980: 94-107
Ethnographie; Flechten; Perlenstoffe; Vrz. flüssiges
Mat.
Elmberg, J.E.: Balance and circulation. Aspects of tra-
dition and change among the Mejprat of Irian Barat.
Ethnogr. Mus. Monograph Series 12, Stockholm
1968
Ethnographie; Weben; Vrz. festes Mat.
Elsasser, A.B.: ‹Basketry›, Handbook of North Am. In-
dians 8, Washington 1978: 626-641
Analyse; Ethnographie; Flechten
Elson, V.: Dowries from Kutch. Mus. Cultural History
UCLA, Los Angeles 1979
Ethnographie; Sammlungsbeschr.; Vrz. festes Mat.
Emery, I.: ‹Wool Embroideries of New Mexico: Some
Notes on the Stitch Employed›, El Palacio 56 (11),
Santa Fe 1949: 339-352
Volkskunde; Vrz. festes Mat.
Emery, I.: ‹Naming the Direction of the Twist in Yarn and
Cordage›, El Palacio 59 (8), Santa Fe 1952: 251-
262
Systematik; Fadenbildung
Emery, I.: Note on some of the basic requirements for a
terminology of ancient and primitive fabrics. Work-
shop Notes 11, Washington 1955
Systematik; Maschenstoffe; Flechten
Emery, I.: The Primary Structures of Fabrics. New York
1966
Systematik; Fadenbildung; Maschenstoffe; Flechten;
Kettenstoffe; Weben; Florbildung; Vrz. festes Mat.;
Wirken; Stoffzusammensetzung
Emery, I. & Fiske, P. (ed.): Ethnographic Textiles of the
Western Hemisphere. I. Emery Roundtable on Mus.
Textiles 1976, Washington 1977
Ethnographie; Maschenstoffe; Weben
Emery, I. & Fiske, P. (ed.): Looms and their Products. I.
Emery Roundtable on Mus. Textiles 1977, Washing-
ton 1979
Ethnographie; Weben

Emery, I. & King, M.E.: Vicús Textile Fragments: Vicús eine neu entdeckte altperuanische Kultur. Disselhoff, H.D (ed.) Monumenta Americana Vol. 7, Berlin 1971: 52-53
Archäologie; Weben

Emmons, G.T.: ‹The Basketry of the Tlingit›, Am. Mus. Nat. History Memoirs 3 (2), New York 1903: 229-277
Ethnographie; Flechten

Emmons, G.T. & Boas, F.: The Chilkat Blanket. Mem. Americ. Mus. of Nat. Hist. 3-4, New York 1907: 329-400
Analyse; Kettenstoffe; Florbildung; Ränder

Enderlein, V.: Orientalische Kelims. Berlin 1986
Sammlungsbeschr.; Kettenstoffe; Weben; Florbildung; Wirken

Endrei, W.: Le métier à tisser aux baguettes; Influences orientales dans les costumes polonais et hongrois. Paris 1985
Volkskunde; Weben

Engel, F.: ‹Un Groupe Humain datant de 5000 ans à Paracas, Pérou›, Jour. Soc. Américanistes Tome 49, Paris 1960: 1-35
Archäologie; Maschenstoffe; Flechten; Kettenstoffe

Engel, F.: A Preceramic Settlement on the Central Coast of Peru, Asia 1. Trans. of the American Philosoph. Soc. Philadelphia 1963
Analyse; Archäologie; Maschenstoffe; Flechten; Kettenstoffe; Florbildung

Engel, F.: ‹Le complexe précéramique d'el Paraiso (Pérou)›, Jour. Soc. Américanistes 55 (1), Paris 1966: 43-96
Analyse; Archäologie; Maschenstoffe

Engelbrecht, B.: Handwerk im Leben der Purhépecha in Mexico. Ethnol. Schriften Zürich 3, Zürich 1986
Ethnographie; Flechten; Weben

Engelstad, H.: Dobbeltvev i Norge. Oslo 1958
Volkskunde; Weben

Engelstad, H.: ‹The big fishes from Pachacamac: Peru›, Folk 21-22, 1979-1980, Kopenhagen 1980
Archäologie

Engelstad, H.: ‹Mythology, religion and textile art on the central coast of Old Peru›, Folk 26, Kopenhagen 1984: 191-213
Archäologie; Allg.

Enserinck, P.: Van Batikken en Ikatten. Haarlemsche Kunstboekjes 7, Haarlem o.J.
Ethnographie; Vrz. flüssiges Mat.

Ephraim, H.: Über die Entwicklung der Webtechnik und ihre Verwendung ausserhalb Europas. Mittl. Städt. Mus. f. Völkerk. 8 No. 9, Leipzig 1904
Analyse; Weben

Erekosima, T.V. & Bubolz-Eicher, J.: ‹Kalabari Cut-Thread and Pulled-Thread Cloth›, African Arts 14 (2), Los Angeles 1981: 48-51
Ethnographie; Vrz. festes Mat.

Erekosima, T.V.: siehe auch Bubolz-Eicher, J.

Erikson, J.: Mata ni Pachedi: A book on the temple cloth of the mother goddess. Ahmedabad 1984
Ethnographie; Vrz. flüssiges Mat.

Errera, I.: Catalogue d'étoffes anciennes et modernes. Musée Royal des Arts Decoratives, Bruxelles 1907
Sammlungsbeschr.; Weben

Espejel, C. & Català Roca, F.: Mexican Folk Crafts. Barcelona 1978
Ethnographie; Maschenstoffe; Flechten; Weben

Etienne-Nugue, J.: Artisanats et arts de vivre au Cameroun. o.O. 1982
Ethnographie; Fadenbildung; Flechten; Weben; Vrz. festes Mat.

Etienne-Nugue, J.: Artisanats traditionnels Haute Volta. Dakar 1982
Ethnographie; Fadenbildung; Flechten; Weben; Vrz. festes Mat.; Vrz. flüssiges Mat.

Etienne-Nugue, J.: Artisanats traditionnels en Afrique Noire: Bénin. Dakar 1984
Ethnographie; Fadenbildung; Flechten; Weben; Vrz. festes Mat.; Vrz. flüssiges Mat.

Etienne-Nugue, J.: Artisanats traditionnels: Côte d'Ivoire. Dakar 1985
Analyse; Ethnographie; Flechten; Weben; Vrz. flüssiges Mat.

Ettinghausen, R. & Dimand, M.S.: Prayer Rugs. Washington Textile Museum, Washington 1974
Sammlungsbeschr.; Allg.; Florbildung

Ewers, J.C.: Blackfeet Crafts. Los Angeles 1945
Ethnographie; Vrz. festes Mat.

Ewers, J.C.: siehe auch Wildschut, W.

Eyk, van, R.: My woven diary. Goirle 1977
Volkskunde; Weben

Faccioli, R.: siehe auch Boralevi, A.

Falchetti de Sáenz, A.M: siehe auch Cardale de Schrimpff, M.

Farke, H.: Archäologische Fasern, Geflechte, Gewebe: Restaurierung und Museumstechnik. Mus. für Ur- und Frühgeschichte 17, Weimar 1986
Analyse; Fadenbildung; Flechten; Kettenstoffe; Weben; Florbildung

Farrand, L.: Basketry Designs of the Salish Indians: Reprint of the 1900 edition. New York 1975
Ethnographie; Flechten

Fauconnier, F.: Ship cloth from southern Sumatra: Schiffstücher aus Süd-Sumatra. Köln 1980
Ethnographie; Weben

Fawcett, M.D.: ‹The Featherworker: The Karajá of Brazil›, Roosevelt, A.C. (ed.) The Ancestors. New York 1979: 24-43
Analyse; Ethnographie; Florbildung

Faxon, H.: ‹A model of an ancient Greek loom›, Bull. of the Metropolitan Mus. of Art Vol. 27 No. 3, New York 1932: 70-71
Archäologie; Weben

Feick, K.: Die Caraguatábast-Knüpfereien der Chamacoco und Tumanahá: Ein Beitrag zur Ethnographie des Chaco Boreal. Giessen 1917
Analyse; Ethnographie; Maschenstoffe; Florbildung

Fejos, P.: Ethnography of the Yagua. Viking Fund Publ. Anthrop. 1, New York 1943
Ethnographie; Maschenstoffe; Flechten

Fél, E.: Leinenstickereien der ungarischen Bauern. Budapest 1976
Volkskunde; Vrz. festes Mat.

Feldman, J. & Rubinstein, D.H.: The art of Micronesia. Univ. of Hawaii Art Gallery, Honolulu 1986
Analyse; Ethnographie; Flechten; Weben

Feldman, R.A.: ‹Early Textiles from the Supe Valley, Peru›, Rowe, A.P. (ed.) J.B. Bird Conf. on Andean Textiles 1984, Washington 1986: 31-46
Analyse; Archäologie; Maschenstoffe; Kettenstoffe

Feldtkeller, A. & Schlichtherle, H.: ‹Jungsteinzeitliche Kleidungsstücke aus Ufersiedlungen des Bodensees›, Archäologische Nachrichten aus Baden 38 & 39, Freiburg 1987: 74-83
Archäologie; Flechten; Kettenstoffe; Florbildung

Feltham, J.: Peruvian Textiles. Shire Ethnography No. 16, Aylesbury 1989
Analyse; Ethnographie; Archäologie; Fadenbildung; Maschenstoffe; Kettenstoffe; Weben; Florbildung; Vrz. festes Mat.; Vrz. flüssiges Mat.; Wirken

Femenias, B.: Two Faces of South Asian Art: Textiles and Paintings. University of Wisconsin, Madison 1984
Ethnographie; Sammlungsbeschr.

Femenias, B.: Andean Aesthetics: Textiles of Peru and Bolivia. Wisconsin 1988
Ethnographie; Sammlungsbeschr.; Maschenstoffe; Weben

Fenelon-Costa, M.H. & Malhano, H.B.: ‹Habitacão Indigena Brasileira›, Suma Etnologica Brasileira 2, Petrópolis 1986: 27-92
Analyse; Ethnographie; Flechten

Fenton, R. & Stuart-Fox, D.: ‹Woven Textiles of Indonesia›, Craft Australia, Spring, 1976: 14-17
Ethnographie; Weben; Vrz. flüssiges Mat.

Ferchion, S.: Techniques et Sociétés: Exemple de la fabrication des chéchias en Tunisie. Thèse Univ. Paris, Paris 1971
Allg.; Maschenstoffe

Ferdière, A.: Le Travail du Textile en Région Centre de l'Âge du Fer au Haut Moyen Âge. Revue Archéologique du Centre de France 23, 1984: 204-275
Archäologie

Ferenc, K. & Palotay, G.: Himzömesterség: A magy arország népé Hunzések ö Uésbecknikaja. Budapest 1940
Volkskunde; Vrz. festes Mat.

Ferenc, K.: siehe auch Palotay, G.

Ferentinos, F.: siehe auch Palmieri, M.

Fernandez Distel, A.A.: La Cultura Material de los Ayoreo del Chaco Boreal. Scripta Ethnologica Supplement No. 3, Buenos Aires 1983
Analyse; Ethnographie; Flechten; Kettenstoffe

Ferraro-Dorta, S.: Paríko: Etnografia de um artefato plumário. Col. Mus. Paulista Etnologia 4, São Paulo 1981
Ethnographie; Florbildung

Ferraro-Dorta, S.: ‹Plumária Bororo›, Suma Etnologica Brasileira 3, Petrópolis 1986
Ethnographie; Florbildung

Finckh-Haelsing, M.: Korbflechten mit buntem Peddingrohr für Kinder. Ravensburg o.J.
Arbeitsanleitung; Flechten; Ränder

Fink, P.: Vom Passementerhandwerk zur Bandindustrie. Basel 1979
Volkskunde; Weben

Fischer, B.: ‹Applikationen einer Schuhmachersfrau in Gujarat›, Schmitt-Moser, E. et al. (ed.) Indische Frauenkunst. Bayreuth 1989: 20-25
Ethnographie; Vrz. festes Mat.

Fischer, E.: ‹Aufzeichnungen über einen Weber der Bandi›, Bässler Archiv NF 13, Berlin 1965: 83-103
Ethnographie; Weben

Fischer, E.: ‹Das Tempeltuch der Muttergöttin aus Gujarat›, Archiv für Völkerkunde 26, Wien 1972: 15-27
Ethnographie; Vrz. flüssiges Mat.

Fischer, E. & Jain, J.: Tempeltücher für die Muttergöttinen in Indien. Zürich 1982
Ethnographie; Vrz. flüssiges Mat.

Fischer, E. & Mahapatra, S.: Orissa: Kunst und Kultur in Nordostindien. Zürich 1980
Ethnographie; Fadenbildung; Flechten

Fischer, E. & Pathy, D.: ‹Gita Govinda inscribed Ikat-Textiles from Orissa›, Journ. of the Orissa Research Soc. Vol. 1 No. 2, 1968, Bhubaneswa 1982: 7-15
Ethnographie; Vrz. flüssiges Mat.

Fischer, E. & Shah, H.: Simple weft-ikat from South Gujarat, India; The production of loincloths for the Chadhri tribe in Mandir. Ahmedabad 1970
Ethnographie; Fadenbildung; Maschenstoffe; Kettenstoffe; Weben; Vrz. flüssiges Mat.

Fischer, E. & Shah, H.: Rural craftsmen and their work. Equipment and techniques in the Mer village of Ratadi, Saurashtra, India. Ahmedabad 1970
Ethnographie; Fadenbildung; Maschenstoffe; Kettenstoffe; Weben; Vrz. festes Mat.

Fischer, E. & Shah, H.: ‹Schlichter Eintragsikat aus Süd-Gujarat (Indien)›, Tribus No. 19, Stuttgart 1970: 47-69
Ethnographie; Vrz. flüssiges Mat.

Fischer, E.: siehe auch Bühler, A.

Fischer, H.W: siehe auch Veltman, T.J.

Fischer, J.: ‹The value of Tradition: An Essay on Indonesian Textiles›, Fischer, J. (ed.) Threads of Tradition. Berkeley 1979: 9-14
Allg.; Weben

Fischer, J. et al. (ed.): Threads of Tradition: Textiles of Indonesia and Sarawak. Berkely 1979
Ethnographie; Weben; Vrz. festes Mat.; Vrz. flüssiges Mat.

Fisher, N. & Bowen, D.D.: Spanish Textile Tradition of New Mexico and Colorado. Santa Fe 1979
Analyse; Ethnographie; Weben; Vrz. festes Mat.; Vrz. flüssiges Mat.; Wirken

Fisk, L.L.: siehe auch Strupp-Green, J.

Fiske, P.: ‹Imported and domestic textiles in 18th century America›, I. Emery Roundtable on Mus. Textiles 1975, Washington 1976
Volkskunde; Allg.

Fiske, P.: siehe auch Emery, I.

Fitzrandolph, M.: Traditional Quilting. London 1954
Arbeitsanleitung; Vrz. festes Mat.

Flanagan, J.F.: ‹Figured Fabrics›, Singer, C. & Holmyard, E.J. (ed.) A History of Technology Band 3, Oxford 1957: 187-206
Analyse; Vrz. flüssiges Mat.

Flemming, E.: Textile Künste: Weberei, Stickerei, Spitze. Berlin 1923
Analyse; Volkskunde; Flechten; Weben; Vrz. festes Mat.

Flemming, E.: Das Textilwerk. Tübingen 1957
Archäologie; Sammlungsbeschr.; Weben; Wirken

Flint, B.: Formes et symboles dans les arts maghrebins: Tome 2: Tapis, Tissage. Tanger 1974
Allg.; Kettenstoffe; Weben

Floses, L.A.: El Guanasquero: Trenzados Criollos. Buenos Aires 1960
Arbeitsanleitung; Maschenstoffe; Flechten

Flury von Bültzingslöwen, R.: ‹Einhängen›, Heydenreich, C.H. & Gall, E. (ed.) Reallexikon zur dt. Kunstgeschichte. Stuttgart 1955
Analyse; Maschenstoffe

Flury von Bültzingslöwen, R.: ‹Endlicher und endloser Faden›, Heydenreich, C.H. & Gall, E. (ed.) Reallexikon zur dt. Kunstgeschichte. Stuttgart 1955
Analyse; Maschenstoffe

Fondation Dapper: siehe auch Biro, A.

Fontaine, A.: Zur Geschichte der Nähtechnik und der Nähmaschine: Erfindung d. Nähmaschine u. ihre tech. Entwicklung im 19.Jh. Dortmunder Reihe: didak. Mat. Textilunt. Dortmund 1986
Allg.; Stoffzusammensetzung

Fontaine, P.: ‹Notes sur l' évolution qualitative des tapis dans la région d'Arâk (Iran central)›, Objets et Mondes Vol. 22, No. 1, Paris 1982: 19-24
Ethnographie; Florbildung

Forbes, R.J. (ed.): Studies in Ancient Technology. 4, Leiden 1956
Archäologie; Flechten; Weben; Wirken

Forcart-Respinger, E.: Basel und das Seidenband. Basel 1942
Allg.; Weben

Forde, D.: ‹Ethnography of the Yuma Indians›, Univ. Calif. Publ. in Am. Archaeol. and Ethnol. 28 (4), Berkeley 1931: 57-83
Ethnographie; Flechten

Forelli, S. & Harries, J.: ‹Traditional Berberweaving in Central Marocco›, Textile Museum Journal 4 (4), Washington 1977: 41-60
Ethnographie; Fadenbildung; Kettenstoffe; Weben; Florbildung

Forman, M. & Wasseff, W.W.: Blumen der Wüste: Ägyptische Kinder weben Bildteppiche. Hanau 1968
Allg.; Weben; Wirken

Forno, M.: ‹La raccolta di ornamenti ceremoniali Ghivaro›, Annali Lateranensi 30, Rom 1966: 230-255
Ethnographie; Perlenstoffe

Forno, M.: ‹La racolta di indumenti Ghivaro›, Ann. d. Pont. Mus. Miss. Etnol. Lat. 32, Rom 1968: 127-164
Ethnographie

Forsythe, M.G.: ‹Modern Mien Needlework›, Arts of Asia Vol. 12 No. 4, Hong Kong 1982: 83-93
Ethnographie; Vrz. festes Mat.

Forsythe, M.G.: ‹From a Missionary's Closet›, Arts of Asia Vol. 17 No. 1, Hong Kong 1987: 76-86
Ethnographie; Vrz. festes Mat.

Foss, S.M.: ‹Urhobo Mats in Praise of Daughters›, African Arts Vol. 12 No. 1, Los Angeles 1978: 60-62
Ethnographie; Flechten

Foster, G.M.: ‹The Mixe, Zoque, Popoluca›, Handbook of Middle Am. Indians 7, Austin 1969: 448-477
Ethnographie; Maschenstoffe; Weben

Fowler, C.S. (ed.): Willard Park's Ethnographic Notes on the Northern Paiute of Western Nevada. Anthropol. Pap. Uni. Utah 114 Vol. 1, Salt Lake City 1989
Ethnographie; Fadenbildung; Flechten

Fowler, C.S. & Dawson, L.E.: ‹Ethnographic Basketry›, Handbook of North American Indians 11, Washington 1986: 705-737
Ethnographie; Flechten

Fowler, C.S.: siehe auch Kelly, I.T.

Fowler, D. & Matley, J.F.: Material culture of the Numa. Smithsonian Contr. to Anthrop. 26, Washington 1979
Ethnographie; Sammlungsbeschr.; Maschenstoffe; Flechten; Florbildung; Vrz. festes Mat.

Fox, N.: Pueblo Weaving and Textile Arts. Museum of New Mexico Press Guidebook No. 3, Santa Fe 1978
Analyse; Ethnographie; Fadenbildung; Maschenstoffe; Flechten; Weben; Wirken

Foy, W.: ‹Australische Spindel›, Ethnologica 1, Leipzig 1909: 226-230
Ethnographie; Fadenbildung

Frame, M.: ‹Nasca Sprang Tassels: Structure, Technique, and Order›, Textile Museum Journal, Washington 1981: 67-82
Analyse; Archäologie; Kettenstoffe

Frame, M.: Ancient Peruvian Sprang Fabrics. Master's thesis, Vancouver 1982
Archäologie; Kettenstoffe

Frame, M.: ‹Faugustino's Family: Knitters, Weavers and Spinners on the Island of Taquile, Peru›, Rogers, N. et al. (ed.) In Celebration of the Curious Mind. Loveland 1983: 21-34
Ethnographie; Maschenstoffe; Weben

Frame, M.: ‹The Visual Images of Fabric Structures in Ancient Peruvian Art›, Rowe, A.P. (ed.) J.B. Bird Conf. on Andean Textiles 1984, Washington 1986: 47-80
Analyse; Archäologie; Kettenstoffe

Frame, M.: A Family Affair: Making Cloth in Taquile, Peru. Mus. Notes U.R.C. Mus. of Anthropology 26, Vancouver 1989
Ethnographie; Maschenstoffe; Flechten; Weben

Frame, M.: Andean Four-Cornered Hats. Metropolitan Mus. of Art, New York 1990
Archäologie; Sammlungsbeschr.; Maschenstoffe; Weben; Florbildung; Wirken

Franger, G.: siehe auch Akkent, M.

Franquemont, C.R.: ‹Chinchero Pallays: An Ethnic Code›, Rowe, A.P. (ed.) J.B. Bird Conf. on Andean Textiles 1984, Washington 1986: 331-338
Ethnographie; Allg.; Weben

Franquemont, E.M.: ‹Reserved shed pebble weave in Peru›, Rogers, N. (ed.) In Celebration of the Curious Mind. Loveland 1983: 43-53
Analyse; Ethnographie; Weben

Franquemont, E.M.: ‹Cloth Production Rates in Chinchero, Peru›, Rowe, A.P. (ed.) J.B. Bird Conf. on Andean Textiles 1984, Washington 1986: 309-330
Ethnographie; Allg.; Fadenbildung

Frantisek, K.: Ein Beitrag zur Frage der Herkunft der Klöppelspitze in der Slowakei. Ethnographica, Brünn 1960
Volkskunde; Flechten

Frantz, K.: siehe auch Frauenknecht, B.

Franzén, A.M.: siehe auch Geijer, A.

Fraser-Lu, S.: ‹Kalagas: Burmese Wall Hangings and Related Embroideries›, Arts of Asia Vol. 12 No. 4, Hong Kong 1982: 73-82
Ethnographie; Vrz. festes Mat.

Fraser-Lu, S.: Indonesian Batik: Processes, patterns and places. New York 1986
Ethnographie; Vrz. flüssiges Mat.

Fraser-Lu, S.: Handwoven textiles of South-East Asia. Singapore 1988
Analyse; Ethnographie; Kettenstoffe; Weben; Vrz. festes Mat.; Vrz. flüssiges Mat.

Frater, J.: ‹The meaning of folk art in Rabari life›, Textile Museum Journal 4 (2), Washington 1975
Ethnographie; Vrz. festes Mat.

Frauenknecht, B. & Frantz, K.: Anatolische Gebetskelims. Nürnberg 1975
Ethnographie; Allg.; Wirken

Freeman, C.: The Pillow Lace in the East Midlands. Letchworth 1958
Volkskunde; Flechten

Freshley, K.T.: ‹Archaeological and Ethnographic Looms: A Bibliography›, I. Emery Roundtable on Mus. Textiles 1977, Washington 1979: 269-314
Ethnographie; Archäologie; Weben

Frey, B.: ‹What is Leno?›, Handweaver and Craftsman 6, New York 1955: 4-9
Analyse; Weben

Freyvogel, T.: ‹Eine Sammlung geflochtener Matten aus dem Ulanga Distrikt Tanganyika›, Acta Tropica Vol. 16 No. 4, Basel 1959: 289-301
Analyse; Ethnographie; Flechten

Friis, L.: siehe auch Warburg, L.

Frödin, O. & Nordenskiöld, E.: Über Zwirnen und Spinnen bei den Indianern Südamerikas. Göteborgs Kungl. Vet. Vitt. Samm. 4, Göteborg 1918
Systematik; Ethnographie; Fadenbildung

Frost, G.: ‹Little known textiles of Guatemala: An Arbitrary Selection›, I. Emery Roundtable on Mus. Textiles 1976, Washington 1977: 123-132
Ethnographie; Wirken

Fuhrman, I.: ‹Die Halsschnur von Bunsol›, OFTA 6, Kiel 1941
Analyse; Archäologie; Maschenstoffe

Fukuni, S.: Kulturgeschichte von Ikat in Japan. Kyoto 1973
Ethnographie; Vrz. flüssiges Mat.

Fung-Pineda, R.: ‹Análisis tecnológico de encajes del Antiguo Perú›, Ravines R. (ed.) Tecnología Andina. Lima 1978: 333-345
Archäologie; Vrz. festes Mat.

Furger, A. & Hartmann, F.: Vor 5000 Jahren. Bern 1983
Analyse; Archäologie; Fadenbildung; Flechten; Weben

Futagami, Y. & Plötz, R.: Tsutsugaki-Aizome-Momen. Kevelaer 1983
Ethnographie; Vrz. flüssiges Mat.

Gabric, P.: ‹Kosare an technici spiralnih strukoneva›, Narodne Umjetnosti, Gabric 1, Zagreb 1962
Volkskunde; Flechten

Gabric, P.: ‹Jalba u seln trg kod ozlja›, Jugoslavenska Akademija zna nosti 4 Ungebnosti, Zagreb 1962: 151-160
Volkskunde; Kettenstoffe

Gaitzsch, W.: Antike Korb- und Seilerwaren. Stuttgart 1986
Analyse; Archäologie; Fadenbildung; Maschenstoffe; Flechten

Galestin, T.P. et al.: Lamak and Malat in Bali and a Sumba Loom. Amsterdam 1956
Ethnographie; Weben

Galhano, F.: siehe auch Veiga de Oliveira, E.

Gallinger-Tod, O. & Benson, H.O.: Weaving with reeds and fibres. New York 1975
Arbeitsanleitung; Flechten; Weben; Ränder

Gallinger-Tod, O. & Couch del Deo, J.: Designing and making handwoven rugs. New York 1976
Analyse; Arbeitsanleitung; Weben; Florbildung

Gandert, A.: Tragkörbe in Hessen. Kassel 1963
Volkskunde; Flechten

Gans-Ruedin, E.: Handbuch der orientalischen und afrikanischen Teppiche. München 1971
Allg.; Kettenstoffe; Florbildung; Wirken

Garaventa, D.M.: ‹Chincha Textiles of the Late Intermediate Period, Epoch 8›, The J.B. Bird Precolumbian Textile Conf. 1973, Washington 1979: 219-232
Archäologie; Kettenstoffe; Weben

Garaventa, D.M.: ‹A discontinuous warp and weft textile of early horizon date›, Nawpa Pacha No. 19, Berkeley 1981: 167-177
Archäologie; Wirken

Gardi, B.: Die Weberei der Maabuube-Peul. Basel 1976
Ethnographie; Fadenbildung; Weben

Gardi, B.: Ein Markt wie Mopti: Handwerkerkasten und traditionelle Techniken in Mali. Basler Beiträge zur Ethnologie Band 25, Basel 1985
Ethnographie; Weben

Gardi, B. & Seydou, C.: ‹«Arkilla kerka»: La tenture de mariage chez les Peuls du Mali›, Basler Beiträge zur Ethnologie Band 30, Basel 1989: 83-106
Ethnographie; Weben

Gardi, R.: ‹Plangi und Tritik: Vom Färben mit Indigo in Nordkamerun›, Atlantis Heft 8, Zürich 1957: 369-373
Ethnographie; Vrz. flüssiges Mat.

Gardi, R.: ‹Färben und Weben in Nord-Kamerun›, Kosmos 12, Stuttgart 1958: 508-514
Ethnographie; Weben; Vrz. flüssiges Mat.

Gardner, J.S.: ‹Textiles precolombinos del Ecuador›, Miscel. Antropológica Ecuatoriana 2, Quito 1982: 9-30
Archäologie; Weben; Vrz. flüssiges Mat.

Gardner, J.S.: siehe auch King, M.E.

Gass, S. & Lozado, J.H.A. & Dunkelberg, K.: Bambus / Bamboo: Bauen mit pflanzlichen Stäben / Building with vegetal rods. Mitteil. des Inst. für leichte Flächentragwerke 31, Stuttgart 1985
Analyse; Ethnographie; Flechten; Ränder

Gaworski, M.: siehe auch Warming, W.

Gayet, M.A.: Le Costume en Egypte du IIe au XIIIe siècle. Paris 1900
Allg.; Weben

Gayton, A.H.: Yokuts and Western Mono-Ethnography. Anthrop. Records 10 (1), Berkeley 1948
Ethnographie; Maschenstoffe; Kettenstoffe

Gayton, A.H.: siehe auch Riesenberg, S.H.

Gazda, K. et al. (ed.): The Art of the Ancient Weaver: Textiles from Egypt. Ann Arbor 1980
Archäologie; Allg.; Kettenstoffe; Weben; Wirken

Geary, C.: ‹Basketry in the Aghem-Fungom Area of the Cameroon Grassfields›, African Arts Vol. 20 No. 3, Los Angeles 1987: 42-53
Ethnographie; Flechten; Vrz. festes Mat.

Gehret, E.J. & Keyser, A.G.: The homespun textile tradition of the Pennsylvanian Germans. Harrisburg 1976
Volkskunde; Allg.; Weben

Geijer, A.: ‹Oriental textiles in Scandinavian versions›, Festschrift für Ernst Kühnel, o.O. o.J.: 323-335
Maschenstoffe

Geijer, A.: Birka 3, die Textilfunde aus den Gräbern. Uppsala 1938
Archäologie; Flechten; Kettenstoffe

Geijer, A.: Oriental textiles in Sweden. Kopenhagen 1951
Weben

Geijer, A.: ‹Chinese silks exported to Russia in the 17th century›, Bull. Mus. Far Eastern Antiq. 25, Stockholm 1953
Weben

Geijer, A.: Engelska Broderier av Romansk Typ. Årsbok 1956
Archäologie

Geijer, A.: ‹A silk from Antinoe and the Sasamian Textile Art›, Orientalia Suecana 12, 1963, Uppsala 1964
Archäologie; Weben

Geijer, A.: Treasures of Uppsala Cathedral. Uppsala 1964
Volkskunde; Weben

Geijer, A.: ‹Textiler och Arkeologie›, Särtryck Svenska Naturvetenskp. 1967: 393-404
Archäologie; Weben

Geijer, A.: Ur textilkonstens historia. Lund 1972
Volkskunde; Weben; Florbildung; Wirken

Geijer, A.: A History of Textile Art. London 1979
Analyse; Fadenbildung; Flechten; Weben; Florbildung; Ränder; Wirken

Geijer, A.: A History of Textile Art: A Selective Account. Totowa, N.J. 1982
Analyse; Volkskunde; Weben; Vrz. festes Mat.

Geijer, A. & Franzén, A.M.: Textila Gravfynd från Trondheims Domkrypta. Årsbok 1956
Archäologie; Weben

Geijer, A. & Hoffmann, M.: Nordisk Textilteknisk Terminologi. Oslo 1974
Systematik

Geijer, A. & Lamm, C.: ‹Orientalische Briefumschläge in schwedischem Besitz›, Kung. Vitterhets Hist. o. Antikv. Akad. Handlingar 58 (1), Stockholm 1944
Allg.; Weben

Geirnaert, D.: ‹Textiles of West Sumba: lively renaissance of an old tradition›, Gittinger, M. (ed.) To Speak with Cloth. Los Angeles 1989: 56-79
Ethnographie; Weben; Vrz. festes Mat.; Vrz. flüssiges Mat.

Geirnaert, D. & Heringa, R.: The A.E.D.T.A. batik collection. Paris 1989
Ethnographie; Vrz. flüssiges Mat.

Geirnaert-Martin, D.: ‹Ask lurik why batik: A structural analysis of textiles and classification (Java)›, Oosten, J. & Ruiter, de, A. (ed.) The Future of Structuralism. Amsterdam 1981
Ethnographie; Vrz. flüssiges Mat.

Gellermann, N.L.: siehe auch Patterson, N.

Genoud, J.: Vannerie traditionnelle d'Afrique et d'Asie et «nouvelle vannerie». Los Angeles 1981
Sammlungsbeschr.; Flechten

Georgens, D. & Von Gayette Georgens, J.M.: The Ladies' Book Needle Work. Berlin, London o.J.
Arbeitsanleitung; Flechten; Vrz. festes Mat.

Gerhards, E. (ed.): Weber und Schnitzer in Westafrika. Freiburg 1987
Ethnographie; Weben

Gerhardt-Wentzky, H.: ‹Sprang, eine alte textile Technik neu entdeckt›, Stuttgart 1984
Arbeitsanleitung; Kettenstoffe

Gerhardt-Wenzky, H.: Sprang. Topp Reihe 943, Stuttgart o.J.
Arbeitsanleitung; Kettenstoffe

Germann, P.: Spinnen (Gbande, Nordliberia). Encyclopaedia Cinematographica C 70, Göttingen 1963
Ethnographie; Film; Fadenbildung

Gervers, V.: ‹An early christian curtain in the Royal Ontario Museum›, Gervers, V. (ed.) Studies in Textile History. Toronto 1977: 56-81
Analyse; Archäologie; Vrz. flüssiges Mat.; Wirken

Gervers, V. (ed.): Studies in Textile History. Toronto 1977
Analyse; Ethnographie; Volkskunde; Archäologie; Kettenstoffe; Weben; Vrz. festes Mat.

Gervers, V.: siehe auch Golombek, L.

Gettys, M. (ed.): Basketry of Southeastern Indians. Museum of the Red River, Idabel, Oklahoma 1984
Ethnographie; Flechten

Getzwiller, S.: The Fine Art of Navajo Weaving. Tucson 1984
Ethnographie; Wirken

Gewerbemuseum Basel: Textilkunst der Steppen- und Bergvölker Zentralasiens. Basel 1974
Ethnographie; Florbildung; Vrz. festes Mat.; Vrz. flüssiges Mat.

Ghose, A.: ‹Figured Fabrics of old Bengal›, Marg Vol. 3 No. 1, Bombay 1948: 38-62
Ethnographie; Weben

Gibson, G.D. & Mc Gurk, C.R.: ‹High-status caps of the Kongo and Mbundu peoples›, Textile Museum Journal 4 (4), Washington 1977: 71-96
Analyse; Ethnographie; Maschenstoffe

Gifford, E.W.: ‹The Northfork Mono›, UCLA Publ. Am. Arch. and Ethnol. Vol. 31, Berkeley 1931-33: 15-65
Ethnographie; Fadenbildung; Maschenstoffe; Flechten

Gil del Pozo, A.: Awar: tejidos en telar. La Cantuta 1974
Ethnographie; Arbeitsanleitung; Weben; Florbildung

Gilbert, K.R.: ‹Rope-Making›, Singer, C. et al. (ed.) History of Technology 1, Oxford 1954: 451-455
Fadenbildung

Gilfoy, P.: ‹West African Looms›, I. Emery Roundtable on Mus. Textiles 1977, Washington 1979: 43-53
Ethnographie; Weben

Gilfoy, P.S.: siehe auch Vollmer, J.E.

Gill, H.S.: A phulkari from Bhatinda. Patiala 1977
Ethnographie; Vrz. festes Mat.

Gimbatas, M.: Lithauian Folk Art. Los Angeles 1966
Volkskunde; Sammlungsbeschr.; Weben

Girault, L.: Textiles boliviens: Région de Charazani. Paris 1969
Ethnographie; Weben

Gisbert, T.: El Arte Textil en los Andes Bolivianos. o.O. o.J.
Ethnographie; Sammlungsbeschr.; Weben

Gisbert, T. & Arze, S. & Cajias, M.: Arte textil y mundo andino. La Paz 1987
Ethnographie; Weben; Wirken

Gittinger, M.S.: Splendid Symbols: Textiles and Traditions in Indonesia. The Textile Museum Washington, Washington 1971
Analyse; Ethnographie; Kettenstoffe; Weben; Vrz. festes Mat.; Vrz. flüssiges Mat.

Gittinger, M.S.: A study of the ship cloths of South Sumatra. Columbia Univ. Thesis, New York 1972
Ethnographie; Weben

Gittinger, M.S.: ‹South Sumatran ship cloths›, The Bull. of the Needle and Bobbin Club Vol. 57 No. 1-2, New York 1974
Ethnographie; Weben

Gittinger, M.S.: ‹Additional Batak cloths that frequently enter into the gift exchange›, Textile Museum Journal 4 (2), Washington 1975
Ethnographie; Kettenstoffe

Gittinger, M.S.: ‹Selected Batak textiles: Technique and function›, Textile Museum Journal 4 (2), Washington 1975: 13-29
Analyse; Ethnographie

Gittinger, M.S.: ‹Additions to the Indonesian collection›, Textile Museum Journal 4 (3), Washington 1976: 43-48
Sammlungsbeschr.; Vrz. flüssiges Mat.

Gittinger, M.S.: Selections from the Textile Museum: Indonesia. Washington 1976
Ethnographie; Vrz. flüssiges Mat.

Gittinger, M.S.: ‹The ship textiles of South Sumatra›, Bijdragen tot de Taal-Land en Volkenkunde 132, s'-Gravenhage 1976: 207-227
Ethnographie; Vrz. flüssiges Mat.

Gittinger, M.S.: ‹An Introduction to the Body-tension Loom and simple Frame Looms of Southeast Asia›, I. Emery Roundtable on Mus. Textiles 1977, Washington 1979: 54-68
Ethnographie; Weben

Gittinger, M.S.: ‹Conversations with a Batik Master›, Textile Museum Journal 18, Washington 1979: 25-32
Ethnographie; Vrz. flüssiges Mat.

Gittinger, M.S.: ‹Symposium on Indonesian Textiles›, I. Emery Roundtable on Mus. Textiles 1978, Washington 1979
Ethnographie; Vrz. flüssiges Mat.

Gittinger, M.S.: ‹Indonesian Textiles›, Arts of Asia, Sep.-Oct. Hong Kong 1980: 108-123
Ethnographie; Vrz. flüssiges Mat.

Gittinger, M.S.: Master dyers to the World: Technique and trade in early Indian dyed cotton textiles. Washington 1982
Ethnographie; Vrz. flüssiges Mat.

Gittinger, M.S. (ed.): To Speak with Cloth: Studies in Indonesian Textiles. Los Angeles 1989
Analyse; Ethnographie; Kettenstoffe; Weben; Ränder; Vrz. festes Mat.; Vrz. flüssiges Mat.

Gittinger, M.S.: ‹Ingenious techniques in early Indian dyed cotton›, Riboud, K. (ed.) In Quest of Themes and Skills. Bombay 1989: 4-15
Ethnographie; Vrz. flüssiges Mat.

Gittinger, M.S.: ‹A Reassessment of the Tampan of South Sumatra›, Gittinger, M.S. (ed.) To Speak with Cloth. Los Angeles 1989
Ethnographie; Weben

Glashauser, S. & Westfall, C.: Plaiting, Step-by-Step. New York 1976
Arbeitsanleitung; Flechten

Glassmann, J.: Menschen und Maschinen: Industriegeschichtlicher Tatsachenbericht. Chemnitz 1935
Allg.; Maschenstoffe

Glazier, R.: Historic textile fabrics. London 1923
Allg.; Weben

Gloor, V.: siehe auch Churcher, E.

Gluck, J. & Gluck, S.H.: A survey of Persian Handicrafts. Teheran 1974
Ethnographie; Flechten; Weben; Florbildung; Vrz. festes Mat.; Vrz. flüssiges Mat.; Wirken

Gluck, S.H.: siehe auch Gluck, J.

Gluckman, D.C.: siehe auch Smart, E.S.

Gockerell, N.: Stickmustertücher. München 1980
Volkskunde; Vrz. festes Mat.

Goddard, P.E.: Indians of the Southwest. Am. Mus. Nat. Hist. Handbook Series No. 2, New York 1931
Ethnographie; Flechten; Weben

Goddard, P.E.: Indians of the Northwest Coast. Am. Mus. Nat. Hist. Handbook Series No. 10, New York 1934
Ethnographie; Flechten

Godon, R.: ‹Les formes du Batik dans l'Aurès›, Revue Africaine 83 No. 1 & 2, Alger 1944
Ethnographie; Vrz. flüssiges Mat.

Goetz, H.: The Calico Museum of Textiles. Ahmedabad 1952
Ethnographie; Weben; Wirken

Goggin, J.M.: ‹Plaited Basketry in the New World›, Southwest. Journ. of Anthrop. 5 (2), Albuquerque 1949: 165-168
Ethnographie; Flechten

Gogol, J.M.: Columbia River Plateau Indian Beadwork. American Indian Basketry 18, Portland 1985
Sammlungsbeschr.; Perlenstoffe

Goitein, S.D.: Portraits of a Yemenite Weaver's Village. Jewish Social Studies, New York 1955
Ethnographie; Weben

Golden de Bone, M.: ‹Patolu and its technique›, Textile Museum Journal 4 (3), Washington 1976: 49-62
Analyse; Ethnographie; Vrz. flüssiges Mat.

Golombek, L. & Gervers, V.: ‹Tiraz fabrics in the Royal Ontario Museum›, Gervers, V. (ed.) Studies in Textile History. Toronto 1977: 82-125
Archäologie

Gombos, K.: Altorientalische Webteppiche und Stickerei. Sàrvàr 1980
Allg.; Vrz. festes Mat.; Wirken

Goodell, G.: ‹A study of Andean Spinning in the Cuzco-Region›, Textile Museum Journal 5 (3), Washington 1968
Ethnographie; Fadenbildung

Goodman, F.S.: The embroidery of Mexico and Guatemala. New York 1976
Analyse; Ethnographie; Vrz. festes Mat.

Goody, E.N.: ‹Daboya weavers: relations of production, dependence and reciprocity›, Goody, E.N. (ed.) From craft to industry. Cambridge 1982: 50-84
Ethnographie; Allg.; Weben

Gordon, B.: Shaker textile arts. London 1980
Analyse; Volkskunde; Fadenbildung; Weben; Vrz. festes Mat.

Goslings, B.M.: siehe auch Couvreur, A.J.L.

Gostelow, M.: Embroidery. London 1977
Analyse; Arbeitsanleitung; Vrz. festes Mat.

Gowd, K.V.N.: Selected Crafts of Andhra Pradesh. Census of India 2 (7A), Delhi 1965
Ethnographie; Maschenstoffe; Flechten

Grabowicz, O.: Traditional Designs in Ukrainian Textiles. Ukrainian Mus. New York 1977
Volkskunde; Sammlungsbeschr.; Weben; Vrz. festes Mat.

Grabowicz, O.: Ukrainian Embroidery Craft. Ukrainian Mus. New York 1980
Volkskunde; Sammlungsbeschr.; Vrz. festes Mat.

Grabowicz, O. & Wolinetz, L.: Rushnyki: Ukrainian Ritual cloths. Ukrainian Mus. New York 1981
Volkskunde; Sammlungsbeschr.; Weben; Vrz. festes Mat.

Gräbner, E.: Die Weberei. Leipzig 1922
Analyse; Weben; Florbildung

Gräbner, F.: ‹Hängematten aus Neuguinea›, Ethnologica 1, Leipzig 1909: 223-224
Ethnographie; Maschenstoffe

Gräbner, F.: ‹Völkerkunde der Santa-Cruz-Inseln›, Ethnologica 1, Leipzig 1909: 71-184
Ethnographie; Fadenbildung; Flechten; Weben; Florbildung

Gräbner, F.: ‹Gewirkte Taschen und Spiralwulstkörbe in der Südsee›, Ethnologica 2, Leipzig 1913: 25-42
Ethnographie; Maschenstoffe; Flechten

Grafton, C.B.: Geometric patchwork patterns. New York 1975
Arbeitsanleitung; Vrz. festes Mat.

Grange, R.: siehe auch Bluhm, E.

Grant, J.: ‹A note on the materials of ancient textiles and baskets›, Singer, C. (ed.) A History of Technology Band 1, Oxford 1954: 447-455
Analyse; Archäologie; Flechten

Graumont, R.: Handbook of Knots. Cambridge 1945
Analyse; Maschenstoffe

Graumont, R. & Hensel, J.: Encyclopaedia of Knots and Fancy Rope Work. New York 1942
Analyse; Maschenstoffe

Graumont, R. & Wenstrom, E.: Fisherman's Knots and Nets. New York 1948
Analyse; Maschenstoffe

Graw, de, I.G. & Kuhn, D.: Secret Splendor of the Chinese Court. Denver 1981
Allg.; Weben

Green Gigli, J. et al.: Collected Papers on Aboriginal Basketry. Nevada State Mus. Anthrop. Papers 16, Carson City 1974
Analyse; Ethnographie; Flechten; Ränder

Grieder, T.: ‹Preceramic and Initial Period Textiles from La Galgada, Peru›, Rowe, A.P. (ed.) J.B. Bird Conf. on Andean Textiles 1984, Washington 1986: 19-30
Analyse; Archäologie; Maschenstoffe; Kettenstoffe; Weben

Grieder, T. et al.: La Galgada, Peru. Austin 1988
Analyse; Archäologie; Maschenstoffe; Flechten; Kettenstoffe

Gross, N.D.: Shisha embroidery: traditional Indian mirror work with instructions and transfer patterns. Dover 1981
Arbeitsanleitung; Vrz. festes Mat.

Grosset, J.W.: Zulu Crafts. Pietermaritzburg 1978
Ethnographie; Flechten; Kettenstoffe

Grossman, E.F: ‹An Ancient Peruvian Loom›, Handweaver and Craftsman 9 (2), New York 1958: 20-21
Archäologie; Weben

Grossmann, E.F.: ‹Textiles and Looms from Guatemala and Mexico›, Handweaver and Craftsman Vol. 7 No. 1, 55-56, New York 1955: 6-11
Ethnographie; Kettenstoffe

Grostol, A.: Sprang: med arbeidtsteikningar. Oslo 1932
Arbeitsanleitung; Kettenstoffe

Grote-Hasenbalg, W.: Der Orientteppich. Berlin 1922
Allg.; Florbildung

Grothe, H.: Die Construction der Webstühle im Altertum. Berlin 1883
Allg.; Weben

Grothe, H.: ‹Der Kalamkar›, Orientalisches Archiv No. 2, 1911-12, Berlin 1912: 132-138
Allg.; Vrz. flüssiges Mat.

Gruber, A.: Chinoiserie. Riggisberg 1984
Allg.; Weben

Gruber, A. (ed.): Jagdmotive auf Textilien von der Antike bis zum 18. Jahrhundert. Ausstellungskatalog. Riggisberg 1990
Sammlungsbeschr.; Weben; Vrz. festes Mat.; Wirken

Grünberg, G. & F.: ‹Die materielle Kultur der Kayabi-Indianer›, Archiv für Völkerkunde 21, Wien 1967: 27-88
Analyse; Ethnographie; Sammlungsbeschr.; Maschenstoffe; Flechten; Weben; Florbildung; Ränder

Gubser, T.: Die bäuerliche Seilerei: Sterbendes Handwerk 6. Schweiz. Ges. für Volkskunde Heft 6, Basel 1965
Volkskunde; Fadenbildung

Gudjonsson, E.E.: ‹Icelandic Medieval Embroidery: Terms and Techniques›, Gervers, V. (ed.) Studies in Textile History. Toronto 1977: 133-143
Volkskunde; Vrz. festes Mat.

Guelton, M.H.: ‹The ceremonial role of Indonesian textiles as illustrated by those of Sumatra›, Riboud, K. (ed.) In Quest of Themes and Skills. Bombay 1989: 100-111
Ethnographie; Weben; Vrz. festes Mat.; Vrz. flüssiges Mat.

Guernsey, S.J.: siehe auch Kidder, A.V.

Guhr, G. & Neumann, P. (ed.): Ethnographisches Mosaik. Berlin 1982
Ethnographie; Sammlungsbeschr.; Maschenstoffe; Flechten; Weben; Florbildung; Perlenstoffe; Vrz. festes Mat.

Guiart, J.: ‹Sacs en fibre d'Australie›, Journal de la Société Océan. 1, 2, 1945-6, Paris 1945: 81-89
Ethnographie; Maschenstoffe

Guicherd, F.: ‹A propos de la Méchanique Jaquard›, Bull. des Soies et Soieries. Août, Lyon 1952
Allg.; Weben

Gulati, A.N.: The patola of Gujarat. Ahmedabad 1951
Ethnographie; Vrz. flüssiges Mat.

Guliev, G.A.: Aus der Geschichte der Weberei in Aserbeidschan. Nachrichten der Akademie d. Wiss. 7, 1961
Archäologie; Weben

Guliev, G.A.: Über Aserbeidschanische Naboika. Sovetskaja Ethnografia 2, Moskau 1964
Volkskunde

Gupta, C.S.: Survey of selected crafts: Rajasthan. New Delhi 1966
Analyse; Ethnographie; Florbildung

Gusic, M.: Commentary on the exhibited material. Zagreb 1955
Volkskunde; Sammlungsbeschr.; Flechten; Vrz. festes Mat.

Guss, D.M.: To Weave and Sing: Art, Symbol and Narrative in the South American Rain Forest. Berkeley 1989
Analyse; Ethnographie; Flechten

Gustafson, P.: Salish weaving. Seattle 1980
Volkskunde; Weben

Gwinner, von, S.: Die Geschichte des Patchworkquilts: Ursprünge, Traditionen und Symbolik einer textilen Kunst. München 1987
Ethnographie; Volkskunde; Vrz. festes Mat.

Gyula, V.: Textilien und Lederstrickwaren aus dem Debrecimen Déri Museum. Debrecim 1984
Sammlungsbeschr.; Maschenstoffe

Haake, A.: Javanische Batik: Methode – Symbole Geschichte. Hannover 1984
Analyse; Ethnographie; Arbeitsanleitung; Vrz. flüssiges Mat.

Haas, S.: ‹Japanische Papierschablonen für Komon und Chugata Muster›, Jahrbuch des Bern. Hist. Mus 43/44, Bern 1966: 515-524
Ethnographie; Vrz. flüssiges Mat.

Haas, S.: Beiträge zur Ethnographie der Jainsri (Nordindien). Basel 1970
Ethnographie; Fadenbildung; Maschenstoffe; Flechten; Weben

Haas, S. et al.: Götter – Tiere – Blumen: Gelbguss und Stickereien aus Indien. Basel 1987
Ethnographie; Sammlungsbeschr.; Vrz. festes Mat.

Haase, Y.D.: siehe auch Hammel, E.A.

Haberland, E.: Galla Süd-Äthiopiens. Frankfurt 1963
Ethnographie; Fadenbildung; Maschenstoffe; Flechten; Weben

Haberland, W.: ‹Gewebe mit unechtem Plangi von der Zentral-peruanischen Küste›, Bässler Archiv NF Band 12, Berlin 1964: 271-279
Archäologie; Vrz. flüssiges Mat.

Haberland, W.: Donnervogel und Raubwal: Die indianische Kunst der Nordwestküste Nordamerikas. Hamburg 1979
Ethnographie; Flechten; Kettenstoffe; Vrz. festes Mat.

Haberlandt, M.: Textile Volkskunst aus Österreich. Aus den Sammlungen des K.K. Museums für Österr. Volkskunst in Wien. Wien 1912
Volkskunde; Maschenstoffe; Flechten; Weben; Perlenstoffe; Vrz. festes Mat.

Hacker, K.F.: ‹Bandha Textiles: India's Ikat and Plangi Expression›, Arts of Asia Vol. 12 No. 4, Hong Kong 1982: 63-71
Ethnographie; Vrz. flüssiges Mat.

Hadaway, W.S.: Cotton Painting and Printing in the Madras Presidency. Madras 1911
Ethnographie; Vrz. flüssiges Mat.

Haddon, A.C. & Start, L.: Iban or Sea Dayak Fabrics. Bedford 1982
Ethnographie; Weben; Vrz. flüssiges Mat.

Häberlin: Flechten und Weben auf Föhr und den Halligen. Braunschweig 1907
Analyse; Volkskunde; Flechten

Haeberlin, H.K. & Teit, J.A.: ‹Coiled Basketry in British Columbia and Surrounding Region›, Annual Rep. of the Bur. of Ethnol. 41, 1919-24, Washington 1928: 119-484
Analyse; Ethnographie; Flechten; Ränder

Haebler, R.: ‹Die geflochtenen Hängematten der Naturvölker Südamerikas›, Zeitschrift für Ethnologie 51, Berlin 1919: 1-18
Analyse; Ethnographie; Kettenstoffe

Haegenbart, H.: Seltene Webtaschen aus dem Orient. München 1982
Ethnographie; Sammlungsbeschr.; Wirken

Hägg, I.: Die Textilfunde aus dem Hafen von Haithabu. Berichte über die Ausgrabungen, Neumünster 1984
Archäologie; Weben; Ränder; Vrz. flüssiges Mat.; Stoffzusammensetzung

Hänsel, V.: Kreuzstichmuster: aus der Sammlung des Landschaftmuseum Schloss Trautenfels. Liezen 1983
Volkskunde; Arbeitsanleitung; Vrz. festes Mat.

Hagino, J.P. & Stothert, K.E.: ‹Weaving a Cotton Saddlebag on the Santa Elena Peninsula Ecuador›, Textile Museum Journal 22, Washington 1983: 19-32
Analyse; Ethnographie; Weben

Hahn, A.: siehe auch Hissink, K.

Hahn, J.: ‹Spinnen und Weben im Orient und in Europa›, Zeitschrift für Ethnologie 56, Berlin 1924
Allg.; Fadenbildung; Weben

Hahn, R.: siehe auch Brunner-Littmann, B.

Hahn, W.: Die Fachsprache der Textilindustrie im 17. und 18. Jh. Technikgeschichte in Einzeldarstellungen. Düsseldorf 1971
Allg.; Weben

Hahn-Hissink, K.: Volkskunst aus Guatemala. Frankfurt 1971
Ethnographie; Sammlungsbeschr.; Weben

Hahn-Hissink, K.: siehe auch Hissink, K.

Haidler, M.: siehe auch Rosenberg, A.

Hailey, M.: ‹Silk industry in the Punjab›, The Journal of Indian Art, London 1904
Ethnographie; Weben

Hald, M.: Brikvævning. Copenhagen 1932
Volkskunde; Weben

Hald, M.: ‹Le tissage aux plaques dans les trouvailles préhistoriques du Danemark›, Mém. de la Soc. Roy. des Antiqu. du Nord 1931, Copenhague 1933: 389-416
Archäologie; Weben

Hald, M.: ‹Lundavanten›, Särtyck ur Kulturen, Årsbok 1945: 80-83
Volkskunde; Maschenstoffe

Hald, M.: Olddanske Textiler. Kopenhagen 1950
Analyse; Archäologie; Maschenstoffe; Flechten; Kettenstoffe; Weben; Ränder; Vrz. festes Mat.

Hald, M.: An unfinished tubular fabric from the Chiriguano Indians, Bolivia. Ethnogr. Museum of Sweden Mon. 7, Stockholm 1962
Analyse; Ethnographie; Flechten

Hald, M.: ‹Pits, looms and loom pits: Wævning over Gruber›, Kuml, Aarhus 1963: 88-107
Archäologie; Weben

Hald, M.: Oldtidsvæve: Forhistorik Museum. Aarhus 1967
Sammlungsbeschr.; Weben

Hald, M.: Flettede baand og snore. Gyldendal 1975
Analyse; Arbeitsanleitung; Maschenstoffe; Flechten

Hald, M.: Ancient Danish textiles from Bogs and Burials. Publ. Nat. Mus. Arch. Hist. Series 21, Kopenhagen 1980
Analyse; Archäologie; Fadenbildung; Maschenstoffe; Weben; Ränder; Stoffzusammensetzung

Hald, M.: siehe auch Broholm, H.C.

Hali: ab 1978. London

Hall, M. & Irwin, J.: Indian painted and printed fabrics. Ahmedabad 1971
Ethnographie; Sammlungsbeschr.; Vrz. flüssiges Mat.

Hambruch, P.: ‹Ikatgewebe in Guatemala›, Tagungsbericht dt. Anthr. Ges. Hamburg 1929: 61-65
Ethnographie; Allg.; Vrz. flüssiges Mat.

Hames, R.& I.: ‹Ye'kwana basketry›, Antropológica 44, Carácas 1976: 3-58
Ethnographie; Flechten

Hamilton, B. & Hamilton, D.: Alte und neue amerikanische Quilts. Linz 1976
Volkskunde; Vrz. festes Mat.

Hamilton, D.: siehe auch Hamilton, B.

Hamilton, S.: ‹Some Rug Looms of the near and middle East›, I. Emery Roundtable on Mus. Textiles 1977, Washington 1979: 33-42
Ethnographie; Weben

Hammel, E.A. & Haase, Y.D.: A survey of Peruvian fishing communities. Anthrop. Records 21 (2), Berkeley 1962
Ethnographie; Maschenstoffe

Hansen, E.: Tablet Weaving: History, Techniques, Colours, Patterns. Højbjerg 1990
Analyse; Arbeitsanleitung; Weben

Hansen, H.H.: ‹Some Costumes of Highland Burma›, Etnologiska Studier 24, Göteborg 1960
Ethnographie; Weben

Hardjonagoro, K.R.T.: ‹The place of batik in the history and the philosophy of Javanese textiles: a personal view›, I. Emery Roundtable on Mus. Textiles 1979, Washington 1980: 223-242
Ethnographie; Vrz. flüssiges Mat.

Hardouin, G.: Album de broderie et de filet. Paris o.J.
Arbeitsanleitung; Vrz. festes Mat.

Harmsen, W.D. (ed.): Patterns and Sources of Navajo weaving. o.O. 1977
Sammlungsbeschr.; Weben; Wirken

Harner, S.D.: ‹An early intermediate period textile sequence from Ancón, Peru›, Rowe, A.P. et al. (ed.) The J.B. Bird Precolumbian Textile Conf. 1973, Washington 1979: 151-164
Archäologie; Maschenstoffe; Flechten; Weben

Harries, J.: siehe auch Forelli, S.

Harrington, M.R.: siehe auch Loud, L.L.

Harris, M.F.: The royal cloth of Cameroon. Ann Arbor 1986
Ethnographie; Vrz. flüssiges Mat.

Hartkamp-Jonxis, E.: ‹Indian export chintzes›, Riboud, K. (ed.) In Quest of Themes and Skills. Bombay 1989: 80-91
Ethnographie; Weben; Vrz. flüssiges Mat.

Hartkopf, M.: ‹Webkunst und Trachten der bolivianischen Hochlandindios›, Bässler Archiv NF 19, Berlin 1971: 97-114
Ethnographie; Weben

Hartland-Rowe, M.: ‹The Textile Prints of the Phuthadikobo Museum›, African Arts Vol. 18 No. 3, Los Angeles 1985: 84-86
Ethnographie; Sammlungsbeschr.; Vrz. flüssiges Mat.

Hartmann, F.: siehe auch Furger, A.

Hartmann, G.: ‹Die materielle Kultur der Xikrin, Zentralbrasilien›, Bässler Archiv NF 13, Berlin 1966: 103-124
Ethnographie; Flechten

Hartmann, G.: ‹Die materielle Kultur der Wayaná / Nordostbrasilien›, Bässler Archiv NF 19, Berlin 1971: 379-420
Ethnographie; Flechten; Florbildung

Hartmann, G.: Zwischen Amazonas und Orinoko. Berlin 1972
Ethnographie; Flechten; Kettenstoffe

Hartmann, G.: Molakana: Volkskunst der Cuna, Panama. Veröff. des Mus. für Völkerkunde NF 37, Berlin 1980
Ethnographie; Sammlungsbeschr.; Vrz. festes Mat.

Hartmann, H.: Indonesien: Kunst und Handwerk. Celle 1952
Sammlungsbeschr.; Flechten; Vrz. flüssiges Mat.

Hartmann, U.: ‹Klassische Molakana im durchbrochenen Silhouettenstil bei den Kuna, Panama›, Zeitschrift für Ethnologie 110, 1985, Berlin 1985: 99-110
Ethnographie; Vrz. festes Mat.

Hartmann, U.: ‹Stilrichtungen bei den Molakana der Kuna-Indianerinnen Panamas am Beispiel der Schildkrötendarstellung›, Zeitschrift für Ethnologie 111, Berlin 1986: 259-269
Ethnographie; Vrz. festes Mat.

Hartung, R.: Textiles Werken: Das Spiel mit den bildnerischen Mitteln. Band 4, Ravensburg 1963
Arbeitsanleitung; Maschenstoffe; Flechten; Kettenstoffe; Florbildung

Harvey, A.E.: ‹Archaeological Fabrics from the lower Missouri Valley›, I. Emery Roundtable on Mus. Textiles 1974, Washington 1975: 133-140
Archäologie; Flechten

Harvey, M.R. & Kelly, I.: ‹The Totonac›, Handbook of Middle Am. Indians 8, Austin 1969: 638-681
Ethnographie; Fadenbildung; Flechten; Weben

Harvey, V.I.: Split-ply twining. Threads in Action, Monograph Series, Freeland 1976
Systematik; Analyse; Flechten

Harvey, V.I.: ‹Derivative work based on porcupine quill embroidery›, Rogers, N. (ed.) In Celebration of the Curious Mind. Loveland 1983: 55-61
Volkskunde; Arbeitsanleitung; Vrz. festes Mat.

Harvey, V.I.: The techniques of basketry. Seattle 1986
Analyse; Flechten; Ränder

Haselberger, H.: ‹Bemerkungen zum Kunsthandwerk im Podo (Republik Mali)›, Bässler Archiv NF 13, Berlin 1965: 433-499
Ethnographie; Vrz. flüssiges Mat.

Hasenfratz, A.: siehe auch Winiger, J.

Hathaway, S.: siehe auch Mailey, J.E.

Haug, P.: Indianische Perlenarbeit. Das deutsche Beadwork-Handbuch: Geschichte, Materialien, Techniken. Wyk auf Föhr 1988
Ethnographie; Perlenstoffe

Hauser-Schäublin, B.: Leben in Linie, Muster und Farbe. Basel 1989
Ethnographie; Sammlungsbeschr.; Maschenstoffe; Flechten

Hauser-Schäublin, B. & Nabholz-Kartaschoff, M.L. & Ramseyer, U.: Textilien in Bali. Textiles in Bali. Singapore, Basel 1991
Ethnographie; Weben; Vrz. flüssiges Mat.

Hausner, W.: ‹S and Z twist›, Handweaver and Craftsman 14, New York 1963
Allg.; Fadenbildung

Haussmann, A.: ‹Impression sur tissus de coton en Chine›, Bull. Soc. Ind. de Mulhouse 20, Mulhouse 1847
Ethnographie; Vrz. flüssiges Mat.

Heathcote, D.: ‹Hausa women's dress in the light of two recent finds›, Savanna Vol. 2 No. 2, 1973: 201-217
Ethnographie; Vrz. festes Mat.

Heathcote, D.: ‹Hausa Embroidery Stitches›, The Nigerian Field Vol. 39 No. 4, London 1974: 163-168
Ethnographie; Vrz. festes Mat.

Heathcote, D.: ‹Hausa hand-embroidered caps›, The Nigerian Field Vol. 40 No. 2, London 1975: 54-73
Ethnographie; Vrz. festes Mat.

Heathcote, D.: The Arts of the Hausa. London 1976
Ethnographie; Sammlungsbeschr.; Flechten; Weben; Vrz. festes Mat.

Heathcote, D.: The Embroidery of Hausa Dress. Zaria 1979
Ethnographie; Vrz. festes Mat.

Hecht, A.: The Art of the Loom: Weaving, Spinning and Dyeing across the World. British Museum Publications, London 1989
Analyse; Ethnographie; Archäologie; Fadenbildung; Kettenstoffe; Weben; Vrz. festes Mat.; Vrz. flüssiges Mat.

Heermann, I.: Südsee-Abteilung. Linden-Museum, Stuttgart 1989
Ethnographie; Sammlungsbeschr.; Maschenstoffe; Flechten; Perlenstoffe

Heiden, M.: Handwörterbuch der Textilkunde aller Zeiten und Völker. Stuttgart 1904
Allg.

Heikinmäki, M.C.: Die Gaben der Braut bei den Finnen und Esten. Kanstieteelinen Arkisto 21, Helsinki 1970
Volkskunde; Maschenstoffe; Weben

Heine-Geldern, von, R.: Indonesian Art. The Art Institute, Chicago 1949
Sammlungsbeschr.; Vrz. flüssiges Mat.

Heinze, S.: Art Teaching for Secondary Schools. Kuching 1969
Arbeitsanleitung; Flechten; Perlenstoffe; Vrz. flüssiges Mat.

Heissig, W. & Müller, C.C.: ‹Der Gebrauch der Applikationstechnik bei der Thanka Herstellung›, Chabrol, K. (ed.) Die Mongolen. Innsbruck 1989: 184-186
Analyse; Ethnographie; Flechten; Weben; Perlenstoffe; Vrz. festes Mat.

Heizer, R.F. (ed.): California. Handbook of North Am. Indians 8, Washington 1987
Ethnographie; Maschenstoffe; Flechten; Kettenstoffe; Florbildung; Perlenstoffe

Heizer, R.F. & Weitlaner-Johnson, I.: ‹A prehistoric sling from Lovelock Cave Nevada›, American Antiquity 18, 1952-53, Salt Lake City 1953: 139-147
Archäologie; Kettenstoffe

Held, S.E.: Weaving. New York 1973
Weben

Helford, W.: ‹Some problems concerning the «art of war» tapestries›, Cieta 41-42, 1-2, Lyon 1975: 100-118
Fadenbildung

Hellervik, G.: Paracas-Nascatextilier från södra Peru. Uppsala 1977
Archäologie; Kettenstoffe; Weben; Florbildung; Ränder; Vrz. festes Mat.; Stoffzusammensetzung

Hemert, van, M.: ‹De handwerken op het eiland Marken›, Monograph. van het Rijksmuseum v. Volk. Arnhem 1967
Analyse; Volkskunde; Vrz. festes Mat.

Henking, K.H.: ‹Ein Königsornat von Hawaii im Bernischen Historischen Museum›, Jahrbuch Hist. Mus. Bern Band 34 1954, Bern 1955: 231-244
Ethnographie; Maschenstoffe; Florbildung

Henking, K.H.: ‹Die Südsee- und Alaskasammlung Johann Wäber›, Jahrbuch Hist. Mus. Bern Band 35 & 36 1955-56, Bern 1957
Ethnographie; Flechten; Kettenstoffe; Perlenstoffe

Henley, P. & Mattei-Muller, M.C.: ‹Panare Basketry: Means of commercial exchange and artistic experience›, Antropológica 49, Caracas 1978: 29-131
Ethnographie; Flechten

Henneberg, von, A.: ‹Die altägyptischen Gewebe des Ethnographischen Museums im Trocadéro›, Bull. du Musée d'Ethnographie No. 4, Paris 1932
Archäologie; Weben; Ränder

Hennemann, D.: !ko-Buschmänner (Südafrika, Kalahari): Herstellen eines Seiles für die Schlingfalle. Encyclopaedia Cinematographica E 2118, Göttingen 1975
Ethnographie; Film; Fadenbildung

Henninger, J.: ‹Ein Beitrag zur Kenntnis der Herstellungsweise feiner Matten›, Bässler Archiv NF 19, Berlin 1971: 29-46
Ethnographie; Flechten

Henriksen, M.A.: ‹A Preliminary Note on Some Northern Thai Woven Patterns›, Scand. Inst. of Asian Stud. Kopenhagen 1978: 137-159
Ethnographie; Weben

Henschen, I.: Tygtryck i Sverige. Nordiska Museets Handlingar No. 14, Stockholm 1942
Volkskunde; Vrz. flüssiges Mat.

Henschen, I.: Svenska vävnader. Stockholm 1943
Volkskunde; Weben

Henschen, I.: Handicrafts in Sweden. Stockholm 1951
Volkskunde; Weben; Florbildung

Hensel, J.: siehe auch Graumont, R.

Henshall, A.: ‹Textiles and Weaving Appliances in Prehistoric Britain›, Proc. of the Prehistoric Soc. 10, Cambridge 1950: 130-162
Analyse; Archäologie; Fadenbildung; Flechten; Weben

Hentschel, K.: ‹Herstellung der peruanischen und mexikanischen zwei- bis dreischichtigen Hohlgewebe›, Bässler Archiv 20, Berlin 1937: 97-112
Analyse; Archäologie; Arbeitsanleitung; Weben

Hentschel, K.: Wolle spinnen mit Herz und Hand. Frankfurt 1949
Volkskunde; Fadenbildung

Hentschel, K.: Der Weg zu den Hohlgeweben. o.O. 1962
Arbeitsanleitung

Heringa, R.: ‹Dye process and life sequence: the coloring of textiles in a Javanese village›, Gittinger, M. (ed.) To Speak with Cloth. Los Angeles 1989: 106-130
Ethnographie; Weben; Vrz. flüssiges Mat.

Heringa, R.: siehe auch Geirnaert, D.

Herle, A.: ‹Traditional Body Ornaments from the Naga Hills›, Arts of Asia Vol. 20 No. 2, Hong Kong 1990: 154-166
Ethnographie; Flechten

Herrli, H.: Indische Durri. Band 3, o.O. 1985
Ethnographie; Sammlungsbeschr.; Wirken

Hersh, P.A.: siehe auch Berry, G.M.

Herzog, M.: Kulturgeschichtliche Beispiele zum Thema Fussbekleidung. Dortmunder Reihe: didakt. Mat. für den Textilunt. 2(1), Schalksmühle 1985
Ethnographie; Volkskunde; Flechten; Kettenstoffe; Vrz. festes Mat.

Heuermann, L.: Bildbatiken. Wien 1972
Analyse; Vrz. flüssiges Mat.

Hicks, S.: Führer durch die Galerie Alice Pauli. Los Angeles 1975
Allg.

Hicks, S.: Tapisserie mise en liberté: Führer durch das «Maison de la culture de Rennes». Rennes 1976
Volkskunde; Weben; Wirken

Higuera, D.: Los Guajibo de Coromoto: Algunos Aspectos Culturales. Vicariato Apostólico, Monografía No. 3, Pt. Ayacucho 1987
Ethnographie; Flechten

Hill, J.S.: siehe auch Wassermann, T.E.

Hinderling, P.: ‹Stoffbildendes Schnurverschlingen›, Bässler Archiv 7, Berlin 1959: 1-79
Systematik; Fadenbildung; Maschenstoffe

Hinderling, P.: ‹Schnüre und Seile; Methode zur technischen Bestimmung für volkskundlichen Gebrauch›, Bull. der Sch. Ges. f. Anthr. u. Ethnol. Zürich 1960
Systematik; Fadenbildung

Hinderling, P.: ‹Über die Herstellung von Schnur- und Ledertaschen in Nord-Kamerun›, Festschrift A. Bühler. Basel 1965: 183-186
Ethnographie; Maschenstoffe

Hirsch, U.: siehe auch Mellaart, J.

Hissink, K.: Gewebe aus Alt-Peru. Ausstellung Arena und Tor, Frankfurt 1965
Archäologie; Weben

Hissink, K. & Hahn, A.: Die Tacana. Wiesbaden 1984
Analyse; Ethnographie; Flechten; Kettenstoffe; Weben

Hissink, K. & Hahn, A.: Chimane: Notizen und Zeichnungen aus Nordost-Bolivien. Stuttgart 1989
Analyse; Ethnographie; Fadenbildung; Flechten; Kettenstoffe; Weben

Hitchcock, M.: Indonesian Textiles Techniques. Aylesbury 1985
Ethnographie; Weben; Vrz. flüssiges Mat.

Hitkari, S.S.: Phulkari. New Delhi 1980
Ethnographie; Vrz. festes Mat.

Hitkari, S.S.: Ganesha-Sthapana: The folk art of Gujarat. New Delhi 1981
Ethnographie

Hitkari, S.S.: ‹Embroidering gardens when dreams flower into marriage›, The India Magazin Vol. 5 No. 1, 1981, Bombay 1985: 28-35
Ethnographie; Vrz. festes Mat.

Hitkari, S.S.: ‹Stickereien für Ganesch›, Schmitt-Moser, E. et al. (ed.) Indische Frauenkunst. Bayreuth 1989: 16-19
Ethnographie; Vrz. festes Mat.

Hobi, F.: Flechtkunst aus Afrika, Asien und Lateinamerika. Winterthur 1982
Ethnographie; Sammlungsbeschr.; Flechten

Hochberg, B.: Handspindles. Santa Cruz 1980
Fadenbildung

Hochfelden, B.: Frivolitäten-Arbeiten. Berlin o.J.
Arbeitsanleitung; Maschenstoffe

Hodge, A.: Nigeria's traditional crafts: a survey. London 1982
Ethnographie; Flechten; Weben; Vrz. flüssiges Mat.

Hodges, H.: Artifacts. London 1965
Analyse; Fadenbildung; Flechten; Kettenstoffe; Weben; Florbildung; Ränder

Högl, P.: ‹Ein bucharisches Zelt›, Bässler Archiv NF 28, Berlin 1980: 61-72
Ethnographie; Weben

Hörlén, M.: ‹Prydnadsvävar: Kuddar – Löpare – Dukar›, Mönsterblad 4, Stockholm 1948
Volkskunde; Arbeitsanleitung; Weben

Hörlén, M.: ‹Trasmattor och sängöverkast›, Mönsterblad 6, Stockholm 1950
Volkskunde; Arbeitsanleitung; Weben

Hoffmann, M.: En gruppe vevstoler på Vestlandet: Noen synpunkter i diskusjonen om billedvev i Norge. Oslo 1958
Volkskunde; Weben

Hoffmann, M.: The warp-weighted loom. Studies in the history and technology of an ancient implement. Studia Norvegica No. 14, Oslo 1964
Analyse; Volkskunde; Weben

Hoffmann, M.: ‹Der isländische Gewichtswebstuhl in neuer Deutung›, Festschrift A. Bühler. Basel 1965: 187-196
Volkskunde; Weben

Hoffmann, M.: ‹Manndalen revisited: Traditional weaving in an old lappish community in transition›, Gervers, V. (ed.) Studies in Textile History. Toronto 1977: 149-159
Volkskunde; Allg.

Hoffmann, M.: ‹Looms and their Products›, I. Emery Roundtable on Mus. Textiles 1977, Washington 1979: 7-9
Weben

Hoffmann, M.: ‹Old European Looms›, I. Emery Roundtable on Mus. Textiles 1977, Washington 1979: 19-24
Volkskunde; Weben

Hoffmann, M.: ‹The Looms of the Old World›, I. Emery Roundtable on Mus. Textiles 1977, Washington 1979: 13-18
Volkskunde; Weben

Hoffmann, M.: ‹Lebende Tradition als Quelle für Erkenntnis des Gebrauchs obsoleter Geräte›, Textilsymposium Neumünster 1981, Neumünster 1982: 97-108
Volkskunde; Archäologie

Hoffmann, M. & Burnham, H.B.: Prehistory of Textiles in the Old World. Viking Fund Publications in Anthropology 50, New York 1973
Archäologie; Fadenbildung; Kettenstoffe; Weben; Ränder

Hoffmann, M. & Traetteberg, R.: ‹Teglefunnet›, Saertykk av Stavanger Museum, Årsbok 1959: 41-60
Archäologie; Kettenstoffe; Weben; Ränder

Hoffmann, M.: siehe auch Geijer, A.

Holland, B.S.: siehe auch Mc Lendon, S.

Holm, B. & Reid, W.: Form and Freedom: A Dialogue on Northwest Coast Indian Art. Houston 1975
Ethnographie; Flechten; Kettenstoffe; Vrz. festes Mat.

Holm, O.: ‹Jaile: Cordillería rural en la costa del Ecuador›, Hartmann, R. (ed.) Amerikanistische Studien. St. Augustin 1978: 261-267
Volkskunde; Fadenbildung

Holmes, W.H.: ‹Prehistoric textile fabrics of the United States›, Annual Report Bur. Ethn. 3, 1881-1882, Washington 1884: 397-425
Archäologie; Maschenstoffe

Holmes, W.H.: ‹A study of the Textile Art in its relation to the development of From and Ornament›, Annual Report Smiths. Inst. 6, 1884-1885, Washington 1888: 195-252
Analyse

Holmes, W.H.: ‹Textile Fabrics of Ancient Peru›, Bull. of the Bur. of Am. Ethno. 6-10, 1888-1889, Washington 1889: 189-252
Archäologie; Flechten; Kettenstoffe

Holmes, W.H.: ‹Prehistoric textile art of Eastern United States›, Annual Report Bur. of Ethn. 13, 1891-92, Washington 1896: 9-46
Archäologie; Maschenstoffe

Holmgren, R.J. & Spertus, A.E.: ‹Tampan pasisir: Pictorial documents of an ancient Indonesian coastal culture›, I. Emery Roundtable on Mus. Textiles 1979, Washington 1980: 157-200
Ethnographie; Weben

Holt, J.D.: The Art of Featherwork in Old Hawai. Honolulu 1985
Ethnographie; Florbildung

Holter, U.: ‹Craft techniques used by Uahria women of Darfur›, Folk 25, Kopenhagen 1983: 97-128
Ethnographie; Flechten

Holz, I.: Javanische Batikmuster auf Kupferstempel. Hamburg 1980
Ethnographie; Allg.; Vrz. flüssiges Mat.

Holzklau, E.: Brettchenweberei: Tips und Tricks für den Anfang. Stuttgart 1977
Arbeitsanleitung; Weben

Hongsermeier, H. (ed.): Tibeter-Teppiche. Innsbruck 1987
Analyse; Ethnographie; Florbildung

Hooper, L.: ‹Loom and Spindle›, Ann. Rep. Smith. Inst. for 1914, Washington 1915: 629-679
Ethnographie; Archäologie; Fadenbildung; Weben

Horn, P.: ‹Textilien aus biblischer Zeit›, Ciba Rundschau 2, Basel 1968
Archäologie; Allg.; Kettenstoffe

Horváth, A.B. & Werder, M.: Macramé. Schriftenreihe des Rät. Museum 22, Chur 1978
Volkskunde; Flechten

Horwitz, H.T.: ‹Die Drehbewegung in ihrer Bedeutung für die Entwicklung der materiellen Kultur›, Anthropos 29, Freiburg 1934: 99-127
Allg.; Fadenbildung

Houck, C.: siehe auch Nelson, C.I.

Houlihan, P. et al.: Harmony by Hand; Art of the Southwest Indians: Basketry, Weaving, Pottery. Chronicle Books, San Francicso 1987
Ethnographie; Flechten; Weben

Housego, J.: Tribal rugs: An introduction to the weaving of the tribes of Iran. London 1978
Ethnographie; Florbildung; Wirken

Houston, J.: Batik with Noel Dyrenforth. London 1975
Arbeitsanleitung; Vrz. flüssiges Mat.

Houwald, von, G.: Mayanga = Wir: Zur Geschichte der Sumu-Indianer in Mittel-Amerika. Beitr. z. mittelam. Völkerkunde 19, Hamburg 1990
Ethnographie; Maschenstoffe; Flechten; Perlenstoffe

Hsian, N.: New finds of ancient silk fabrics in Sinkiang. Kaogu Xuebao 1, Peking 1963
Archäologie; Weben

Huang, S. & Wenzhao, L.: Brocades of Guangxi. Chinese Arts and Crafts Vol. 5, Kyoto 1982
Ethnographie; Allg.; Weben

Hubel, R.G: Orientteppiche und Nomadenknüpfarbeiten vergangener Jahrhunderte. München 1967
Sammlungsbeschr.; Florbildung

Hubel, R.G: Ullstein Teppichbuch. Frankfurt 1972
Allg.; Florbildung; Wirken

Huber, H. & Stöcklin, D.: Korbflechten. Basel 1977
Arbeitsanleitung; Flechten

Hugger, P.: Der Korbflechter. Schweiz. Gesell. f. Volkskunde, Ab. Film, Basel 1967
Analyse; Volkskunde; Film; Flechten

Hundt, H.J.: ‹Vorgeschichtliche Gewebe aus dem Hallstätter Salzberg›, Jahrbuch d. Röm.-Germ. Zentralmuseums 7. Jahrgang, Mainz 1960
Archäologie; Weben; Stoffzusammensetzung

Hundt, H.J.: ‹Eine leinenumwickelte Schwertscheide der Hallstattzeit›, Mainfränkisches Jahrbuch f. Geschichte u. Kunst 15, Frankfurt 1963: 180-185
Archäologie; Weben

Hundt, H.J.: ‹Die verkohlten Reste von Geweben, Geflechten, Seilen, Schnüren und Holzgeräten aus Grab 200 von El Cigarralejo›, Madrider Mitteilungen 9, 1968, Madrid 1969: 187-205
Analyse; Archäologie; Fadenbildung; Flechten; Weben

Hundt, H.J.: ‹Gewebefunde aus Hallstatt. Webkunst und Tracht in der Hallstattzeit›, Ausstellungskataloge Röm.-Germ. Zentralmuseum 4, Mainz 1970: 53-71
Archäologie; Weben

Hundt, H.J.: ‹Vorgeschichtliche Gewebe aus dem Hallstätter Salzberg›, Jahrbuch des Röm.-Germ. Zentralmuseums 14, 1967, Mainz 1970: 38-67
Archäologie; Weben

Hundt, H.J.: ‹Zu einigen frühgeschichtlichen Webgeräten›, Archäologisches Korrespondenzblatt 4, 1974: 177-180
Archäologie; Weben

Hundt, H.J.: Die Textil- und Schnurreste aus der frühgeschichtlichen Wurt Elisenhof. Frankfurt 1980
Analyse; Archäologie; Fadenbildung; Maschenstoffe; Flechten; Weben; Ränder

Hunter, N.E.: Rug Analysis: Discussion of Method. Workshop Notes, Textile Museum 7, Washington 1953
Analyse; Florbildung

Hurwitz, J.: Batikkunst van Java. Rotterdam 1962
Ethnographie; Sammlungsbeschr.; Vrz. flüssiges Mat.

Hussak von Velthem, L.: ‹Plumaria Tukano›, Boletim do Museu Paraense E.G. 57, Belém 1975: 1-29
Ethnographie; Florbildung

Hutapea, I.: siehe auch Mangkdilaga, I.H.

Hwa, H.D.: Cha su: die Kunst der koreanischen Stickerei: Sammlung Huh Dong Hwa. Köln 1987
Sammlungsbeschr.; Allg.; Vrz. festes Mat.

Hyslop, J.S. & Bird, J.B.: The preceramic excavations at the Huaca Prieta, Chicama Valley, Peru. Am. Mus. Nat. Hist. Anth. Papers Vol. 62, Washington 1985
Analyse; Archäologie; Fadenbildung; Maschenstoffe; Kettenstoffe; Weben; Ränder

Icke-Schwalbe, L.: Textile Techniken aus dem westlichen Indien. Wittenberg 1989
Ethnographie; Sammlungsbeschr.; Vrz. festes Mat.; Vrz. flüssiges Mat.

Idiens, D.: Cook Island Art. Shire Ethnography, Haverfordwest 1990
Ethnographie; Flechten

Iklé, C.: ‹Ikat Technique and Dutch East Indian Ikats›, Bull. Needle and Bobbin Club 15 (1-2), New York 1931: 2-59
Ethnographie; Vrz. flüssiges Mat.

Iklé, C.: ‹The Plangi Technique›, Bull. Needle and Bobbin Club Vol. 25 No. 2, New York 1941: 3-25
Analyse; Ethnographie; Vrz. flüssiges Mat.

Iklé, F.: ‹Über Flammentücher›, Festschrift M.A. Eysen. Dresden 1928: 117-124
Analyse; Vrz. flüssiges Mat.

Iklé, F.: ‹Über Altperuanische Stickereien des Trocadéro, Paris›, Mitteil. d. Ostschw. Geo.-Com. Ges. St. Gallen 1930
Analyse; Archäologie; Vrz. festes Mat.

Iklé, F.: Primäre textile Techniken. Gewerbemuseum Basel, Basel 1935
Sammlungsbeschr.; Maschenstoffe; Flechten

Iklé, F.: ‹Über das Stricken›, Schweiz. Arbeitslehrerinnen Zeitung No. 8, 19. Jahrg. Biel 1963: 134-140
Analyse; Maschenstoffe

Iklé, F. & Vogt, E.: Primäre textile Techniken. Kunstgewerbe Museum, Zürich 1935
Sammlungsbeschr.; Maschenstoffe; Flechten

Imanaga, S.: Illustrationen von Jimbaori. Tokyo o.J.

Imperato, P.J.: ‹Blankets and Covers from the Niger Bend›, African Arts Vol. 121 No. 4, Los Angeles 1979: 38-43
Ethnographie; Weben

Indianapolis Museum of Art: Between Traditions: Navajo weaving towards the end of the 19th Century. Exhibition Catalogue. Indianapolis 1976
Ethnographie; Kettenstoffe; Weben

Ingers, G.: siehe auch Lundbäck, M.

Ingstad, A.S.: ‹The functional textiles from the Oseberg Ship›, Textilsymposium Neumünster 1981, Neumünster 1982: 85-96
Archäologie; Weben

Innes, R.A.: Non-European Looms in the collections at Bankfield Museum. Halifax 1959
Analyse; Sammlungsbeschr.; Weben; Florbildung

Irwin, J.: ‹Indian textile trade in the 17th century›, Journal of Indian Textile History Vol. 1-3, 1955-57, Ahmedabad 1957
Allg.

Irwin, J.: The Kashmir Shawl. London 1973
Ethnographie; Allg.; Weben

Irwin, J.: ‹The Significance of Chintz›, Marg, Bombay 1978: 67-73
Ethnographie; Weben

Irwin, J. & Jayakar, P.: Textiles and Ornaments of India. New York 1956
Ethnographie; Sammlungsbeschr.; Vrz. festes Mat.

Irwin, J. & Schwartz, P.R.: Studies in Indo-European textile history. Bombay 1966
Ethnographie; Allg.

Irwin, J.: siehe auch Hall, M.

Ito, T.: Tsujigahana. London 1981
Analyse; Ethnographie; Vrz. flüssiges Mat.

Izikowitz, K.G.: ‹Une coiffure d'apparat d'Ica (Pérou)›, Rev. del Inst. Nac. de Etnología 2 (2), Tucumán 1932: 317-45
Ethnographie; Archäologie; Maschenstoffe; Florbildung

Izikowitz, K.G.: ‹L'origine probable de la technique du simili velours Péruvien›, Journal de la Soc. des Améric. n.s. 25, Paris 1933: 9-16
Analyse; Archäologie; Florbildung

Jacob, A.: siehe auch Bernès, J.P.

Jacobs, J.: Weefkunst van de Hamba. Liber memorialis 1, Gent 1983
Ethnographie; Weben

Jaekel-Greifswald, O.: ‹Zur Urgeschichte der orientalischen Teppiche›, Orientalisches Archiv 2, Leipzig 1911-12: 167-173
Archäologie; Florbildung; Wirken

Jager-Gerlings, J.H.: Sprekende Weefsels. Koninklijke Instituut v. d. Tropen, Amsterdam 1952
Analyse; Ethnographie; Flechten; Weben; Vrz. flüssiges Mat.; Wirken

Jain, J.: siehe auch Dhamija, J.

Jain, J.: siehe auch Fischer, E.

Jaitly, J.: Crafts of Gujarat. New York 1985
Ethnographie; Vrz. festes Mat.

James, G.W.: Indian Basketry. Pasadena 1903
Ethnographie; Flechten

James, G.W.: Indian Blankets and their Makers: Reprint of the 1892 edition. Beautiful Rio Grande Classics Ser. o.O. 1971
Ethnographie; Kettenstoffe; Weben; Wirken

James, G.W.: Indian Blankets and their Makers. New York 1974
Ethnographie; Kettenstoffe; Weben; Wirken

James, H.L.: Rugs and Posts: the Story of Navajo Weaving and the Indian Trader. Westchester 1988
Ethnographie; Weben; Wirken

James, M.: The Quiltmaker's Handbook. Englewood Cliffs 1978
Arbeitsanleitung; Vrz. festes Mat.

James, M.: The Second Quiltmaker's Handbook. Englewood Cliffs 1981
Arbeitsanleitung; Vrz. festes Mat.

Janata, A.: ‹Ikat in Afghanistan›, Afghanistan Journal Jg. 5 Heft 4, Graz 1978: 130-139
Ethnographie; Vrz. flüssiges Mat.

Janata, A. & Jawad, N.: ‹Ya Ali! Ya Hasan! Ya Husaya!: Ein Aspekt religiöser Volkskunst der Hazara›, Textilhandwerk in Afghanistan. Liestal 1983: 161-175
Ethnographie; Vrz. festes Mat.

Jannes, E.: Från Ceylon till Sri Lanka: Historia i Batik. Vi No. 15, 14/4, Stockholm 1973: 1-8
Ethnographie; Vrz. flüssiges Mat.

Jaques, R.: Alte Gewebe in Krefeld. Krefeld 1949
Archäologie; Sammlungsbeschr.

Jaques, R.: Mittelalterlicher Textildruck am Rhein. Kevelaer 1950
Allg.; Vrz. flüssiges Mat.

Jaques, R.: Neuerwerbungen aus zehn Jahren. Krefeld 1963
Sammlungsbeschr.

Jaques, R.: Textilkunst des frühen Christentums: Koptische Gewebe vom 2.-12. Jh. Krefeld 1963
Archäologie; Sammlungsbeschr.; Wirken

Jaques, R.: ‹Jourtextilien aus dem Chancaytal in der Sammlung Amano in Lima›, Verhandlungen des Int. Amerikan. Kongr. 38 (1), Stuttgart 1968: 357-368
Archäologie; Sammlungsbeschr.; Maschenstoffe; Weben; Vrz. festes Mat.; Vrz. flüssiges Mat.

Jaques, R. & Wencker, R.: Die Textilien im Besitz der Schatzkammer der Kirche St. Servatius in Siegburg. Siegburg 1967
Analyse; Sammlungsbeschr.; Weben; Vrz. festes Mat.

Jaquet, P. (ed.): Le Musée de l'Impression sur Etoffes de Mulhouse. Mulhouse 1975
Sammlungsbeschr.; Vrz. flüssiges Mat.

Jarry, M.: ‹L'exotisme au temps de Louis XIV›, Bull. Cieta 43-44, Lyon 1976: 124-128
Allg.; Wirken

Jaspor, J. & Pirngadio, M.: De Inlandsche Kunstnijverheid in Nederlandsch Indië. Band 1-3, Den Haag 1912-16
Analyse; Flechten; Weben; Vrz. flüssiges Mat.

Jawad, N.: siehe auch Janata, A.

Jayakar, P.: Indian printed textiles. All Indian Handicrafts Board, Bombay o.J.
Ethnographie; Vrz. flüssiges Mat.

Jayakar, P.: ‹The dyed fabrics of India›, Marg Vol. 2 No. 1, Bombay 1947: 93-102
Ethnographie; Vrz. flüssiges Mat.

Jayakar, P.: ‹Traditional textiles of India›, Marg Vol. 15 No. 1, Bombay 1962
Ethnographie; Weben

Jayakar, P.: ‹Nakshi Bandha of Banaras›, Journal of Ind. Textile History 7, Ahmedabad 1967: 21-44
Ethnographie; Weben

Jayakar, P.: ‹Gaiety in Colour and Form: Painted and Printed Cloth›, Marg, Bombay 1978: 23-36
Ethnographie; Weben

Jayakar, P.: siehe auch Bhagwat, D.

Jayakar, P.: siehe auch Irwin, J.

Jeanneret, A.: ‹A propos de toiles imprimées et peintes destinées à la chasse aux perdrix en Afghanistan›, Bässler Archiv NF 13, Berlin 1965: 115-125
Ethnographie; Vrz. flüssiges Mat.

Jeannin, R.: siehe auch Cresson

Jean-Richard, A.: Kattundrucke der Schweiz im 18. Jh. Basel 1968
Allg.; Vrz. flüssiges Mat.

Jelmini, J.P. & Clerc-Junier, C.: La soie: recueil d'articles sur l'art de la soie. Neuchâtel 1986
Analyse; Weben

Jenkins, I. & Williams, D.: ‹A Bronze Portrait Head and its Hair Net›, Record of the Art Museum Vol. 42 No. 2, Princeton Univ. 1987: 9-16
Archäologie; Kettenstoffe

Jenny, A.: Aus der Entwicklungsgeschichte des Zeugdrucks: Batik. Wegleitungen des Kunstgewerbemuseums 27, Zürich 1919
Ethnographie; Allg.; Vrz. flüssiges Mat.

Jensen, J.: ‹Der Korb Ekibbo in Bugunda›, Bässler Archiv NF 19, Berlin 1971: 167-187
Ethnographie; Flechten

Jéquier, G.: siehe auch Van Gennep, A.

Jerusalimskaia, A.A.: Über die nordkaukasische «Seidenstrasse» im Frühmittelalter. Sowjetskaia Archeologia 2, 1967, Moskau 1967
Archäologie; Weben

Jessen, E.: Ancient Peruvian textile design in modern stitchery. London 1972
Arbeitsanleitung; Vrz. festes Mat.

Jingshan, J.: ‹Dyeing, weaving and embroidery of the Li People of Guangdong›, Chinese Arts and Crafts Vol. 4, Kyoto 1982
Ethnographie; Weben; Vrz. flüssiges Mat.

Johl, C.H.: Die Webstühle der Griechen und Römer. Leipzig 1917
Archäologie; Weben

Johl, C.H.: Altägyptische Webstühle und Brettchenweberei in Altägypten. Leipzig 1924
Analyse; Archäologie; Weben

Johnson, G.N.: ‹It's a sin to waste a rag: rug-weaving in western Maryland›, Jordan, R.A. Kalcik, S.J. (ed.) Women's Folklore, Women's Culture. Philadelphia 1985: 65-98
Volkskunde; Stoffzusammensetzung

Johnson, N.S.: Weaving on the Hearthside Loom. Detroit 1942
Arbeitsanleitung; Weben

Johnson, N.S.: Learn to Weave. Detroit 1949
Arbeitsanleitung; Kettenstoffe; Weben

Johnson, P.: Turkish embroidery. London 1985
Sammlungsbeschr.; Vrz. festes Mat.

Johnstone, P.: Greek Island Embroidery. London 1961
Volkskunde; Vrz. festes Mat.

Joliet van der Berg, M. & H.: Brettchenweben. Bern 1975
Arbeitsanleitung; Weben

Jones, S.: Pacific basket makers: a living tradition. Honolulu 1983
Analyse; Ethnographie; Flechten

Jones, S.M.: Hawaiian Quilts. Honolulu 1973
Sammlungsbeschr.; Vrz. festes Mat.

Jones, V.H.: ‹Notes on the Manufacture of Cedar-Bark Mats by the Chippewa Indians of the Great Lakes›, Papers. Michigan Acad. Science, Arts & Letters 32, o.J.: 341-363
Ethnographie; Flechten

Jongh, de, D.: ‹Les moyens de façonnage et leurs charactéristiques›, Assoc. pour l'Etude et la Doc. des Textiles d'Asie. Paris 1985: 7-25
Analyse; Weben

Joplin, C.F.: ‹Yalalag weaving: Its aesthetic, technological and economic nexus›, Lechtmann, H. & R. (ed.) Material Culture. St. Paul 1977: 211-236
Ethnographie; Weben

Joseph, M.B.: ‹West African Indigo Cloth›, African Arts Vol. 11 No. 2, Los Angeles 1978: 34-37
Ethnographie; Weben; Vrz. festes Mat.; Vrz. flüssiges Mat.

Joseph, R.M.: ‹Batik making and the royal Javanese cemetery at Imogiri›, Textile Museum Journal 24, 1985, Washington 1986
Ethnographie; Vrz. flüssiges Mat.

Joyce, T.A.: ‹The Peruvian Loom in the Proto-Chimu Period›, Man 21 (12), London 1921: 177-80
Archäologie; Weben

Joyce, T.A.: ‹Note on a Peruvian Loom of the Chimu Period›, Man 22, London 1922: 1-2
Archäologie; Weben

Juel, A.: Japanske Textiler, Japanese Textiles. Stockholm 1984
Ethnographie; Vrz. flüssiges Mat.

Juhasz, E. (ed.): Sephardi Jews in the Ottoman Empire. Jerusalem 1990
Volkskunde; Weben; Florbildung; Vrz. festes Mat.

Justin, V.S.: Flat woven rugs of the World. New York 1980
Analyse; Ethnographie; Fadenbildung; Weben; Florbildung; Wirken

Jusuf, S. et al.: Pameran tenun ikat indonesia: Indonesische Ikatgewebe. Jakarta 1984
Ethnographie; Sammlungsbeschr.; Vrz. flüssiges Mat.

Kadow, E.: ‹Wandteppiche in Mischtechnik›, Ciba Rundschau 3, Basel 1973
Allg.; Weben; Wirken

Kaeppler, A.: Artificial curiosities, being an exposition of native manufactures collected on the three Pacific voyages of Capt. James Cook. R. N. Bernice P. Bishop Mus. Spec. Publ. 65, Honolulu 1978
Ethnographie; Kettenstoffe; Florbildung

Kaeppler, A. et al.: Cook voyage artifacts in Leningrad, Berne and Florence Museum. Bernice P. Bishop Museum Spec. Publ. 66, Honolulu 1978
Ethnographie; Florbildung

Kahlenberg, M.H.: Führer durch das L.A. County Museum of Art. Los Angeles 1976
Sammlungsbeschr.; Flechten

Kahlenberg, M.H.: Textile Tradition of Indonesia. Los Angeles 1977
Ethnographie; Vrz. flüssiges Mat.

Kahlenberg, M.H.: ‹The influence of the European herbal on Indonesian Batik›, I. Emery Roundtable on Mus. Textiles 1979, Washington 1980: 243-247
Ethnographie; Vrz. flüssiges Mat.

Kahlenberg, M.H. & Berlant, A.: The Navajo Blanket. Los Angeles 1972
Ethnographie; Weben; Wirken

Kahlenberg, M.H. & Berlant, A.: Navajo Blankets. Wegleitungen des Kunstgewerbemuseums 305, Zürich 1976
Ethnographie; Kettenstoffe

Kahlenberg, M.H. & Berlant, A.: The navajo's blanket. New York 1976
Analyse; Sammlungsbeschr.; Weben; Wirken

Kahmann, I.: Patchwork und Quilten. München/Wien 1985
Arbeitsanleitung; Vrz. festes Mat.

Kaippler, A.: Artificial Curiosities. Honolulu 1978
Flechten; Kettenstoffe; Florbildung

Kajitani, N.: siehe auch Sonday, M.

Kalter, J.: Aus Steppe und Oase: Bilder turkestanischer Kulturen. Katalog Linden-Museum, Stuttgart 1983
Analyse; Ethnographie; Weben; Florbildung; Vrz. festes Mat.; Vrz. flüssiges Mat.

Kann, P.: ‹Trachten bolivianischer Hochlandindianer›, Archiv fur Völkerkunde 36, Wien 1982: 37-58
Ethnographie; Weben

Karmasch, K.: Handbuch der mechanischen Technologie. Band 2, Hannover 1858
Allg.; Fadenbildung

Karsten, D.: The economics of handicrafts in traditional societies: South Ethiopia. München 1972
Ethnographie; Weben

Kartiwa, S.: Kain tenun donggala. Penerbit 1963
Ethnographie; Vrz. flüssiges Mat.

Kartiwa, S.: ‹The Kain Songket Minangkabau›, I. Emery Roundtable on Mus. Textiles 1979, Washington 1980: 56-80
Ethnographie; Weben

Kartiwa, S.: Songket indonesia. Jakarta 1982
Ethnographie; Weben; Vrz. flüssiges Mat.

Kartiwa, S.: Kain songket indonesia: Songket-weaving in Indonesia. Jakarta 1986
Ethnographie; Weben

Kasten, E.: Maskentänze der Kwakiutl: Tradition und Wandel in einem indianischen Dorf. Veröff. des Museums für Völkerkunde Neue Folge 49, Berlin 1990
Ethnographie; Flechten; Vrz. festes Mat.

Katara, S.K.: ‹Tie-dye industry: the art of dyeing and printing in ancient India›, Hasthakala 1.1, Bombay 1972
Archäologie; Vrz. flüssiges Mat.

Kaudern, W.: ‹Notes on Plaited Anklets in Central Celebes›, Ethnological Studies, Göteborg 1935
Analyse; Ethnographie; Flechten

Kauffmann, H.E.: ‹Das Weben in den Naga-Bergen Assam›, Zeitschrift für Ethnologie 69, Berlin 1937
Analyse; Ethnographie; Weben

Kauffmann, H.E.: Karen (Hinterindien, Nordthailand): Spinnen und Weben. Encyclopaedia Cinematographica E 527, Göttingen 1963
Ethnographie; Film; Fadenbildung; Weben

Kauffmann, H.E.: ‹Spinnen und Weben: Karen: Hinterindien, Nord Thailand›, Encyclopaedia Cinematographica Band 2, 4, Göttingen 1967: 323-333
Ethnographie; Film; Fadenbildung; Weben

Kaufmann, C.: ‹Herstellen einer Tragtasche in Maschenstofftechnik›, Encyclopaedia Cinematographica Serie 10 No. 26, Göttingen 1980: 3-40
Analyse; Ethnographie; Film; Maschenstoffe

Kaufmann, C.: ‹Maschenstoffe und ihre gesellschaftliche Funktion am Beispiel der Kwoma von Papua-Neuguinea›, Tribus 35, Stuttgart 1986: 127-175
Analyse; Ethnographie; Fadenbildung; Maschenstoffe

Kaufmann, C.: ‹Ein Federmantel der Maori im Museum für Völkerkunde Basel: Versuch einer textilkundlichen Annäherung›, Basler Beiträge zur Ethnologie Band 30, Basel 1989: 391-406
Ethnographie; Kettenstoffe; Florbildung

Kaukonen, T.I.: ‹Alusvaipat eli Villalakamt›, Kansatieteelinen Arkisto No. 15 (2), Helsinki 1961
Volkskunde; Weben

Keller, J.D.: ‹Woven World: Neotraditional Symbols of Unity in Vanuatu›, Mankind 18 (1), New South Wales 1988: 1-13
Ethnographie; Flechten

Kelly, I.: siehe auch Harvey, M.R.

Kelly, I.T.: ‹Yuki Basketry›, UCLA Publ. Am. Arch. and Ethnol. 24, Berkeley 1930: 422-443
Ethnographie; Flechten

Kelly, I.T.: ‹Ethnography of the Surprise Valley Paiute›, UCLA Publ. Am. Arch. and Ethnol. 31, Berkeley 1932: 67-260
Analyse; Ethnographie; Flechten; Ränder

Kelly, I.T. & Fowler, C.S.: ‹Southern Paiute›, Handbook of North Am. Indians 11, Washington 1986: 368-397
Ethnographie; Maschenstoffe; Flechten

Kelsey, V. & Osborne, de Jongh, L.: Four keys to Guatemala. New York 1939
Allg.; Fadenbildung; Flechten; Weben

Kemp, W.B.: ‹Baffinland Eskimo›, Handbook of North Am. Indians 5, Washington 1984: 463-475
Ethnographie; Maschenstoffe

Kenagy, S. et al. (ed.): Native cultures of the Americas. Southwest Mus. Masterkey 61 (2-3), Los Angeles 1987
Ethnographie; Flechten; Kettenstoffe; Wirken

Kendrick, A.E.: Catalogue of textiles from burying grounds in Egypt. Vol. 3, London 1922
Archäologie; Wirken

Kendrick, A.E.: Catalogue of Muhammadan textiles of the medieval period. London 1924
Archäologie; Sammlungsbeschr.; Wirken

Kensinger, K.: The Cashinahaua of Eastern Peru. Haffenreffer Mus. Anth. Studies 1, Boston 1975
Ethnographie; Flechten; Florbildung

Kent Peck, K.: ‹Braiding of a Hopi Wedding Sash›, Plateau 12 (3), Flagstaff 1940: 46-52
Ethnographie; Kettenstoffe; Weben

Kent Peck, K.: ‹Notes on the weaving of Prehistoric Pueblo textiles›, Plateau Vol. 14 No. 1, Flagstaff 1941
Analyse; Ethnographie; Weben

Kent Peck, K.: Montezuma Castle Archaeology 2, Textiles. Southwest. Monument Ass. Tech. Vol. 3 No. 2, Arizona 1954
Analyse; Archäologie; Flechten; Kettenstoffe; Weben

Kent Peck, K.: The Cultivation and Weaving of Cotton in the Prehistoric Southwestern USA. Transactions Am. Philos. Soc. 47, Philadelphia 1957
Analyse; Archäologie; Fadenbildung; Maschenstoffe; Flechten; Kettenstoffe; Halbweben; Weben; Ränder; Vrz. flüssiges Mat.; Stoffzusammensetzung

Kent Peck, K.: The Story of Navajo Weaving. Phoenix 1961
Ethnographie; Kettenstoffe; Wirken

Kent Peck, K.: Introducing West African Cloth. Denver 1971
Analyse; Ethnographie; Florbildung; Vrz. flüssiges Mat.

Kent Peck, K.: ‹Mesoamerican and North American Textiles›, I. Emery Roundtable on Mus. Textiles, Washington 1974: 31-36
Archäologie; Allg.

Kent Peck, K.: ‹The indigenous Southwestern textile tradition in historic times: weaving among the Pima, Papago, Moricopa and Pueblo Indians›, I. Emery Roundtable on Mus. Textiles 1976, Washington 1977: 407-412
Ethnographie; Weben

Kent Peck, K.: Prehistoric textiles of the Southwest. Santa Fe 1983
Analyse; Archäologie; Maschenstoffe; Flechten; Halbweben; Ränder; Vrz. festes Mat.; Vrz. flüssiges Mat.; Stoffzusammensetzung

Kent Peck, K.: Navajo Weaving: Three Centuries of Change. Santa Fe 1985
Ethnographie; Weben; Wirken

Kent Peck, K.: ‹Reconstructing Three Centuries of Change in Pueblo Indian Textiles›, Basler Beiträge zur Ethnologie Band 30, Basel 1989: 407-420
Ethnographie; Weben

Keppel, S.: Primaire textiele technieken van de Mentawai-Eilanden. Antropologische Studies VU 7, Amsterdam 1984
Analyse; Ethnographie; Fadenbildung; Maschenstoffe; Flechten; Ränder

Kerajinan, S.: siehe auch Leigh, B.

Kerkhoff-Hader, B. (ed.): Textilarbeit. Rheinisches Jahrbuch für Volkskunde 27, 1987/88, Bonn 1989
Volkskunde; Weben

Keyser, A.G.: siehe auch Gehret, E.J.

Khan Majlis, B.: Technik, Geschichte und Muster indischer Brokatstoffe. Köln 1977
Ethnographie; Weben

Khan Majlis, B.: Indonesische Textilien. Ethnologica NF 10, Köln 1984
Ethnographie; Weben; Vrz. festes Mat.; Vrz. flüssiges Mat.

Khan Majlis, B.: Indonesische Textilien: Wege zu Göttern und Ahnen. Köln 1985
Ethnographie; Weben; Vrz. flüssiges Mat.

Kichihei, T.: Yuki Tsumugi. Tokyo o.J.

Kidder, A.V.: Textile Arts of Guatemalan Natives. Carnegie Institution of Wash. Vol. 3 No. 20, Washington 1935
Ethnographie; Kettenstoffe; Weben; Vrz. flüssiges Mat.

Kidder, A.V. & Guernsey, S.J.: Archaeological Exploration in Northeastern Arizona. Bull. of the Bur. Am. Ethn. 65, Washington 1919
Archäologie; Maschenstoffe; Flechten; Kettenstoffe

Kidder, A.V. & Guernsey, S.J.: Basket Maker Caves of Northeastern Arizona. Pap. Peabody Mus. Am. Arch. and Ethnol. No. 2 (8), Cambridge 1921
Analyse; Archäologie; Maschenstoffe; Flechten

Kiewe, H.E.: Ancient Berber Tapestries and Rugs and Ancient Morrocan Embroideries. London 1952
Ethnographie; Sammlungsbeschr.; Vrz. festes Mat.; Wirken

Kiewe, H.E.: ‹Traditional Embroideries from the Holy Land and from Norway›, Craftsman and Designer, Oxford 1954
Volkskunde; Allg.; Vrz. festes Mat.

Kiewe, H.E.: The Sacred History of Knitting. Oxford 1967
Allg.; Maschenstoffe

Kilchenmann, K.: siehe auch Ursin, A.

Kimakowicz-Winnicki, M. von: Spinn- und Webwerkzeuge. Würzburg 1910
Volkskunde; Fadenbildung; Weben

King, D.: Samplers. Victoria and Albert Museum, London 1977
Volkskunde; Vrz. festes Mat.

King, M.: Textiles anciens: Historic textiles. Bulletin du CIETA, Lyon 1988
Ethnographie; Volkskunde; Weben; Vrz. flüssiges Mat.

King, M.E.: ‹A preliminary study of a shaped textile from Peru›, Workshop Notes 13, Washington 1956
Archäologie; Weben; Stoffzusammensetzung

King, M.E.: ‹An Unusual Border Construction from Peru›, Bulletin of the Needle and Bobbin Club 41 (1-2), New York 1957: 23-37
Archäologie; Ränder

King, M.E.: ‹A new type of Peruvian Ikat›, Workshop Notes 17, Washington 1958
Archäologie; Vrz. flüssiges Mat.

King, M.E.: ‹Associated early Nazca textiles in the Whyte Collection›, Archaeology Vol. 15 No. 3, New York 1962: 160-162
Archäologie; Maschenstoffe; Weben

King, M.E.: Textiles and basketry of the Paracas period, Ica Valley Peru. Ann Arbor 1965
Analyse; Archäologie; Fadenbildung; Maschenstoffe; Flechten; Kettenstoffe; Weben; Florbildung; Ränder; Vrz. festes Mat.; Vrz. flüssiges Mat.; Wirken

King, M.E.: ‹Textile Fragments from the Riverside Site, Menominee, Michigan›, Verh. Int. Amerikanisten Kong. 38.1, Stuttgart 1968
Archäologie; Kettenstoffe; Florbildung

King, M.E.: ‹Some new Paracas Techniques from Ocucaje, Peru›, Verh. des Int. Amerikanisten Kong. 38.1, Stuttgart 1969: 369-377
Archäologie; Kettenstoffe; Florbildung

King, M.E.: ‹A new textile Technique from Oaxaca›, Atti del XL Cong. Americanisti Roma 1972 Band 1, Genova 1974: 173-177
Ethnographie; Archäologie; Weben

King, M.E.: The Salt Cave Textiles: A Preliminary Account. Archaeology of the Mammoth Cave, New York 1974
Archäologie; Weben

King, M.E.: ‹North American Ethnographic Textiles›, I. Emery Roundtable on Mus. Textiles 1976, Washington 1977: 479-504
Ethnographie; Kettenstoffe; Wirken

King, M.E.: ‹The Distribution of Aboriginal Looms and Frames in North America›, I. Emery Roundtable on Mus. Textiles 1977, Washington 1979: 127-134
Analyse; Ethnographie; Weben

King, M.E.: ‹The Prehistoric Textile Industry of Mesoamerica›, The J.B. Bird Precolumbian Textile Conf. 1973, Washington 1979: 265-278
Archäologie; Maschenstoffe; Flechten; Weben

King, M.E.: ‹Sprang in the Paracas period of Peru›, Rogers, N. (ed.) In Celebration of the curious Mind. Loveland 1983: 61-67
Archäologie; Kettenstoffe

King, M.E. & Gardner, J.S.: The analysis of textiles from Spiro mound, Oklahoma. Annals NY Ac. of Sciences Vol. 376, New York 1981
Archäologie; Kettenstoffe

King, M.E.: siehe auch Emery, I.

King, V.T.: siehe auch Ave, J.B.

Kissel, M.L.: Aboriginal American Weaving. Boston 1910
Ethnographie; Weben

Kissel, M.L.: ‹Basketry of the Papago and Pima›, Anthro. Pap. Am. Mus. of Nat. Hist. 17, New York 1916: 115-264
Analyse; Ethnographie; Maschenstoffe; Flechten

Kissel, M.L.: ‹A new Type of Spinning in North America›, Am. Anthrop. 18, Menasha 1916: 264-270
Ethnographie; Fadenbildung

Kissel, M.L.: ‹The Early Geometric Patterned Chilkat›, Am. Anthrop. 30 (1), Menasha 1928: 116-120
Ethnographie; Kettenstoffe

Kissling, H.J.: Südost-Europa, Jugoslawien, Kosovo: Knüpfen eines Gebetsteppichs. Encyclopaedia Cinematographica E 2412, Göttingen 1982
Volkskunde; Film; Florbildung

Kitley, P.: ‹Batik Painting›, Craft Australia, Autumn, 1981: 9-26
Ethnographie; Vrz. flüssiges Mat.

Kjellberg, A.: ‹Medieval Textiles from the Excavations in the Old Town of Oslo›, Textilsymposium Neumünster 1981, Neumünster 1982: 136-162
Archäologie; Weben; Ränder

Klausen, A.M.: ‹Basket-work ornamentation among the Dayaks›, Stud. Honor. Centen. Uni. Ethn. 3, Oslo 1957
Ethnographie; Flechten

Klein, A.: ‹Tesig-Bandweberei mit Gold- und Silberfäden›, Bässler Archiv NF 22, Berlin 1974: 225-244
Ethnographie; Weben

Klein, A.: ‹Tablet weaving by the Jews of San'a›, World Anthropology 86, Den Haag 1979: 425-447
Ethnographie; Weben

Klein, O.: ‹Textile Techniken der Araukaner›, Ciba Rundschau 6, Basel 1961
Analyse; Ethnographie; Weben; Florbildung; Vrz. flüssiges Mat.

Klimburg, M. & Pinto, S.: Tessuti ikat dell'Asia Centrale di collezioni italiane. Torino 1986
Sammlungsbeschr.; Vrz. flüssiges Mat.

Klingmüller, G. & Münch, F.: Textilkunst: Ein Studienschwerpunkt des Faches Textilgestaltung. Köln 1989
Ethnographie; Volkskunde; Weben; Perlenstoffe; Vrz. festes Mat.; Wirken

Klopfer, B.: Das Batikgewebe von Kandy. Institut für Völkerkunde, Köln 1988
Ethnographie; Vrz. flüssiges Mat.

Knauer, T. & Steger-Völkel, R.: Handweberei. Berlin o.J.
Weben

Knorr, T.: siehe auch Lindahl, D.

Knottenbelt, M.: ‹Warping and weaving Mitla cloth on the backstrap loom›, Textile Museum Journal 22, Washington 1983
Analyse; Ethnographie; Weben

Knudsen, L.: siehe auch Ottenberg, S.

Kobel-Streiff, R.: ‹Reservemusterung und Bemalung auf Altperuanischen Geweben›, Ethnologische Zeitschrift Zürich 1, Zürich 1972: 233-242
Archäologie; Vrz. flüssiges Mat.

Koch, G.: Die materielle Kultur der Ellice-Inseln. Berlin 1961
Ethnographie; Flechten

Koch, G.: Polynesier (Niutao, Ellice-Archipel): Herstellen von Kokosfaserschnur. Encyclopaedia Cinematographica E 411, Göttingen 1961
Ethnographie; Film; Fadenbildung

Koch, G.: Mikronesier (Gilbert-Inseln, Nonouti): Herstellen von Kokosfaserschnur. Encyclopaedia Cinematographica E 825, Göttingen 1965
Ethnographie; Film; Fadenbildung

Koch, G.: Mikronesier (Gilbert-Inseln, Nonouti): Herstellen eines Kokosfaserseiles. Encyclopaedia Cinematographica E 826, Göttingen 1965
Ethnographie; Film; Fadenbildung

Koch, G.: Kultur der Gilbert-Inseln: Herstellen eines Keschers. Encyclopaedia Cinematographica Eb 1, E 829, Göttingen 1969
Ethnographie; Film; Fadenbildung; Maschenstoffe; Flechten; Florbildung

Koch, G.: ‹Kultur der Gilbert Inseln: Flechten des Fischkorbes «kurubaene»›, Encyclopaedia Cinematographica Band 1, Göttingen 1969: 136-139
Ethnographie; Film; Flechten

Koch, G.: Melanesier (Santa-Cruz-Inseln, Riff-Inseln): Weben. Encyclopaedia Cinematographica Eb 4, E 1429, Göttingen 1973
Ethnographie; Film; Weben

Koch, G. & König, G.: ‹Tonganische Flecht- und Knüpfarbeiten›, Bässler Archiv NF 3.4, 1955-56, Berlin 1956: 233-259
Ethnographie; Flechten

Koch-Grünberg, T.: Zwei Jahre unter den Indianern Nordwest-Brasiliens. Berlin 1909
Ethnographie; Flechten; Weben

Koch-Grünberg, T.: Vom Roroima zum Orinoco. Band 1, Stuttgart 1923
Analyse; Ethnographie; Fadenbildung; Maschenstoffe; Flechten; Kettenstoffe; Florbildung; Perlenstoffe

König, G.: siehe auch Koch, G.

Kogan, P.: Navajo school of Indian Basketry. London 1985
Analyse; Ethnographie; Flechten

Kok, R.: Ifugao basketry. Amsterdam 1979
Analyse; Allg.; Flechten

Konieczny, M.G.: Textiles of Baluchistan. London 1979
Analyse; Ethnographie; Fadenbildung; Kettenstoffe; Weben; Ränder

Koob, K.: ‹How the Drawloom Works›, I. Emery Roundtable on Mus. Textiles 1977, Washington 1979: 231-141
Analyse; Weben

Kooijman, S.: ‹Material Aspects of the Star Mountains Culture›, Nova Guinea Vol. 2, 1962, Leiden 1959
Ethnographie; Maschenstoffe; Flechten; Kettenstoffe

Kooijman, S.: ‹Traditional handicraft in a changing society: Manufacture and function of stenciled tapa on Moa Island›, Mead, S.M. (ed.) Exploring the visual art of Oceania. Honolulu 1974
Ethnographie; Vrz. flüssiges Mat.

Korea-Britain Centennial Committee: Classical Korean Embroideries. o.O. o.J.
Ethnographie; Vrz. festes Mat.

Korsching, F.: Beduinen im Negev. Mainz 1980
Ethnographie; Fadenbildung; Weben

Kosswig, L.: ‹Über Brettchenweberei insbesondere in Anatolien›, Bässler Archiv NF 15, Berlin 1967: 71-133
Ethnographie; Weben

Krämer, A.: ‹Anfänge und Unterschiede des Flechtens und Webens und Besprechung einiger alter Webstühle›, Zeitschrift für Ethnologie 59, Berlin 1927
Flechten; Kettenstoffe; Weben

Krafft, S.: Pictorial Weaving from the Viking Age. Oslo 1956
Archäologie; Weben; Wirken

Krause, F.: ‹Schleiergewebe aus Alt Peru›, Jahrbuch des Städt. Mus. für Völkerk. 8, Leipzig 1921: 30-37
Archäologie; Weben

Krehl-Eschler, E.: siehe auch Nabholz-Kartaschoff, M.L.

Kreischer, L.: Verslag noyens de Pasar Gambir gehonden op het Koningsplein te Weltevreden. Batavia 1907
Ethnographie; Allg.; Weben; Vrz. flüssiges Mat.

Kremser, M. & Westhart, K.R.: ‹Research in Ethnography and Ethnohistory of St. Lucia›, Wiener Beiträge zur Ethno. und Anth. No. 3, Wien 1986
Ethnographie; Flechten; Stoffzusammensetzung

Krishna, K.: siehe auch Mohanty, B.C.

Krishna, K.: siehe auch Talwar, K.

Krishna, V.: Banares brocades: Living weavers at work. New Delhi 1966
Analyse; Ethnographie; Weben

Kroeber, A.L: ‹Archaeological explorations in Peru: Cañete Valley›, Mem. Field Mus. of Nat. History Vol. 2 No. 4, Chicago 1937: 221-268
Archäologie; Flechten; Weben

Kroeber, A.L: ‹Peruvian Archaeology in 1942›, Viking Fund Publ. in Anthropology No. 4, New York 1944: 5-143
Archäologie; Maschenstoffe; Flechten; Weben; Vrz. flüssiges Mat.

Kroeber, A.L: ‹Basket designs of the Indians of North West California›, Univ. of Cal. Publ. No. 4 (2), 1904-07, Berkeley 1905: 105-164
Ethnographie; Flechten; Vrz. festes Mat.

Kroeber, A.L. & Wallace, D.T.: Proto Lima. Field Mus. of Nat. History 44, Chicago 1954
Analyse; Archäologie; Maschenstoffe; Weben; Ränder; Wirken

Kroeber, A.L.: siehe auch O'Neale, L.M.

Kronenberg, A.: Masakin (Ostafrika, Kordofan): Herstellen von Schürzen aus Rindenstoff. Encyclopaedia Cinematographica, Göttingen 1976
Ethnographie; Film

Kron-Steinhardt, C.: Textilien und Weberei der Bergbewohner Luzons: Indizien einer handelsintensiven, jungen Vergangenheit. Freiburg 1989
Ethnographie; Fadenbildung; Weben; Vrz. festes Mat.; Vrz. flüssiges Mat.

Krucker, H.: ‹Westafrikanische Mattengeflechte›, Mitt. Ostschweiz. Geo. Comm. Ges. 1940-41, St. Gallen 1941: 29-48
Ethnographie; Flechten; Ränder

Kühnel, E.: siehe auch Bellinger, L.

Kümpers, H.: Kunst auf Baumwolle. Dortmund 1961
Analyse; Ethnographie; Weben; Vrz. festes Mat.; Vrz. flüssiges Mat.; Wirken

Kûava, P.: siehe auch Svobodová, V.

Kuhar, B.: Klekljane Čipke. Slovenski Etnografski Muzej, Lublijana 1970
Volkskunde; Flechten

Kuhn, D.: Die Webstühle des Tzu-en ichih aus der Hüan Zeit. Sinologica Coloniensa 44 Band 5, Wiesbaden 1977
Allg.; Weben

Kuhn, D.: Literaturverzeichnis zur Textilkunst Chinas und zur allgemeinen Webtechnologie. Wiesbaden 1977
Ethnographie; Weben

Kuhn, D.: Chinese baskets and mats. Wiesbaden 1980
Analyse; Ethnographie; Flechten

Kuhn, D.: siehe auch Graw, de, I.G.

Kundegraber, M.: Zur Ausstellung «Körbe und Korbflechten». Steiermärkisches Landesmuseum Joanneum, Stainz 1976
Sammlungsbeschr.; Flechten

Kunz, H.: Peddigrohrflechten. Bern 1980
Arbeitsanleitung; Flechten; Ränder

Kurrick, H.: Kolavoo Eestis. Eesti Rahwa Museumi Aastaraama, Tartu 1932
Volkskunde; Maschenstoffe; Flechten; Weben

Kurup, K.C.N.: siehe auch Nambiar, P.K.

Kussmaul, F. & Moos, von, I.: Tadschiken (Afghanistan, Badakhshan): Weben eines Teppichs. Encyclopaedia Cinematographica Serie 11, 18, Göttingen 1981
Ethnographie; Film; Weben

Kussmaul, F. & Snoy, P.: Tadschiken (Afghanistan, Badakhshan): Lockern und Spinnen von Yak-Wolle. Encyclopaedia Cinematographica E 680, Göttingen 1964
Ethnographie; Film; Fadenbildung

Kussmaul, F. & Snoy, P.: Tadschiken (Afghanistan, Badakhshan): Korbflechten. Encyclopaedia Cinematographica 19, Göttingen 1980
Ethnographie; Film; Flechten

La Baume, W.: Die Entwicklung des Textilhandwerks in Alteuropa. Bonn 1955
Analyse; Maschenstoffe; Kettenstoffe; Weben; Florbildung; Ränder; Stoffzusammensetzung

La Baume, W.: ‹Der Gebrauch der Handspindel vom Altertum bis zur Neuzeit.›, Studien zur europ. Vor- und Frühges. Neumünster 1968: 421-438
Archäologie; Fadenbildung

La Pierre, S.: ‹Modern Baskets of China›, Arts of Asia Vol. 14 No. 3, Hong Kong 1984: 123-130
Ethnographie; Flechten

La Plantz, S.: Plaited Basketry: The Woven Form. Bayside 1982
Arbeitsanleitung; Fadenbildung; Flechten

Labin, B.: ‹Batik Traditions in the Live of the Javanese›, Fischer, J. (ed.) Threads of Tradition. Berkeley 1979: 41-52
Ethnographie; Fadenbildung; Weben; Vrz. flüssiges Mat.

Laczko, G.: ‹The Weavers: The Aracaunians of Chile›, Roosevelt, A. (ed.) The Ancestors. New York 1979: 132-157
Analyse; Ethnographie; Weben; Vrz. flüssiges Mat.

Lakwete, A.: ‹Salish Blankets›, I. Emery Roundtable on Mus. Textiles 1976, Washington 1977: 505-518
Ethnographie; Fadenbildung; Weben

Lamb, A.: siehe auch Lamb, V.

Lamb, V.: West African Weaving. London 1975
Analyse; Ethnographie; Weben

Lamb, V.: Nigerian weaving. Roxford 1980
Ethnographie; Vrz. festes Mat.; Vrz. flüssiges Mat.

Lamb, V.: Sierra Leone weaving. Herlingsford 1984
Analyse; Ethnographie; Fadenbildung; Maschenstoffe; Halbweben; Weben; Florbildung

Lamb, V. & Lamb, A.: The Lamb Collection of West African narrow strip weaving. Washington 1975
Analyse; Ethnographie; Sammlungsbeschr.; Weben

Lamb, V. & Lamb, A.: Au Cameroun: Weaving – Tissage. Roxford 1981
Ethnographie; Fadenbildung; Weben; Florbildung; Vrz. festes Mat.; Vrz. flüssiges Mat.

Lambert, M.F. & Ambler, R.: A Survey and Excavation of Caves in Hidalgo County New Mexico. School Am. Res. Monograph. Series 25, Santa Fe 1961
Archäologie; Flechten

Lambrecht, D.J: ‹New Basketry in Kenya›, African Arts Vol. 15 No. 1, Los Angeles 1981: 63-66
Ethnographie; Flechten

Lambrecht, D.J.: siehe auch Lambrecht, F.L.

Lambrecht, F.L. & Lambrecht, D.J.: ‹Leather and Beads in N'gamiland›, African Arts Vol. 10 No. 2, Los Angeles 1977: 34-36
Ethnographie; Perlenstoffe

Lamm, C.: siehe auch Geijer, A.

Lamm, C.J.: ‹Coptic Wool Embroideries›, Bull. de la Soc. d'Arch. Copte 9, Kairo 1938: 23-28
Archäologie; Vrz. festes Mat.

Lammèr, J.: Das grosse Ravensburger Werk-Buch. Ravensburg 1975
Arbeitsanleitung; Maschenstoffe; Flechten; Weben; Florbildung; Perlenstoffe; Vrz. festes Mat.; Vrz. flüssiges Mat.

Lamster, J.C.: Verspreiding van enkele vlechtsystemen in de Nederl. Indischen Archipel. Gedenkschrift Koninkl. Inst. v. d. Taal-Land-en Volkenkunde, s'-Gravenhage 1926
Analyse; Ethnographie; Maschenstoffe; Flechten

Lamster, J.C.: ‹Ikat doeken›, Onze Aarde No. 4, Amsterdam 1930: 146-154
Analyse; Ethnographie; Vrz. flüssiges Mat.

Lancet-Müller, A.: Bokhara: Führer durch das Israel Museum. Jerusalem 1967
Allg.; Vrz. festes Mat.; Vrz. flüssiges Mat.

Lancet-Müller, A.: siehe auch Wilbush, Z.

Landolt-Tüller, A. & H.: ‹Qualamkar-Druck in Isfahan: Beiträge zur Kenntnis traditioneller Textilfärbertechniken›, Verhandl. Nat. Forsch. Ges. 87/88, Basel 1976/77: 47-80
Ethnographie; Vrz. flüssiges Mat.

Landreau, A.N.: ‹Kurdish weaving in the Van Hakkari District of Eastern Turkey›, Textile Museum Journal 3 (4), Washington 1973: 27-42
Ethnographie; Kettenstoffe; Wirken

Landreau, A.N.: Yörük: The nomadic weaving tradition of the Middle East. Pittsburgh 1978
Ethnographie; Sammlungsbeschr.; Kettenstoffe; Weben; Florbildung; Vrz. festes Mat.; Wirken

Landreau, A.N. & Pickering, W.R.: Flat Woven Rugs. Washington 1969
Analyse; Ethnographie; Sammlungsbeschr.; Kettenstoffe; Weben; Vrz. festes Mat.; Wirken

Landreau, A.N. & Yoke, R.S.: Flowers of the Yayla: Yörük Weaving of the Toros Mountains. The Textile Museum, Washington 1983
Ethnographie; Fadenbildung; Kettenstoffe; Weben

Lane, B.S.: ‹The Cowichan knitting industry›, Anthropology in British Columbia No. 2 1951, Victoria 1952: 14-27
Ethnographie; Fadenbildung; Maschenstoffe

Lane, R.B.: ‹Chilcotin›, Handbook of North Am. Indians 6, Washington 1981: 402-412
Analyse; Ethnographie; Flechten

Lane, R.F.: Philippine basketry: an appreciation. Manila 1986
Analyse; Ethnographie; Flechten

Lang, W.: siehe auch Lavalle, de, J.A.

Langewis, J.: ‹Geometric Patterns on Japanese Ikats›, Kultuurpatronen Deel 2, Delft 1960: 74-83
Ethnographie; Vrz. flüssiges Mat.

Langewis, J.: ‹Japanse ikatweefsels›, Kultuurpatronen 5-6, Delft 1963: 40-83
Ethnographie; Vrz. flüssiges Mat.

Langewis, L.: ‹Lamak: A woven Balinese Lamak›, Galestin, Th. P. (ed.) Lamak and Malat in Bali and a Sumba Loom. Amsterdam 1956: 31-47
Ethnographie; Weben

Langewis, L. & Wagner, F.A.: Decorative Art in Indonesian Textiles. Amsterdam 1964
Ethnographie; Weben; Vrz. flüssiges Mat.

Lang-Meyer, M. & Nabholz-Kartaschoff, M.L.: ‹Stickereien der Banjara›, Haas, S. et al. (ed.) Götter, Tiere, Blumen. Basel 1987: 83-103
Analyse; Ethnographie; Vrz. festes Mat.

Lantis, M.: ‹Nunivak Eskimo›, Handbook of North Am. Indians 5, Washington 1984: 209-223
Ethnographie; Maschenstoffe; Flechten

Lantis, M.: ‹Aleut›, Handbook of North Am. Indians 5, Washington 1984: 161-184
Ethnographie; Flechten

Lantz, S.P.: ‹Jebba Island Embroidery›, Nigeria No. 14, Lagos 1938: 130-133
Ethnographie; Vrz. festes Mat.

Lapiner, A.: Pre-Columbian Art of South America. New York 1976
Archäologie; Flechten; Weben; Florbildung; Vrz. festes Mat.; Vrz. flüssiges Mat.; Wirken

Laquist, B.: ‹Observations concerning the band-weaving of the Swedish Lapps›, Ethnos 12 (3), Stockholm 1947: 123-126
Ethnographie; Weben

Larsen, J.L.: Interlacing: the Elementary Fabric. Tokyo 1986
Systematik; Analyse; Maschenstoffe; Flechten; Kettenstoffe; Weben

Larsen, J.L. et al.: The Dyer's Art: Ikat, Batik, Plangi. New York 1976
Analyse; Vrz. flüssiges Mat.

Laufer, B.: Chinese baskets. Field Mus. Nat. Hist. Anthr. Dep. 3, Chicago 1925
Allg.; Flechten

Laurencich-Minelli, L. & Bagli, M.: Antichi tessuti Peruviani. Milano 1984
Analyse; Archäologie; Sammlungsbeschr.; Florbildung

Laurencich-Minelli, L. & Ciruzzi, S.: Antichi oggetti americani nelle collezioni del Museo Nazionale di Antropologia e Etnologia di Firenze. Archivo per l'Antropol. la Ethn. Vol. 111, Firenze 1981: 121-142
Archäologie; Sammlungsbeschr.; Flechten; Kettenstoffe; Weben; Florbildung; Vrz. festes Mat.; Vrz. flüssiges Mat.

Lautz, G.: ‹Verfahren der verschränkten Masche: ein Problem der Terminologie bestimmter Textilien des Präkolumbischen Peru›, Bässler Archiv 30, Berlin 1982: 223-232
Archäologie; Maschenstoffe; Vrz. festes Mat.

Lavalle, de, J.A. & Lang, W.: Arte Precolombina. Arte y tesoros del Perú: Arte textil y adornos. Museo Nacional d. Antropolo. y Arqueol. Vol. 1, Lima 1980
Archäologie; Sammlungsbeschr.; Flechten; Weben; Florbildung; Perlenstoffe; Vrz. festes Mat.; Vrz. flüssiges Mat.; Wirken

Leach, E.R.: ‹A Melanau (Sarawak) Twine-Making Device›, Journal of the Royal Anthr. Inst. Vol. 79, 1949, London 1951: 79-87
Ethnographie; Fadenbildung

Leacock, E.: siehe auch Rogers, E.S.

Lechner, Z.: Turske amije. Osijek 1958
Volkskunde; Weben

Lechuga, R.: Una investigación entre los Otomies de Queretaro sobre las técnicas Plangi. México 1979
Arbeitsanleitung; Vrz. flüssiges Mat.

Lehmann, E. & Bültzingslöwen, von, R.: Nichtgewebte Textilien vor 1400. Wirkerei und Stricktechnik Band 2, Coburg 1954
Archäologie; Maschenstoffe; Kettenstoffe

Lehmann, E.: siehe auch Bültzingslöwen, von, R.

Lehmann, H.: ‹Vêtement et tissage des indiens de la Cordillère centrale dans la région de Popayan, Colombie.›, Revue de l'Inst. Français d'Amérique Latine, Mexico 1945
Ethnographie; Weben

Lehmann, J.: Systematik und geographische Verbreitung der Geflechtsarten. Zool. und Anthrop.-Ethnol. Mus. Vol. 10, Leipzig 1907
Ethnographie; Maschenstoffe; Flechten

Lehmann, J.: Über Knoten aus Westindien. Frankfurt 1908
Analyse; Ethnographie; Maschenstoffe

Lehmann, J.: Flechtwerke aus dem malayischen Archipel. Veröff. aus dem Städt. Völkerkundemus. 540 (4), Frankfurt 1912
Analyse; Ethnographie; Flechten

Lehmann, J.: Die Ornamente der Natur- und Halbkulturvölker. Frankfurt 1920
Ethnographie

Lehmann, J.: Ein seltenes Gewebe aus Alt Peru: Zugleich eine Einführung in die Technik des Webens. Erläuterungen zu den Sammlungen N 3, Frankfurt a.M. 1920
Archäologie; Weben

Lehmann, J.: Forschungsmaterial Knotensystematik. (Manus), Frankfurt o.J.
Systematik; Maschenstoffe

Lehmann-Filhes, M.: Über Brettchenweberei. Berlin 1901
Analyse; Weben

Leib, E. & Romano, R.: ‹Reign of the Leopard: Ngbe Ritual›, African Arts Vol. 18 No. 1, Los Angeles 1984: 48-57
Ethnographie; Maschenstoffe; Vrz. flüssiges Mat.

Leigh, B. & Kerajinan, S.: Tangan-Tangan Trampil: Hands of Time, the Crafts of Aceh. Jakarta 1989
Ethnographie; Flechten; Weben; Vrz. festes Mat.

Leigh-Theisen, H.: ‹Flechten bei den Murat›, Archiv für Völkerkunde No. 42, Wien 1988
Analyse; Ethnographie; Flechten; Ränder

Lemaire, M.L.J.: Kralen, pitten – schelpen. Amsterdam 1953
Ethnographie; Sammlungsbeschr.; Perlenstoffe

Lemaire, M.L.J.: ‹Techniken bei der Herstellung von Perlarbeiten›, Bässler Archiv 8, Berlin 1960: 215-234
Systematik; Perlenstoffe

Lemberg, M.: ‹Opening of the discussion about the Buyid silks›, Cieta 38 (2), Lyon 1973
Weben

Lemberg, M.: ‹Les soieries Bouyides de la Fondation Abegg à Berne›, Cieta 37, 1973, 1, Lyon 1973
Sammlungsbeschr.; Weben

Lemberg, M. & Schmedding, B.: Abegg-Stiftung Bern in Riggisberg. Bern 1973
Sammlungsbeschr.; Allg.

Lenser, G.: Tibeter (Zentralasien, Nepal): Spinnen und Färben von Wolle. Encyclopaedia Cinematographica E 707, Göttingen 1964
Ethnographie; Film; Fadenbildung

Leontidi, T.: Ta Kritika Kalathia. Mus. Kritikis Ethnologias Vori 5, Athen 1986
Analyse; Volkskunde; Flechten; Ränder

Leroi-Gourhan, A.: L'homme et la matière. Paris 1943
Systematik; Fadenbildung; Maschenstoffe; Flechten; Kettenstoffe; Weben; Florbildung; Ränder

Leroi-Gourhan, A.: Milieu et techniques. Paris 1945
Ethnographie

Lestrange, de, M.: Les Sarankole de Badyar: Technique de teinture. Etudes Guinéennes No. 6, 1950
Ethnographie; Vrz. flüssiges Mat.

Lettenmair, J.G.: Das grosse Orientteppich-Buch. München 1962
Allg.; Florbildung

Levillier, J.: Paracas: A Contribution to the study of Pre-Incaic Textiles in ancient Peru. Paris 1928
Archäologie; Maschenstoffe

Levinsohn, R.: Basketry: A renaissance in South Africa. Cleveland 1979
Ethnographie; Flechten

Levinsohn, R.: ‹Rural Kwazulu Basketry›, African Arts Vol. 14 No. 1, Los Angeles 1980: 52-57
Ethnographie; Flechten

Levinsohn, R.: ‹Lesotho Silkscreens and Block Prints›, African Arts Vol. 18 No. 4, Los Angeles 1980: 56-59
Ethnographie; Vrz. flüssiges Mat.

Levinsohn, R.: ‹Amacunu Beverage Containers›, African Arts Vol. 16 No. 3, Los Angeles 1983: 53-55
Ethnographie; Flechten

Lévi-Strauss, M.: Le châle cachemire en France au XIXe siècle. Lyon 1983
Weben

Lévi-Strauss, M.: Les Etoffes Tissées en Fibres de Bananièrs dans l'Ile d'Okinawa. Bashofer. Assoc. pour l'Etude et la Doc. des Textiles d'Asie. Paris 1984
Ethnographie; Weben

Lévi-Strauss, M.: Cashmere: Tradition einer Textilkunst. Frankfurt 1987
Allg.; Fadenbildung; Weben

Lewis, A.B.: Block Prints from India for Textiles. Field Mus. of Nat. Hist 3 (179), Chicago 1924
Allg.; Vrz. flüssiges Mat.

Lewis, E.: The Romance of Textiles. New York 1953
Allg.; Weben

Lewis, E.: siehe auch Lewis, P.

Lewis, P. & Lewis, E.: Peuples du Triangle d'Or. Genf/Paris 1984
Analyse; Ethnographie; Fadenbildung; Flechten; Weben; Vrz. festes Mat.; Vrz. flüssiges Mat.

Ley, H. & Ramisch, E.: ‹Technologie und Wirtschaft der Seide›, Herzog, R.O. (ed.) Technologie der Textilfasern Band IV, 2.Teil, Berlin 1929
Allg.

Liebert, E.: Schiffchen-Arbeit. Leipzig 1916
Arbeitsanleitung; Maschenstoffe

Lin, L.C.: Fabric Impression of Old Lampung Culture. Singapore 1987
Ethnographie; Sammlungsbeschr.; Weben

Lindahl, D. & Knorr, T.: Uzbek. The textiles and life of the nomadic and sedentary Uzbek tribes of Central Asia. Basel 1975
Ethnographie; Sammlungsbeschr.; Weben; Florbildung; Vrz. festes Mat.; Vrz. flüssiges Mat.

Lindberg, I.: ‹Tejidos y adornos de los cementerios Quitor de San Pedro de Atacama›, Revista Universitaria 48, 1963, Santiago d. Chile 1964: 195-201
Archäologie; Maschenstoffe; Kettenstoffe; Florbildung; Vrz. flüssiges Mat.

Lindblom, K.G: ‹The use of the hammock in Africa›, Riksmuseets Etnografiska Avdelning Smärre Meddelanden No. 7, Stockholm 1928: 5-39
Ethnographie; Kettenstoffe; Weben

Linden-Museum Stuttgart: Abteilungsführer Afrika. Linden-Museum (ed.), Stuttgart 1989
Ethnographie; Volkskunde; Sammlungsbeschr.; Flechten; Florbildung; Perlenstoffe; Vrz. flüssiges Mat.

Linder, A.: Spinnen und Weben, einst und jetzt. Luzern 1967
Analyse; Volkskunde; Fadenbildung; Weben

Lindström, M.: ‹Medieval Textile Finds in Lund›, Textilsymposium Neumünster 1981, Archäologische Textilfunde, Neumünster 1982: 179-192
Archäologie; Weben; Florbildung

Ling Roth, H.: ‹A Loom from Iquitos›, Man 20, No. 62, London 1920: 123-125
Ethnographie; Halbweben; Weben

Ling Roth, H.: Studies in primitive looms. Halifax 1934
Systematik; Ethnographie; Weben

Ling Roth, H.: Ancient Egyptian and Greek Looms. Bankfield Mus. Notes 2. Serie 2, Halifax 1951
Archäologie; Weben

Ling Roth, H.: siehe auch Crowfoot, G.M.

Linné, S.: ‹Prehistoric Peruvian Painting›, Ethnos 18 (1-2), Stockholm 1953: 110-23
Archäologie; Vrz. flüssiges Mat.

Lippuner, R.: Vannerie traditionnelle d'Afrique et d'Asie et «nouvelle» vannerie. Lausanne 1981
Ethnographie; Volkskunde; Flechten

Lips, J.E.: ‹Notes on Montagnais – Naskapi economy›, Ethnos 12 (1-2), Stockholm 1947: 1-78
Ethnographie; Maschenstoffe; Flechten

Lipton, M. (ed.): Tigerteppiche aus Tibet. Stuttgart 1978
Ethnographie; Allg.; Florbildung

Lipton, M. (ed.): Tigerteppiche aus Tibet. Stuttgart 1989
Analyse; Ethnographie; Sammlungsbeschr.; Weben; Florbildung

Lismer, M.: Seneca split basketry. Indian Handicrafts No. 4, Chilocco 1941
Analyse; Ethnographie; Flechten; Ränder

Little, F.: Early American Textiles. New York 1931
Allg.; Fadenbildung; Weben; Vrz. festes Mat.

Littlefield, A.: La industria de las hamacas en Yucatán, México. Inst. Nacional Indigenista, México 1976
Ethnographie; Fadenbildung; Maschenstoffe

Littleton, C.: siehe auch Amar, A.B.

Lobera, A.: siehe auch Barendse, R.

Loeb, B.E.: Classic Intermontane Beadwork Art of the Crow and Plateau Tribes. Thesis University of Washington, Washington 1983
Ethnographie; Perlenstoffe

Loebèr, J.A.: Het Vlechtwerk in den Indischen Archipel. Haarlem 1902
Ethnographie; Flechten

Loebèr, J.A.: Het «Ikatten» in Nederlandsch-Indië. Onze Kunst, Amsterdam 1902
Ethnographie; Vrz. flüssiges Mat.

Loebèr, J.A.: Het weven in Nederlandsch-Indië: Indische Kunstnijverheid. Bull. van het Kolon. Mus. te Haarlem 29, Amsterdam 1903
Ethnographie; Weben; Vrz. flüssiges Mat.

Loebèr, J.A.: ‹Textile Verzierungstechniken bei aussereuropäischen Völkern›, Schmidt, C.W. (ed.) Moderne weibl. Handarbeiten und verwandte Künste. Dresden 1908: 266-281
Analyse; Vrz. flüssiges Mat.

Loebèr, J.A.: ‹Bamboe in Nederlandsch-Indië›, Bull. van het Kol. Mus. tc Haarlem, Amsterdam 1909
Ethnographie; Flechten

Loebèr, J.A.: Het schelpen- en kralenwerk in Nederlandsch-Indië. Bull. van het Kol. Mus. te Haarlem, Amsterdam 1913
Ethnographie; Perlenstoffe

Loebèr, J.A.: Het bladwerk en zijn versierung in Nederlandsch-Indië: Indisch Kunstnijverheid. Kolonial Institut, Amsterdam 1914
Ethnographie; Flechten

Loebèr, J.A.: Textiele Versieringen in Nederlandsch-Indië: Indische Kunstnijverheid. Kolonial Institut, Amsterdam 1914
Ethnographie; Vrz. flüssiges Mat.

Loebèr, J.A.: Been-, Hoorn- en Schildpadbewerking en het Vlechtwerk in Nederlandsch-Indië. Koloniaal Institut, Amsterdam 1916
Ethnographie; Flechten

Loebèr, J.A.: Das Batiken. Oldenburg 1926
Ethnographie; Vrz. flüssiges Mat.

Löffler, L.G.: siehe auch Brauns, C.D.

Lönnqvist, B.: ‹Dräkt och mode›, Kansatieteellinen Arkisto No. 24, Helsingfors 1972
Volkskunde; Weben

Loir, H.: Le tissage au Raphia du Congo Belge. Annal. d. Mus. du Congo Belge 3 (1), Tervueren 1935
Analyse; Ethnographie; Weben

Lombard, M.: Les Textiles dans le Monde Musulman, VII-XIIe siècle: Civilisation et Société. Etudes d'Économie Médiévale 3 (61), Paris 1978
Allg.; Fadenbildung; Weben; Florbildung

Lopez, R.: siehe auch Altman, B.

Lorenz, C.: Spinnen und Weben: Bauernarbeit im Rheinwald. Schweiz. Gesell. f. Volkskunde, Ab. Film, Basel 1980
Analyse; Volkskunde; Film; Fadenbildung; Weben

Lorenzo, F.X.: Notas Etnográficas da Terra de Lobeira: O Liño e a Lá. Arquivos d. Sem. d. Estudos Galegos No. 6, Sant-lago 1933
Analyse; Volkskunde; Fadenbildung; Weben; Vrz. festes Mat.

Lorm, de, A.J.: ‹Weefkunst in Nederlandsch Oost-Indië›, Natuur en Mens No. 4, 1938: 85-90
Ethnographie; Weben; Vrz. flüssiges Mat.

Lothrop, S.K.: The Indians of Tierra del Fuego. Contr. Mus. Am. Indian 10, New York 1928
Analyse; Ethnographie; Maschenstoffe; Flechten; Weben

Lothrop, S.K. & Mahler, J.: Late Nazca burials in Chaviña, Peru. Pap. of the Peabody Mus. Vol. 50 No. 2, Cambridge 1957
Analyse; Archäologie; Fadenbildung; Kettenstoffe; Weben; Wirken; Stoffzusammensetzung

Lothrop, S.K. & Mahler, J.: A Chancay Style Grave at Zapallán, Perú. Pap. of the Peabody Mus. Arch. and Ethn. Vol. 50 No. 1, Cambridge 1957
Analyse; Archäologie; Fadenbildung; Flechten; Weben; Florbildung

Louber, J.A.: Indonesische Frauenkunst. Wuppertal 1937
Sammlungsbeschr.; Vrz. flüssiges Mat.

Loud, L.L. & Harrington, M.R.: Lovelock Cave. UCLA Publ. Am. Arch. Ethnol. 25, Berkeley 1929
Archäologie; Flechten; Perlenstoffe; Ränder

Loveless, C.: siehe auch Black, D.

Lozado, J.H.A.: siehe auch Gass, S.

Lucas, A.: Ancient Egyptian Materials and Industries. London 1948
Archäologie; Flechten; Weben

Lübke, A.: Der Bambus. Ciba Rundschau 3, Basel 1969
Allg.; Flechten

Lühning, A.: Mitteleuropa, Holstein: Bäuerliches Reep-schlagen (Seilerei). Encyclopaedia Cinematographica E 539, Göttingen 1963
Volkskunde; Film; Fadenbildung

Lühning, A.: Mitteleuropa, Schleswig: Drehen von Hart-gras-Stricken zum Reetdachdecken. Encyclopaedia Cinematographica E 540, Göttingen 1963
Volkskunde; Film; Fadenbildung

Lühning, A.: Mitteleuropa, Schleswig: Drehen von Gar-benbändern. Encyclopaedia Cinematographica E 541, Göttingen 1963
Volkskunde; Film; Fadenbildung

Lühning, A.: Mitteleuropa, Holstein: Tauherstellung mit dem Slingholt. Encyclopaedia Cinematographica E 1460, Göttingen 1971
Volkskunde; Film; Ränder

Lühning, A.: Mitteleuropa, Holstein: Spinnen mit dem Spinnhaken. Encyclopaedia Cinematographica E 1461, Göttingen 1971
Volkskunde; Film; Fadenbildung

Lühning, A.: Mitteleuropa, Holstein: Herstellen einer Leine. Encyclopaedia Cinematographica E 1458, Göttingen 1980
Volkskunde; Film; Fadenbildung

Lühning, A.: Mitteleuropa, Holstein: Herstellen einer Trosse. Encyclopaedia Cinematographica E 1457, Göttingen 1981
Volkskunde; Film; Fadenbildung

Lumholtz, C.: Decorative Art of the Huichol Indians. Mem. Am. Mus. of Nat. History 3 (3), New York 1904
Ethnographie; Flechten; Vrz. festes Mat.

Lundbäck, M. & Ingers, G.: Hemslöjden Handarbeten. Stockholm 1952
Volkskunde; Arbeitsanleitung; Vrz. festes Mat.

Lunt, M.: siehe auch Baker, M.

Luz, D. & Schlenker, H.: ‹Dogon (Westsudan, mittlerer Niger): Herstellen eines Seiles›, Encyclopaedia Ci-nematographica E 1222, Göttingen 1967: 151-153
Ethnographie; Film; Fadenbildung

Luz, D. & Schlenker, H.: ‹Dogon (Westsudan, Mittlerer Niger): Flechten einer Schlafmatte›, Encyclopaedia Cinematografica E 1223, Band 4, Göttingen 1974: 153-155
Ethnographie; Film; Flechten

Luz, H.: Fulbe (Westafrika, Futa Dyalo): Spinnen eines Baumwollfadens. Encyclopaedia Cinematographica E 389, Göttingen 1961
Ethnographie; Film; Fadenbildung

Lyford, C.A.: Quill and Beadwork of the Western Sioux. Indian Handicrafts No. 1, Los Angeles 1940
Analyse; Ethnographie; Perlenstoffe; Vrz. festes Mat.

Lyford, C.A.: Ojibwa Crafts. Los Angeles 1943
Ethnographie; Flechten; Kettenstoffe; Vrz. festes Mat.

Lyford, C.A.: Iroquois Crafts. Indian Handicrafts No. 6, Los Angeles 1945
Ethnographie

Lyman, L.P.: ‹Knitting: a little field for collectors›, An-tiques 41 (4), Burlington 1925: 240-242
Allg.

Lyman, T.A.: ‹The weaving technique of the Green Miao›, Ethnos 27 (1-4), Stockholm 1962: 35-39
Ethnographie; Weben

Lynch, T.: Early man in the Andes. New York 1980
Archäologie; Maschenstoffe; Flechten; Kettenstoffe; Weben

Ma, Z. & Zhan, H.: Embroidery of the Miao people of Guizho. Chinese Arts and Crafts No. 1, Kyoto 1981
Ethnographie; Vrz. festes Mat.

Mac Dougall, T.: siehe auch Weitlaner-Johnson, I.

Mac Laren, P.I.R.: ‹Netting knots and needles›, Man 55, London 1955: 85-89
Analyse; Maschenstoffe

Mac Leish, K.: ‹Notes on Hopi Belt-Weaving of Moen-kopi›, Am. Anthrop. 42, Menasha 1940: 291-310
Ethnographie; Fadenbildung; Weben

Macdonald, D.K.: Fibres, Spindles and Spinning – Wheels. Toronto 1950
Fadenbildung

Machschefes, A.: Die Kunst des Doppelwebens. Han-nover 1983
Arbeitsanleitung; Weben

Mack, J.: Weaving, women and the ancestors in Ma-dagaskar. Indonesian Circle 42, London 1987
Ethnographie; Weben

Mack, J.: Malagasy Textiles. Shire Ethnography No. 14, Dyfed 1989
Ethnographie; Weben; Vrz. festes Mat.; Vrz. flüssi-ges Mat.

Mack, J.: siehe auch Picton, J.

MacKenzie, M.A.: The Bilum is the Mother of us all: an interpretative analysis of the social value of the Telefol looped string bag. Canberra 1986
Analyse; Ethnographie; Fadenbildung; Maschen-stoffe

Mackie, L.W.: Weaving through Spanish History. Washington 1969
Sammlungsbeschr.; Florbildung

Mackie, L.W. & Rowe, A.P.: Masterpieces in the Textile Museum. Washington 1976
Sammlungsbeschr.; Weben; Florbildung

Mackie, L.W. & Thomson, J.: Turkmen tribal carpets and tradition. Washington 1980
Ethnographie; Florbildung

Mackie, L.W.: siehe auch Straka, J.A.

Magalhaes Calvet de, M.M.: Bordados e Rendas de Portugal. o.O. o.J.
Volkskunde; Vrz. festes Mat.

Magnus, B.: ‹A Chieftain's Costume: New Light on an old grave find from West Norway›, Textilsymposium Neumünster 1981, Neumünster 1982: 63-74
Archäologie; Weben

Mahapatra, S.: siehe auch Fischer, E.

Mahler, J.: siehe auch Bird, J.B.

Mahler, J.: siehe auch Lothrop, S.K.

Maile, A.: Tie and Dye as present day craft. London 1963
Analyse; Arbeitsanleitung; Vrz. flüssiges Mat.

Mailey, J.: Chinese silk tapestry: K'o-ssu from private and museum collections. New York 1971
Wirken

Mailey, J.: Embroidery of Imperial China. New York 1978
Archäologie; Vrz. festes Mat.

Mailey, J.E. & Hathaway, S.: ‹A Bonnet and a Pair of Mitts from Ch' ang-Sha›, Chronicle of the Museum for Arts of Decoration 2 (10), New York 1958: 315-346
Archäologie; Weben

Majmudar, M.R.: Gujarat: Its Art Heritage. Bombay 1968
Ethnographie; Vrz. festes Mat.; Vrz. flüssiges Mat.

Malhano, H.B.: siehe auch Fenelon-Costa, M.H.

Malkin, B.: ‹Noanamá Fishing Dip Net›, Ethnol. Zeitschrift Zürich 1, Zürich 1974: 283-285
Ethnographie; Weben

Malkin, B.: Noanamá (West Colombia, Pacific Coast): Plaiting a fire fan. Encyclopaedia Cinematographica E 2094, Göttingen 1975: 3-11
Ethnographie; Film; Flechten

Malkin, B.: Cofán (South Colombia, Montaña): Plaiting a manioc press «tipiti». Encyclopaedia Cinematographica E 1944, Göttingen 1975: 3-12
Ethnographie; Film; Flechten

Malkin, B.: Witoto (East Peru, Selva): Plaiting a manioc press «tipiti». Encyclopaedia Cinematographica E 1997, Göttingen 1975: 3-10
Ethnographie; Film; Flechten

Malkin, B.: Shuara (Jivaro): Making a feather headdress. Encyclopaedia Cinematographica E 1948, Göttingen 1976
Ethnographie; Film; Flechten

Mallin, H.: Kreuzstichstickereien. Vobachs Handarbeitsbücher Band 17, Berlin, Leipzig o.J.
Arbeitsanleitung; Vrz. festes Mat.

Malon, M.: 120 Patterns for Traditional Patchwork Quilts. New York o.J.
Arbeitsanleitung; Vrz. festes Mat.

Mancinelli, F.: ‹La chasuble du pape Saint-Marc à Abbadia San Salvatore›, Cieta 41-42, 1-2, Lyon 1975
Weben

Manderloot, G.F.: ‹Een Afghaans reisjournal›, Tijdstroom 1971: 169-179
Ethnographie; Weben

Mangkdilaga, I.H. & Hutapea, I.: Batik: pameran koleksi terpilig Museum Tekstil Jakarta danmuseum Badik Yogyakarta. Jakarta 1980
Sammlungsbeschr.; Vrz. flüssiges Mat.

Manndorff, H. & Scholz, F.: Akha (Thailand, Chieng Rai-Provinz): Schären einer Baumwollwebkette. Encyclopaedia Cinematographica E 1244, Göttingen 1967
Ethnographie; Film; Weben

Manndorff, H. & Scholz, F.: Akha (Thailand, Chieng Rai-Provinz): Spinnen von Baumwolle. Encyclopaedia Cinematographica E 1243, Göttingen 1967
Ethnographie; Film; Fadenbildung

Manndorff, H. & Scholz, F.: Miao (Thailand, Tak-Provinz): Herstellen von Hanfgarn zum Weben. Encyclopaedia Cinematographica E 1242, Göttingen 1967
Ethnographie; Film; Fadenbildung

Manndorff, H. & Scholz, F.: Akha (Thailand, Chieng Rai-Provinz): Weben von Baumwolle auf dem Trittwebstuhl. Encyclopaedia Cinematographica E 1245, Göttingen 1968
Ethnographie; Film; Weben

Mannová, M.: Vyšivky. Prag 1972
Analyse; Volkskunde; Weben; Vrz. festes Mat.

Manrique, L.C.: ‹The Otomi›, Handbook of Middle Am. Indians 8, Austin 1969: 682-722
Ethnographie; Fadenbildung; Flechten; Weben

Mantscharowa, N.D.: Ukrainische Volkskunst: Textilien und Teppiche. Kiew 1960
Volkskunde; Florbildung; Vrz. flüssiges Mat.

Mantuba-Ngoma, M.: Flechtwerke der Mbole. Verlag Galerie Fred Jahn, Berlin o.J.
Analyse; Ethnographie; Flechten

Mapelli Mozzi, C. & Castello Yturbide, T.: La Tejedora de vida. Mexico 1987
Ethnographie; Sammlungsbeschr.; Flechten; Weben; Vrz. festes Mat.

March, K.S.: ‹Weaving, writing and gender›, Man n.s. 18, London 1983: 729-744
Ethnographie; Weben

Marcos, J.G.: ‹Woven textiles in a late Valdivia context›, The J.B. Bird Precolumbian Textile Conf. 1973, Washington 1979: 19-26
Archäologie; Weben

Marková, E.: Slovenské Cibky. Bratislava 1962
Analyse; Volkskunde; Flechten

Marková, E.: ‹La production des «Gomba» (manteau à long poil) en Slovaquie›, Slovensky Narodopis Vol. 12, Bratislava 1964
Volkskunde; Florbildung

Marková, E.: ‹Myjavské Plátenká apytliky: Beuteltuch und Beutelgeschirr aus Majava.›, Slovensky Narodopis, Bratislava 1967: 555-570
Volkskunde; Fadenbildung; Weben

Markrich, L.: Principles of the Stitch. Chicago 1976
Analyse; Arbeitsanleitung; Vrz. festes Mat.

Markus, B.& K.: Handspinnen: Wolle, die man selber macht. Ravensburg 1974
Arbeitsanleitung; Fadenbildung; Weben

Marschall, W.: ‹Weberei auf Nias, Indonesien›, Basler Beiträge zur Ethnologie Band 30, Basel 1989: 325-335
Ethnographie; Weben

Martin, A.: Sächsische Korbmacherkunst. Dresden 1984
Volkskunde; Flechten

Martin, C.: Kumihimo: Japanese silk braiding techniques. Hatfield 1986
Analyse; Ethnographie; Arbeitsanleitung; Flechten

Martin, J.: siehe auch Breguet, G.

Martin, P. et al.: Caves of the Reserve Area. Fieldiana Anthrop. 42, Chicago 1954
Archäologie; Maschenstoffe; Flechten

Martínez, F.: siehe auch Mirambell, L.

Martinez del Rio, de, R.: siehe auch Castello Yturbide, T.

Marzouk, M.A.: History of textile industry in Alexandria. Alexandria 1955

Mas, L.: Exposició antològica del macramé. Granollers 1978
Arbeitsanleitung; Flechten

Maslowski, R.F.: siehe auch Adovasio, J.M.

Mason, J.A.: ‹The Ethnology of the Salinan Indians›, Uni. Cal. Pub. Am. Arch. and Ethnol. 10, Berkeley 1912: 99-241
Ethnographie; Flechten

Mason, O.T.: Basket-Work of the North American Aborigines. Ann. Rep. Smiths. Inst. 1883-84, Washington 1890
Analyse; Ethnographie; Flechten

Mason, O.T.: ‹Woven basketry: a study in distribution›, American Anthropologist 2 (4), Menasha 1900: 771-773
Ethnographie; Flechten

Mason, O.T.: ‹A primitive frame for weaving narrow fabrics›, Annual Rep. US Nat. Mus. Smithsonian Inst. 1899, Washington 1901: 487-510
Analyse; Flechten; Weben

Mason, O.T.: ‹The technique of aboriginal American basketry›, American Anthropologist 3, Menasha 1901: 109-128
Analyse; Flechten

Mason, O.T.: ‹Directions for collectors of American basketry›, Bull. US Nat. Museum Smith. Inst. 39 (190), Washington 1902
Systematik; Flechten

Mason, O.T.: ‹Aboriginal American Basketry›, Ann. Rep. Smithon. Instit. 1902, Washington 1904: 171-548
Analyse; Ethnographie; Flechten

Mason, O.T.: ‹Basketry›, Handbook of North Am. Indians No. 1, Washington 1907: 132-134
Analyse; Flechten

Mason, O.T.: Vocabulary of Malaysian Basket-Work. Proceedings of the US Nat. Mus., Smith Inst. 35, Washington 1908
Analyse; Ethnographie; Flechten; Ränder

Mason, O.T.: ‹Weaving›, Handbook of North Am. Indians, Washington 1910: 928-929
Ethnographie; Weben

Massey, W. & Osborne, C.M.: ‹A burial cave in Baja California›, Anthrop. Rec. 16 (8), Los Angeles 1961: 338-363
Archäologie; Flechten; Florbildung

Mastache, G.: Técnicas prehispánicas del tejido. México 1971
Archäologie; Weben

Mastache, G.: ‹Dos fragmentos de tejidos decorados con la técnica de Plangi›, Anales INAH No. 52, 1972-73, México 1973: 251-262
Archäologie; Vrz. flüssiges Mat.

Mathews, Z.P.: Color and Shape in American Indian Art. Metropolitan Museum of Art, New York 1983
Ethnographie; Flechten; Perlenstotte

Mathey, F.: siehe auch Singh, P.

Matley, J.F.: siehe auch Fowler, D.

Matsumoto, K.: 7th. and 8th. Century Textiles in Japan from the Shösö-in and Höryu-ji. Kyoto 1984
Ethnographie; Flechten; Vrz. festes Mat.; Vrz. flüssiges Mat.; Wirken

Mattei-Muller, M.C.: siehe auch Henley, P.

Matterna, J.: The Quiltmaker's Art. Asheville 1982
Volkskunde; Vrz. festes Mat.

Mattern-Pabel, P.: Patchwork – Quilt: Geschichte und Entwicklung. Hannover 1981
Analyse; Volkskunde; Vrz. festes Mat.; Stoffzusammensetzung

Matthews, W.: ‹Navajo Weavers›, 13th Ann. Rep. Bur. of Ethnol. Washington 1891-92: 371-391
Ethnographie; Weben

Matthews, W.: ‹The Basket Drum›, American Anthropologist 7, Menasha 1894: 202-208
Ethnographie; Flechten

Mauldin, B.: Traditions in Transition: Contemporary Basket Weaving of the Southwestern Indians. Albuquerque 1977
Ethnographie; Flechten

Maurer, D.P.: Tapicería del Perú Antiguo. Tesis. Lima 1951
Archäologie; Wirken

Maxwell, J.: ‹Textiles of the Kapuas Basin›, I. Emery Roundtable on Mus. Textiles 1979, Washington 1980: 127-140
Ethnographie; Perlenstoffe; Vrz. festes Mat.

Maxwell, R.J.: Textiles of Southeast Asia: Tradition, Trade and Transformation. Australian National Gallery, Oxford 1990
Ethnographie; Weben; Perlenstoffe; Vrz. festes Mat.; Vrz. flüssiges Mat.

Maxwell, R.J.: ‹Textile and ethnic configurations in Flores and the Solar archipelago›, I. Emery Roundtable on Mus. Textiles 1979, Washington 1980: 141-154
Ethnographie; Vrz. flüssiges Mat.

Maxwell, R.J.: Textiles and tusks: some observation on the social dimension of weaving in East Flores. Clayton 1984
Ethnographie; Vrz. flüssiges Mat.

Mayer, C.C.: Masterpieces of Western textiles. The Art Insitute of Chicago, Chicago 1969
Volkskunde; Sammlungsbeschr.; Weben; Florbildung; Vrz. festes Mat.

Mayer Stinchecum, A.: Kosode: 16th-19th Century Textiles from the Nomura Collection. New York 1984
Ethnographie; Sammlungsbeschr.; Weben; Vrz. festes Mat.

Mayer Thurman, C.C. & Williams, B.: Ancient Textiles from Nubia. Chicago 1979
Archäologie; Fadenbildung

Mc Clellan, C. & Denniston, G.: ‹Environment and Culture in the Cordillera›, Handbook of North Am. Indians 6, Washington 1981: 372-386
Analyse; Ethnographie; Flechten

Mc Creary, C.F.: The Traditional Maroccan Loom, its Construction and Use. Santa Rosa 1975
Ethnographie; Weben

Mc Gurk, C.R.: siehe auch Gibson, G.D.

Mc Kelvy Bird, R. & Mendizábal Losak, E.: ‹Textiles, Weaving, and Ethnic Groups of Highland Huánuco, Peru›, Rowe, A.P. (ed.) J.B. Bird Conf. on Andean Textiles 1984, Washington 1986: 339-362
Ethnographie; Allg.; Weben

Mc Kinnon, S.: Flags and Half-Moons: Tanimbrese Textiles in an «Engendered» System of Valuables. Los Angeles 1989
Ethnographie; Vrz. flüssiges Mat.

Mc Lendon, S.: ‹Preparing Museum Collections for use as Primary Data in Ethnographic Researches›, Annals of the N.Y. Acad. of Scien. 376. New York 1981: 201-227
Ethnographie; Flechten

Mc Lendon, S. & Holland, B.S.: ‹The Basketmakers: The Pomoans of California›, Roosevelt (ed.) The Ancestors. New York 1979: 104-129
Analyse; Ethnographie; Flechten

Mc Mullan, J.V. & Sylvester, D. & Beattie, M.H.: Islamic carpets from the Joseph V. McMullan collection. London 1972
Sammlungsbeschr.; Allg.; Florbildung

Mc Neish, R. et al.: The prehistory of the Tehuacán Valley. Band 2, Austin 1967
Analyse; Archäologie; Fadenbildung; Maschenstoffe; Flechten; Kettenstoffe; Weben; Ränder

Mc Reynolds, P.J.: ‹Sacred Cloth of Plant and Palm›, Arts of Asia Vol. 12 No. 4, Hong Kong 1982: 94-100
Ethnographie; Weben

Mead, C.W.: ‹Technique of some South American Featherwork›, Anthr. Pap. Am. Mus. Nat. Hist. 1, New York 1908: 5-17
Analyse; Ethnographie; Florbildung; Ränder

Mead, S.M: The Maoris and their Arts. American Museum of Natural History Guide Leaflet 71, New York 1945
Ethnographie; Kettenstoffe; Florbildung

Mead, S.M.: The Art of Taaniko Weaving. Washington 1968
Analyse; Ethnographie; Arbeitsanleitung; Kettenstoffe; Florbildung; Ränder; Vrz. festes Mat.

Mead, S.M.: Traditional Maori Clothing. A study of technological and functional change. Wellington 1969
Ethnographie; Kettenstoffe

Means, P.A.: ‹A Series of Ancient Andean Textiles›, Bull. Needle and Bobbin Club Vol. 9 No. 1, New York 1925: 3-28
Analyse; Archäologie; Weben; Wirken

Means, P.A.: ‹A Group of Ancient Peruvian Fabrics›, Bull. Needle and Bobbin Club Vol. 11 No. 1, New York 1927: 10-26
Archäologie; Sammlungsbeschr.; Weben; Vrz. festes Mat.; Wirken

Means, P.A.: ‹The Origin of the Tapestry Technique in Pre-Spanish Peru›, Metropolitan Museum Studies 3 (1), New York 1930: 22-37
Archäologie; Wirken

Means, P.A.: A study of Peruvian Textiles. Boston 1932
Archäologie; Kettenstoffe

Medlin, M.A.: Awayqa sumaj calchapi: weaving, social organisation and identity in Calcha, Bolivia. Thesis Univ. North Carolina, 1983
Ethnographie; Weben

Medlin, M.A.: ‹Learning to Weave in Calcha, Bolivia›, Rowe, A.P. (ed.) J.B. Bird Conf. on Andean Textiles 1984, Washington 1986: 275-288
Ethnographie; Weben

Mege Rosso, P.: Arte textil Mapuche. Santiago (Chile) 1990
Ethnographie; Sammlungsbeschr.; Weben; Florbildung; Vrz. flüssiges Mat.

Meisch, L-A.: ‹Costume and Weaving in Saraguro, Ecuador›, Textile Museum Journal 19-20, 1980-81, Washington 1981: 55-64
Ethnographie; Weben

Meisch, L.A.: ‹Weaving styles in Tarabuco, Bolivia›, Rowe, A.P. (ed.) J.B. Bird Conf. on Andean Textiles 1984, Washington 1986: 243-274
Analyse; Ethnographie; Allg.; Weben

Mellaart, J. & Hirsch, U. & Balpinar, B.: The Goddess from Anatolia. Milano 1989
Analyse; Ethnographie; Archäologie; Florbildung; Wirken

Melo Taveira, E.: ‹Etnografia da cesta Karajá›, Revista do Museu Paulista NS Vol. 27, São Paulo 1980: 227-258
Ethnographie; Flechten

Mendizábal Losak, E.: siehe auch Mc Kelvy Bird, R.

Menzel, B.: Textilien aus Westafrika. Band 1-3, Berlin 1973
Analyse; Ethnographie; Fadenbildung; Weben

Merlange, G.: ‹The Group of Egypto-Arabic Embroideries of the Elsberg Coll.›, Bull. Needle and Bobbin Club Vol. 12 No. 1, New York 1928: 3-30
Archäologie; Sammlungsbeschr.; Vrz. festes Mat.

Merritt, J.: ‹Gardens and poetic images: the woven silks of Persia›, Riboud, K. (ed.) In Quest of Themes and Skills. Bombay 1989: 52-60
Ethnographie; Weben

Mersich, B.: Volkstümliche Stickereien aus Südosteuropa: Katalog, Sonderausstellung Kittsee. Kittsee 1982
Analyse; Volkskunde; Vrz. festes Mat.

Metha, R.J.: The Handicrafts and Industrial Arts of India. Bombay 1960
Ethnographie; Allg.

Metha, R.N.: ‹Patolas›, Bull. of the Baroda Museum Vol. 7, 1949-50, Baroda 1951: 67-75
Allg.; Vrz. flüssiges Mat.

Metha, R.N.: ‹Bandhas of Orissa›, Ahmedabad 1961: 62-73
Allg.; Vrz. flüssiges Mat.

Metha, R.N.: Masterpieces of Indian textiles: Handspun, handwoven-traditional. Bombay 1970
Ethnographie; Weben; Vrz. festes Mat.; Vrz. flüssiges Mat.

Métraux, A.: La civilisation matérielle des tribus Tupi-Guarani. Paris 1928
Ethnographie; Fadenbildung; Flechten; Weben; Florbildung

Meurant, G.: Dessin Shoowa. Brüssel 1986
Ethnographie; Weben; Vrz. festes Mat.

Meurant, G. & Tunis, A.: Traumzeichen: Raphiagewebe des Königreiches Bakuba. München 1989
Analyse; Ethnographie; Weben; Florbildung

Meurant, G.: siehe auch Tunis, A.

Meyer, R.: Alt-Peru: Leben – Hoffen – Sterben. Detmold 1987
Archäologie; Sammlungsbeschr.; Flechten; Weben

Meyers, G. & Co. (ed.): Straw braid manufacturers, Wohlen, Switzerland. Basel o.J.
Analyse; Volkskunde; Flechten

Meyer-Heisig, E.: Weberei – Nadelwerk – Zeugdruck. München 1956
Volkskunde; Flechten; Kettenstoffe; Weben; Florbildung; Vrz. festes Mat.; Vrz. flüssiges Mat.

Michell, G.: Islamic heritage of the Deccan. Marg Publications, Bombay 1986
Ethnographie; Florbildung; Vrz. festes Mat.

Mijer, P.: Batiks and how to make them. New York 1928
Arbeitsanleitung; Vrz. flüssiges Mat.

Mikosch, E.: ‹The Scent of Flowers: Catalogue of Kashmir Shawls in the Textile Museum›, Textile Museum Journal 24, Washington 1985: 7-54
Sammlungsbeschr.; Allg.; Weben

Miles, C. & Bovis, P.: American Indian and Eskimo basketry: a key to identification. 3rd printing, New Mexico 1977
Ethnographie; Flechten

Milhofer, S.A.: Teppich Atlas: Türkei, Kaukasus. Hannover 1979
Ethnographie; Allg.; Florbildung

Millán de Palavecino, M.D.: ‹Notas sobre algunas técnicas nuevas o poco conocidas en el arte textil peruano›, Actas y trabajos Mus. Argent. de Ciencias Naturales 1, Buenos Aires 1941: 289-296
Archäologie; Weben; Wirken

Millán de Palavecino, M.D.: ‹O Nhanduti no litoral Argentino›, Bol. Trimestr. Comm. Catarinense de Folclore 4 (15), Florianópolis 1952: 3-15
Volkskunde; Kettenstoffe

Millán de Palavecino, M.D.: ‹La cestería decorativa de Río Hondo›, Runa Vol. 9 Partes 1-2, Buenos Aires 1957: 207-214
Archäologie; Flechten

Millán de Palavecino, M.D.: Il Poncio. Roma 1957
Volkskunde; Weben; Wirken

Millán de Palavecino, M.D.: ‹Antiguas Técnicas Textiles en el Territorio Argentino›, Jornadas de Arqueología y Etnología 2, Buenos Aires 1960
Analyse; Archäologie; Fadenbildung; Maschenstoffe; Kettenstoffe; Weben; Florbildung

Millán de Palavecino, M.D.: ‹Vestimenta Argentina›, Cuadernos del Inst. Nac. de Investig. Folcloricas 1 & 2, 1960-61, Buenos Aires 1961: 95-127
Volkskunde; Weben

Millán de Palavecino, M.D.: ‹Descripción de Material Arqueológico Proveniente de Yacimientos de Alta Montaña en el Area de Puna›, Anales de Arqueología y Etnología 21, Mendoza 1966: 81-100
Archäologie; Flechten; Weben

Millán de Palavecino, M.D.: ‹La indumentaria aborigen›, Rel. Soc. Argentina de Antr. 5 (1), Buenos Aires 1970: 3-31
Maschenstoffe; Flechten; Weben

Miller, D.: ‹The Jibata: A Japanese Loom›, I. Emery Roundtable on Mus. Textiles 1977, Washington 1979: 90-99
Ethnographie; Weben

Miller, L.: Cornhusk Bags of the Plateau Indians. Maryhill Mus. of Art Collection, Goldendale 1988
Ethnographie; Kettenstoffe; Weben; Vrz. festes Mat.

Miner, H.: ‹The Importance of Textiles in the Archaeology of the Eastern USA›, American Antiquity 1, 1935-36, Salt Lake City 1936: 181-196
Analyse; Maschenstoffe; Flechten

Mirambell, L. & Martínez, F.: Materiales arqueológicos de origen orgánico: textiles. México 1986
Analyse; Archäologie; Fadenbildung; Kettenstoffe; Weben; Florbildung; Wirken

Mirza, M.: ‹Zardozi›, Traditional Arts of Hyderabad, o.O. o.J.: 41-42
Ethnographie; Vrz. festes Mat.

Moes, R. & Tay Pike, A.: Mingei. New York 1985
Ethnographie; Sammlungsbeschr.; Vrz. festes Mat.; Vrz. flüssiges Mat.

Mohanty, B.C.: Appliqué craft of Orissa. Study of contemporary textiles. Ahmedabad 1980
Ethnographie; Vrz. festes Mat.

Mohanty, B.C. & Krishna, K.: Ikat Fabrics of Orissa and Andrah Pradesh. Ahmedabad 1974
Analyse; Ethnographie; Vrz. flüssiges Mat.

Mohanty, B.C. & Mohanty, J.P.: Block Printing and Dyeing of Bagru, Rajasthan. Ahmedabad 1983
Analyse; Ethnographie; Vrz. flüssiges Mat.

Mohanty, J.P.: siehe auch Mohanty, B.C.

Mohr, A. & Sample, L.L.: ‹Twined water bottles of the Cuyana Area›, American Antiquity Vol. 20, 1954-55, Salt Lake City 1955: 345-354
Archäologie; Flechten

Mollet, J.: Indische Textilien: Volkskunst aus Gujarat und Rajasthan. Olten 1976
Ethnographie; Vrz. festes Mat.; Vrz. flüssiges Mat.

Moltke, H.: ‹Vom Land und Volk der Kurden›, Atlantis 10, Zürich 1959
Ethnographie

Mom Dusdi, P.: The Thai heritage of weaving and embroidery. The Bhirasri Inst. of Modern Art, Bangkok 1975
Ethnographie; Weben; Vrz. festes Mat.

Montandon, G.: Traité d'ethnographie culturelle: l'ologénèse culturelle. Paris 1934
Ethnographie; Weben

Monteiro, D.: siehe auch Costa Fénelon, M.H.

Montell, G.: ‹Le vrai poncho, son origine post-colombienne›, Journal de la Soc. des Américanistes 17, Paris 1925: 173-83
Ethnographie; Volkskunde; Weben; Wirken

Mooi, H.: 350 Knoten: Für Makramee-Knüpfer, Seebären und Landratten. Gütersloh 1974
Analyse; Arbeitsanleitung; Maschenstoffe; Flechten

Moore, D.R.: Arts and Crafts of Torres Strait. Shire Ethnography, Aylesbury 1989
Ethnographie; Flechten

Moore, H.C.: siehe auch Taylor, D.

Moos, von, I.: ‹Wollweberei im Munjatal›, Textilhandwerk in Afghanistan. Liestal 1983: 59-73
Ethnographie; Fadenbildung; Weben

Moos, von, I.: siehe auch Kussmaul, F.

Mora de Jaramillo, Y.: ‹Clasificación y Notas sobre Técnicas y el Desarollo Histórico de las Artesanías Colombianas›, Rev. Col. de Anthrop. No. 16, Bogotá 1974
Fadenbildung; Maschenstoffe; Flechten

Morris, E.A.: ‹Seventh Century Basketmaker Textiles from Northern Arizona›, I. Emery Roundtable on Mus. Textiles 1974, Washington 1975: 125-132
Archäologie; Flechten

Morris, W.F.: Luchetik: el lenguaje textil de los altos de Chiapas. Chiapas 1980
Ethnographie; Weben

Morrison, H.: ‹Craftsmen in a Harsh Environment›, Arts of Asia Vol. 12 No. 2, Hong Kong 1982: 87-95
Ethnographie; Flechten; Perlenstoffe

Morton, E.: In the Name of Ixchel. Crafts No. 48, London 1981
Ethnographie; Arbeitsanleitung; Weben

Morton, W.E.: Introduction to the Study of Spinning. London 1952
Fadenbildung

Moschner, I.: ‹Die Wiener Cook-Sammlung, Südsee-Teil›, Archiv für Völkerkunde 10, Wien 1955: 136-253
Ethnographie; Kettenstoffe; Florbildung

Moseley, M. & Barrett, L.K.: ‹Change in Preceramic Twined Textiles from the Central Peruvian Coast›, American Antiquity 34, Salt Lake City 1969: 162-165
Archäologie; Kettenstoffe

Moseley, M.E.: siehe auch Stephens, S.G.

Moser, R.J.: Die Ikattechnik in Alleppo. Basler Beiträge zur Ethnologie 15, Basel 1974
Analyse; Ethnographie; Vrz. flüssiges Mat.

Moshkova, V.G.: Carpets of the peoples of Central Asia. Taschkent 1970
Ethnographie; Weben; Florbildung

Moss, G.: Embroidered samples in the collection of the Cooper-Hewitt-Museum. New York 1984
Sammlungsbeschr.; Vrz. festes Mat.

Moss, L.A.G.: ‹Cloths in the Cultures of the Lesser Sunda Islands›, Fischer, J. (ed.) Threads of Tradition. Berkeley 1979: 63-72
Ethnographie; Allg.; Vrz. flüssiges Mat.

Mostafa, M.: Turkish prayer rugs. Collections of the Mus. Islam. Art No. 1, Cairo 1953
Sammlungsbeschr.; Allg.; Florbildung

Mowat, L.: Cassava and Chicha. Shire Ethnography, Haverfordwest 1989
Ethnographie; Flechten

Mozes, T.: Portul popular din Bazinul bisulin. Oradea 1975
Volkskunde; Vrz. festes Mat.

Muelle, J.C.: siehe auch Vreeland, J.M.

Müller, C.C.: siehe auch Heissig, W.

Müller, E. & Brendler, E.: Unsere Textilien. Zürich 1958
Allg.; Fadenbildung; Flechten; Weben; Florbildung; Vrz. festes Mat.

Müller, G.: Dintle, eine alte halbvergessene Volkskunst. Liestal 1948
Volkskunde; Maschenstoffe; Flechten

Müller, I.: Die primären Textiltechniken auf Sumba, Rote und Timor. München 1967
Systematik; Analyse; Ethnographie; Maschenstoffe; Flechten; Ränder

Müller, I.: siehe auch Müller-Peter, I. und Peter, I.

Müller, I.: siehe auch Boser-Sarivaxévanis, R.

Müller, M.: Amish quilts. Genf 1957
Volkskunde; Stoffzusammensetzung

Mueller, J.: Molas. Art of the Cuna Indians. Washington 1973
Ethnographie; Vrz. festes Mat.

Müllers, R.: Blau mit weissen Blumen: Geschichte und Technologie des Blaudrucks. Münster 1977
Volkskunde; Vrz. flüssiges Mat.

Müller-Christensen, S.: Die Gräber im Königschor. Die Kunstdenkmäler Rheinland-Pfalz Band 5, 1972
Archäologie; Weben

Müller-Christensen, S.: ‹Zwei Seidengewebe als Zeugnisse der Wechselwirkung von Byzanz und Islam›, Artes Maiores. Bern 1973: 9-25
Allg.; Weben

Müller-Christensen, S.: ‹A silk tapestry in the cathedral of Bamberg›, Cieta Bull. 41/42, Lyon 1975: 64-66
Volkskunde; Weben

Müller-Christensen, S.: ‹Eine «Künsteley» des 18. Jh.›, Reber, H. & A. (ed.) Festschrift P.W. Meister. Hamburg 1975
Volkskunde

Müller-Christensen, S.: ‹Examples of Medieval Tablet-woven Bands›, Gervers, V. (ed.) Studies in Textile History. Toronto 1977: 232-237
Archäologie; Weben

Münch, F.: siehe auch Klingmüller, G.

Mukharji, T.N.: Art manufactures of India: Reprint New Dehli 1974. Calcutta 1888
Ethnographie; Flechten; Weben; Vrz. flüssiges Mat.

Munan, M.: Sarawak Crafts. Singapore 1989
Ethnographie; Flechten; Weben; Perlenstoffe; Vrz. flüssiges Mat.

Munan-Oettli, A.: ‹Blue Beads to trade with the Natives›, Arts of Asia Vol. 17 No. 2, Hong Kong 1987: 88-95
Ethnographie; Perlenstoffe

Munch-Petersen, N.F.: siehe auch Ottovar, A.

Munksgaard, E.: ‹The gallic coat from Ronberg›, Textilsymposium Neumünster 1981, Neumünster 1982: 41-62
Archäologie; Weben

Munksgaard, J.H.: Kurver. Oslo 1980
Volkskunde; Flechten

Muraoka, K. & Okamura, K.: Folk Arts and Crafts of Japan. Tokyo 1973
Ethnographie; Weben; Vrz. flüssiges Mat.

Muraoka, K.: siehe auch Okamura, K.

Murnane, B.: siehe auch Wass, B.

Murphy, V. & Crill, R.: Tie-dyed Textiles of India: Tradition and Change. o.O. 1989
Analyse; Ethnographie; Vrz. flüssiges Mat.

Murra, J.: ‹Cloth and its Function in the Inca State›, Am. Anthropologist 64 (4), Menasha 1962: 710-728
Archäologie; Weben; Wirken

Murray, K.C.: ‹Weaving in Nigeria: A General Survey›, Nigeria No. 14, London 1938: 118-120
Ethnographie; Weben

Musée d'Art et d'Essai: L'art du vannier: Catalogue. Paris 1984
Volkskunde; Flechten

Museo Chileno de Arte Precolombino: A Noble Andean Art. Santiago (Chile) 1989
Analyse; Archäologie; Sammlungsbeschr.; Maschenstoffe; Weben; Florbildung; Ränder; Vrz. festes Mat.; Vrz. flüssiges Mat.; Wirken

Museo Etnográfico Barcelona: Manuskript. Barcelona 1976
Systematik; Flechten

Museum für Völkerkunde Basel: Ethnographische Kostbarkeiten aus den Sammlungen von Alfred Bühler im Basler Museum für Völkerkunde. Basel 1970
Sammlungsbeschr.; Flechten; Vrz. festes Mat.; Vrz. flüssiges Mat.

Muthmann, F.: Eine Peruanische Wirkerei der Spanischen Kolonialzeit. Bern 1977
Allg.; Kettenstoffe; Wirken

Myers, D.K.: Temple, Household, Horseback: Rugs of the Tibetan Plateau. Washington 1984
Ethnographie; Allg.; Florbildung

Myers, M.: ‹Silk furnishings of the Ming and Quing dynasties›, Riboud, K. (ed.) In Quest of Themes and Skills. Bombay 1989: 126-140
Ethnographie; Weben; Wirken

Mylius, N.: Ait-Haddidou (Nordafrika, Hoher Atlas): Färben eines Tuches in Plangi-Technik. Encyclopaedia Cinematographica E 1759, Göttingen 1979
Ethnographie; Film; Vrz. flüssiges Mat.

M'hari, C.: ‹Gold und Silberfadenstickereien in Constantine, Algerien›, Abhandl. Staatl Mus. f. Völkerkunde 34, Dresden 1975
Analyse; Vrz. festes Mat.

Nabholz-Kartaschoff, M.L.: ‹Ikatgewebe aus Südeuropa›, Palette No. 30, Basel 1968: 2-13
Volkskunde; Vrz. flüssiges Mat.

Nabholz-Kartaschoff, M.L.: Ikatgewebe aus Nord- und Südeuropa. Basler Beiträge zur Ethnologie 6, Basel 1969
Volkskunde; Vrz. flüssiges Mat.

Nabholz-Kartaschoff, M.L.: Batik. Museum für Völkerkunde, Basel 1970
Ethnographie; Sammlungsbeschr.; Vrz. flüssiges Mat.

Nabholz-Kartaschoff, M.L.: ‹Tibeter (Zentralasien, Nepal): Knüpfen eines Teppichs›, Encyclopaedia Cinematographica 4(4), 1974 E 708, Göttingen 1972: 402-417
Ethnographie; Film; Florbildung

Nabholz-Kartaschoff, M.L.: ‹Textilien›, Kulturen, Handwerk, Kunst. Basel 1979: 213-228
Analyse; Ethnographie; Kettenstoffe; Weben; Vrz. festes Mat.; Vrz. flüssiges Mat.

Nabholz-Kartaschoff, M.L.: ‹Bandha Textilien›, Fischer, E. (ed.) Orissa. Zürich 1980
Ethnographie; Vrz. flüssiges Mat.

Nabholz-Kartaschoff, M.L.: ‹Bandha Textiles in India›, Journ. Orissa Res. Soc. 1 (2), Orissa 1982
Ethnographie; Vrz. flüssiges Mat.

Nabholz-Kartaschoff, M.L.: Golden sprays and scarlet flowers. Kyoto 1986
Sammlungsbeschr.; Weben; Vrz. festes Mat.; Vrz. flüssiges Mat.

Nabholz-Kartaschoff, M.L.: ‹Geflechte aus Asien›, Schweiz. Arbeitslehrerinnen Zeitung 9 No. 69, Biel 1986: 2-5
Analyse; Ethnographie; Flechten

Nabholz-Kartaschoff, M.L.: ‹Volkstümliche Stickereien aus Indien›, Haas, S. et al. (ed.) Götter, Tiere, Blumen. Basel 1987: 57-81
Ethnographie; Vrz. festes Mat.

Nabholz-Kartaschoff, M.L.: ‹From Telia rumal to Pochampalli tie and dye: old and new ikats from Andhra Pradesh›, Riboud, K. (ed.) In Quest of Themes and Skills. Bombay 1989: 62-71
Ethnographie; Vrz. flüssiges Mat.

Nabholz-Kartaschoff, M.L.: ‹Indian patola: their use in Indonesia and their influence on Indonesian textiles›, Riboud, K. (ed.) In Quest of Themes and Skills. Bombay 1989: 92-98
Ethnographie; Vrz. flüssiges Mat.

Nabholz-Kartaschoff, M.L.: ‹A sacred cloth of Rangda: Kamben cepuk of Bali and Nusa Penida›, Gittinger, M. (ed.) To speak with cloth: studies in Indon. textiles. Los Angeles 1989
Ethnographie; Vrz. flüssiges Mat.

Nabholz-Kartaschoff, M.L. & Krehl-Eschler, E.: ‹Ikat in Andhra Pradesh›, Ethnologische Zeitschrift Zürich 2, Zürich 1980: 69-122
Ethnographie; Vrz. flüssiges Mat.

Nabholz-Kartaschoff, M.L. & Näf, G.: ‹Zur Technik von Flachgeweben und Knüpfteppichen›, Alte Teppiche aus dem Orient. Basel 1980: 14-29
Analyse; Kettenstoffe; Florbildung; Ränder; Wirken

Nabholz-Kartaschoff, M.L.: siehe auch Hauser-Schäublin, B.

Nabholz-Kartaschoff, M.L.: siehe auch Lang-Meyer, M.

Nachtigall, H.: Tierradentro: Archäologie und Ethnologie einer kolumbianischen Landschaft. Zürich 1955
Analyse; Ethnographie; Fadenbildung; Maschenstoffe; Flechten; Weben

Nachtigall, H.: Atacameños, Nordargentinien (Puna de Atacama): Weben am Trittwebstuhl. Encyclopaedia Cinematographica Band 1 B 1963-65, Göttingen 1963
Ethnographie; Film; Weben

Nachtigall, H.: ‹Zelt und Haus bei den Beni Mguild-Berbern (Marokko)›, Bässler Archiv NF 14, Berlin 1966: 269-330
Ethnographie; Weben; Vrz. festes Mat.

Nachtigall, H.: ‹Beni Mguild (Nordafrika, Mittlerer Atlas): Weben einer Zeltbahn am waagrechten Griffwebgerät›, Encyclopaedia Cinematographica 2 (5), Göttingen 1969
Ethnographie; Film; Weben

Näf, G.: siehe auch Nabholz-Kartaschoff, M.L.

Nakamo, E.: Japanese stencil dyeing. Tokyo 1982
Arbeitsanleitung; Vrz. flüssiges Mat.

Nambiar, P.K.: Silkweaving of Kanchipuram: Handicrafts and artisans of Madras state. Census of India Vol. 9 Part 7, Madras 1961
Ethnographie; Weben

Nambiar, P.K.: Handicrafts and artisans of Madras state. Census of India, Delhi 1964
Ethnographie; Weben

Nambiar, P.K.: Druggets and carpets of Walajapet: Handicrafts and artisans of Madras State. Census of India 1961 Vol. 9 Part7, Delhi 1965
Ethnographie; Florbildung

Nambiar, P.K.: Kosa silk weaving at Ganeshpur: Handicrafts in Maharastra. Census of India, New Delhi 1966
Ethnographie; Fadenbildung; Weben

Nambiar, P.K. & Kurup, K.C.N.: Handicrafts and artisans of Pondicherry state. Census of India 1961 Vol. 25 Part 5, Bombay 1961
Ethnographie; Allg.

Nana, S.F.: ‹Embroidery Blocks of the Sind Region of Pakistan, and some Embroidery›, Bässler Archiv 48. NF 23, Berlin 1975: 399-416
Ethnographie; Vrz. festes Mat.

Nanavati, J.M. & Vora, M.P. & Dhaky, M.A: The Embroidery and Beadwork of Kutch and Saurashtra. Baroda 1966
Ethnographie; Perlenstoffe; Vrz. festes Mat.

Nardi, R.L.: ‹Los tejidos tradicionales›, El Arte 22, o.O. 1975
Kettenstoffe; Weben; Florbildung; Vrz. flüssiges Mat.

Nardi, R.L.: ‹Importancia de los tejidos para el diagnóstico cronológico y cultural›, Folklore Americano 26, México 1978: 37-47
Maschenstoffe; Kettenstoffe; Weben

Nardi, R.L.J.: siehe auch Chertudi, S.

Nath, A.: siehe auch Wacziarg, F.

Nauerth, C.: Koptische Textilkunst im spätantiken Ägypten. Band 2, Trier 1978
Archäologie; Sammlungsbeschr.; Wirken

Naumova, O.B.: siehe auch Basilov, V.N.

Naupert, A.: ‹Textilfachkunde. Teil I: Vom Spinnen zum Faden›, Teubners Berufs- und Fachbücher 87, 1938
Allg.; Fadenbildung

Navajo School of Indian Basketry: Indian Basket Weaving. New York 1949
Ethnographie; Arbeitsanleitung; Flechten; Florbildung

Neal, A.: siehe auch Parker, A.

Neich, R.: Material Culture of Western Samoa. Nat. Mus. New Zealand Bull. 23, Wellington 1985
Flechten; Vrz. festes Mat.

Nel, R.: Kleines Lexikon der Stickerei. Hannover 1980
Arbeitsanleitung; Vrz. festes Mat.

Nelson, C.I.: The quilt engagement calendar. New York 1977
Volkskunde; Vrz. festes Mat.

Nelson, C.I. & Houck, C.: Treasury of American Quilts. New York 1984
Volkskunde; Arbeitsanleitung; Vrz. festes Mat.

Nestor, S.: ‹The woven spirit›, Collings (ed.) Harmony by Hand. San Francisco 1987: 51-73
Ethnographie; Kettenstoffe; Weben

Nettinga Arnheim, M.RJ.: Basketry and Basketry Techniques. Groningen 1977
Ethnographie; Flechten; Ränder

Nettleship, M.A.: ‹A Unique Southeast Asian Loom›, Man 5 (4), London 1970: 686-698
Ethnographie; Weben

Neugebauer, R. & Orendi, J.: Handbuch der orientalischen Teppichkunde. Leipzig 1923
Allg.; Florbildung

Neumann, P.: siehe auch Guhr, G.

Neuwirth, L.: ‹The Theory of Knots›, Scientific American Vol. 240 No. 6, San Francisco 1979: 110-126
Systematik; Maschenstoffe

Nevermann, H.: ‹Die sogenannten Partialgewebe aus Ica und Pachacamac und ihre Herstellung›, Rev. Inst. de Etnol. Tucumán 2, Tucumán 1932: 293-296
Analyse; Archäologie; Kettenstoffe; Wirken

Nevermann, H.: Die Indo-Ozeanische Weberei. Mitteilungen d. Mus. für Völkerkunde 20, Hamburg 1938
Analyse; Ethnographie; Fadenbildung; Kettenstoffe; Weben; Vrz. flüssiges Mat.

Nevermann, H.: ‹Völkerkundliches aus Aoba›, Ethnologica Band 2, Köln 1960: 189-219
Ethnographie; Allg.; Flechten

Newman, T.R.: Contemporary African arts and crafts. London 1974
Analyse; Ethnographie; Flechten; Weben; Vrz. festes Mat.; Vrz. flüssiges Mat.

Newman, T.R.: Contemporary southeast Asian arts and crafts. New York 1977
Analyse; Ethnographie; Flechten; Weben; Perlenstoffe; Vrz. flüssiges Mat.

Newton, D.: ‹The Timbira Hammock as a Cultural Indicator of Social Boundaries›, The Human Mirror. Lousiana 1974: 231-251
Ethnographie; Kettenstoffe

Newton, D.: ‹The Individual in Ethnographic Collections›, Annals of the NY Acad. Science Vol. 376, New York 1981: 267-287
Ethnographie; Flechten

Nicola, N. & Dorta, S.F.: Aroméri: Arte plumaria do indigena brasileiro: Brazilian Indian feather art. Mercedes-Benz do Brasil, São Bernardo d.C 1986
Analyse; Ethnographie; Florbildung

Niedner, M.: Tüll-Arbeiten. Beyers Handarbeitsbücher Band 43 Heft 2, Leipzig 1921
Arbeitsanleitung; Vrz. festes Mat.

Niedner, M.: Filet-Arbeiten. Leipzig 1924
Arbeitsanleitung; Vrz. festes Mat.

Niedner, M. & Weber, H.: Sonnenspitzen. Leipzig 1915
Arbeitsanleitung; Kettenstoffe

Niessen, S.A.: ‹Exchanging Warp in the Batak Ragidup and Bulang›, Textile Museum Journal 27/28, Washington 1989: 40-55
Analyse; Ethnographie; Weben

Nieuwenhuis, A.W.: Die Veranlagung der Malaischen Völker des Ost-Indischen Archipels. Suppl. Intern. Arch. f. Ethnogr. 21, Leiden 1913
Ethnographie; Flechten; Vrz. flüssiges Mat.

Niggemeyer, H.: ‹Baumwollweberei auf Ceram›, Ciba Rundschau 106, Basel 1952: 3870-97
Ethnographie; Weben

Niggemeyer, H.: ‹Ein merkwürdiges Seidengewebe aus Sumatra›, Tribus 4-5, 1954-55, Stuttgart 1955: 233-236
Ethnographie; Weben

Niggemeyer, H.: ‹Sariweberei und Ikatarbeit im Gebiete von Baudh (Mittel-Orrissa, Indien)›, Basler Beiträge zur Ethnologie 2, Basel 1965: 303-318
Ethnographie; Vrz. flüssiges Mat.

Niggemeyer, H.: Baststoffe und Gewebe. Frankfurt 1966
Ethnographie; Sammlungsbeschr.; Weben

Nilsson, K.: Mönster till Pinnbandsspetsar. Östersund 1928
Arbeitsanleitung; Kettenstoffe

Nistor, F.: Creati si creatori populari din zona etnografica Maramures. Maramures 1967
Volkskunde

Nistoroaia, G.: Sergare populare. Bucuresti 1975
Volkskunde; Vrz. festes Mat.

Nixdorff, H.: Europäische Volkstrachten: Tschechoslowakei. Berlin 1977
Volkskunde; Sammlungsbeschr.; Maschenstoffe; Flechten; Kettenstoffe; Weben; Vrz. festes Mat.; Stoffzusammensetzung

Nixdorff, H.: Klöppelspitzen für Volkstrachten in der Tschechoslowakei: Sonderausstellung Festlicher Volkstrachten, Abt. Europa, Mus. f. Volkskunde Berlin Blatt 5A, Berlin 1977
Analyse; Volkskunde; Flechten

Noma, S.: Japanese Costume and Textile Arts. Tokyo 1977
Allg.; Vrz. flüssiges Mat.

Nooteboom, C.: ‹Quelques Techniques de Tissage des Petites Iles de la Sonde›, Meded. van het Rijksmus v. Volkek. No. 3, Leiden 1948: 1-10
Analyse; Ethnographie; Kettenstoffe

Nooteboom, C.: ‹Aziatische Weefsels in de Collectie Bierens de Haan, van technische zijde bezien›, Bull. Mus. Boymans 9 (1), Rotterdam 1958: 15-33
Ethnographie; Sammlungsbeschr.; Weben

Nooteboom, C.: De kleurenpracht van Soemba-Weefsels: Gids van de tentoonstelling. Textiel Museum Tilburg, Tilburg 1958
Ethnographie; Vrz. flüssiges Mat.

Nooy-Palm, H.: ‹The role of the sacred cloths in the mythology and ritual of the Sa'dan-Toraja of Sulawesi, Indonesia›, I. Emery Roundtable on Mus. Textiles 1979, Washington 1980: 81-95
Ethnographie; Weben

Noppe, C. & Castillon, du, M.F.: La Chine au fil de la soie: techniques, styles et société du 19e siècle. Marcemont 1988
Analyse; Ethnographie; Weben; Vrz. festes Mat.

Nordenskiöld, E.: An Ethno-geographical Analysis of the Material Culture of two Indian Tribes in the Gran Chaco. Comp. Ethno. Stud. Göteborg 1, Göteborg 1919
Analyse; Ethnographie; Maschenstoffe; Flechten; Kettenstoffe

Nordenskiöld, E.: The changes in the material culture of two indian tribes under the influence of new surroundings. Comp. Ethno. Stud. 2, Göteborg 1920
Analyse; Ethnographie; Maschenstoffe; Flechten; Kettenstoffe; Weben

Nordenskiöld, E.: The Ethnography of South-America seen from Mojos in Bolivia. Comp. Ethnogr. Stud. 3, Göteborg 1924
Analyse; Ethnographie; Fadenbildung; Flechten; Kettenstoffe; Halbweben; Florbildung

Nordenskiöld, E.: siehe auch Frödin, O.

Nordiska Museet: Hedvig Ulfsparre och Gästriklands textila slöjd. Stockholm 1984
Volkskunde; Flechten; Weben; Vrz. festes Mat.

Nordland, O.: Primitive Scandinavian textiles in knotless netting. Studia Norvegica No. 10, Oslo 1961
Systematik; Analyse; Volkskunde; Maschenstoffe

Nordquist, B.K. & Aradeon, S.B.: Traditional African Dress and Textiles. Washington 1975
Ethnographie; Fadenbildung; Weben; Vrz. festes Mat.; Vrz. flüssiges Mat.

Noss, A.: ‹Bandlading›, By of Bygd 19, Oslo 1966: 111-142
Volkskunde; Weben

Nylén, A.: Hemslöjd. Lund 1969
Analyse; Volkskunde; Maschenstoffe; Weben; Florbildung; Vrz. festes Mat.; Wirken

Oakland, A.: ‹Tiahuanaco Tapestry Tunics and Mantles from San Pedro de Atacama, Chile›, Rowe, A.P. (ed.) J.B. Bird Conf. on Andean Textiles 1984, Washington 1986: 101-122
Archäologie; Wirken

Oei, L.: Ikat in katoen. Amsterdam 1982
Ethnographie; Vrz. flüssiges Mat.

Oei, L. (ed.): Indigo. Amsterdam 1985
Ethnographie; Vrz. flüssiges Mat.

Oez, T.: Türk Kumas Kdi felerj. Istanbul 1951
Ethnographie

Oezbel, K.: Chaussettes-Bas-Yazma: Artisanat et tissage turcs. Paris 1967
Ethnographie; Maschenstoffe

Oezbel, K.: Türk Köylü Coraplari. Istanbul 1976
Analyse; Ethnographie; Maschenstoffe

Oezbel, K.: Knitted stockings from Turkish villages. Istanbul 1981
Allg.; Maschenstoffe

Ohnemus, S.: ‹Eipo (West-Neuguinea, Zentrales Hochland): Herstellen eines Perlenbandes in Halbwebtechnik›, Encyclopaedia Cinematographica E 2595, Göttingen 1989: 225-236
Ethnographie; Film; Halbweben; Perlenstoffe

Ohnemus, S.: siehe auch Seiler-Baldinger, A.

Oka, H.: Wie verpacke ich fünf Eier: Kunst des Verpackens in Japan. Tokio 1982
Allg.; Maschenstoffe; Flechten

Okada, Y.: History of Japanese Textiles and Lacquer. Tokyo 1958
Sammlungsbeschr.; Allg.; Flechten; Vrz. festes Mat.; Vrz. flüssiges Mat.

Okamura, K. & Muraoka, K.: Folk Art and Crafts of Japan. New York 1973
Ethnographie; Vrz. flüssiges Mat.

Okamura, K.: siehe auch Muraoka, K.

Olagniers-Riottot, M.: ‹Six «brocards»-ceintures de femmes Fès-Tétoun 16e-18e siècle›, Cieta 1, Lyon 1972
Ethnographie; Weben

Olschak, B.C.: ‹L'art du tissage du Bhutan.›, Palette 24, Basel 1966: 3-8
Ethnographie; Weben

Olsen Bruhns, K.: ‹Prehispanic Weaving and Spinning Implements from Southern Ecuador›, Textile Museum Journal 27/28, Washington 1989: 71-77
Archäologie; Fadenbildung; Weben

Olson, R.L.: ‹The possible Middle American Origin of Northwest Coast Weaving›, American Anthropologist Vol. 31 No. 1, Menasha 1929: 114-121
Allg.; Weben

Omar, A.: Traditional Palestinian Embroidery and Jewelery. London 1987
Ethnographie; Vrz. festes Mat.

Ong, C.: Patterns and pattern-making techniques in the traditional textiles of Southeast Asia. Singapore 1970
Ethnographie; Vrz. flüssiges Mat.

Opie, J.: The Tribal Road: Persian Tribal Rugs. Hali No. 29, New York 1986: 33-39
Ethnographie; Florbildung

Oppenheim, K.: Die primären textilen Techniken der Neu-Kaledonier und Loyality-Insulaner. Supplement zu Int. Archiv für Ethnographie 41, Leiden 1942
Systematik; Analyse; Maschenstoffe; Flechten; Kettenstoffe; Halbweben; Weben; Ränder; Vrz. festes Mat.

Oppenheim, K.: siehe auch Bühler-Oppenheim, K.

Opt'land, C.: ‹Een merkwaardige «Tampun pengantar» van Zuid-Sumatra›, Kultuurpatronen Deel 10-11, Delft 1969: 100-117
Allg.; Weben

Orazbaeva, N.A.: Kazakh decorative and applied art. Leningrad 1970
Volkskunde

Orchard, W.C.: Beads and Beadwork of American Indians. Contr. Mus. Am. Indians Heye Found. 11, New York 1929
Systematik; Ethnographie; Perlenstoffe; Vrz. festes Mat.

Orel, J. & Stanková, J.: The Winding and Sewing Batique Technique. Umeni Aremesla 4, Praha 1960
Volkskunde; Vrz. flüssiges Mat.

Orel, J.: siehe auch Václavik, A.

Orendi, J.: siehe auch Neugebauer, R.

Orr, A.: Cross-stitch and crochet. Pawtucket 1922
Maschenstoffe

Ortiz, A. (ed.): Southwest. Handbook of North Am. Indians 9, Washington 1979
Ethnographie; Archäologie; Fadenbildung; Maschenstoffe; Flechten; Weben; Vrz. festes Mat.

Ortiz, A. (ed.): Southwest. Handbook of North Am. Indians 10, Washington 1983
Ethnographie; Maschenstoffe; Flechten; Weben

Osborne, C.M.: ‹Shaped breechcloths from Peru›, Anthropological Records Band 13 No. 2, Berkeley 1950: 157-186
Archäologie; Weben

Osborne, C.M.: ‹The preparation of Yucca Fibres: An experimental Study›, American Antiquity Vol. 31 No. 2 (2), Salt Lake City 1965: 45-50
Analyse; Fadenbildung; Weben

Osborne, C.M.: siehe auch Massey, W.

Osborne, D. & C.: ‹Twines and Terminologies›, American Anthropologist 56, Menasha 1954: 1093-1101
Systematik; Fadenbildung

Osborne, de Jongh, L.: Guatemala Textiles. New Orleans 1935
Ethnographie; Fadenbildung; Weben

Osborne, de Jongh, L.: ‹Breves apuntes de la indumentaria indígena de Guatemala›, Revista «Folklore Americano» No. 11-12, 1963-4, Lima 1964: 22-45
Ethnographie; Weben; Wirken

Osborne, de Jongh, L.: Indian Crafts of Guatemala and El Salvador. Norman 1965
Ethnographie; Weben

Osborne, de Jongh, L.: siehe auch Kelsey, V.

Osornio Lopez, M.A.: Al tranco. 20 No. 11, Buenos Aires 1938
Arbeitsanleitung; Flechten

Osumi, T.: Printed cottons of Asia. Tokyo 1963
Allg.; Vrz. flüssiges Mat.

Ota, N.: siehe auch Yanagi, S.

Otavsky, K.: Alte Gewebe und ihre Geschichte: Ein Lese- und Bilderbuch. Riggisberg 1987
Allg.; Weben

Ottaviano de, I.: Métodos del Tejido Tacana. Inst. Ling. de Verano, Riberalta 1974
Ethnographie; Fadenbildung; Kettenstoffe

Ottenberg, S. & Knudsen, L.: ‹Leopard Society Masquerades: Symbolism and Diffusion›, African Arts Vol. 18 No. 2, Los Angeles 1985: 37-44
Ethnographie; Maschenstoffe

Ottovar, A. & Munch-Petersen, N.F.: Maldiverne: Kunstindustrimuseet. København 1980
Ethnographie; Fadenbildung; Flechten; Weben

Ovalle Fernandez, I.: Grupos étnicos de México. Inst. Nac. Indigenista, México 1982
Ethnographie; Maschenstoffe; Flechten; Weben; Vrz. festes Mat.

Overhage-Baader, H.: ‹Symbole auf alten Orientteppichen›, Image 24, Basel 1967
Kettenstoffe; Florbildung

O'Bannon, G.: Tulu: traditional 20th century pelt-like rugs from Central Anatolia. Philadelphia 1987
Allg.

O'Neale, L.M.: ‹Wide-Loom Fabrics of the Early Nazca Period›, Essays in Anthrop. in Honor of A.L. Kroeber. Berkeley 1930: 215-228
Archäologie; Weben

O'Neale, L.M.: Yurok-Karok basket weavers. Univ. Calif. Publ. Am. Arch. and Ethnol. 32, Berkeley 1932: 1-184
Ethnographie; Flechten

O'Neale, L.M.: ‹A Peruvian Multicolored Patchwork›, Am. Anthropologist N.S. 35 (1), Menasha 1933: 87-94
Archäologie; Wirken

O'Neale, L.M.: ‹Peruvian Needle-Knitting›, Am. Anthropologist 36 (3), Menasha 1934: 405-430
Archäologie; Maschenstoffe; Vrz. festes Mat.

O'Neale, L.M.: ‹Archaeological Explorations in Peru: Part IV: Middle Cañete Textiles›, The Field Museum of Nat. Hist. Anth. M. 2 (4), Chicago 1937: 268-73
Archäologie; Weben

O'Neale, L.M.: ‹Textile Periods in Ancient Peru. 2›, Univ. Calif. Publ. Am. Arch. and Ethnol. 39, Berkeley 1942: 143-202
Analyse; Archäologie; Maschenstoffe; Flechten; Kettenstoffe; Weben; Vrz. festes Mat.; Stoffzusammensetzung

O'Neale, L.M.: ‹The Paracas Mantle›, Cong. Int. de Science Antr. et Ethnol. London 1943: 262-3
Archäologie; Weben; Vrz. festes Mat.

O'Neale, L.M.: ‹Mochica (Early Chimu) and Other Peruvian Twill Fabrics›, Southwestern. Journal of Anthropology 2 (3), Albuquerque 1943: 269-294
Archäologie; Weben

O'Neale, L.M.: Textiles of Highland Guatemala. Washington 1945
Analyse; Ethnographie; Maschenstoffe; Flechten; Kettenstoffe; Weben; Florbildung; Vrz. festes Mat.

O'Neale, L.M.: ‹Basketry S.: 69-96, Weaving S.: 105-137›, Handbook of South American Indians 5, Washington 1946
Analyse; Ethnographie; Fadenbildung; Flechten; Weben

O'Neale, L.M.: ‹A Note on Certain Mochica (Early Chimu) Textiles›, American Antiquity 12 (4), Salt Lake City 1947: 239-45
Archäologie; Weben

O'Neale, L.M.: ‹Cestaria›, Suma Etnologica Brasileira 2, Petrópolis 1986: 323-349
Analyse; Ethnographie; Flechten

O'Neale, L.M.: ‹Tecelagem›, Suma Etnologica Brasileira 2, Petrópolis 1986: 397-429
Analyse; Ethnographie; Maschenstoffe

O'Neale, L.M. & Bacon, E.: Chincha Plain-Weave Cloths. Anthropological Records 9 (2), Los Angeles 1949
Archäologie; Maschenstoffe; Flechten; Weben

O'Neale, L.M. & Clark, B.: ‹Textile Periods in Ancient Peru. 3: Gauze Weaves›, UCLA Publ. Am. Arch. and Ethnol. 40, Berkeley 1948: 143-222
Analyse; Archäologie; Weben

O'Neale, L.M. & Kroeber, A.L.: ‹Textile Periods in Ancient Peru. 1›, Univ. Calif. Publ. Am. Arch. and Ethnol. 28 (12), Berkeley 1930: 23-56
Analyse; Archäologie; Maschenstoffe; Weben; Wirken

O'Neale, L.M. & Kroeber, A.L.: ‹Archaeological Explorations in Peru. 3›, Field Mus. Nat. Hist. Anthrop. 2 (3), Chicago 1937: 121-215
Analyse; Flechten; Kettenstoffe; Weben; Ränder; Vrz. festes Mat.; Wirken

O'Neale, L.M. & Whitaker, T.W.: ‹Embroideries of the Early Nazca Period and the Crop Plants Depicted on them›, Southwestern Journal of Anthropology 8 (4), Albuquerque 1947: 294-321
Archäologie; Vrz. festes Mat.

O'Neil, D.: ‹Manufacturing Techniques of Chibcha Spindle Whorls›, Man, Ns. Vol. 9 No. 3, London 1974: 480-484
Archäologie; Fadenbildung

Ŏtric, O.: Izložba: Folk weaving in northern Dalmatia. Zadar 1981
Volkskunde; Sammlungsbeschr.; Weben; Florbildung

Paine, S.: Chikan Embroidery: The Floral Whitework of India. Shire Ethnography No. 12, Dyfed 1989
Analyse; Ethnographie; Vrz. festes Mat.

Palm, H.: Ancient Art of the Menahasa. Madjalah, Djilid 86, Bandung 1958
Ethnographie; Flechten; Weben

Palmieri, M. & Ferentinos, F.: ‹The Iban Textiles of Sarawak›, Fischer, J. (ed.) Threads of Tradition. Berkeley 1979: 73-78
Ethnographie; Vrz. flüssiges Mat.

Palotay, G.: Sárközi «rostkötes» -ek. Néprajzi Ertesitö 28, 1-4, Budapest o.J.
Volkskunde; Flechten

Palotay, G. & Ferenc, K.: Magyar adatok a Fonással Készült Isipe-Fökötökhöz. Néprajzi Ertesitö 3-4, 1933, Budapest 1934
Volkskunde; Kettenstoffe

Palotay, G. & Szabó, T.A.: Ismeretlenebb Erdély Magyar Himzéstipusok: Einige ungarische Stickereien aus Siebenbürgen. Néprajzi Ertesitö 33, Budapest 1940
Volkskunde; Vrz. festes Mat.

Palotay, G.: siehe auch Ferenc, K.

Pancake, C.M. & Baizerman, S.: ‹Guatemalan gauze weaves: a description and key to identification›, Textile Museum Journal 19-20, 1980-81, Washington 1981: 1-26
Analyse; Ethnographie; Weben

Pandit, S.: Indian embroidery: Its variegated charms. Baroda 1976
Analyse; Ethnographie; Vrz. festes Mat.

Pangemanan, S.: Keradjinan orang Minahasa. Pelbagai, Batavia 1919
Ethnographie; Fadenbildung; Weben

Paravicini, E.: Batik und Ikat: Indonesische Färbekunst. Basel 1924
Ethnographie; Vrz. flüssiges Mat.

Parker, A. & Neal, A.: ‹Outside Influences on the Design of San Blas Indian Molas›, I. Emery Roundtable on Mus. Textiles 1976, Washington 1977: 373-385
Ethnographie; Vrz. festes Mat.

Parker, A. & Neal, A.: Molas: Folk art of the Cuna Indians. Barre 1977
Ethnographie; Vrz. festes Mat.

Pathy, D.: siehe auch Fischer, E.

Patterson, N.: ‹Spinning and Weaving Part I›, Singer, C. et al. (ed.) A History of Technology Band 2, Oxford 1956: 191-220
Archäologie; Fadenbildung; Weben

Patterson, N.: ‹Spinning and Weaving, Part II›, Singer, C. et al. (ed.) A History of Technology Band 3, Oxford 1957: 151-181
Allg.; Fadenbildung; Weben

Patterson, N. & Gellermann, N.L.: Swiss-German and Dutch-German Mennonite traditional art in the Waterloo Region Ontario. Mercury Series 27, Ottawa 1979
Volkskunde; Vrz. festes Mat.

Paul, A.: Paracas Textiles. Etnografiska Mus. 34, Göteborg 1979
Archäologie; Weben; Vrz. festes Mat.

Paul, A.: ‹Re-establishing provenience of two Paracas mantles›, Textile Museum Journal 19-20, 1980-81, Washington 1980: 35-40
Archäologie; Weben; Vrz. festes Mat.

Paul, A.: ‹Continuity in Paracas Textile Iconography and its Implications for the Meaning of Linear Style Images›, Rowe, A.P. (ed.) J.B. Bird Conf. on Andean Tex. 1984, Washington 1986: 81-100
Archäologie; Allg.; Weben; Vrz. festes Mat.

Paul, F.: Spruce root basketry of the Alaska Tlingit. Indian Handicrafts 8, Lawrence 1944
Ethnographie; Flechten; Ränder

Paulis, L.: ‹Le Drochel›, Bull. Needle and Bobbin Club Vol. 7 No. 2, New York 1923: 3-13
Analyse; Volkskunde; Flechten

Pauly, S.B. & Corrie, R.W.: The Kashmir shawl. New Haven 1975
Ethnographie; Sammlungsbeschr.; Weben

Payne Hatcher, E.: Visual Metaphors: a Formal Analysis of Navajo Art. St. Paul 1967
Ethnographie; Weben; Wirken

Pazaurek, G.E.: Glasperlen und Perlenarbeiten in alter und neuer Zeit. Darmstadt 1911
Allg.; Perlenstoffe

Peacock, A.V.: Batik, ikat, plangi and other traditional textiles from Malaysia. Hong Kong 1977
Ethnographie; Sammlungsbeschr.; Vrz. flüssiges Mat.

Pearson's, M.: Traditional Knitting. London 1984
Volkskunde; Maschenstoffe

Pedersen, I.R.: ‹The Analysis of the Textiles from Evebo Eide, Gloppe, Norway›, Textilsymposium Neumünster 1981, Neumünster 1982: 75-84
Archäologie; Weben; Stoffzusammensetzung

Peebles, M.A.: Court and village: India's textile traditions. Santa Barbara 1982
Sammlungsbeschr.; Weben; Vrz. festes Mat.; Vrz. flüssiges Mat.

Peebles, M.A.: Dressed in splendor: Japanese costume, 1700-1926. Santa Barbara 1987
Ethnographie; Sammlungsbeschr.

Pelanzy, A. & Català, R.: Spanish folk crafts. Barcelona 1978
Volkskunde; Flechten; Weben; Florbildung; Vrz. festes Mat.

Pellaton-Chable, B.: ‹Les dessous du panier: les vanneries de la collection Amoudruz›, Bul. Ann. Musée d'Ethnograph. de Genève No. 307, Genève 1987: 116-129
Volkskunde; Flechten

Pelletier, G.: Abenaki basketry. Nat. Mus. of Man 85, Ottawa 1982
Ethnographie; Flechten

Pelras, C.: ‹Tissages Balinais›, Objects et Mondes Tome 2, Fasc. 1, Paris 1962: 215-239
Ethnographie; Weben

Pelras, C.: ‹Contribution à la Géographie et à l'Ethnologie du Métier à Tisser en Indonésie›, Langues et Technique, Nature et Société 2, Paris 1972: 81-97
Ethnographie; Weben

Pemberton, J.: Yoruba Beadwork: Art of Nigeria. New York 1980
Ethnographie; Sammlungsbeschr.; Perlenstoffe

Pemberton, J.: siehe auch Drewal, H.J.

Pence Britton, N.: Some early Islamic Textiles in the Museum of Fine Arts, Boston. Boston 1938
Sammlungsbeschr.; Weben; Vrz. flüssiges Mat.

Pendelton, M.: Navajo and Hopi weaving techniques. London 1974
Ethnographie; Arbeitsanleitung; Wirken

Pendergast, M.: Raranga whakairo: Maori plaiting patterns. Auckland 1982
Analyse; Ethnographie; Flechten

Pendergast, M.: The Aho Tapu: The Sacred Thread. Honolulu 1987
Analyse; Ethnographie; Flechten; Kettenstoffe; Florbildung; Ränder

Perani, J.: ‹Nupe Costume Crafts›, African Arts Vol. 12 No. 3, Los Angeles 1979: 52-57
Ethnographie; Weben; Vrz. festes Mat.

Perani, J.: ‹Northern Nigerian Prestige Textiles: Production, Trade, Patronage and Use›, Basler Beiträge zur Ethnologie Band 30, Basel 1989: 65-82
Ethnographie; Weben

Pérez de Micou, C.: ‹Aprovechamiento de la Flora Local en la Porción enterriana del Area del Paraná Medio›, Instituto Nacional de Antropología, Buenos Aires 1984: 93-118
Ethnographie; Flechten

Perini, R.: ‹Manufatti in legno dell'Età del Bronzo nel territorio delle Alpi meridionali›, CH-Landesmuseum (ed.) Die ersten Bauern. Pfahlbaufunde Europas Vol. 2, Zürich 1990: 253-265
Archäologie; Flechten

Pestalozzianum Zürich; Pfahlbauland: Werkverfahren in den Ufer- und Moordörfern. Zürich 1990
Analyse; Archäologie; Arbeitsanleitung; Flechten; Kettenstoffe; Weben

Peter, I.: Deux textiles de provenance inconnue. Cieta 41 (42), Lyon 1975
Weben

Peter, I.: Textilien aus Ägypten im Museum Rietberg. Zürich 1976
Archäologie; Sammlungsbeschr.; Kettenstoffe; Wirken
Volkskunde; Weben

Peter-Müller, I.: Seidenband in Basel. Basel 1983
Volkskunde; Weben

Peter-Müller, I.: ‹Ein rätselhaftes Bischofsgrab›, Jahresbericht des Histor. Museums 1975, Basel 1978: 33-57
Archäologie; Weben

Petersen, K.D.: ‹Chippewa Mat-Weaving Techniques›, Bull. Bur. Am. Ethnol. 186, Washington 1963: 211-286
Analyse; Ethnographie; Flechten; Ränder

Petersen, K.S.: ‹Techniques applied to some feather garments from the Tupinamba indians, Brasil›, Folk 21-22, 1979-80, Kopenhagen 1980: 263-270
Analyse; Ethnographie; Florbildung

Petrasch, E.: Die Türkenbeute: eine Auswahl aus der türkischen Trophäensammlung des Markgrafen Ludwig Wilhelm von Baden. Bildhefte des Badischen Landesmus. 20, Karlsruhe 1970
Volkskunde; Flechten; Weben; Florbildung; Wirken

Petrescu, P.: ‹Roumanian carpets from the collection of the Art Museum of the Academy of the Socialist Republic of Roumania›, Revue Roumaine d'Histoire et de l'Art 4, Bukarest 1967
Volkskunde; Wirken

Petrucci, V.: Simbolo e Tecnica nei Tessuti dell' Antico Perù. Rom 1982
Archäologie; Sammlungsbeschr.; Fadenbildung; Maschenstoffe; Flechten; Weben

Petsopoulos, Y.: Der Kelim. Ein Handbuch. München 1980
Analyse; Ethnographie; Wirken

Pfister, R.: ‹Etudes textiles›, Revue des Arts Asiatiques Tome 8, Paris 1934: 77-94
Archäologie; Kettenstoffe; Weben; Vrz. festes Mat.

Pfister, R.: ‹Tissus du Yémen›, Revue des Arts Asiatiques Tome 10, Paris 1936: 78-81
Ethnographie; Vrz. festes Mat.; Vrz. flüssiges Mat.

Pfister, R.: Nouveaux textiles de Palmyre. Paris 1937
Archäologie; Weben

Pfister, R.: Textiles de Palmyre. Band 1-3, Paris 1937-40
Archäologie; Weben

Pfister, R.: ‹Coqs sassanides›, Revue des Arts Asiatiques Tome 12, Fasc. 1, Paris 1938: 40-47
Archäologie; Weben

Pfister, R.: Les Toiles imprimées de Fostat et l'Hindoustan. Paris 1938
Archäologie; Vrz. flüssiges Mat.

Pfister, R.: The Indian Art of Calico Printing in the Middle Ages: Characteristics and Influences. Indian Art Vol. 13 No. 1, London 1939
Ethnographie; Allg.; Vrz. flüssiges Mat.

Pfister, R.: ‹Toiles à inscriptions Abbasides et Fatimides›, Bull. d'Études Orientales 11, Paris 1946: 47-90
Archäologie; Allg.; Weben

Pfister, R.: ‹Le Rôle de l'Iran dans les Textiles d'Antinoé›, Ars Islamica Vol. 13, Ann Arbor 1948: 46-74
Allg.; Weben

Pfister, R.: Les tissus orientaux de la Bible de Théodule. Boston 1950
Archäologie; Allg.; Weben

Pfister, R.: Textiles de Halabiyeh. Inst. Franç. Arch. de Beyrouth, Bibl. Archéol. Hist. 48, Paris 1951
Archäologie; Weben

Pfister, R. & Bellinger, L.: Excavations at Dura Europos: Part II: The Textiles. New Haven 1945
Archäologie; Weben

Pfluger-Schindlbeck, I.: siehe auch Dombrowski, G.

Philip Stoller, I.: ‹The Revival Period in Navajo Weaving›, I. Emery Roundtable on Mus. Textiles 1976, Washington 1977: 453-466
Ethnographie; Weben; Wirken

Phillips, J.: European printed fabrics of the 19th century. Bull. Metrop. Mus. of Art Vol. 27 No. 3, New York 1932
Volkskunde; Vrz. flüssiges Mat.

Phillips, M.W.: Creative Knitting: A New Art Form. New York 1971
Arbeitsanleitung; Maschenstoffe

Pianzola, M. & Coffinet, J.: La tapisserie. Genève 1971
Allg.; Wirken

Pickering, W.R.: siehe auch Landreau, A.N.

Picton, J. & Mack, J.: African Textiles. British Museum, London 1979
Ethnographie; Fadenbildung; Weben; Perlenstoffe; Vrz. festes Mat.; Vrz. flüssiges Mat.

Pilar de, M.: Lisières et Franges de Toiles Egyptiennes. Bulletin de Liaison Tex. Anc. No. 28, Lyon 1968
Analyse; Ethnographie; Volkskunde; Ränder

Pinault, M.: siehe auch Viatte, F.

Pinto, S.: siehe auch Klimburg, M.

Pirngadie, M.: siehe auch Jasper, J.

Pittard, E.: ‹Les plus anciens tissus européens: Âge de la Pierre Polie›, Hyphé No. 1, Genève 1946: 19-21
Archäologie; Kettenstoffe

Plá, J.: Ñanduti: Encrucijada de dos mundos. Asunción 1990
Volkskunde; Kettenstoffe

Plazas de Nieto, C.: ‹Orfebrería Prehispánica del Altiplano Nariñense, Colombia›, Revista Colombiana de Antropología Vol. 21, 1977-78, Bogotá 1987: 197-244
Archäologie; Flechten

Pleyte, C.M.: De Inlandsche Nijverheid in West-Java als Sociaal-ethnologisch Verschnijnsel. Batavia 1912
Ethnographie; Fadenbildung; Weben; Vrz. flüssiges Mat.

Pleyte, W.: Antiquités coptes. Leiden 1900
Archäologie; Wirken

Plötz, R.: siehe auch Futagami, Y.

Ploier, H.: Textilkunst der Bakuba. Katalog z. Ausst. i. Landesmus. Joanneum, Graz, Graz 1988
Ethnographie; Sammlungsbeschr.; Weben; Florbildung

Plumer, C.: African Textiles. Michigan 1971
Ethnographie; Weben

Pocius, G.L.: Textile traditions of Eastern Newfoundland. Mercury Series 29, Ottawa 1979
Volkskunde; Fadenbildung; Maschenstoffe; Weben; Florbildung; Vrz. festes Mat.

Pokornowsky, I.: ‹Beads and personal adornment›, Fabrics of Culture. World Anthropology 86. The Hague 1979: 103-117
Ethnographie; Perlenstoffe

Polakoff, C.: Into indigo: African textiles and dyeing techniques. New York 1980
Analyse; Ethnographie; Vrz. flüssiges Mat.

Polakoff, C.: African Textiles and Dyeing Techniques. London 1982
Ethnographie; Weben; Vrz. flüssiges Mat.

Pongnoi, N.: siehe auch Campbell, M.

Ponting, K.G. & Chapman, S.D. (ed.): Textile History 11. Bath 1980
Analyse; Ethnographie; Weben; Vrz. flüssiges Mat.

Porter, F.W. (ed.): Native American Basketry: An Annotated Bibliography. Art Reference Collection, London 1988
Ethnographie; Flechten

Portillo, M.F.: ‹Equivalencias de las «técnicas de telar» prehispánicas del Perú›, Cuadernos Prehispánicos 4, Madrid 1976: 41-60
Archäologie; Weben

Pottinger, D.: Quilts from the Indiana Amish. New York 1983
Volkskunde; Sammlungsbeschr.; Arbeitsanleitung; Vrz. festes Mat.

Powell, R.J.: ‹African Art at the Field Museum›, African Arts Vol. 18 No. 2, Los Angeles 1985: 24-36
Ethnographie; Sammlungsbeschr.; Weben

Powers, W.K.: ‹Bessie Cornelius, star quilter of the Sioux›, Archiv für Völkerkunde 39, 1985, Wien 1987: 117-126
Volkskunde; Allg.; Vrz. festes Mat.

Pownall, G.: New Zealand Maori Arts and Crafts. Wellington 1976
Analyse; Ethnographie; Arbeitsanleitung; Fadenbildung; Flechten; Kettenstoffe; Florbildung

Poynor, R.: ‹Traditional Textiles in Owo, Nigeria›, African Arts Vol. 14 No. 1, Los Angeles 1980: 47-51
Ethnographie; Weben

Praeger, C.E.: ‹Mathematics and Weaving.› The H. Neumann lectures at the Int. Conf. of Math. Educ. Adelaide 1984. Notes on Pure Math. 13, Canberra 1986: 61-74
Systematik; Weben

Prangwatthanakun, S. & Cheesman, P.: Lan Na textiles: Yuan Lue Loa. Bangkok 1987
Ethnographie; Weben; Vrz. flüssiges Mat.

Preysing, M.: Spitzen. Bilderhefte d. Mus. f. Kunst u. Gewerbe No. 20, Hamburg 1987
Volkskunde; Sammlungsbeschr.; Kettenstoffe; Vrz. festes Mat.

Price, C.: Made in the South Pacific: Arts of the Sea People. New York 1979
Ethnographie; Florbildung

Priest, A. & Simmons, P.: Chinese Textiles. New York 1934
Allg.

Proud, N.: Textile printing and dyeing. London 1965
Arbeitsanleitung; Vrz. flüssiges Mat.

Provence, M.: Le Musée des Tapisseries à Aix-en-Provence. Hyphé No. 1, Genf 1946: 31-46
Sammlungsbeschr.; Florbildung

Prümers, H.: Präkolumbische Textilien von der mittleren Küste Perus aus der Sammlung des Römer Museums, Hildesheim. Bonn 1983
Archäologie; Fadenbildung; Maschenstoffe; Kettenstoffe; Weben; Ränder; Vrz. flüssiges Mat.

Prümers, H.: Der Fundort «El Castillo» im Huarmeytal, Peru: Ein Beitrag zum Problem des Moche-Huari-Textilstils. Bonn 1989
Analyse; Archäologie; Maschenstoffe; Flechten; Kettenstoffe; Weben; Ränder; Vrz. festes Mat.

Prümers, H.: Der Fundort «El Castillo» im Huarmeytal, Peru. Mundus Reihe Alt-Amerikanistik 4, Bonn 1990
Analyse; Archäologie; Fadenbildung; Maschenstoffe; Flechten; Weben; Ränder; Vrz. festes Mat.; Vrz. flüssiges Mat.; Wirken

Prunner, G.: Kunsthandwerk aus Guizhou. Hamburg 1983
Ethnographie

Puls, H.: Textiles of the Kuna Indian. Shire Ethnography, Aylesbury 1988
Analyse; Ethnographie; Vrz. festes Mat.

Pupareli, de, D.J.: siehe auch Rolandi, D.S.

Pylkkanen, R.: The use and traditions of Medieval rugs and coverlets in Finnland. Helsinki 1974
Volkskunde; Florbildung

Quadiri, M.A.: ‹Carpetweaving›, Trad. Arts of Hyderabad, o.O. o.J.: 34-36
Ethnographie; Florbildung

Quick, B. & Stein, J.A.: Ply-split camel girths of west India. Museum of Cultural History Vol. 1 No. 7, Los Angeles 1982
Systematik; Analyse; Ethnographie; Flechten

Raadt-Apel, M.J.: ‹Van Zuylen Batik, Pekalongam, Central Java›, Textile Museum Journal 19-20, 1980-81, Washington 1981: 75-92
Ethnographie; Vrz. flüssiges Mat.

Raaschou, D.: ‹Un document danois sur la fabrication des toiles peintes à Tranquebar, aux Indes, à la fin du XVIIe siècle›, Bull. de la Soc. Industrielle No. 729, 4, Mulhouse 1967
Allg.; Vrz. flüssiges Mat.

Rabineau, P.: ‹Catalogue of the Cashinahua Collection›, Dwyer, J.P. (ed.) The Cashinahua of Eastern Peru. Boston 1975
Sammlungsbeschr.; Flechten; Weben; Florbildung

Rabineau, P.: Feather arts: Beauty, wealth and spirits from five continents. Chicago 1980
Sammlungsbeschr.; Florbildung

Rachman, A.: Pelajaran seni batik modern. o.O. o.J.
Arbeitsanleitung; Vrz. flüssiges Mat.

Radin, P.: ‹Zur Netztechnik der südamerikanischen Indianer›, Zeitschrift für Ethnologie 38, Berlin 1906: 926-938
Ethnographie; Maschenstoffe

Rajab, J.S.: ‹Some Towels and Other Turkish Embroideries›, Arts of Asia Vol. 14 No. 3, Hong Kong 1984: 83-87
Ethnographie; Vrz. festes Mat.

Rajab, J.S.: ‹The Road to Medina›, Arts of Asia Vol. 17 No. 1, Hong Kong 1987: 52-64
Ethnographie; Vrz. festes Mat.; Vrz. flüssiges Mat.

Ramisch, E.: siehe auch Ley, H.

Ramos, L.J. & Blasco, M.C.: ‹Técnicas textiles del Perú prehispánico utilizadas en los tejidos del Museo de América de Madrid›, Cuadernos Prehispánicos 4, Valladolid 1976: 19-40
Sammlungsbeschr.; Kettenstoffe; Weben; Vrz. festes Mat.

Ramos, L.J. & Blasco, M.C.: Los tejidos y las técnicas textiles en el Perú prehispánico. Valladolid 1977
Analyse; Archäologie; Weben; Ränder; Vrz. festes Mat.; Wirken

Ramseyer, U.: «Kamben geringsing» in Tenganan Pegeringsingan. Tenganan 1980
Ethnographie; Vrz. flüssiges Mat.

Ramseyer, U.: ‹Clothing, Ritual and Society in Tenganan Pegeringsingan, Bali›, Verh. Nat. Forsch. Ges. Band 95, Basel 1984
Ethnographie; Vrz. flüssiges Mat.

Ramseyer, U.: ‹The traditional textile craft and textile workshops of Sidemen, Bali›, Indonesian Circle 42, London 1987: 3-15
Ethnographie; Weben; Vrz. flüssiges Mat.

Ramseyer, U. & Ramseyer-Gygi, N.: Bali, Distrikt Karangasem: Doppelikat in Tenganan Pegeringsingan. Encyclopaedia Cinematographica Serie 9, No. 11-14, Göttingen 1979
Ethnographie; Film; Vrz. flüssiges Mat.

Ramseyer-Gygi, N.: siehe auch Ramseyer, U.

Ramseyer-Gygi, U. & N.: siehe auch Bühler, A.

Rangkuty, R.: Peadjaran membatik. Medan o.J.
Arbeitsanleitung; Vrz. flüssiges Mat.

Rangnekar, D.V.: Himroo weaving: Handicrafts in Maharastra. Census of India, Bombay 1966
Ethnographie; Weben

Ranjan, M.P. & Yier, N. & Pandya, G.: Bamboo and Cane Crafts of Northeast India. New Delhi 1986
Analyse; Ethnographie; Flechten; Ränder

Rapp, A.: Schweizerische Mustertücher. Bern 1976
Volkskunde; Sammlungsbeschr.; Vrz. festes Mat.

Rapp, A. & Stucky, M.: Zahm und Wild (Basler und Strassburger Bildteppiche des 15. Jahrhunderts). Mainz 1990
Analyse; Florbildung; Wirken

Rast, A.: ‹Die Verarbeitung von Bast›, Schweiz. Landesmuseum (ed.) Die ersten Bauern. Pfahlbaufunde Europas Vol. 1, Zürich 1990: 119-122
Archäologie; Fadenbildung; Maschenstoffe; Flechten; Kettenstoffe

Rast, A.: ‹Jungsteinzeitliche Kleidung›, Schweiz. Landesmuseum (ed.) Die ersten Bauern. Pfahlbaufunde Europas Vol. 1, Zürich 1990: 123-126
Archäologie; Florbildung

Rast, A.: Neolithische Textilien im Raum Zürich. Ber. der Zürcher Denkmalpflege Monografien, Zürich 1991
Archäologie; Fadenbildung; Maschenstoffe; Flechten; Kettenstoffe; Florbildung; Ränder

Rau, C.: ‹Prehistoric Fishing in Europe and North America›, Smith. Contr. to Knowledge 25 (1), Washington 1884: 1-342
Archäologie; Maschenstoffe

Rau, W.: Weben und Flechten im Vedischen Indien. Akad. d. Wiss. und lit. 11, Mainz 1970: 649-683
Ethnographie; Allg.; Weben

Rauter, W.: Mitteleuropa. Tirol: Weben eines Bandes. Encyclopaedia Cinematographica 2 (6), Göttingen 1969
Volkskunde; Film; Weben

Ravicz, R. & Romney, K.A.: ‹The Amuzgo›, Handbook of Middle Am. Indians 7, Austin 1969: 417-433
Ethnographie; Weben

Ravines, R. (ed.): Tecnología Andina. Lima 1978
Weben

Ravines, R.: ‹Tintes y diseños textiles actuales de Cajamarca›, Tecnología Andina. Lima 1978: 255-268
Ethnographie; Weben

Rawlings, S.: siehe auch Specht, S.

Ray, A.: ‹The Baluchari saris of Bengal during the Nawabi period›, Riboud, K. (ed.) In Quest of Themes and Skills. Bombay 1989: 72-78
Ethnographie; Weben

Ray, D.J.: ‹Bering Strait Eskimo›, Handbook of North Am. Indians 5, Washington 1984: 285-302
Ethnographie; Flechten

Raymond, P. & Bayona, B.: ‹Vida y muerte del algodón y de los tejidos santandereanos›, Cuadernos de Agroindustria Javeriana No. 9, Bogotá 1982
Archäologie; Weben

Réal, D.: Les Batiks de Java. Paris 1923
Allg.; Vrz. flüssiges Mat.

Réal, D.: Tissus des Indes Néerlandaises. Paris 1977
Allg.; Vrz. flüssiges Mat.

Reath, N.A. & Sachs, E.B.: Persian textiles and their technique from the 6th to the 18th century. New Haven 1937
Analyse; Sammlungsbeschr.; Kettenstoffe; Weben

Redwood: Backstrap weaving of northern Ecuador. Santa Cruz 1974
Ethnographie; Arbeitsanleitung; Weben

Reed, C.D.: Turkoman Rugs. Cambridge 1966
Sammlungsbeschr.; Florbildung

Reichard, G.: Navajo Shepherd and Weaver. New York 1936
Ethnographie; Weben; Wirken

Reichard, G.: Weaving a Navajo Blanket: Reprint from the 1936 edition. New York 1974
Ethnographie; Arbeitsanleitung; Weben; Wirken

Reichelt, R.: Das Textilornament: Ein Formenschatz für die Flächengestaltung. Dt. Bauakademie, Berlin 1956
Volkskunde; Flechten; Weben; Vrz. festes Mat.; Vrz. flüssiges Mat.; Stoffzusammensetzung

Reichel-Dolmatoff, G.: ‹Etnografía Chimila›, Boletín de Arqueología 2 (2), Bogotá 1946
Ethnographie; Maschenstoffe; Kettenstoffe

Reichel-Dolmatoff, G.: ‹Notas etnográficas sobre los Indios del Chocó›, Revista Col. Antropología 9, Bogotá 1960
Ethnographie; Flechten

Reichel-Dolmatoff, G.: Basketry as Metaphor. Occ. Papers. Mus. Cult. Hist. 5, Los Angeles 1985
Ethnographie; Flechten

Reichert, E.: Batiken mit Naturfarben. Bern 1984
Arbeitsanleitung; Vrz. flüssiges Mat.

Reichlen, H.: ‹Dos telas pintadas del Norte del Perú›, Revista Peruana de Cultura No. 5, Lima 1965: 5-16
Archäologie; Vrz. flüssiges Mat.

Reid, W.: siehe auch Holm, B.

Reidemeister, K.: Knotentheorie. Zentralblatt für Mathematik 1, Berlin 1932
Systematik; Maschenstoffe

Reijnders-Baas, C.: ‹Sprang: Eine alte Flechttechnik mit zeitgenössischen Möglichkeiten.›, Ornamente No. 1, 1988: 47-54
Arbeitsanleitung; Kettenstoffe

Reijnders-Baas, C.: ‹Intertwining: Eine weitere Sprang-technik›, Ornamente No. 2, 1988: 31-36
Arbeitsanleitung

Reindel, M.: Textiles prehispánicos del «Museo de América», Madrid. Bonn 1987
Archäologie; Maschenstoffe; Weben

Reinhard, U. & V.: ‹Notizen über türkische Webteppiche›, Bässler Archiv 22, Berlin 1974: 165-223
Ethnographie; Kettenstoffe; Wirken

Reinisch, H.: Satteltaschen. Graz 1985
Kettenstoffe; Florbildung; Wirken

Reitz, G.: siehe auch Bachmann, M.

Rendall, J. & Tuohy, D.R. (ed.): Collected Papers on Aboriginal Basketry. Nevada State Mus. Anthr. Papers 16, Carson City 1974
Analyse; Ethnographie; Flechten; Florbildung; Ränder

Rengifo, A.: Las artesanías rurales de hoy y de ayer. Perú Agrario 3, No. 3, Lima 1979
Ethnographie; Volkskunde

Renne, E.P.: ‹The Thierry Collection of Hausa Artifacts at the Field Museum›, African Arts Vol. 19 No. 4, Los Angeles 1986: 54-59
Ethnographie; Sammlungsbeschr.; Weben; Wirken

Renner, D.: Die koptischen Stoffe im Martin von Wagner Museum der Universität Würzburg. Wiesbaden 1974
Archäologie; Sammlungsbeschr.; Wirken

Renner, D.: Die spätantiken und koptischen Textilien im Hessischen Landesmuseum in Darmstadt. Wiesbaden 1985
Archäologie; Sammlungsbeschr.; Weben; Wirken

Renner-Volbach, D.: Die koptischen Textilien im Museo Missionario Etnologico der Vatikanischen Museen. Wiesbaden 1988
Archäologie; Sammlungsbeschr.; Weben; Wirken; Stoffzusammensetzung

Restrepo, V.: Los Chibchas antes de la conquista española. Biblioteca Banco Popular Vol. 26, Bogotá 1972
Archäologie; Weben

Reswick, I.: ‹Traditional Textiles of Tunisia›, African Arts Vol. 14 No. 3, Los Angeles 1981: 56-65
Ethnographie; Fadenbildung; Weben; Florbildung; Wirken

Reswick, I.: Traditional textiles of Tunisia and related North African weavings. Los Angeles 1985
Analyse; Ethnographie; Fadenbildung; Kettenstoffe; Weben; Florbildung; Wirken

Revault, J.: Designs and patterns from north African carpets and textiles. New York 1973
Allg.; Florbildung

Ribeiro, B.G.: ‹Bases para uma classificação dos adornos plumários dos Indios do Brasil›, Archivo do Mus. Nac. 43, Rio de Janeiro 1957: 59-125
Systematik; Ethnographie; Florbildung

Ribeiro, B.G.: ‹Tupi Indian weavers of the Xingu-River›, Nat. Geo. Soc. Research Reports 21, Washington 1978: 411-419
Ethnographie; Flechten; Kettenstoffe; Weben

Ribeiro, B.G.: A Civilização da Palha: a Arte do Trançado dos Indios do Brasil: Tecnicas e formas, um estudo taxonômico. São Paulo 1980
Ethnographie; Maschenstoffe; Kettenstoffe; Weben; Ränder

Ribeiro, B.G.: A tecnologia do tecido com tear indígena. Rio de Janeiro 1980
Ethnographie; Flechten; Weben

Ribeiro, B.G.: ‹Possibilidade de aplicação do criterio de forma no estudo de contatos intertribais, pelo exame de tecnica de remate›, Revista de Antropologia 23, São Paulo 1980: 31-67
Analyse; Ethnographie; Flechten; Ränder

Ribeiro, B.G.: ‹Visual categories and ethnic identity: The symbolism of Kayabi Indian Basketry›, Archeology and Anthropology 5 (1), 1982
Ethnographie; Flechten

Ribeiro, B.G.: ‹A oleira e a tecelã: o papel social da mulher na sociedade Asurini›, Revista de Antropologia 25, São Paulo 1982: 25-61
Ethnographie; Fadenbildung; Flechten

Ribeiro, B.G.: ‹Araweté: a india vestida›, Revista de Antropologia 26, São Paulo 1983: 1-38
Ethnographie; Fadenbildung; Kettenstoffe

Ribeiro, B.G.: ‹La vannerie et l'art décoratif des Indiens du Haut Xingu, Brésil›, Objects et Mondes 24 (12), Paris 1984: 57-68
Ethnographie; Flechten

Ribeiro, B.G.: ‹Tecelas Tupi do Xingu›, Revista de Antropologia 27-28, São Paulo 1985: 355-402
Ethnographie; Fadenbildung; Maschenstoffe; Flechten; Kettenstoffe; Weben

Ribeiro, B.G.: A arte do trançado dos índios do Brasil. Mus. Goeldi, Belém 1985
Systematik; Analyse; Ethnographie; Flechten; Ränder

Ribeiro, B.G.: ‹Bases para uma classificação dos adornos plumarios dos índios do Brasil›, Suma Etnológica Brasileira 3, Petrópolis 1986: 189-226
Systematik; Maschenstoffe; Flechten; Kettenstoffe; Weben; Florbildung; Ränder

Ribeiro, B.G.: ‹A Arte de trançar: Dois macroestilos, dois modos de vida›, Suma Etnológica Brasileira 2, Petrópolis 1986: 283-321
Analyse; Ethnographie; Kettenstoffe; Weben

Ribeiro, B.G.: ‹Glossário dos trançados›, Suma Etnológica Brasileira 2, Petrópolis 1986: 314-321
Systematik; Ethnographie; Maschenstoffe; Flechten; Weben

Ribeiro, B.G.: ‹Artes téxteis indígenas do Brasil›, Suma Etnológica Brasileira 2, Petrópolis 1986: 351-395
Analyse; Ethnographie; Maschenstoffe; Flechten; Kettenstoffe; Weben

Ribeiro, B.G.: ‹Glossário dos tecidos›, Suma Etnológica Brasileira 2, Petrópolis 1986: 390-396
Systematik

Ribeiro, B.G.: ‹Desenhos semânticos e identidade étnica: o caso Kayabí›, Suma Etnológica Brasileira 3, Petrópolis 1986: 265-289
Ethnographie; Flechten

Ribeiro, B.G.: Dicionário do artesanato indígena. São Paulo 1988
Ethnographie; Fadenbildung; Maschenstoffe; Flechten; Weben; Florbildung; Perlenstoffe; Ränder

Ribeiro, B.G.: ‹Semantische Zeichnungen und ethnische Identität: Das Beispiel der Kayabi›, Münzel, M. (ed.) Die Mythen Sehen. Roter Faden z. Austellung. Mus. f. Völkerk. 14, Frankfurt 1988: 392-439
Ethnographie; Flechten

Ribeiro, B.G.: Arte Indígena: Linguagem Visual: Indigenous Art, Visual Language. São Paulo 1989
Ethnographie; Flechten; Kettenstoffe; Florbildung

Ribeiro, D. & B.G: Arte plumaria dos índios Kaapor. Rio de Janeiro 1957
Ethnographie; Florbildung

Riboud, K.: ‹A reappraisal of Han-Dynasty monochrome Figured silks›, Cieta 38, 2, Lyon 1973
Archäologie; Weben

Riboud, K.: ‹Further indication of changing techniques in figured silks of the post-Han period›, Cieta 41-42, 1-2, Lyon 1975
Archäologie; Weben

Riboud, K.: ‹Techniques and problems encountered in certain Han and T'an Specimens›, I. Emery Roundtable on Mus. Textiles 1974, Washington 1975: 153-159
Archäologie; Weben

Riboud, K.: ‹A Closer View of Early Chinese Silks›, Gervers, V. (ed.) Studies in Textile History. Toronto 1977: 252-280
Archäologie; Weben

Riboud, K. (ed.): In Quest of Themes and Skills – Asian Textiles. Marg Publications, Bombay 1989
Ethnographie; Archäologie; Weben; Florbildung; Vrz. festes Mat.; Vrz. flüssiges Mat.; Wirken

Riboud, K. & Vial, G.: ‹Les Soieries Han›, Arts Asiatiques Tome 17, Paris 1968: 93-141
Archäologie; Weben

Riboud, K. & Vial, G.: ‹Tissus de Tonen-Houang conservés au Musée Guimet et à la Bibliothèque Nationale›, Mission Paul Pelliot Vol. 13, Paris 1970
Analyse; Sammlungsbeschr.; Weben

Ricard, P.: ‹Le Batik Berbère›, Hespéris 4, Paris 1925: 411-426
Ethnographie; Vrz. flüssiges Mat.

Ricard, P.: Tapis du Moyen Atlas. Corpus des tapis marocains Vol. 4, Paris 1926
Allg.; Florbildung

Ricard, P.: siehe auch Bel, A.

Richman, R.: ‹Decorative Household Objects in Indonesia›, Arts of Asia Vol. 10 No. 5, Hong Kong 1980: 129-135
Ethnographie; Flechten; Perlenstoffe

Rickenbach, W.: Lexikon mit Schwergewicht auf industrielles Weben. Fachwörterbuch der Textilkunde, Zürich 1944
Allg.; Weben

Riddell, F.A.: ‹Maidu and Konkow›, Handbook of North Am. Indians 8, Washington 1978: 370-386
Analyse; Ethnographie; Maschenstoffe; Flechten; Florbildung

Riedinger, H.: siehe auch Riedinger, R.

Riedinger, R. & Riedinger, H.: Einfaches Weben. Stuttgart 1980
Ethnographie; Arbeitsanleitung; Weben

Riefstahl, R.M.: Persian and Indian textiles. New York 1923
Ethnographie; Weben

Riesenberg, S.H. & Gayton, A.H.: ‹Caroline Island Belt Weaving›, Southwestern Journal of Anthro. Vol. 8 No. 3, Albuquerque 1952: 342-375
Analyse; Ethnographie; Weben; Perlenstoffe

Riester, J.: ‹Die materielle Kultur der Chiquitano Indianer (Ostbolivien)›, Archiv für Völkerkunde 25, Wien 1971: 143-230
Analyse; Ethnographie; Sammlungsbeschr.; Fadenbildung; Maschenstoffe; Flechten; Kettenstoffe; Weben

Riester, J.: Die Pauserna-Guarasug'wä. Collectana Inst. Anthropos 3, St. Augustin 1972
Ethnographie; Fadenbildung; Maschenstoffe; Flechten; Kettenstoffe

Ritch, D. & Wada, Y.: Ikat: an introduction. Berkeley 1975
Analyse; Ethnographie; Vrz. flüssiges Mat.

Rivera, A.: siehe auch Villegas, L.

Roberts, H.H.: Basketry of the San Carlos Apache Indians. o.O. 1929
Ethnographie; Flechten

Robinson, N.V.: ‹Mantones de Manila: Their Role in China's Silk Trade›, Arts of Asia Vol. 17 No. 1, Hong Kong 1987: 65-75
Volkskunde; Vrz. festes Mat.

Robinson, S.: A history of dyed textiles. London 1969
Ethnographie; Vrz. flüssiges Mat.

Robyn, J.: ‹Political motives: the batiks of Mohamad Hadi of Solo›, Gittinger, M. (ed.) To Speak with Cloth. Los Angeles 1989: 131-150
Ethnographie; Vrz. flüssiges Mat.

Rodee, M.E: Weaving of the Southwest: from the Maxwell Museum of Anthropology. West Chester 1987
Analyse; Ethnographie; Kettenstoffe; Weben; Florbildung

Rodee, M.E.: Southwestern weaving. Albuquerque 1977
Ethnographie; Sammlungsbeschr.; Weben; Wirken

Rodee, M.E.: Old Navajo Rugs: Their Development from 1900 to 1940. Albuquerque 1981
Ethnographie; Weben; Wirken

Rodel, G.: Die Technik in der Freiämter, Seetaler und Obwaldner Strohflechterei. Bern 1949
Analyse; Volkskunde; Flechten

Rodgers, S.: Power of Gold. Geneva 1985
Ethnographie; Weben; Vrz. flüssiges Mat.

Rodgers-Siregar, S.: ‹Blessing shawls: The Social Meaning of Sipirok Batak Ulos›, I. Emery Roundtable on Mus. Textiles 1979, Washington 1980: 96-114
Ethnographie; Weben

Roessel, R.: ‹Navajo Arts and Crafts›, Handbook of North Am. Indians 10, Washington 1983: 592-604
Ethnographie; Fadenbildung; Flechten; Weben; Wirken

Rogers, E.S.: The material culture of the Mistassinis. Bull. Anthr. Series Nat. Mus. 218, Ottawa 1967
Ethnographie; Allg.; Maschenstoffe

Rogers, E.S. & Leacock, E.: ‹Montagnais – Naskapi›, Handbook of North Am. Indians 6, Washington 1981: 169-189
Ethnographie; Flechten

Rogers, E.S. & Smith, J.G.: ‹Environment and Culture in the Shield and Mackenzie Borderlands›, Handbook of North Am. Indians 6, Washington 1981: 130-145
Ethnographie; Maschenstoffe; Flechten; Florbildung

Rogers, J.M.: Topkapi Textilien: Sarayi-Museum. Zürich 1986
Analyse; Sammlungsbeschr.; Vrz. flüssiges Mat.

Rogers, N.: ‹Some rush mats with warp movement as patterning›, Rogers, N. (ed.) In Celebration of the Curious Mind. Loveland 1983: 9-20
Ethnographie; Kettenstoffe

Rohrer, E.F.: ‹Die Flechterei der Amhara›, Jahrbuch des Bern. Hist. Museum 1927, Bern 1928: 17-31
Ethnographie; Flechten

Rol, N.: Kleines Lexikon der Stickerei. Hannover 1980
Analyse; Arbeitsanleitung; Vrz. festes Mat.

Rolandi, D.S.: ‹Los tejidos de Río Doncellas, Dep. Cochinoca, Provincia de Jujuy›, Actas Jornadas de Arqueología 2, Buenos Aires 1979: 22-73
Archäologie; Weben

Rolandi, D.S.: ‹Los Gorros de Santa Rosa de Tastil, Prov. de Salta›, Relaciones 5 (2), Buenos Aires 1971
Archäologie; Maschenstoffe; Florbildung

Rolandi, D.S.: ‹Análisis de la cestería de Alero del Dique, Dep. Prov. de Neuquen›, Trabajos de Prehistoria 1, Buenos Aires 1981
Archäologie; Flechten

Rolandi, D.S.: ‹Los materiales textiles y cesteros de Huachichocana III: Dep. de Tumbaya, Jujuy›, Paleoetnología 9, Buenos Aires 1985
Archäologie; Maschenstoffe; Flechten

Rolandi, D.S. & Pupareli, de, D.J.: ‹La tejedura tradicional de la Puna Argentino-Boliviana›, Cuad. Inst. Nac. Antrop. 5 (10), 1983-85, Buenos Aires 1985
Ethnographie; Fadenbildung; Weben; Vrz. flüssiges Mat.

Roma, J.: Etnografià de Filipines. Barcelona 1986
Ethnographie; Sammlungsbeschr.; Allg.

Romano, R.: siehe auch Leib, E.

Romney, K.A.: siehe auch Ravicz, R.

Ronge, V.: ‹Das Handwerkertum›, Müller, C.C. (ed.) Der Weg zum Dach der Welt. München 1982: 153-201
Ethnographie; Flechten; Weben; Florbildung; Vrz. flüssiges Mat.

Roquette-Pinto, E.: Rondonia: Eine Reise in das Herzstück Südamerikas. Veröff. zum Archiv für Völkerkunde Band 1, Wien 1954
Analyse; Ethnographie; Flechten; Kettenstoffe

Rose, E.: ‹The Master Weavers›, Festival of India in the USA 1985-1986, New York 1985: 178-186
Ethnographie; Vrz. festes Mat.; Vrz. flüssiges Mat.

Rose, R.G.: Symbols of sovereignity: Feather girdles of Tahiti and Hawaii. Pacific Anthropological Recor. 28, Honolulu 1978
Ethnographie; Allg.; Florbildung

Rosenberg, A. & Haidler, M. & van Rosevelt, A.: The art of the ancient weaver: Textiles from Egypt. Ann Arbor 1980
Archäologie; Fadenbildung; Kettenstoffe; Florbildung

Rosengarten, D.: Row upon Row: Sea Grass Baskets of the South Carolina Lowcountry. Mc Kissik Mus. Univ. South Carolina 1986
Volkskunde; Flechten

Ross, D.H.: siehe auch Cole, H.M.

Ross, M.: The Essentials of Handspinning. Malvern 1980
Fadenbildung

Ross, M.: Encyclopaedia of Handspinning. London 1988
Ethnographie; Fadenbildung

Rossbach, E.: Baskets as textile art. New York 1973
Ethnographie; Volkskunde; Flechten; Florbildung; Perlenstoffe

Rossbach, E.: The Art of Paisley. New York 1980
Allg.; Weben

Rossie, J.P. & Claus, G.J.M.: ‹Imitation de la vie feminine dans les jeux des filles Glirib (Sahara, Tunisie)›, Liber Memorialis. Gent 1983: 331-347
Ethnographie; Fadenbildung; Flechten; Weben

Roth, W.E.: ‹Some Technological Notes from the Pomeroon Distr. British Guiana›, Journal of the Royal Anthrop. Inst. 40, London 1910: 23-38
Analyse; Ethnographie; Fadenbildung; Maschenstoffe; Flechten; Kettenstoffe

Roth, W.E.: An Introductory Study of the Arts, Crafts and Customs of the Guiana Indians. Annual Rep. Bureau Am. Ethn. 38, 1916-17, Washington 1918
Analyse; Ethnographie; Maschenstoffe; Flechten; Kettenstoffe; Weben; Perlenstoffe; Ränder

Roth, W.E.: Additional Studies of the Arts, Crafts and Customs of the Guiana Indians. Bull. Bureau Am. Ethnology 91, Washington 1929
Analyse; Ethnographie; Maschenstoffe; Flechten; Perlenstoffe

Rouffaer, G.P.: Catalogus der Oostindische Weefsels, Javaansche Batiks en Oud Indische Meubelen. Oost en West, s'-Gravenhage 1901
Sammlungsbeschr.; Weben; Vrz. flüssiges Mat.

Rouffaer, G.P.: Over ikats, tjinde's patola's en chiné's. Kolonial Weekblad 22, 1901, s'-Gravenhage 1902
Analyse; Vrz. flüssiges Mat.

Rouffaer, G.P.: Weefsels. Museum voor Land- en Volkenkunde, Amsterdam 1902
Ethnographie; Sammlungsbeschr.; Weben

Rouffaer, G.P.: Die Batik-Kunst in Niederländisch-Indien und ihre Geschichte. Utrecht 1914
Ethnographie; Vrz. flüssiges Mat.

Rowe, A.P.: ‹Interlocking Warp and Weft in the Nasca 2 Style›, Textile Museum Journal 3 (3), Washington 1972: 67-78
Archäologie; Kettenstoffe; Wirken

Rowe, A.P.: ‹Weaving processes in the Cuzco area of Peru›, Textile Museum Journal 4 (2), Washington 1975: 30-46
Analyse; Ethnographie; Weben

Rowe, A.P.: Warp patterned weaves of the Andes.
Washington 1977
Ethnographie; Archäologie; Kettenstoffe; Weben;
Vrz. flüssiges Mat.

Rowe, A.P.: ‹Weaving styles in the Cuzco Area›,
I. Emery Roundtable on Mus. Textiles 1976, Wash-
ington 1977: 61-84
Ethnographie; Weben

Rowe, A.P.: ‹Prácticas textiles en el área del Cuzco›,
Ravines, R. (ed.) Tecnología Andina. Lima 1978:
369-400
Ethnographie; Weben

Rowe, A.P.: ‹Technical features of Inca tapestry tunics›,
Textile Museum Journal 17, Washington 1978: 5-28
Archäologie; Wirken

Rowe, A.P.: ‹Seriation of an Ica-Style Garment Type›,
The J.B. Bird Precolumbian Textile Conf. 1973,
Washington 1979: 185-218
Archäologie; Kettenstoffe; Weben

Rowe, A.P.: ‹Textile Evidence for Huari-Music›, Textile
Museum Journal 18, Washington 1979: 5-24
Archäologie; Allg.

Rowe, A.P.: ‹A late Nazca – Derived Textile with Ta-
pestry Medallions›, Bull. of the Detroit Inst. of Arts
Vol. 57 No. 3, Detroit 1979: 114-123
Archäologie; Weben; Wirken

Rowe, A.P.: A Century of Change in Guatemalan Textiles. New York 1981
Ethnographie; Weben

Rowe, A.P.: Costumes and Featherwork of the Lords of
Chimor. Washington 1984
Analyse; Archäologie; Kettenstoffe; Weben; Rän-
der; Vrz. festes Mat.

Rowe, A.P.: ‹After Emery: further considerations of
fabric classification and terminology›, Textile Museum Journal 23, Washington 1984: 53-71
Systematik; Analyse; Weben; Florbildung; Perlenstoffe

Rowe, A.P.: ‹The woven structures of European shawls
in the Textile Museum collection›, Textile Museum
Journal 24, Washington 1985: 55-60
Allg.; Weben; Vrz. flüssiges Mat.

Rowe, A.P.: ‹Textiles from the Nasca Valley at the Time
of the Fall of the Huari Empire›, Rowe, A.P. (ed.) J.B.
Bird Conf. on Andean Textiles 1984, Washington
1986: 151-183
Archäologie; Allg.; Florbildung

Rowe, A.P. & Bird, J.B.: ‹The Ancient Peruvian Gauze
Looms›, Textile Museum Journal 19-20, 1980-81,
Washington 1981: 27-33
Archäologie; Weben

Rowe, A.P.: siehe auch Mackie, L.W.

Rowe, J.H.: ‹Standardization in Inca Tapestry Tunics›,
The J.B. Bird Precolumbian Textile Conf. 1973,
Washington 1979: 239-264
Archäologie; Wirken

Rowe, M.T.J.: ‹Textiles›, Bull. of the Assoc. In Fine Arts
Vol. 16 No. 2, Yale 1948
Sammlungsbeschr.; Weben

Roy, C.D.: ‹Mossi Weaving›, African Arts Vol. 15
No. 3, Los Angeles 1982: 48-53
Ethnographie; Fadenbildung; Weben; Vrz. festes
Mat.

Roy, N.: Art of Manipur. New Delhi 1979
Analyse; Ethnographie; Weben

Roze, U.: The North American Porcupine. Washington
1989
Ethnographie; Vrz. festes Mat.

Rubinstein, D.H.: siehe auch Feldman, J.

Rural Industries Bureau, London: Hand-Spinnen und
Weben in England. Übersetzt und mit Anmerk. f.
schweiz. Verhält. v. d. Heimarbeitsst. d. schweiz.
Bauernver. No. 7, Zürich 1930
Volkskunde; Fadenbildung; Weben

Rutt, R.: A History of Hand Knitting. London 1987
Analyse; Ethnographie; Volkskunde; Archäologie;
Maschenstoffe; Kettenstoffe; Weben

Rydén, S.: ‹Notes on a knitting technique from the Tu-
kuna Indians Brazil›, Man 34.35.1934, London
1935: 161-163
Ethnographie; Maschenstoffe

Rydén, S.: ‹A Basketry Technique from the Lake Titicaca, Peru›, Antiquity and Survival No. 1, Den Haag
1955: 57-63
Analyse; Archäologie; Flechten

Ryder, M.L.: ‹The Origin of Felt making and Spinning›,
American Antiquity 36, Salt Lake City 1962
Archäologie; Fadenbildung

Ryder, M.L.: ‹The Origin of Spinning›, American Antiquity 38, Salt Lake City 1964
Archäologie; Fadenbildung

Ryesky, D.: ‹Wrap-Around skirts from Pinotepa de Don
Luis, Oaxaca›, I. Emery Roundtable on Mus. Textiles
1976, Washington 1977: 256-269
Ethnographie; Weben

Ryesky, D.: World of the weaver: an ethnographic
study of textile production in a Mexican village. New
York 1977
Ethnographie; Weben

Sachs, E.B.: siehe auch Reath, N.A.

Safford, L. & Bishops, R.: America's Quilts and Coverlets. New York 1980
Volkskunde; Vrz. festes Mat.

Sahashi, K.: Exquisite: The World of Japanese Kumihimo Braiding. Tokyo 1988
Analyse; Ethnographie; Flechten

Salomon, F.: ‹Weavers of Otavalo›, Gross, D. (ed.)
Peoples and Cultures of Native South America. New
York 1977: 463-493
Ethnographie; Weben

Salvador, M.L.: ‹The Clothing Arts of the Cuna of San
Blas, Panama›, Graburn, N. (ed.) Ethnic and Tourist
Arts. Berkeley 1976: 166-180
Ethnographie; Vrz. festes Mat.

Salzer, R.: ‹Central Algonkin Beadwork›, Am. Indian
Tradition 7 (5), Illinois 1961: 166-178
Ethnographie; Perlenstoffe

Sample, L.L.: siehe auch Mohr, A.

Samuel, C.: The Chilkat Dancing Blanket. Washington 1982
Ethnographie; Kettenstoffe

Sanoja-Obediente, M.: Tejedores del Valle de Quibor. o.O. 1979
Analyse; Volkskunde; Fadenbildung; Weben

Sanoja-Obediente, M.: ‹Dos Elementos de la Cestería Indígena Venezolana›, Folia Antropológica No. 1, Carácas 1960: 55-69
Ethnographie; Flechten; Ränder

Sanoja-Obediente, M.: ‹Cestería encordada del Territorio Federal Amazonas›, Folia Antropológica 2, Carácas 1961: 55-69
Ethnographie; Fadenbildung; Flechten; Kettenstoffe

Sanyal, A.: siehe auch Chishti, R.K.

Saraf, D.N.: Arts and crafts: Jammu and Kashmir: Land, people, culture. New Delhi 1987
Ethnographie; Maschenstoffe; Flechten; Weben; Vrz. festes Mat.; Vrz. flüssiges Mat.

Saugy, C.: ‹Artesanía del Tejido (Sur Argentino)›, Artesanías Folklóricas Argentinas 2 (4), Buenos Aires 1973: 1-8
Ethnographie; Weben; Vrz. flüssiges Mat.

Saugy, C.: Artesanías de Misiones. Informes del Instituto Nac. Antrop. Buenos Aires 1974
Ethnographie

Saugy de Kliauga, C.: ‹Aspectos Sociales de la Pesca en el Paraná Medio, Entre Ríos, Argentina›, Cultura Tradicional del Area Paraná Medio. Buenos Aires 1984: 23-45
Ethnographie; Maschenstoffe

Saward, B.C.: siehe auch Caulfeild, S.T.A.

Sawyer, A.R.: Paracas Necropolis Headdress and Face Ornaments. Workshop Notes 21, Washington 1960
Archäologie; Vrz. festes Mat.

Sawyer, A.R.: Tiahuanaco Tapestry Design. Mus. of Primitive Art, New York 1963
Archäologie; Wirken

Sawyer, A.R.: Ancient peruvian textiles. Washington 1966
Archäologie; Weben; Wirken

Sawyer, A.R.: ‹Painted Nasca textiles›, The J.B. Bird Pre-Columbian Textile Conf. 1973, Washington 1979: 129-150
Archäologie; Vrz. flüssiges Mat.

Sayer, C.: Mexican Costume. London 1985
Ethnographie; Fadenbildung; Maschenstoffe; Flechten; Kettenstoffe; Weben; Ränder; Vrz. festes Mat.; Vrz. flüssiges Mat.

Sayer, C.: Mexican textile techniques. Aylesbury 1988
Analyse; Ethnographie; Fadenbildung; Maschenstoffe; Kettenstoffe; Weben; Vrz. festes Mat.; Vrz. flüssiges Mat.

Sayles, E.B.: ‹Three Mexican Crafts›, American Anthropologist 57, Menasha 1955: 953-973
Ethnographie; Weben

Scarce, J.: ‹The Persian Shawl Industry›, Textile Mus. Journal, 27/28, Washington 1988/89: 23-39
Ethnographie; Fadenbildung; Weben

Scarin, E. et al.: La Tradizione del Buratto all' Antella. Le Gualchiere. Ricerche sull'agro fiorentino No. 8, Florenz 1989
Volkskunde; Weben; Vrz. festes Mat.

Schaar, E. & Delz, S.: Prähistorisches Weben. Hannover 1983
Analyse; Archäologie; Flechten; Kettenstoffe; Halbweben; Weben; Wirken

Schachenmayr: Lehrbuch der Handarbeiten aus Wolle. Göppingen 1934
Arbeitsanleitung; Maschenstoffe

Schaedler, K.F.: Die Weberei in Afrika südlich der Sahara. München 1987
Analyse; Ethnographie; Fadenbildung; Weben; Florbildung; Vrz. festes Mat.; Vrz. flüssiges Mat.

Schaefer, G.: ‹Der Webstuhl›, Ciba Rundschau 16, Basel 1937
Allg.; Weben

Schäpper, L.: A Modern Approach to Patchwork. London 1984
Arbeitsanleitung; Vrz. festes Mat.

Schams: Bindungstechnik gewebter Stoffe. Berlin o.J.
Systematik; Weben

Scheller, A.: ‹Seidene Tücher in Doppel-Ikat-Technik: Ihre Herstellung in Deutschland und ihre Verbreitung›, Ethnologica Band 5, Leipzig 1941: 172-270
Volkskunde; Vrz. flüssiges Mat.

Schermann, C.H.: siehe auch Schermann, L.

Schermann, L.: Die javanische Batik-Technik und ihre vorderindischen Parallelen. Kunst und Handwerk 60 (10), München 1910
Ethnographie; Vrz. flüssiges Mat.

Schermann, L.: ‹Brettchenweberei aus Birma und den Himalaya-Ländern›, Münchner Jahrbuch d. bildenden Kunst 4, München 1913: 223-242
Ethnographie; Weben

Schermann, L. & Schermann, C.H.: Im Stromgebiet des Irrawadi. München 1922
Allg.; Weben

Schevill, M.B.: Costume as communication: Ethnographic costumes and textiles from Middle America and the central Andes of South America. Seattle 1986
Ethnographie; Maschenstoffe; Weben; Vrz. festes Mat.; Vrz. flüssiges Mat.; Wirken

Schevill, M.B.: Evolution in textile design from the highlands of Guatemala. Berkeley 1986
Analyse; Ethnographie; Vrz. flüssiges Mat.

Schier, B.: Das Flechten im Lichte der historischen Volkskunde. Frankfurt 1951
Analyse; Volkskunde; Flechten

Schier, B. & Simon, I.: Mitteleuropa, Westfalen: Flechten eines Bienenkorbes. Encyclopaedia Cinematographica E 394, Göttingen 1975
Volkskunde; Film; Flechten

Schindler, H.: Bauern und Reiterkrieger: Die Mapuche-Indianer im Süden Amerikas. München 1990
Ethnographie; Flechten; Weben; Florbildung; Vrz. flüssiges Mat.

Schinnerer, L.: Antike Handarbeiten. Wien 1891
Archäologie; Maschenstoffe; Kettenstoffe; Weben

Schinnerer, L.: ‹Einiges über die bosnisch-herzegowinischen Strick- und Häkelarbeiten›, Zeitschrift für österr. Volkskunde Heft 1, 3, Wien 1897: 13-18
Volkskunde; Maschenstoffe

Schlabow, K.: ‹Der Thorsberger Prachtsmantel, der Schlüssel zum altgermanischen Webstuhl›, Festschrift für G. Schwantes. Neumünster 1951
Archäologie; Weben

Schlabow, K.: Die Kunst des Brettchenwebens. Veröff. Förderver. Textil Museum 1, Neumünster 1957
Analyse; Weben

Schlabow, K.: ‹Vergleich jungsteinzeitlicher Textilfunde mit Webarbeiten der Bronzezeit›, Germania 36, 1958
Archäologie; Kettenstoffe; Weben

Schlabow, K.: Der Moorleichenfund von Peiting. Veröff. d. Förderver. Textil Museum Heft 2, Neumünster 1961
Archäologie; Allg.; Weben

Schlabow, K.: Führer durch das Textilmuseum Neumünster: Rundgang durch die Schausammlungen. Veröff. Förderver. Tex. Museum 4, Neumünster 1962
Sammlungsbeschr.

Schlabow, K.: Der Thorsberger Prachtmantel: Schlüssel zum altgermanischen Webstuhl. Veröff. des Förderver. Textil Museum 5, Neumünster 1965
Archäologie; Weben

Schlabow, K.: ‹Ein Beitrag zum Stand der Leinengewebeforschung vorgeschichtlicher Zeit›, Nieders. Landesmuseum Hannover NF 23, Hannover 1972
Archäologie; Weben

Schlabow, K.: Textilfunde der Eisenzeit in Norddeutschland. Neumünster 1976
Analyse; Archäologie; Sammlungsbeschr.; Fadenbildung; Maschenstoffe; Flechten; Kettenstoffe; Weben; Ränder; Stoffzusammensetzung

Schlabow, K.: Gewebe und Gewand zur Bronzezeit. Veröff. des Förderver. Textil Museum 3, Neumünster 1983
Archäologie; Maschenstoffe; Kettenstoffe; Weben

Schlenker, H.: Arhuaco (Kolumbien, Sierra Nevada de Santa Marta): Gewinnung von Agavefasern, Drehen von Schnur. Encyclopaedia Cinematographica E 1885, Göttingen 1973
Ethnographie; Film; Fadenbildung

Schlenker, H.: Makiritare (Venezuela, Orinoco-Quellgebiet): Ernten und Spinnen von Baumwolle. Encyclopaedia Cinematographica E 1781, Göttingen 1974
Ethnographie; Film; Fadenbildung

Schlenker, H.: Waika (Venezuela, Orinoco-Quellgebiet): Spinnen von Baumwolle. Encyclopaedia Cinematographica E 1801, Göttingen 1975
Ethnographie; Film; Fadenbildung

Schlenker, H.: siehe auch Luz, D.

Schlesier, E.: ‹Me'udama (Neuguinea, Normamby – Island): Flechten einer Schlafmatte›, Encyclopaedia Cinematographica E 533, Göttingen 1967: 247-254
Ethnographie; Film; Flechten

Schlichterle, H.: siehe auch Feldtkeller, A.

Schlosser, I.: Der schöne Teppich im Orient und Okzident. Heidelberg 1960
Allg.; Florbildung

Schmalenbach, W.: Der Textildruck. Basel 1950
Volkskunde; Vrz. flüssiges Mat.

Schmedding, B.: Mittelalterliche Textilien in Kirchen und Klöstern der Schweiz. Bern 1978
Sammlungsbeschr.; Maschenstoffe; Weben

Schmedding, B.: siehe auch Lemberg, M.

Schmidt, M.: Indianerstudien in Zentralbrasilien. Berlin 1905
Analyse; Ethnographie; Flechten; Kettenstoffe

Schmidt, M.: ‹Besondere Geflechtsart der Indianer im Ucayaligebiet›, Archiv für Anthropologie N.S. 6 (4), Braunschweig 1907: 270-281
Ethnographie; Halbweben

Schmidt, M.: ‹Szenenhafte Darstellungen auf altperuanischen Geweben›, Zeitschrift für Ethnologie 42, Berlin 1910: 154-164
Archäologie; Weben; Wirken

Schmidt, M.: ‹Über altperuanische Gewebe mit szenenhaften Darstellungen›, Bässler Archiv 1, Berlin 1911: 1-61
Archäologie; Weben; Wirken

Schmidt, M.: Von der Faser zum Stoff. Köln 1975
Sammlungsbeschr.; Weben

Schmidt-Thome, M. & Tsering, T.: Materielle Kultur und Kunst der Sherpa. Innsbruck 1975
Ethnographie; Weben

Schnebel, C.: siehe auch Donner, M.

Schneebaum, T.: Asmat Images. Asmat Museum of Culture and Progress, 1985
Ethnographie; Allg.; Flechten

Schnegelsberg, G.: Systematik der Textilien. München 1971
Systematik; Fadenbildung; Weben; Florbildung

Schnegelsberg, G.: ‹Methoden zur Entwicklung einer textilspezifischen Fachsprache›, Z. z. Pflege u. Erforsch. dt. Mutterspr. Jg. 84, No. 5, Wiesbaden 1974: 329-345
Systematik; Allg.

Schnegelsberg, G.: Textilspezifische Benennungen und Termini. Z. z. Pflege u. Erforsch. dt. Mutterspr. Jg. 87, No. 4, Wiesbaden 1977: 245-258
Systematik; Allg.

Schneider, J.: Textilien: Katalog der Sammlung des Schweizerischen Landesmuseum. Zürich 1975
Volkskunde; Sammlungsbeschr.; Maschenstoffe; Flechten; Kettenstoffe; Weben; Vrz. festes Mat.; Vrz. flüssiges Mat.

Schneider, J.: ‹The Anthropology of Cloth›, Annual Review of Anthropology Vol. 16, Palo Alto 1987: 409-478
Ethnographie; Allg.; Weben; Vrz. festes Mat.; Vrz. flüssiges Mat.

Schneider, J.: siehe auch Weiner, A.B.

Schneider, K.: ‹Matten- und Korbherstellung: Bemerkungen zum dominierenden Frauenhandwerk der Birifor in Burkina Faso›, Paideuma 34, Wiesbaden 1988: 165-183
Analyse; Ethnographie; Flechten

Schoch, W.: ‹Textilreste›, Högl, L. (ed.) Schweiz. Beitrag z. Kulturgesch. u. Archä. Vol. 12, Olten 1985: 90-96
Archäologie; Fadenbildung; Maschenstoffe; Kettenstoffe; Weben

Schoepf, D.: ‹Essai sur la plumasserie des Indiens Kayapo, Wayana et Urubu Brésil›, Bull. Annuel No. 14, Genf 1971: 15-68
Systematik; Ethnographie; Florbildung

Schoepf, D.: L'art de la plume Brésil. Genf 1985
Analyse; Ethnographie; Sammlungsbeschr.; Florbildung

Scholz, F.: Akha (Thailand, Chieng Rai-Provinz): Spinnen von Baumwolle. Encyclopaedia Cinematographica E 1243, Göttingen 1967
Ethnographie; Film; Fadenbildung

Scholz, F.: Akha (Thailand, Chieng Rai-Provinz): Schären einer Baumwoll-Webkette. Encyclopaedia Cinematographica E 1244, Göttingen 1967
Ethnographie; Film; Weben

Scholz, F.: Akha (Thailand, Chieng Rai-Provinz): Binden einer Dachmatte. Encyclopaedia Cinematographica E 1247, Göttingen 1967
Ethnographie; Film; Flechten

Scholz, F.: Akha (Thailand, Chieng Rai-Provinz): Kettflechten einer Zierschnur aus Baumwolle und Samenkörnern. Encyclopaedia Cinematographica E 1285, Göttingen 1967
Ethnographie; Film; Kettenstoffe

Scholz, F.: Akha (Thailand, Chieng Rai-Provinz): Weben von Baumwolle auf dem Trittwebstuhl. Encyclopaedia Cinematographica E 1245, Göttingen 1968
Ethnographie; Film; Weben

Scholz, F.: Akha (Thailand, Chieng Rai-Provinz): Herstellen einer Bastmatte. Encyclopaedia Cinematographica E 1246, Göttingen 1968
Ethnographie; Film; Flechten

Scholz, F.: Akha (Thailand, Chieng Rai-Provinz): Flechten eines Deckelkorbes. Encyclopaedia Cinematographica E 1252, Göttingen 1968
Ethnographie; Film; Flechten

Scholz, F.: Batiken eines Kindertragtuches: Miao (Thailand, Tak-Provinz). Encyclopaedia Cinematographica 1270, Göttingen 1974
Ethnographie; Film; Vrz. flüssiges Mat.

Scholz, F.: Miao (Thailand, Tak-Provinz): Herrichten einer Kette beim Hanfweben. Encyclopaedia Cinematographica E 1273, Göttingen 1974
Ethnographie; Film; Fadenbildung; Weben; Vrz. flüssiges Mat.

Scholz, F.: Miao (Thailand, Tak-Provinz): Hanfweben auf dem Trittwebstuhl. Encyclopaedia Cinematographica E 1274, Göttingen 1974
Ethnographie; Film; Weben

Scholz, F.: Miao (Thailand, Tak-Provinz): Herstellen von Hanfgarn zum Weben. Encyclopaedia Cinematographica E 1272, Göttingen 1974
Ethnographie; Film; Fadenbildung

Scholz, F.: Schwarze Lahu (Thailand, Tak-Provinz): Weben von Tragbändern für Schultertaschen. Encyclopaedia Cinematographica E 1271, Göttingen 1977
Ethnographie; Film; Weben

Scholz, F.: siehe auch Manndorff, H.

Scholz-Peter, R.: Indian bead stringing and weaving. New York 1975
Arbeitsanleitung; Perlenstoffe

Schottelius, J.W.: ‹Arqueología de la Mesa de los Santos›, Boletín de Arqueología 3, Bogotá 1946
Archäologie; Weben

Schürmann, U.: Teppiche aus dem Kaukasus. Braunschweig o.J.
Sammlungsbeschr.; Allg.; Kettenstoffe; Florbildung

Schuette, M.: Alte Spitzen. Braunschweig 1963
Allg.; Maschenstoffe; Flechten

Schultz, H.: Krahó (Brasilien, Tocantinsgebiet): Spinnen eines Baumwollfadens. Encyclopaedia Cinematographica E 430, Göttingen 1962
Ethnographie; Film; Fadenbildung

Schultz, H.: Krahó (Brasilien): Weben eines Kindertraggurtes. Encyclopaedia Cinematographica E 431, Göttingen 1963
Ethnographie; Film; Kettenstoffe

Schultz, H.: ‹Javahé (Brasilien): Häkeln von Beinbinden›, Encyclopaedia Cinematographica E 441, Göttingen 1963: 364-368
Ethnographie; Film; Maschenstoffe

Schultz, H.: ‹Flechten einer Kokrit Maske›, Encyclopaedia Cinematographica 1 E 433, Göttingen 1963-65
Ethnographie; Film; Flechten

Schultz, H.: ‹Informações etnograficas sobre os Erigpagtsa do alto Juruena›, Rev. Mus. Paulista N.S. 153, São Paulo 1964: 213-314
Ethnographie; Kettenstoffe

Schultz, H.: ‹Karajá (Brasilien): Knüpfen einer grossen Matte›, Encyclopaedia Cinematographica 1, 1963-65, Göttingen 1965: 351-354
Ethnographie; Film; Flechten

Schultz, V.C.: ‹Krahó (Brasilien): Flechten eines Korbes›, Encyclopaedia Cinematographica E 1175, Göttingen 1981
Ethnographie; Film; Flechten

Schulz, I.: Indianische Textilkunst. Dülmen 1988
Sammlungsbeschr.; Weben; Vrz. festes Mat.; Vrz. flüssiges Mat.

Schulze-Thulin, A.: Amerika-Abteilung. Linden Museum, Stuttgart 1989
Ethnographie; Archäologie; Sammlungsbeschr.; Flechten; Kettenstoffe; Weben; Florbildung; Perlenstoffe; Vrz. festes Mat.; Wirken

Schuster, C.: ‹Stitch-resist dyed fabrics of Western China›, Bull. Needle and Bobbin Club Vol. 32 No. 1 & 2, New York 1948: 11-29
Ethnographie; Vrz. flüssiges Mat.

Schuster, C.: ‹Remarks on the Design of an Early Ikat Textile in Japan›, Festschrift A. Bühler. Basel 1965: 339-368
Allg.; Vrz. flüssiges Mat.

Schuster, G.: ‹Netztaschen der Zentral-Iatmul im Museum für Völkerkunde Basel›, Basler Beiträge zur Ethnologie Band 30, Basel 1989: 335-390
Analyse; Ethnographie; Maschenstoffe; Ränder

Schuster, G.: siehe auch Schuster, M.

Schuster, M.: Waika – Südamerika (Venezuela): Herstellung einer Hängematte u. Korbflechten aus Lianen. Encyclopaedia Cinematographica D 743, 1957, Göttingen 1962
Ethnographie; Film; Flechten; Kettenstoffe

Schuster, M.: Waika – Südamerika (Venezuela): Herstellung einer Hängematte (Baumwolle). Encyclopaedia Cinematographica D 744, 1957, Göttingen 1962
Ethnographie; Film; Fadenbildung; Kettenstoffe

Schuster, M.: Dekuana. München 1976
Analyse; Ethnographie; Maschenstoffe; Flechten; Kettenstoffe; Perlenstoffe

Schuster, M. & Schuster, G.: Aibom (Neuguinea, Mittlerer Sepik): Herstellen eines Frauenschurzes. Encyclopaedia Cinematographica E 1732, Göttingen 1980
Ethnographie; Film; Flechten

Schuster, M. & Schuster, G.: Aibom (Neuguinea, Mittlerer Sepik) – Gewinnen und Färben von Palmblattstreifen für einen Frauen-Schurz (Reservierungstechnik). Encyclopaedia Cinematographica E 1731, Göttingen 1980
Ethnographie; Film; Vrz. flüssiges Mat.

Schuster, M. & Schuster, G.: Aibom (Neuguinea, Mittlerer Sepik): Gewinnen und Färben von Rindenbast-Streifen. Encyclopaedia Cinematographica E 1373, Göttingen 1981
Ethnographie; Film; Fadenbildung

Schuster, M. & Schuster, G.: Aibom (Neuguinea, Mittlerer Sepik): Flechten einer Frauen-Haube. Encyclopaedia Cinematographica E 1374, Göttingen 1981
Ethnographie; Film; Flechten

Schuster, M.: siehe auch Zerries, O.

Schwartz, O.: ‹Jewish weaving in Kurdistan›, Journal of Jewish Art 3 (4), Chicago 1977
Ethnographie; Vrz. flüssiges Mat.

Schwartz, P.R.: ‹Contribution à l'histoire de l'application du bleu d'indigo dans l'indiennage européen›, Bull. de la Soc. Industrielle 11, Mulhouse 1952: 63-79
Vrz. flüssiges Mat.

Schwartz, P.R.: French documents on Indian cotton painting. Journal of Indian Textile History 2-3, Ahmebadad 1956-57
Vrz. flüssiges Mat.

Schwartz, P.R.: Exposition de toiles peintes anciennes des Indes. Mulhouse 1962
Ethnographie; Vrz. flüssiges Mat.

Schwartz, P.R.: ‹Les toiles peintes indiennes›, Bull. de la Soc. Industrielle, Numéro spécial, Mulhouse 1962: 37-52
Allg.; Vrz. flüssiges Mat.

Schwartz, P.R.: ‹L'impression sur coton à Ahmedabad en 1678›, Bull. de la Soc. Industrielle 726, 1, Mulhouse 1967: 1-17
Allg.; Vrz. flüssiges Mat.

Schwartz, P.R.: siehe auch Irwin, J.

Schwarz, A.: ‹Der Haspel›, Ciba Rundschau 64, Basel 1945
Volkskunde; Fadenbildung

Schweeger-Hefel, A.: ‹Dogon (Westsudan): Flechten einer Schlafmatte›, Encyclopaedia Cinematographica E 1223, Vol. 4, Göttingen 1973/74: 148-151
Ethnographie; Film; Flechten

Schweeger-Hefel, A.: ‹Dogon (Westsudan): Herstellen eines Seiles›, Encyclopaedia Cinematographica E 1222, Vol. 4, Göttingen 1973/74: 151-155
Ethnographie; Film; Fadenbildung

Schweeger-Hefel, A.: ‹Dogon (Westsudan): Herstellen einer Dachbedeckung›, Encyclopaedia Cinematographica E 1224, Vol. 4, Göttingen 1973/74: 155-161
Ethnographie; Flechten

Scott, D.: ‹Dressed with Dragons: Chinese Textiles›, Antique Collector Vol. 52, 1981: 49-53
Ethnographie; Vrz. festes Mat.

Scoville, A.B.: ‹The indian belt›, Bull. Needle and Bobbin Club Vol. 6 No. 2, New York 1922: 8-13
Ethnographie; Perlenstoffe

Searle, K.: siehe auch Baizerman, S.

Sebba, A.: Samplers: Five centuries of a gentle craft. London 1979
Volkskunde; Vrz. festes Mat.

Sedlak, L.: Cultural patterns in Huichol art. Ann Arbor 1987
Ethnographie; Flechten; Weben; Perlenstoffe; Vrz. festes Mat.; Stoffzusammensetzung

Seeberger, M.: ‹Hutmacherinnen im Lötschental (Wallis)›, Altes Handwerk 56, Basel 1987
Volkskunde; Flechten

Segal, W.C. et al. (ed.): Encyclopaedia of textiles. Englewood Cliffs 1973
Analyse; Archäologie; Fadenbildung; Maschenstoffe; Weben; Florbildung; Vrz. festes Mat.; Vrz. flüssiges Mat.; Wirken

Segal Brandford, J.: ‹The Old Saltillo Sarape›, I. Emery Roundtable on Mus. Textiles 1976, Washington 1977: 271-292
Ethnographie; Wirken

Segawa, S.: Japanese Quilt Art. Kyoto 1985
Ethnographie; Vrz. festes Mat.

Seiler-Baldinger, A.: ‹Zum Problem der Maschenstoffe in Südamerika›, Verh. des XXXVIII. Int. Amerikan. Kongr. Band 2, Stuttgart 1968: 531-535
Systematik; Ethnographie; Maschenstoffe

Seiler-Baldinger, A.: Maschenstoffe in Süd- und Mittelamerika. Basler Beiträge zur Ethnologie 9, Basel 1971
Systematik; Ethnographie; Archäologie; Fadenbildung; Maschenstoffe; Ränder

Seiler-Baldinger, A.: Arhuaco (Kolumbien, Sierra Nevada de Santa Marta): Gewinnung von Agave Fasern. Drehen von Schnur. Encyclopaedia Cinematographica E 1885, Göttingen 1973
Ethnographie; Film; Fadenbildung

Seiler-Baldinger, A.: ‹Ein seltener Hängemattentypus und seine Verbreitung in Amerika›, Atti del XL Cong. Int. degli American. Roma-Genova 1972, Vol. 2, Genova 1974: 349-355
Ethnographie; Maschenstoffe

Seiler-Baldinger, A.: ‹Der Federmantel der Tupinamba im Museum für Völkerkunde Basel›, Atti del XL Cong. Int. degli American. Roma-Genova 1972, Vol. 2, Genova 1974: 433-438
Systematik; Analyse; Ethnographie; Florbildung

Seiler-Baldinger, A.: ‹General Introduction to the Literature on South American Ethnographic Textiles since 1950›, I. Emery Roundtable on Mus. Textiles 1976, Washington 1977: 17-34
Ethnographie

Seiler-Baldinger, A.: ‹Meshwork Manufacture in South America: An Example of applied Technology›, I. Emery Roundtable on Mus. Textiles 1976, Washington 1977: 35-43
Systematik; Ethnographie; Maschenstoffe

Seiler-Baldinger, A.: ‹Problems of Textile Classification›, I. Emery Roundtable on Mus. Textiles 1976, Washington 1977: 85-86
Systematik

Seiler-Baldinger, A.: Classification of Textile Techniques. Calico Museum of Textiles, Ahmedabad 1979
Systematik; Fadenbildung; Maschenstoffe; Flechten; Kettenstoffe; Halbweben; Weben; Florbildung; Perlenstoffe; Ränder; Vrz. festes Mat.; Vrz. flüssiges Mat.

Seiler-Baldinger, A.: ‹Hängematten-Kunst: Textile Ausdrucksform bei Yagua und Ticuna-Indianern Nordwestamazoniens›, Verh. Nat. Forsch. Ges. 90 (1979), Basel 1981: 61-130
Analyse; Ethnographie; Fadenbildung; Maschenstoffe

Seiler-Baldinger, A.: ‹Le confort sauvage›, Stoffe und Räume. Langenthal Ausstellungskatalog, Bern 1986: 9-25
Allg.; Maschenstoffe; Flechten; Kettenstoffe; Weben; Vrz. festes Mat.; Vrz. flüssiges Mat.

Seiler-Baldinger, A.: ‹Träume in der Schwebe: Die Hängematte, ein indianischer Beitrag zur Wohnkultur›, Bauen und Wohnen. Basel 1987: 67-76
Ethnographie

Seiler-Baldinger, A.: Indianer im Tiefland Südamerikas. Basel 1987
Analyse; Ethnographie; Sammlungsbeschr.; Maschenstoffe; Flechten; Weben; Florbildung

Seiler-Baldinger, A. & Ohnemus, S.: ‹Zum Problem des Halbwebens›, Verh. Nat. Forsch. Ges. 96, Basel 1986: 85-97
Systematik; Ethnographie; Halbweben

Seiler-Baldinger, A.: siehe auch Baer, G.

Seipel, W.: Ägypten: Götter, Gräber und die Kunst. Band 1, Lins 1989
Archäologie; Flechten; Weben; Perlenstoffe

Sekhar, A.C.: Selected crafts of Andrha Pradesh. Census of India Vol. 2 Part 7a, New Delhi 1964
Ethnographie; Florbildung; Vrz. festes Mat.

Sekido, M. & Aoki, M.: Sanshoku dyeing. Shibata Shoten o.J.
Vrz. flüssiges Mat.

Selvanayagam, G.I.: Songket: Malaysia's Woven Treasure. Singapore 1990
Analyse; Ethnographie; Weben; Vrz. flüssiges Mat.

Senthna, N.H.: Kalamkari. New York 1985
Ethnographie; Vrz. flüssiges Mat.

Seydou, C.: siehe auch Gardi, B.

Shah, H.: siehe auch Fischer, E.

Sharma, L.C.: Himachal Pradesh. Rural craft survey: The Art of weaving. Census of India Vol. 20 Part 7A,2, Delhi 1968
Analyse; Ethnographie; Fadenbildung; Weben; Vrz. festes Mat.

Sharma, R.C.: Woolen carpet and blanket industry in Uttar Pradesh. Census of India Vol. 15 (1961), Allahabad 1964
Ethnographie; Fadenbildung; Weben; Florbildung

Sheares, C.: Batik in Singapore. Singapore 1975
Analyse; Ethnographie; Vrz. flüssiges Mat.

Sheares, C.: ‹Southeast Asian Ceremonial Textiles in the National Museum›, Arts of Asia Vol. 17 No. 3, Hong Kong 1987: 100-107
Ethnographie; Sammlungsbeschr.; Vrz. festes Mat.; Vrz. flüssiges Mat.

Sheltman, C.: ‹Demirdash and Broussa Weaving›, Bull. Needle and Bobbin Club Vol. 6 No. 2, New York 1922: 4
Volkskunde; Kettenstoffe

Shenai, V.A.: History of textile design. Bombay 1974
Allg.; Weben

Shepherd, D.G.: The Hispano-Islamic Textiles in the Cooper Union Collection. Chronicle of the Mus. for Arts and Decorations Vol. 1 No. 10, New York 1943: 357-401
Volkskunde; Weben

Shepherd, D.G.: ‹En defense des soieries persianes›, Cieta 37, 1973, 1, Lyon 1973
Ethnographie; Weben

Shepherd, D.G.: ‹The Archaeology of the Benjid Textiles›, Fiske, K. (ed.) Traditional Arts of Hyderabad. Washington 1974: 175-190
Archäologie; Weben

Shinkoka, K.B.: Traditional handicrafts of Japan: An Exhibition of Contemporary Works. Mus. voor Landen Volkenkunde, Rotterdam 1963
Ethnographie; Sammlungsbeschr.

Shiroishi Miyagi Prefecture: Shifu Fabric. Shiroishi 1946
Ethnographie; Fadenbildung; Weben

Shivo, P.: Tradition und Volkskunst in Finnland. Helsinki 1978
Volkskunde; Fadenbildung; Weben; Florbildung; Vrz. festes Mat.

Shurinova, R.: Coptic Textiles. Moskau 1967
Archäologie; Wirken

Sibeth, A.: Batak. Stuttgart 1990
Ethnographie; Flechten; Weben; Perlenstoffe; Vrz. festes Mat.; Vrz. flüssiges Mat.

Siderenko, A.I.: Gold embroidery of Bukhara. Tashkent 1981
Ethnographie; Vrz. festes Mat.

Sieber, R.: African textiles and decorative arts. Museum of Modern Art, New York 1972
Ethnographie; Flechten; Weben; Florbildung; Perlenstoffe; Vrz. festes Mat.; Vrz. flüssiges Mat.

Sieber, R.: African furniture and household objects. London 1981
Ethnographie; Flechten

Sieber, R.: ‹Opening September 1987 – The National Museum of African Art›, African Arts Vol. 20 No. 4, Los Angeles 1987: 28-37
Ethnographie; Maschenstoffe; Weben

Siegenthaler, F.: Nepalesische Shifu-Herstellung. Basel 1989
Ethnographie; Fadenbildung; Weben

Sievers, von, C.: Die Batiktechnik. Leipzig 1911
Ethnographie; Vrz. flüssiges Mat.

Siewertsz van Reesema, E.: Egyptisch vlechtwerk. Amsterdam o.J.
Analyse; Archäologie; Kettenstoffe

Siewertsz van Reesema, E.: ‹Old Egyptian Lace›, Bull. Needle and Bobbin Club Vol. 4 No. 1, New York 1920: 13-19
Archäologie; Kettenstoffe

Siewertsz van Reseema, E.: Contributions to the Early History of Textile Techniques. Verhandelingen der Koninklijke Akademie van Wettschappen, 16 (2), Amsterdam 1926
Analyse; Archäologie; Maschenstoffe

Sigerus, E. (ed.): Siebenbürgisch-Sächsische Leinenstickereien. Sibiu 1922
Allg.; Vrz. festes Mat.

Signi, A.: Arte & Vida: Catálogo del Museo Etnológico «Mons. Enzo Ceccarelli». Pt. Ayacucho 1988
Ethnographie; Sammlungsbeschr.; Fadenbildung; Flechten; Kettenstoffe; Florbildung; Perlenstoffe

Signorini, I.: Los Huaves de San Mateo del Mar. México 1979
Analyse; Ethnographie; Maschenstoffe; Weben

Sillitoe, P.: Made in Niuguini: Technology in the Highlands of Papua New Guinea. London 1988
Analyse; Ethnographie; Fadenbildung; Maschenstoffe; Flechten; Kettenstoffe; Florbildung; Perlenstoffe; Ränder

Silva Celis, E.: ‹Elementos arqueológicos procedentes de las montañas de Pisba›, Bol. Museo del Oro 1, Bogotá 1978: 22-29
Archäologie; Maschenstoffe; Weben

Silverman-Proust, G.: ‹Representación gráfica del mito Inkarrí en los tejidos Q'ero›, Boletín de Lima 8 (48), Lima 1986: 75-80
Ethnographie; Weben

Silverman-Proust, G.: ‹Weaving technique and the registration of knowledge in the Cuzco area of Peru›, Journ. of Latin Am. Lore 14 (2), Los Angeles 1988: 207-241
Ethnographie; Weben

Silverman-Proust, G.: ‹Los motivos textiles›, Fries, A.M. (ed.) Puna, Qheswa, Yunga. El hombre y su medio en Q'ero. Lima 1989: 75-80
Ethnographie; Weben

Simeon, M.: The history of lace. London 1979
Allg.; Vrz. festes Mat.

Simmonds, D.: siehe auch Barbour, J.

Simmons, P.: siehe auch Priest, A.

Simon, F.: Mitteleuropa, Tirol: Flachsverarbeitung: Spinnen. Encyclopaedia Cinematographica E 791, Göttingen 1965
Volkskunde; Film; Fadenbildung

Simon, F.: Eipo (West-Neuguinea, Zentrales Hochland): Herstellen eines Perlenbandes in Halbwebtechnik. Encyclopaedia Cinematographica E 2595, 7 No. 14, Göttingen 1989
Ethnographie; Film; Halbweben; Perlenstoffe

Simon, I.: siehe auch Schier, B.

Simpson, L.E. & Weir, M.: The Weaver's Craft. Leicester 1932
Analyse; Volkskunde; Arbeitsanleitung; Weben

Singer, C. et al. (ed.): A History of Technology. 3 Bände, Oxford 1954-57
Archäologie; Fadenbildung; Flechten; Weben

Singer, P.P.: ‹Una investigación sobre tejidos de punto precolombino›, Revista del Museo Nacional 16, Lima 1947: 171-192
Archäologie; Maschenstoffe

Singer Wieder, E.: Analysis and Distribution of Netting Techniques among the South American Indians. Philadelphia 1935
Systematik; Ethnographie; Maschenstoffe

Singer Wieder, E.: ‹The Techniques of Peruvian Hairnets›, Revista del Museo Nacional 5 (1), Lima 1936: 15-24
Archäologie; Maschenstoffe

Singer Wieder, E.: ‹The Looping Technique in Netting›, American Antiquity 2, 1936-37, Salt Lake City 1937: 141-142
Allg.; Maschenstoffe

Singh, C.: Textiles and costumes from the Maharaha Swai Man Singh II Museum. Jaipur 1979
Sammlungsbeschr.; Weben; Florbildung; Vrz. festes Mat.; Vrz. flüssiges Mat.

Singh, C.: Woollen textiles and costumes from Bharat Kala Bhavan. Varanasi 1981
Allg.; Weben

Singh, P. & Mathey, F.: Les textiles de l'Inde et les modèles créés par Isey Miyake. Paris 1985
Sammlungsbeschr.; Weben; Vrz. festes Mat.; Vrz. flüssiges Mat.

Siskin, B.: ‹Changes in the Woven Design from Santo Tomas Chichicastenango›, I. Emery Roundtable on Mus. Textiles 1976, Washington 1977: 154-165
Ethnographie; Weben

Skinner, M.D.: ‹The Archaeological looms from Perú in the Museum of Natural History Collection›, I. Emery Roundtable on Mus. Textiles, Washington 1974: 67-76
Archäologie; Weben

Skinner, M.D.: ‹Three Textiles from Huaca Prieta, Chicama Valley, Perú›, Rowe, A.P. (ed.) J.B. Bird Conf. on Andean Textiles 1984, Washington 1986: 11-18
Analyse; Archäologie; Kettenstoffe

Skinner-Dimitrijevic, M.: siehe auch Bird, J.B., Skinner, M.D.

Skyring, F. & Bogle, M.: ‹Ikats of Southeast Asia›, Craft Australia, summer, 1982: 26-29
Ethnographie; Vrz. flüssiges Mat.

Smart, E.S. & Gluckman, D.C.: ‹Cloth of luxury: velvet in Mughal India›, Riboud, K. (ed.) In Quest of Themes and Skills. Bombay 1989: 36-47
Archäologie; Weben; Florbildung

Smith, A.D.H.: Brief Guide to the Western painted, dyed and printed Textiles. Victoria and Albert Museum, London 1924
Sammlungsbeschr.; Vrz. flüssiges Mat.

Smith, A.D.H.: Brief Guide to the Oriental painted, dyed and printed textiles. Victoria and Albert Museum, London 1924
Sammlungsbeschr.; Vrz. flüssiges Mat.

Smith, A.D.H.: Brief Guide to the Chinese woven fabrics. Victoria and Albert Museum, London 1925
Sammlungsbeschr.; Weben

Smith, A.D.H.: Brief Guide to the Peruvian textiles. Victoria and Albert Museum, London 1926
Archäologie; Sammlungsbeschr.

Smith, A.D.H.: Brief Guide to the Turkish woven Fabrics. Victoria and Albert Museum, London 1931
Sammlungsbeschr.; Weben

Smith, F.T.: ‹Gurensi Basketry and Pottery›, African Arts Vol. 12 No. 1, Los Angeles 1978: 78-81
Ethnographie; Flechten

Smith, J.G.: siehe auch Rogers, E.S.

Smith, J.R.: Tissage Maori sans métier. Paris 1975
Analyse; Ethnographie; Arbeitsanleitung; Kettenstoffe

Smith, M.: The Technique of North American Indian Beadwork. Odgen 1983
Ethnographie; Perlenstoffe

Smolková, M.A.: O starobylém pletení na «Krosierakách». Prag 1904
Volkskunde; Kettenstoffe

Snethlage, E.H.: ‹Form und Ornamentik altperuanischer Spindeln›, Bässler Archiv 14, Berlin 1930: 77-95
Archäologie; Fadenbildung

Snethlage, E.H.: ‹Ein figürliches Ikat-Gewebe aus Peru›, Der Weltkreis 2 (3-4), Berlin 1931: 49-51
Archäologie; Vrz. flüssiges Mat.

Snoddy-Cuellar, E.: ‹San Agustin Tlacotepec, Mixteca Alta Belt Weaving Village›, I. Emery Roundtable on Mus. Textiles 1976, Washington 1977: 310-319
Ethnographie; Weben

Snow, M. & Snow, W.: Step-by-step tablet weaving. New York 1973
Analyse; Arbeitsanleitung; Weben; Ränder; Stoffzusammensetzung

Snow, W.: siehe auch Snow, M.

Snoy, P.: siehe auch Kussmaul, F.

Soekawati,, T.G.R.: Nijverheid en kunstnijverheid op Bali. Mededeelingen van de Kirtya I. 15, Jogjakarta 1941
Ethnographie; Vrz. flüssiges Mat.

Solyom, B. & Solyom, G.: ‹Notes and Observations on Indonesian Textiles›, Fischer, J. (ed.) Threads of Tradition. Berkeley 1979: 15-33
Ethnographie; Weben; Vrz. flüssiges Mat.

Solyom, B. & Solyom, G.: Fabric traditions of Indonesia. Washington 1984
Ethnographie; Flechten; Weben; Vrz. festes Mat.; Vrz. flüssiges Mat.

Solyom, B.: siehe auch Solyom, G.

Solyom, G. & Solyom, B.: Textiles of the Indonesian Archipelago. Asian Studies at Hawaii No. 10, Honolulu 1973
Ethnographie; Sammlungsbeschr.; Vrz. flüssiges Mat.

Solyom, G. & Solyom, B.: Rites de passage. San Diego 1979
Sammlungsbeschr.; Vrz. flüssiges Mat.

Solyom, G. & Solyom, B.: ‹A note on some rare Central Javanese Textiles›, I. Emery Roundtable on Mus. Textiles 1979, Washington 1980: 275-281
Ethnographie; Vrz. flüssiges Mat.

Solyom, G. & Solyom, B.: ‹Cosmic symbolism in semen and alasalasan patterns in Javanese textiles›, I. Emery Roundtable on Mus. Textiles 1979, Washington 1980: 248-271
Ethnographie; Vrz. flüssiges Mat.

Solyom, G.: siehe auch Solyom, B.

Sonday, M.: ‹What can we learn from a fabric about the loom on which it might have been woven?›, I. Emery Roundtable on Mus. Textiles 1977, Washington 1979: 242-256
Analyse; Weben

Sonday, M.: Lace in the collection of the Cooper-Hewitt Museum. New York 1982
Volkskunde; Allg.; Vrz. festes Mat.

Sonday, M. & Kajitani, N.: ‹A second type of Mughal sash›, Textile Museum Journal 3 (2), Washington 1971: 6-12
Analyse; Weben

Sonday, M.: siehe auch Coleman, E.A.

Sorber, F.: ‹Batiks en Afrikadruk in de Gentse Katoendrukkerij: Voortman›, Liber Memorialis 1, Gent, Belgien 1983: 365-373
Ethnographie; Vrz. flüssiges Mat.

Spahni, J.C.: ‹Recherches archéologiques à l'embochure du Río Loa (Côte du Pacifique-Chili)›, Journ. Soc. Améric. 56 (1), Paris 1967: 179-253
Archäologie; Maschenstoffe; Flechten; Weben

Specht, S. & Rawlings, S.: Creating with card-weaving. New York 1973
Arbeitsanleitung; Weben

Spée, M.: Traditionele en moderne batik: Ontwikkeling, techniek en methoden. De Bilt 1977
Analyse; Ethnographie; Arbeitsanleitung; Vrz. flüssiges Mat.

Speiser, F.: Flechtarbeiten. Gewerbemuseum Basel, Basel 1925
Ethnographie; Flechten

Speiser, N.: ‹Neue Entwicklungen der Sprang-Technik›, Heimatwerk 3, Zürich 1971
Kettenstoffe

Speiser, N.: ‹Le Kago-Uchi›, Cieta 36 (2), Lyon 1972: 9-24
Ethnographie; Flechten

Speiser, N.: ‹Sprang›, Schweiz. Arbeitslehrerinnen Zeitung No. 5, Biel 1974
Analyse; Arbeitsanleitung; Kettenstoffe

Speiser, N.: The Manual of Braiding. Basel 1983
Analyse; Arbeitsanleitung; Maschenstoffe; Flechten; Kettenstoffe

Speiser, N.: ‹The Kago-Uchi›, Ars Textrina Vol. 4, Dec. Winnipeg 1985: 23-41
Ethnographie; Flechten; Vrz. flüssiges Mat.

Spencer, R.F.: ‹North Alaska Coast Eskimo›, Handbook of North Am. Indians 5, Washington 1984: 320-337
Ethnographie; Flechten

Sperlich, E.: siehe auch Sperlich, N.

Sperlich, N. & Sperlich, E.: Guatemalan Backstrap Weaving. Norman 1980
Ethnographie; Weben

Spertus, A.E.: siehe auch Holmgren, R.J.

Spier, L.: ‹Zuñi Weaving Technique›, Am. Anthrop. 16 (1), Menasha 1924: 64-85
Ethnographie; Weben

Spirito, O.: Voiles de Gènes. Mulhouse 1964
Volkskunde; Weben

Spring, C.: African Textiles. African Coll. Museum of Mankind, London 1989
Ethnographie; Weben; Florbildung; Vrz. festes Mat.; Vrz. flüssiges Mat.

Spuhler, F.: Islamic Carpets and Textiles in the Keir Collection. London 1978
Archäologie; Sammlungsbeschr.; Weben; Florbildung

Stafford, C.E.: Paracas Embroideries: A Study of Repeated Patterns. New York 1941
Archäologie; Vrz. festes Mat.

Standigel, O.: ‹Tablet-weaving and the technique of the Ramses-girdle›, Cieta 41-42, 1-2, Lyon 1975
Analyse; Archäologie; Weben

Stanfiled, N. & Barbour, J.: Adire Cloth in Nigeria. Nigeria: Inst. Afr. Studies, Ibadan 1971
Analyse; Ethnographie; Vrz. flüssiges Mat.

Stanislaw, M.A.: Kalagas: the wall hangings of Southeast Asia. Singapore 1987
Ethnographie; Vrz. festes Mat.

Stanková, J.: ‹Les techniques textiles dans la culture populaire tchéchoslovaque›, Cieta 36, 2, Lyon 1972: 29-67
Volkskunde; Allg.

Stanková, J.: ‹Vortücher, genannt «Predaky» aus dem Gebiet Dondleby›, Beitrag zum Studium böhm. Gewebe, o.O. 1975: 86-99
Volkskunde; Weben

Stanková, J.: ‹A chapter in the history of woven lace›, Textile History Vol. 16 No. 2, Newton Abbot 1985
Volkskunde; Vrz. festes Mat.

Stanková, J.: České lidové tkaniny. Praha 1989
Analyse; Volkskunde; Fadenbildung; Weben; Vrz. flüssiges Mat.

Stanková, J.: siehe auch Orel, J.

Stanley, M.: ‹The bedouin saha weave and its double cloth cousin›, Rogers, N. (ed.) In Celebration of the Curious Mind. Loveland 1983: 68-79
Analyse; Ethnographie; Weben

Stapeley, M.B.: Popular Weaving and Embroidery in Spain. Madrid 1924
Volkskunde; Weben; Vrz. festes Mat.

Start, L.: siehe auch Haddon, A.C.

Start, L.E.: Burmese textiles from the Shan and Kachin districts. Bankfield Museum Notes Series 2 No. 7, Halifax 1917
Ethnographie; Weben

Start, L.E.: The Durham Collection of Garments and Embroideries from Albania and Yugoslavia. Bankfield Museum Notes Series 3 No. 4, Halifax 1939
Volkskunde; Sammlungsbeschr.; Ränder; Vrz. festes Mat.

Start, L.E.: The McDougall Collection of Indian Textiles from Guatemala and Mexico. Occ. Pap. on Technology 2, Oxford 1948
Sammlungsbeschr.; Flechten; Weben; Vrz. flüssiges Mat.

Staub, J.: Beiträge zur Kenntnis der materiellen Kultur der Mendi in der Sierra Leone. Solothurn 1936
Ethnographie; Flechten

Steffensen, H.: Nålebinding. København 1975
Archäologie; Arbeitsanleitung; Maschenstoffe

Steffensen, H.: Lärdig nålbinding. København 1978
Archäologie; Arbeitsanleitung; Maschenstoffe

Steffensen, H.: Naaldbinding. Amsterdam 1978
Archäologie; Arbeitsanleitung; Maschenstoffe

Steger-Völkel, R.: siehe auch Knauer, T.

Stein, J.A.: siehe auch Quick, B.

Steinmann, A.: ‹Tissus à jonques du sud de Sumatra›, Revue des Arts Asiatiques Vol. 2 No. 3, Paris 1937
Ethnographie; Weben

Steinmann, A.: Die Ornamente der Ikat-Gewebe von Sumba. o.O. o.J.
Ethnographie; Allg.; Vrz. flüssiges Mat.

Steinmann, A.: Javanisches Kunstgewerbe. Kunstgesellschaft in Luzern, Luzern 1925
Ethnographie; Sammlungsbeschr.

Steinmann, A.: Webereien und Batiktücher aus Niederländisch Indien. Wegleitungen des Kunstgewerbemus. Zürich 1925
Sammlungsbeschr.; Vrz. flüssiges Mat.

Steinmann, A.: ‹Enkele opmerkingen aangaande de z.g. Scheepjesdoeken van Zuid-Sumatra›, Cultureel Indië Jg. 1, Leiden 1939: 252-256
Allg.; Vrz. festes Mat.

Steinmann, A.: ‹Die Ornamentik der Ikat-Gewebe›, Ciba Rundschau No. 51 Sept. Basel 1941: 1876-82
Ethnographie; Vrz. flüssiges Mat.

Steinmann, A.: ‹Batiken›, Ciba Rundschau No. 69 Jan. Basel 1947: 2528-63
Analyse; Ethnographie; Vrz. flüssiges Mat.

Steinmann, A.: ‹Das Batiken in China›, Sinologica 2 (2), Basel 1949: 105-126
Ethnographie; Vrz. flüssiges Mat.

Steinmann, A.: ‹Die Batikgeräte in Asien und Indonesien›, Bull. Schweiz. Ges. Anthr. Eth. 1952-53, Bern 1953
Analyse; Ethnographie; Vrz. flüssiges Mat.

Steinmann, A.: Batik: A survey of batik designs. Leigh-on-Sea 1958
Allg.; Vrz. flüssiges Mat.

Steirisches Bauernmuseum, Sonderausstellung: Körbe und Korbflechten. Stainz 1976
Volkskunde; Sammlungsbeschr.; Flechten

Stephani, L. & Tolmachoff, E.: ‹Some ancient Greek Textiles found in South Russia›, Bull. Needle and Bobbin Club Vol. 26 No. 2, New York 1942: 17-58
Archäologie; Vrz. flüssiges Mat.

Stephens, S.G. & Moseley, M.E.: ‹Early domesticated cottons from archaeological sites in Central Coastal Peru›, American Antiquity 39 (1), Salt Lake City 1974: 109-122
Archäologie

Stettiner, R.: ‹Brettchenweberei in den Moorfunden von Damendorf, Daetzen und Torsberg›, Mitt. Anthrop. Vereins Schles. Holst. Heft 19, Kiel 1911: 26-56
Archäologie

Steven, G.A: Nets: how to make, mend and preserve them. London 1950
Arbeitsanleitung; Maschenstoffe

Steward, J.H.: Ancient caves of the Great Salt Lake Region. Bull. Bur. Am. Ethn. 116, Washington 1937
Archäologie; Maschenstoffe; Flechten

Stirling, M.W.: Historical and Ethnographical Material on the Jivaro Indians. Bull. Bur. Am. Ethnol. 117, Washington 1938
Allg.; Fadenbildung; Maschenstoffe; Weben

Stoeckel, J.: ‹Etude sur le tissage au Cambodge›, Arts et Archéologie Khmers 1 (4), Paris 1921-23: 387-402
Ethnographie; Weben

Stöcklin, D.: siehe auch Huber, H.

Stojanovic, A.: Brnestra (Spanischer Ginster): I Zuka – spartium junceum. Publikacije Etnolokoga Zadova No. 4, Zagreb 1962
Volkskunde; Weben

Stokar, W.: Spinnen und Weben bei den Germanen. Leipzig 1938
Archäologie; Fadenbildung; Weben

Stokes, J.F.: ‹Nets and Netting›, Mem. Bernice Bishop Mus. 2 (1), Honolulu 1906: 105-162
Ethnographie; Maschenstoffe

Stoltz Gilfoy, P.: Patterns of life: West African strip-weaving traditions. Washington 1987
Analyse; Ethnographie; Sammlungsbeschr.; Kettenstoffe; Weben

Stone, R.R.: Technique and form in Huari-style tapestry tunics: The Andean Artist, A.D. 500-800. Thesis Yale University, New Haven 1987
Archäologie; Kettenstoffe; Wirken

Storey, J.: The Thames and Hudson Manual of Textile Printing. London 1974
Allg.; Vrz. flüssiges Mat.

Stothert, K.E.: siehe auch Hagino, J.P.

Stout, C.: Weavers of the jade needle: Textiles in Highland Guatemala. Maxwell Museum, Albuquerque 1976
Analyse; Ethnographie; Weben

Straka, J.A. & Mackie, L.W.: The oriental rug collection of Jerome and Mary Jane Straka. New York 1978
Sammlungsbeschr.; Allg.; Kettenstoffe; Florbildung

Streiff, R.: ‹La collection Urubu (Brésil) du Musée d'Ethnographie de Genève›, Bull. Soc. Suisse des Américanistes 31, Genève 1967: 35-58
Ethnographie; Sammlungsbeschr.; Flechten; Florbildung

Strelow, R.: siehe auch Eisleb, D.

Strickler-Streiff, H.: Zur Ausstellung echt javanischer Batiks und anderen malaiischen Textilerzeugnissen. Glarus 1925
Allg.; Vrz. flüssiges Mat.

Stritz, A.: ‹Raffiaplüsch aus dem Königreich Kongo›, Wiener Ethnohistorische Blätter 3, Wien 1971: 37-56
Analyse; Ethnographie; Florbildung

Strömberg, E. & Arbman, H.: ‹Aslevanten Teknik›, Fataburen, Stockholm 1934: 73-82
Volkskunde; Arbeitsanleitung; Maschenstoffe

Strupp-Green, J.: ‹Archaeological Chihuahuan textiles and modern Tarahumara weaving›, Ethnos 1-4, Stockholm 1971: 115-130
Ethnographie; Archäologie; Weben

Strupp-Green, J.: ‹A Synoptic View of Research on Mexican Ethnographic Textiles›, I. Emery Roundtable on Mus. Textiles 1976, Washington 1977: 159-171
Ethnographie; Allg.

Strupp-Green, J. & Fisk, L.L.: ‹A Bibliography of Mexican Ethnographic Fabrics: Textiles and Costumes›, I. Emery Roundtable on Mus. Textiles 1976, Washington 1977: 172-237
Ethnographie; Allg.

Stuart-Fox, D.: siehe auch Fenton, R.

Stucky, M.: siehe auch Rapp, A.

Sturtevant, W.C.: ‹The Hole and Slot Heddle›, I. Emery Roundtable on Mus. Textiles 1976, Washington 1977: 235
Volkskunde; Weben

Sucharewa, O.A.: Posch, e feodalni y gorod Buchara. Taschkent 1962
Ethnographie

Sugimura, T. & Suzuki, H.: Living Crafts of Okinawa. New York 1973
Ethnographie; Vrz. flüssiges Mat.

Sumadio, B.: Pameran seni tenun tradisionil indonesia. Jakarta 1976
Ethnographie; Sammlungsbeschr.; Vrz. flüssiges Mat.

Supakar, J.N.: ‹Music of the weave›, The India Magazine, Fabric Vol. 5 No. 1, New Delhi 1985: 70-75
Ethnographie; Weben; Vrz. flüssiges Mat.

Susnik, B.: Artesanía indígena: Ensayo analítico. Asociación Indigenista del Paraguay, Asunción 1986
Ethnographie; Fadenbildung; Maschenstoffe; Flechten; Kettenstoffe; Weben; Florbildung; Perlenstoffe; Ränder; Vrz. festes Mat.

Suter, P.: Die letzten Heimposamenter, Kanton Basel-Landschaft. Schweiz. Ges. f. Volksk.: altes Handwerk 43, Basel 1978
Volkskunde; Film; Flechten

Suttles, W. (ed.): Northwest Coast. Handbook of North Am. Indians 7, Washington 1990
Ethnographie; Flechten; Kettenstoffe

Suwati, K.: Songket indonesia. Jakarta 1982
Ethnographie; Weben

Suzuki, H.: siehe auch Sugimura, T.

Svobodová, V.: Mitteleuropa/ West-Mähren: Bandweben mit dem Webgitter. Encyclopaedia Cinematographica E 1810, 5 (2), Göttingen 1975
Volkskunde; Film; Weben

Svobodová, V.: Mitteleuropa/ West-Mähren: Teppich-weben am Trittwebstuhl. Encyclopaedia Cinematographica E 1811, 5 (3), Göttingen 1975
Volkskunde; Film; Weben

Svobodová, V. & Kûava, P.: Mitteleuropa/ West-Mähren: Flachsernte und Flachsverarbeitung (Riffeln, Brechen, Hecheln, Spinnen). Encyclopaedia Cinematographica E 1809, 5 (2), Göttingen 1975
Volkskunde; Film; Fadenbildung

Swallow, D.A.: ‹Javanese batiks: Meaning, interpretation and change›, Indonesian Circle 42, London 1987
Ethnographie; Allg.; Vrz. flüssiges Mat.

Swanson, E. & Bryon, A.: ‹An Archaeological Survey of Caves in Washington›, American Antiquity Vol. 19 No. 4, Salt Lake City 1954: 387-389
Archäologie; Fadenbildung

Swartz, B.K.: A Study of the Material Aspect of Northeastern Maidu Basketry. Kroeber Anthrop. Soc. Papers 19, Berkeley 1958
Ethnographie; Flechten

Swiezy, J.: Stroj podlaski: nadbuzanski. Atlas polskich strojow ludowych Vol. 4 No. 5, Wroclaw 1958
Volkskunde; Weben

Sylvester, D.: siehe auch Mc Mullan, J.V.

Sylwan, V.: ‹Dekorative Wirkereien und Webereien im mittelalterlichen Schweden›, Zeitschrift für bildende Kunst, Leipzig 1928: 92-100
Allg.; Kettenstoffe; Wirken

Sylwan, V.: Svenska Ryor. Stockholm 1934
Analyse; Volkskunde; Florbildung

Sylwan, V.: Woollen Textiles of the Lou-lan People. The Sino-Swedish Expedition Publ. 15 (7,2), Stockholm 1941
Analyse; Archäologie; Fadenbildung; Flechten; Kettenstoffe; Weben; Ränder

Sylwan, V.: Investigation of Silk from Edsen-Gol and Lop-Nor. The Sino-Swedish Expedition Publ. 32 (7), Vol. 6, Stockholm 1949
Archäologie; Weben

Szabó, T.A.: siehe auch Palotay, G.

Taber, B. & Anderson, M.: Backstrap weaving. New York 1975
Allg.; Weben

Tada, M.: Kumihimo: Silk Braids of Japan. Washington 1986
Ethnographie; Flechten

Talwar, K. & Krishna, K.: Indian pigment paintings on cloth. Hist. Textiles of India, Calico Vol. 3, Bombay 1979
Allg.; Vrz. flüssiges Mat.

Tanavoli, P.: Lion rugs from Fars from the collection of Parviz and Manijeh. Oshkosh 1974
Ethnographie; Sammlungsbeschr.; Florbildung

Tanavoli, P.: Lion Rugs from Fars. Kashani 1978
Ethnographie; Sammlungsbeschr.; Florbildung

Tanavoli, P.: Shahsavan. Fribourg 1985
Systematik; Analyse; Ethnographie; Fadenbildung; Kettenstoffe; Weben; Florbildung; Ränder

Tanavoli, P.: Lion Rugs: The Lion in the Art and Culture of Iran. Basel 1985
Analyse; Ethnographie; Sammlungsbeschr.; Florbildung

Tanner, C.L.: Southwest Indian Craft Arts. Tucson 1968
Analyse; Ethnographie; Flechten; Kettenstoffe; Ränder

Tanner, C.L.: Prehistoric Southwestern Craft Arts. Tucson 1976
Fadenbildung; Maschenstoffe; Flechten; Kettenstoffe; Weben; Ränder; Vrz. flüssiges Mat.

Tanner, C.L.: Apache Indian Baskets. Tucson 1982
Ethnographie; Flechten

Tanner, C.L.: Indian Baskets of the Southwest. Tucson 1983
Ethnographie; Flechten

Tanner, H.: ‹Cashinahua Weaving›, Dwyer, J.P. (ed.) The Cashinahua of Eastern Peru. Boston 1975: 111-124
Ethnographie; Weben

Targonska, A.: Wzornik rzeszowskich haftow ludowych. Rzenzów 1985
Allg.; Vrz. festes Mat.

Taszycka, M.: Ceintures et costumes polonais. Mulhouse 1972
Volkskunde; Sammlungsbeschr.; Weben

Tattersall, C.E.C.: Notes on carpet-knotting and weaving. Victoria and Albert Museum, London 1927
Analyse; Sammlungsbeschr.; Kettenstoffe; Florbildung; Ränder

Taullard, A.: Tejidos y ponchos indígenas de Sudamérica. Buenos Aires 1949
Analyse; Ethnographie; Archäologie; Fadenbildung; Maschenstoffe; Kettenstoffe; Weben; Florbildung; Vrz. festes Mat.; Vrz. flüssiges Mat.; Wirken

Tay Pike, A.: siehe auch Moes, R.

Taylor, D. & Moore, H.C.: ‹A note on Dominican Basketry and its analogues›, Southwest Journ. of Anthrop. 4 (3), Albuquerque 1948: 328-343
Ethnographie; Flechten

Taylor, G.J.: ‹Historical Ethnography of the Labrador Coast›, Handbook of North Am. Indians 5, Washington 1984: 508-521
Ethnographie; Flechten

Taylor, W.W.: ‹Archaic Cultures Adjacent to the Northeastern Frontiers of Mesoamerica›, Handbook of Middle Am. Indians 4, Austin 1966: 59-94
Archäologie; Maschenstoffe; Flechten

Teit, J.A.: siehe auch Haeberlin, H.K.

Teleki, G.: The Baskets of Rural America. New York 1975
Volkskunde; Flechten

Tenri Sankokan Museum: Yamato cotton textiles: Handbook of the Tenri Sankokan Museum. No. 20, Tenri 1981
Sammlungsbeschr.; Flechten; Weben; Vrz. flüssiges Mat.

Textilmuseum Krefeld: Osmanische Samte und Seiden. Krefeld 1978
Analyse; Fadenbildung; Weben; Florbildung

Theisen, H.: ‹Herstellung eines Batak-Tuches: (ulos si-bolang sitolun tuho)›, Archiv für Völkerkunde 36, Wien 1982
Analyse; Ethnographie; Vrz. flüssiges Mat.

Therik, J.A.: Ikat in Eastern Archipelago. Jakarta 1989
Ethnographie; Weben; Vrz. flüssiges Mat.

Thomas, E.: ‹Netting without a Knot›, Man 26, London 1926: 8-10
Allg.; Maschenstoffe

Thomas, E.: ‹Notes on a knitting technique›, Man 36, London 1936: 72
Allg.; Maschenstoffe

Thomas, M.: Knitting Book. New York 1972
Arbeitsanleitung; Maschenstoffe

Thomas, M.: Book of knitting patterns. New York 1972
Arbeitsanleitung; Maschenstoffe

Thompson, G.H.: Spinning Wheels. Ulster Museum, Belfast 1964
Volkskunde; Sammlungsbeschr.; Fadenbildung

Thompson, R.F: Flash of the Spirit. New York 1983
Ethnographie; Weben

Thomson, J.: siehe auch Mackie, L.W.

Thorpe, H.G.: ‹Its in the Cards›, Handweaver and Craftsman 3, New York 1952: 17-19
Arbeitsanleitung; Weben

Thümmel, A.: Knüpf-Arbeiten. Leipzig o.J.
Arbeitsanleitung; Flechten

Thurmann, C.C.M. & Williams, B.: Ancient textiles from Nubia. Chicago 1979
Archäologie; Fadenbildung; Kettenstoffe; Weben

Tidball, H.: ‹Jaspé›, Shuttle Craft 1, Monterey 1957
Arbeitsanleitung; Vrz. flüssiges Mat.

Tidhar, A.: siehe auch Bajinski, A.

Tidow, K.: Die Wollweberei im 15. bis 17. Jh. Veröff. des Förderver. Tex. Museums 6, Neumünster 1978
Volkskunde; Weben

Tidow, K.: ‹Untersuchungen an Wollgeweben aus Schleswig und Lübeck›, Textilsymposium Neumünster 1981, Neumünster 1982: 163-178
Archäologie; Weben

Tidow, K.: Textilfunde aus dem Bergkloster und dem Heiligen Geist Hospital in Lübeck. Bonn 1982
Archäologie; Maschenstoffe; Weben

Tidow, K.: Untersuchungen an Wollgeweben aus einem Brunnen auf dem Schrangen in Lübeck. Bonn 1983
Archäologie; Weben

Tidow, K.: siehe auch Bender-Jørgensen, L.

Tidow, K.: siehe auch Ullemeyer, R.

Tiesler, E.: Doppeldurchbruch. Handarbeitstechnik Band 3, Leipzig 1977
Arbeitsanleitung; Vrz. festes Mat.

Tiesler, E.: Grundmuster: Stricken, Häkeln. Handarbeitstechnik Band 11, Leipzig 1980
Arbeitsanleitung; Maschenstoffe

Tiesler, E.: Knüpfen – Klöppeln. Handarbeitstechnik Band 6, Leipzig 1980
Analyse; Arbeitsanleitung; Flechten

Tietze, K.: Sitten und Gebräuche beim Säen, Ernten, Spinnen, Ikatten, Färben und Weben der Baumwolle im Sikka-Gebiet. Ethnologica Band 3, Köln 1941
Ethnographie; Fadenbildung; Weben; Vrz. flüssiges Mat.

Tikhonov, N.P.: siehe auch Voskresensky, A.A.

Timmerman, I.: Seide, Purpur und Gold: Untersuchungen zu den Gewebefragmenten aus dem Schrein der Heiligen Drei Könige im Dom zu Köln. Köln 1982
Archäologie; Weben

Timmermann, I.: ‹Studie zum Batik auf Java›, Bässler Archiv 32, Berlin 1984: 69-112
Allg.; Vrz. flüssiges Mat.

Timmermann, I.: Die Seide Chinas: Eine Kulturgeschichte am seidenen Faden. Köln 1986
Allg.; Weben

Timmins, A.: Patchwork: Stoffmosaike und Applikationen. Ravensburg 1968
Arbeitsanleitung; Vrz. festes Mat.

Tirta, I.: Batik: the magic cloth. Hong-Kong 1974
Ethnographie; Vrz. flüssiges Mat.

Tirtaamidjaja, N. & Anderson, B.R.O.: Batik, Pola and Tjorak-pattern and motif. Djakarta 1966
Ethnographie; Vrz. flüssiges Mat.

Tkalcic, V.: Selzacko cilimarstvo u jugoslaviji. Etnoloska Biblioteka Band 5, Zagreb 1929
Volkskunde; Kettenstoffe; Weben; Florbildung

Tolmachoff, E.: siehe auch Stephani, L.

Tomita, J.: Japanese ikat weaving: the technique of kasuri. London 1982
Analyse; Vrz. flüssiges Mat.

Tomoyuki, Y.: ‹Dyeing through the Ages›, Japan Quarterly Vol. 13 No. 2, Tokyo 1966: 207-213
Ethnographie; Vrz. flüssiges Mat.

Topham, J.: Traditional crafts of Saudi Arabia. London 1981
Analyse; Ethnographie; Kettenstoffe; Weben

Torella Nuibò, F.: Breve Historia del Tejido artístico a través de una visita al Museo. Las Colecciones del Museo Textil, Tarasa 1949
Volkskunde; Sammlungsbeschr.; Weben

Torres, R.M.: El Arte de los Huicholes. Guadalajara 1980
Ethnographie; Flechten; Weben; Perlenstoffe; Vrz. festes Mat.

Tovey, J.: The Technique of Weaving. London 1965
Arbeitsanleitung; Weben

Tracht, A.: siehe auch Adelson, L.

Traetteberg, R.: siehe auch Hoffmann, M.

Treiber-Netoliczka, L.: ‹Das Nachleben der bronzezeitlichen Frauenhäubchen und der Stäbchenflechterei in Siebenbürgen›, Festschrift für H. Reinerth. Singen 1970
Analyse; Volkskunde; Kettenstoffe

Trigger, B.G. (ed.): Northeast. Handbook of North Am. Indians 15, Washington 1978
Ethnographie; Flechten; Perlenstoffe

Trilling, J.: Aegean crossroads: Greek island embroideries. Washington 1983
Volkskunde; Vrz. festes Mat.

Trivedi, R.K. (ed.): Selected Crafts of Gujarat. Census of India Vol. 5 Part 7a 69, Dehli 1961
Ethnographie; Flechten

Trivedi, R.K.: Selected Crafts of Gujarat: Sujani weaving of Broach. Census of India 1961, Ahmedabad 1967
Ethnographie; Fadenbildung; Weben

Trivedi, R.K.: Selected Crafts of Gujarat. Census of India 1961 Vol. 5 Part 7a, Ahmedabad 1969
Ethnographie; Vrz. flüssiges Mat.

Trivedi, R.K.: Selected Crafts of Gujarat: Block engraving at Pethapur. Census of India 1961 Vol. 5 Part 7A, Ahmedabad 1970
Ethnographie

Trnka, Z.: ‹Zariecska a Páchovská Farbiaren Morddotlace: Blaudruckfärberei in Zariecie und in Púchov›, Slovensky Narodopis 7 (1), Bratislava 1959: 55-88
Volkskunde; Vrz. flüssiges Mat.

Trudel, V.: Schweizer Leinenstickerei des Mittelalters und der Renaissance. Bern 1954
Volkskunde; Vrz. festes Mat.

Trupp, F.: Maku (Südost-Kolumbien, Provinz Vaupes): Flechten eines Sammelkorbes. Encyclopaedia Cinematographica E 2548, 10 No. 12, Göttingen 1980
Ethnographie; Film; Flechten

Tschopik, H.: ‹Navaho Basketry: a Study of Culture Change›, Am. Anthrop. N.S. 42, Menasha 1940: 444-462
Ethnographie; Flechten

Tsering, T.: siehe auch Schmidt-Thome, M.

Tsevan, C.T.: Batikmuster bei den nationalen Minderheiten der Provinz Kweichow. Peking 1956
Ethnographie; Vrz. flüssiges Mat.

Tsunoyama, Y.: Pre-Inca textiles in color. Tokio 1966
Archäologie; Sammlungsbeschr.; Kettenstoffe; Weben; Vrz. flüssiges Mat.

Tsunoyama, Y.: Textiles of the Andes: Catalogue of the Amano collection. San Francisco 1980
Analyse; Sammlungsbeschr.; Maschenstoffe; Kettenstoffe; Weben; Florbildung; Vrz. festes Mat.; Vrz. flüssiges Mat.

Tsunoyama, Y.: siehe auch Amano, Y.

Tucci, G.: ‹Old and New Handicrafts in Sardinia›, Kultuurpatronen 5-6, Delft 1963: 161-194
Volkskunde; Flechten; Weben

Tuchscherer, J.M. & Vial, G.: Le musée historique des tissus de Lyon. Lyon 1977
Allg.

Tunis, A. & Meurant, G.: Traumzeichen: Raphiagewebe des Königreiches Bakuba. Haus der Kulturen der Welt, München 1989
Analyse; Ethnographie; Weben; Florbildung; Vrz. festes Mat.

Tunis, A.: siehe auch Meurant, G.

Tuohy, D.R.: siehe auch Rendall, J.

Turnbaugh, S. & Turnbaugh, W.A.: Indian Baskets. West Chester 1986
Analyse; Ethnographie; Archäologie; Flechten; Florbildung; Perlenstoffe; Ränder

Turnbaugh, W.A.: siehe auch Turnbaugh, S.

Turnbull, K.J.: ‹Recollections: Elizabeth Bayley Willis and her Collections›, Arts of Asia Vol. 12 No. 4, Hong Kong 1982: 106-119
Ethnographie; Sammlungsbeschr.; Weben; Vrz. festes Mat.; Vrz. flüssiges Mat.

Turner, A.: ‹Fragment: Pre-Columbian cloth found in Utah›, Handweaver and Craftsman Vol. 22 No. 1, New York 1971: 20-21
Archäologie; Wirken

Turner, G.: Hair Embroidery in Sibiria and North America. Pitt-Rivers Mus. Occ. Pap. in Technology 7, Oxford 1955
Analyse; Ethnographie; Vrz. festes Mat.

Ullemeyer, R. & Tidow, K.: Die Textil- und Lederfunde der Grabung Feddersen Wierde. Hildesheim 1973
Analyse; Archäologie; Fadenbildung; Kettenstoffe; Weben; Stoffzusammensetzung

Ulloa, L.: Vestimentas y Adornos Prehispánicos en Arica. Santiago (Chile) 1985
Archäologie; Maschenstoffe; Flechten; Kettenstoffe; Weben; Florbildung

Underhill, R.: Workaday Life of the Pueblos. Indian Life and Customs No. 4, Phoenix o.J.
Ethnographie; Allg.; Weben

Underhill, R.: Indians of Southern California. Sherman Pamphlets No. 2A, Los Angeles 1941
Ethnographie; Allg.; Flechten

Underhill, R.: The northern Paiute Indians. Sherman Pamphlets No. 1B, Los Angeles 1941
Ethnographie; Allg.; Flechten

Underhill, R.: Indians of the Pacific Northwest. Riverside 1945
Analyse; Ethnographie; Flechten; Weben; Ränder

Underhill, R.: Pueblo Crafts. Indian Handicrafts 7, Los Angeles 1948
Analyse; Ethnographie; Fadenbildung; Flechten; Kettenstoffe; Weben; Ränder

Ungricht, F.: ‹Das Schnurweben im Bezirk Andelfingen›, Schweiz. Archiv für Volkskunde 21, Basel 1917: 28-30
Volkskunde; Fadenbildung; Weben

University of Singapore Art Museum: Indian Textiles. Singapore 1964
Ethnographie; Weben; Vrz. festes Mat.; Vrz. flüssiges Mat.

Upitis, L.: Latvian mittens: Traditional designs and techniques. St. Paul 1981
Volkskunde; Arbeitsanleitung; Maschenstoffe

Uplegger, H.: ‹Zur Korbflechterei in Marokko›, Zeitschrift für Ethnologie 94, Berlin 1969
Ethnographie; Flechten

Ursin, A. & Kilchenmann, K.: Batik: Harmonie mit Wachs und Farbe. Bern 1979
Arbeitsanleitung; Vrz. flüssiges Mat.

Usher, A.P.: A History of Mechanical Invention. Boston 1959: 258-303
Allg.; Weben

Václavík, A.: Volkskunst und Gewebe: Stickereien des tschechischen Volkes. Prag 1956
Volkskunde; Maschenstoffe; Flechten; Weben; Vrz. festes Mat.

Václavik, A. & Orel, J.: Textile Folk Art. London o.J.
Volkskunde; Maschenstoffe; Weben; Vrz. festes Mat.

Vahter, T.: ‹Ikat- eli flammurai taisia kaukaiten›, Suomen Museo No. 63, Helsinki 1951: 21-34
Volkskunde; Vrz. flüssiges Mat.

Valansot, O.: ‹Du métier Bouchon à la mécanique Jacquard›, Jelmini, J.-P. et al. (ed.) La soie. Neuchâtel 1986: 103-108
Volkskunde; Weben

Valentin, P.: ‹Raffia im Kameruner Grasland›, Ethnologische Zeitschrift 1, Zürich 1970: 67-73
Ethnographie; Flechten; Florbildung

Valette, M.: ‹Note sur la teinture des tissus précolombiens du Bas-Pérou›, Journal de la Soc. Américanistes N.S. 10, Paris 1913: 43-46
Archäologie; Vrz. flüssiges Mat.

Vallinheimo, V.: Das Spinnen in Finnland. Kansatieteellinen Arkisto No. 11, Helsinki 1956
Volkskunde; Fadenbildung

Valonen, N.: Geflechte und andere Arbeiten aus Birkenrindenstreifen, unter Berücksichtigung finnischer Tradition. Kansatieteellinen Arkisto No. 9, Vammala 1952
Analyse; Volkskunde; Flechten

Van Gelder, L.: ‹Indonesian ikat fabrics and their techniques›, Fischer, J. (ed.) Threads of Tradition, Berkeley 1979: 35-39
Ethnographie; Vrz. flüssiges Mat.

Van Gelder, L.: Ikat. New York 1980
Analyse; Ethnographie; Arbeitsanleitung; Vrz. flüssiges Mat.

Van Gennep, A.: ‹Netting without a knot›, Man 9 No. 20, London 1909: 38-39
Ethnographie; Maschenstoffe

Van Gennep, A.: ‹Note sur le tissage aux cartons en Chine›, T'Oung-pao 13, Leiden 1912
Ethnographie; Weben

Van Gennep, A.: ‹Etudes d'ethnographie sudaméricaine›, Journal de la Soc. des Américanistes 11 (1), Paris 1914: 121-133
Ethnographie; Weben

Van Gennep, A. & Jéquier, G.: Le tissage aux cartons et son utilisation décorative dans l' Egypte ancienne. Neuchâtel 1916
Archäologie; Weben

Van Stan, I.: Peruvian Domestic Fabrics form Supe: A Study of the Uhle Collection of Painted Cloths. Florida State Univ. Dep. of Anthr. and Arch. Vol. 1 No. 3, Tallahassee 1955
Archäologie; Vrz. flüssiges Mat.

Van Stan, I.: ‹A Peruvian Ikat from Pachacamac›, American Antiquity 23 (2), Salt Lake City 1957: 105-159
Archäologie; Vrz. flüssiges Mat.

Van Stan, I.: Problems in Pre-Columbian Textile Classification. Florida State University Studies No. 29, Tallahassee 1958
Analyse; Archäologie; Fadenbildung; Wirken

Van Stan, I.: ‹A Peruvian Tasseled Fabric›, Florida State Univ. Dep. of Anthrop. and Arch. Vol. 3, Tallahassee 1958
Archäologie; Ränder

Van Stan, I.: ‹Three Feather Ornaments from Peru›, Archaeology, N.Y. 2, New York 1959: 190-193
Archäologie; Flechten; Florbildung

Van Stan, I.: ‹Miniature Peruvian Shirts with Horizontal Neck Openings›, American Antiquity 26 (4), Salt Lake City 1961: 524-31
Archäologie; Wirken

Van Stan, I.: ‹Ancient Painted Textile Arts: Patchwork and Tie-Dye from Pachacamac›, Expedition: Bull. Uni. Mus. Pennsylvania 3 (4), Philadelphia 1961: 34-37
Archäologie; Vrz. festes Mat.; Vrz. flüssiges Mat.

Van Stan, I.: ‹A Problematic Example of Peruvian Resist-Dyeing›, American Antiquity 29 (2), Salt Lake City 1963: 166-173
Archäologie; Vrz. flüssiges Mat.

Van Stan, I.: ‹Ancient Peruvian tapestries with reed warps›, Archaeology, N.Y. 17, New York 1964: 251-261
Archäologie; Kettenstoffe; Wirken

Van Stan, I.: ‹A Peruvian Tapestry with Reed Warps›, Bull. of the Needle and Bobbin Club 44 (1-2), New York 1964: 13-14
Archäologie; Maschenstoffe; Wirken

Van Stan, I.: ‹A Triangular Scarf-like Cloth from Pachacamac, Peru›, American Antiquity 30 (4), Salt Lake City 1965: 428-433
Archäologie; Weben

Van Stan, I.: Textiles from beneath the Temple of Pachacamac, Peru. Philadelphia 1967
Analyse; Archäologie; Sammlungsbeschr.; Weben; Ränder; Vrz. festes Mat.; Vrz. flüssiges Mat.; Wirken

Van Stan, I.: ‹Brocades or Embroideries? Seventeen Textiles from Pachacamac, Peru›, Bull. of the Needle and Bobbin Club 50 (1-2), New York 1967: 5-30
Archäologie; Weben; Vrz. festes Mat.

Van Stan, I.: ‹Six bags with woven pockets from Pre-Columbian Peru›, Nawpa Pacha 7-8, 1969, Berkeley 1970: 17-28
Archäologie; Weben

Van Stan, I.: ‹Did Inca weavers use an upright loom?›, The J.B. Bird Precolumbian Textile Conf. 1973, Washington 1979: 233-238
Archäologie; Weben

Vanstone, J.W.: ‹Mainland Southwest Alaska Eskimo›, Handbook of North Am. Indians 5, Washington 1984: 224-246
Ethnographie; Flechten

Varadarajan, L.: ‹Towards a Definition of Kalamkari›, Marg, Bombay 1978: 19-21
Ethnographie; Vrz. flüssiges Mat.

Varadarajan, L.: South Indian Tradition of Kalamkari. Ahmedabad 1982
Ethnographie; Vrz. flüssiges Mat.

Varadarajan, L.: Ajrakh and related techniques. Ahmedabad 1983
Ethnographie

Varadarajan, L.: Traditions of Textile printing in Kutch. Ahmedabad 1983
Ethnographie; Vrz. flüssiges Mat.

Vargas, E.P.: ‹El Enigma del Pallay›, Boletín de Lima No. 41, Lima 1985: 39-56
Ethnographie; Weben

Vasco Uribe, L.G.: Semejantes a los Dioses. Bogotá 1987
Ethnographie; Flechten

Veiga de Oliveira, E. & Galhano, F.: Tecnologia tradicional portuguesa. Lisboa 1978
Analyse; Volkskunde; Fadenbildung; Weben

Veldhuisen-Djajasoebrata, A.: Batik op Java. Rotterdam 1972
Ethnographie; Vrz. flüssiges Mat.

Veldhuisen- Djajasoebrata, A.: Bloemen van het heelal: de kleurrijke wereld van de textiel op Java. Amsterdam 1984
Ethnographie; Vrz. flüssiges Mat.

Veldhuisen-Djajasoebrata, A.: ‹On the origin and nature of Larangan: forbidden batik patterns from the Central Javanese Principalities›, I. Emery Roundtable on Mus. Textiles 1979, Washington 1980: 201-222
Ethnographie; Vrz. flüssiges Mat.

Veldhuisen-Djajasoebrata, A.: Weavings of power and might: the glory of Java. Museum voor Volkenkunde, Rotterdam 1988
Ethnographie; Vrz. flüssiges Mat.

Veltman, T.J. & Fischer, H.W: ‹De atjèhsche Zijdeindustrie›, Int. Archiv für Ethnogr. 20, Leiden 1912: 15-58
Analyse; Ethnographie; Weben; Vrz. flüssiges Mat.

Venegas, F.P.: El archipiélago de los Roques y la Orchilla. Carácas 1956
Ethnographie; Maschenstoffe

Vergara Wilson, M.: ‹New Mexican Textiles: A Contemporary Weaver Unravels Historic Threads›, The Clarion Vol. 13 No. 14, New York 1988: 33-40
Volkskunde; Weben; Vrz. flüssiges Mat.; Wirken

Verma, R.J.: Basket industry in Uttar Pradesh. Allahabad 1961
Ethnographie; Flechten

Verma, R.J.: Cotton textiles industry in Uttar Pradesh with special reference to Mau Nath Bhanjan, Azamgarh. Census of India Vol. 15 Part 7A, Allahabad 1965
Ethnographie; Weben

Verswijver, G.: ‹Essai sur l'usage de la parure chez les Indiens Kaiapó du Brésil Central›, Bull. Ann. Mus. d'Ethnogr. 25-26, Genève 1983: 23-62
Ethnographie; Sammlungsbeschr.; Flechten; Florbildung; Perlenstoffe

Verswijver, G.: ‹Analyse comparative des parures Nahua: Similitudes et différences›, Musée d'Ethnographie, Bull. Ann. No. 29, 1986, Genève 1987: 25-67
Ethnographie; Florbildung

Vesper, C.: Batik. Wittenberg 1922
Arbeitsanleitung; Vrz. flüssiges Mat.

Vial, G.: ‹Les soieries persanes de la Fondation Abegg›, Bull. d. Liaison du Cieta 43/44, Lyon 1976: 26-100
Analyse; Archäologie; Weben

Vial, G.: Treize ceintures de femmes marrocaines du 16e au 19e siècle. Riggisberg 1980
Analyse; Ethnographie; Sammlungsbeschr.; Weben

Vial, G.: ‹Presentation de deux tissus exécutés aux baguettes›, Assoc. pour l'Etude et la Doc. des Textiles d'Asie, Paris 1985: 32-39
Ethnographie; Weben

Vial, G.: ‹Le Textil, les Tissus›, Jelmini, J.P. et al. (ed.) La Soie. Neuenburg 1986: 71-101
Systematik; Analyse; Weben

Vial, G.: ‹Le Lampas›, Assoc. pour l'Etude et la Doc. des Textiles d'Asie No. 5, Paris 1986: 5-23
Analyse; Ethnographie; Weben; Florbildung

Vial, G.: siehe auch Riboud, K.
Vial, G.: siehe auch Tuchscherer, J.M.

Viatte, F. & Pinault, M.: Sublime Indigo. Marseille 1987
Ethnographie; Vrz. flüssiges Mat.

Victoria and Albert Museum: Brief Guide to the Persian woven Fabrics. London 1928
Ethnographie; Sammlungsbeschr.; Weben

Victoria and Albert Museum: Guide to the Collection of Carpets. London 1931
Allg.; Kettenstoffe; Florbildung; Wirken

Victoria and Albert Museum: Brief Guide to the Chinese Embroideries. London 1931
Ethnographie; Sammlungsbeschr.; Vrz. festes Mat.

Victoria and Albert Museum: Fifty Masterpieces of Textiles. London 1951
Sammlungsbeschr.

Villegas, L. & Rivera, A.: Iwouya: la Guajira a través del tejido. Bogotá 1982
Analyse; Ethnographie; Maschenstoffe; Flechten; Kettenstoffe

Völger, G. & Weck, K.: Pracht und Geheimnis. Ethnologica N.F. 13, Köln 1987
Ethnographie; Archäologie; Sammlungsbeschr.; Weben; Vrz. festes Mat.; Vrz. flüssiges Mat.

Vogelsanger, C.: ‹A sight for the gods›, I. Emery Roundtable on Mus. Textiles 1979, Washington 1980: 115-126
Ethnographie; Weben; Vrz. flüssiges Mat.

Vogt, E.: Primäre textile Techniken. Wegleitungen des Kunstgewerbemuseums 128, Zürich 1935
Systematik; Analyse; Maschenstoffe; Kettenstoffe

Vogt, E.: Geflechte und Gewebe der Steinzeit. Basel 1937
Analyse; Archäologie; Maschenstoffe; Flechten; Kettenstoffe; Weben; Florbildung

Vogt, E.: ‹Frühmittelalterliche Seidenstoffe aus dem Hochaltar der Kathedrale Chur›, Zs. für Schweiz. Archäol. u. Kunstgesch. Band 13 Heft 1, Basel 1952
Archäologie; Weben

Vogt, E.: ‹Frühmittelalterliche Stoffe aus der Abtei St. Maurice›, Zs. für Schweiz. Archäol. u. Kunstgesch. Band 18 Heft 3, Basel 1958: 110-140
Archäologie; Weben

Vogt, E.: ‹Die Textilreste aus dem Reliquienbehälter des Altars in der Kirche St. Lorenz bei Paspels›, Zs. für Schweiz. Archäol. u. Kunstgesch. Band 23 Heft 2, Basel 1964: 83-93
Archäologie; Weben

Vogt, E.: siehe auch Iklé, F.

Volbach, W.F.: Spätantike und frühmittelalterliche Stoffe. Röm. Germ. Zentralmuseum Band 10, Mainz 1932
Sammlungsbeschr.; Allg.; Weben

Volkart, H.: ‹Die Brettchen- und Kammweberei›, Mitt. d. ostschw. Geo.-Commer. Ges. Heft 1, St. Gallen 1907: 1-17
Volkskunde; Weben

Volkart, H.: Schriftbänder in Brettchenweberei. St. Gallen 1915
Volkskunde; Weben

Volkart, H.: Schweizerische Webegitter. Neuchâtel 1916
Volkskunde; Weben

Vollmer, J.E.: ‹Archaeological and Ethnological Considerations of the Foot-Braced Body-Tension Loom›, Gervers, V. (ed.) Studies in Textile History. Toronto 1977: 343-354
Analyse; Ethnographie; Archäologie; Weben

Vollmer, J.E.: ‹Archaeological Evidence for Looms from Yunnan›, I. Emery Roundtable on Mus. Textiles 1977, Washington 1979: 78-79
Archäologie; Weben

Vollmer, J.E.: ‹Oriental Textiles›, Arts of Asia 11 (2), Hong Kong 1981: 126-137
Ethnographie; Vrz. festes Mat.

Vollmer, J.E. & Gilfoy, P.S.: ‹The Indianapolis Museum of Art – The Oriental Collection: Oriental Textiles›, Arts of Asia Vol. 11 No. 2, Hong Kong 1981: 126-137
Ethnographie; Sammlungsbeschr.; Vrz. festes Mat.; Vrz. flüssiges Mat.

Von Bayern, T.: Reisestudien aus dem westlichen Südamerika. Berlin 1908
Ethnographie; Maschenstoffe

Von Gayette Georgens, J.M.: siehe auch Georgens, D.

Von Schorn, O.: Die Textilkunst. Leipzig 1885
Allg.; Weben; Vrz. festes Mat.

Vora, M.P.: siehe auch Nanavati, J.M.

Voshage, A.: Das Spitzenklöppeln. Leipzig 1910
Arbeitsanleitung; Flechten

Voskresensky, A.A. & Tikhonov, N.P.: ‹Technical Study of Textiles from the Burial Mounds of Noin-Ula›, Bull. Needle and Bobbin Club Vol. 20 No. 1 & 2, New York 1936: 3-73
Analyse; Archäologie; Weben

Vreeland, J.M.: ‹Procedimiento para la evaluación y clasificación del material textil andino›, Arqueológicas 15, Lima 1974: 70-96
Ethnographie; Archäologie; Maschenstoffe; Kettenstoffe

Vreeland, J.M.: ‹Ancient Andean Textiles›, Archaeology Vol. 30 No. 3, New York 1977: 167-178
Archäologie

Vreeland, J.M.: ‹The Vertical Loom in the Andes, Past and Present›, I. Emery Roundtable on Mus. Textiles 1977, Washington 1979: 189-211
Ethnographie; Weben

Vreeland, J.M.: ‹Cotton Spinning and Processing on the Peruvian North Coast›, Rowe, A.P. (ed.) J.B. Bird Conf. on Andean Textiles 1984, Washington 1986: 363-373
Ethnographie; Fadenbildung

Vreeland, J.M. & Muelle, J.C.: ‹Breve glosario de terminología textil andina›, Boletín Sem. Arqu. Inst. Riva Aguero 17-18, Lima 1977: 7-21
Allg.

Vromen, J.H.: ‹Multicolor application in African print work›, The Tex. Journ. of Australia 45, Sydney 1970
Ethnographie; Vrz. flüssiges Mat.

Vromen, J.H.: ‹Primitive prints for fashion fabrics›, The Tex. Journ. of Australia 45, Sydney 1970
Ethnographie; Vrz. flüssiges Mat.

Vrydagh, P.A.: ‹Makisi of Zambia›, African Arts Vol. 10 No. 4, Los Angeles 1977: 12-19
Ethnographie; Maschenstoffe

Vuia, R.: ‹Flechterei mit Stäbchen bei den Rumänen›, Zeitschrift für Ethnologie 46, Berlin 1914
Volkskunde; Kettenstoffe

Vuldy, C.: ‹Pekalongan: Batik et Islam dans une ville du Nord de Java›, Etudes Insulindiennes / Archipel No. 8, Paris 1987
Ethnographie; Allg.; Vrz. flüssiges Mat.

Vydra, J.: Der Blaudruck in der slowakischen Volkskunst. Prag 1954
Volkskunde; Vrz. flüssiges Mat.

Wace, A.J.B.: Egyptian Textiles III-VIII Century. Société d'Archéologie Copte, Caire 1944
Archäologie; Sammlungsbeschr.; Weben; Wirken

Wace, A.J.B.: ‹Preliminary Historical Study: A late Roman Tapestry from Egypt›, Workshop Notes 9, Washington 1954
Archäologie; Wirken

Wace, A.J.B.: siehe auch Ashton, L.

Wacziarg, F. & Nath, A.: Arts and crafts of Rajasthan. London 1987
Ethnographie; Weben; Florbildung; Vrz. festes Mat.; Vrz. flüssiges Mat.

Wada, Y.: Shibori: the inventive art of Japanese shaped resist dyeing: Tradition, techniques, innovation. New York 1983
Systematik; Analyse; Vrz. flüssiges Mat.

Wada, Y.: siehe auch Ritch, D.

Wagner, F.A.: Sierkunst in Indonesie. Insulinde No. 6, Groningen 1949
Ethnographie; Flechten; Vrz. flüssiges Mat.

Wagner, F.A.: siehe auch Langewis, L.

Wahlman, M.S.: ‹African Symbolism in Afro-American Quilts›, African Arts Vol. 20 No. 1, Los Angeles 1986: 68-76
Volkskunde; Vrz. festes Mat.

Waite, D.B.: Artefacts from the Solomon Islands in the Julius L. Brenchley Collection. London 1987
Ethnographie; Sammlungsbeschr.; Maschenstoffe; Flechten

Walker, M.: Quiltmaking in Patchwork and Appliqué. London 1985
Volkskunde; Arbeitsanleitung; Vrz. festes Mat.

Wallace, D.T.: ‹Early Paracas Textile Techniques›, American Antiquity 26, Salt Lake City 1960: 279-281
Archäologie; Vrz. festes Mat.

Wallace, D.T.: ‹A warp set-up from the south coast of Peru›, American Antiquity 32, Salt Lake City 1967: 401-402
Archäologie; Weben

Wallace, D.T.: ‹The analysis of weaving patterns examples from the Early Periods in Peru›, I. Emery Roundtable on Mus. Textiles 1974, Washington 1975: 101-116
Archäologie; Weben

Wallace, D.T.: ‹The Process of Weaving Development on the Peruvian Coast›, The J.B. Bird Precolumbian Textile Conf. 1973, Washington 1979: 27-50
Archäologie; Weben; Ränder

Wallace, D.T.: siehe auch Kroeber, A.L.

Wallace, J.: Batik, à travers l'expérience de Jérôme Wallace. Paris 1972
Volkskunde; Vrz. flüssiges Mat.

Wallace, W.J.: ‹Southern Valley Yokuts›, Handbook of North Am. Indians 8, Washington 1978: 448-461
Ethnographie; Maschenstoffe; Flechten; Vrz. festes Mat.

Wallach, E.: siehe auch Zschorsch, G.

Walpole, U.: siehe auch Ellis, F.

Walton, P.: ‹Textiles, Cordage and Raw Fibre from Coppergate›, The Archaeology of York: The Small Finds Vol. 17 No. 5, London 1989: 16-22
Analyse; Archäologie; Fadenbildung; Maschenstoffe; Flechten; Weben; Ränder

Wang, L.H.: The Chinese purse. Taiwan 1986
Ethnographie; Vrz. festes Mat.

Wanner, A.: Bündner Trachten. Chur 1979: 348-354
Volkskunde; Fadenbildung; Vrz. festes Mat.

Wanner, A.: Kunstwerke in Weiss: Stickereien aus St. Gallen und Appenzell. St.Gallen 1983
Analyse; Sammlungsbeschr.; Vrz. festes Mat.

Warburg, L. & Friis, L.: Spind og tvind. Kunstindustrimuseet og Herning Museum, Herning 1975
Allg.; Fadenbildung

Wardle, H.N.: ‹Certain rare West-Coast baskets›, American Anthropologist 14, Menasha 1912: 287-313
Ethnographie; Flechten; Ränder

Wardle, H.N.: ‹An Ancient Paracas Mantle›, Bull. of the Uni. Mus. Pennsylvania 7 (4), Philadelphia 1939: 20-25
Archäologie; Vrz. festes Mat.

Wardle, H.N.: ‹Triple Cloth: New Types of Ancient Peruvian Techniques›, American Anthropologist Vol. 46 No. 3, Menasha 1944: 416-448
Archäologie; Weben

Wark, E.: The Craft of Patchwork. London 1984
Arbeitsanleitung; Vrz. festes Mat.

Warming, W. & Gaworski, M.: The World of Indonesian Textiles. London 1981
Ethnographie; Weben; Vrz. flüssiges Mat.

Washburn, D.K. & Crowe, D.W.: Symmetries of culture: theory and practice of plane pattern analysis. University of Washington Press, Seattle, London 1988
Ethnographie; Archäologie; Maschenstoffe; Flechten; Kettenstoffe; Weben; Perlenstoffe; Vrz. festes Mat.; Vrz. flüssiges Mat.; Wirken

Wass, B. & Murnane, B.: African Textiles. Madison 1978
Ethnographie; Weben; Vrz. festes Mat.; Vrz. flüssiges Mat.

Wasseff, W.W.: siehe auch Forman, M.

Wassén, H.S.: ‹Some words on the Cuna Indians and especially their «Mola»-Garments›, Revista do Museu Paulista No. 15, São Paulo 1964: 329-357
Ethnographie; Vrz. festes Mat.

Wassén, S.H.: Mola: Cuna-Indiansk textilkonst. Göteborg 1962
Ethnographie; Vrz. festes Mat.

Wassén, S.H.: A Medicine-man's Implements and Plants in a Tiahuanacoid Tomb in Highland Bolivia. Etnologiska Studier 32, Göteborg 1972
Archäologie; Maschenstoffe; Flechten; Weben; Vrz. festes Mat.; Wirken

Wassermann, T.E. & Hill, J.S.: Bolivian Indian Textiles. New York 1981
Ethnographie; Weben

Wassing-Visser, R.: Weefsels en Adatkostums uit Indonesie. Volkenkundig Museum Nusantara, Delft 1982
Ethnographie; Weben; Perlenstoffe; Vrz. flüssiges Mat.

Wastraprema, H.: Kain Adat: Traditional textiles. Jakarta 1976
Ethnographie; Vrz. festes Mat.

Watkins, F.E.: The Native Weaving of Mexico and Guatemala. Los Angeles 1939
Ethnographie; Weben

Watson-Franke, M.B.: ‹A woman's profession in Guajiro culture: Weavers›, Antropológica 37, Carácas 1974: 24-40
Ethnographie; Weben

Watt, G.: Indian Art at Delhi, 1903. Delhi 1903
Ethnographie; Sammlungsbeschr.; Florbildung; Vrz. festes Mat.; Vrz. flüssiges Mat.

Wattal, H.K.: Technical survey of the carpet industry in India. Marg Vol. 18 No. 4, Bombay 1965
Analyse; Ethnographie; Florbildung

Weber, F.: Indonesische Gewebe. Wegleitung Kunstgewerbemuseum, Zürich 1935
Ethnographie; Weben

Weber, H.: siehe auch Niedner, M.

Weber, M.: Timor und seine Textiltechniken (Mimeo). Basel 1977
Ethnographie; Fadenbildung; Weben; Vrz. flüssiges Mat.

Weber, M.: Eleganz in Schwarz: Katalog zur Ausstellung «Spitzen vom 18. Jh. bis heute». Industrie- und Gewerbemuseum, St. Gallen 1979
Volkskunde; Flechten

Weber, R.L.: Emmon's notes on Field Museum's collection of Northwest Coast basketry. Fieldiana Anthropology 9, Chicago 1986
Ethnographie; Sammlungsbeschr.; Flechten

Webster, M.D.: Quilts: their story and how to make them. New York 1948
Allg.; Vrz. festes Mat.

Weck, K.: siehe auch Völger, G.

Wegner, B. & D.: ‹Stickereien in Afghanistan›, Textilhandwerk in Afghanistan. Liestal 1983: 133-159
Ethnographie; Vrz. festes Mat.

Wegner, D.: ‹Nomaden- und Bauernteppiche in Afghanistan›, Bässler Archiv 12, Berlin 1964: 141-179
Ethnographie; Florbildung

Wegner, D.H.G.: Textilkunst der Steppen- und Bergvölker Zentralasiens. Gewerbemuseum Basel, Basel 1974
Ethnographie; Florbildung; Vrz. festes Mat.; Vrz. flüssiges Mat.; Wirken

Wegner, D.H.G.: ‹Der Knüpfteppich bei den Belutschen und ihren Nachbarn›, Tribus 29, Stuttgart 1980: 57- 105
Allg.; Florbildung

Wehmeyer, E.: Das unterhaltsame Textil Buch. Braunschweig 1949
Allg.; Fadenbildung; Maschenstoffe; Weben

Weigand, de, C.G. & Weigand, de, P.C.: ‹Contemporary Huichol Textiles: Patterns of Change›, I. Emery Roundtable on Mus. Textiles 1976, Washington 1977: 293-297
Ethnographie; Weben

Weigand, de, P.C.: siehe auch Weigand, de, C.G.

Weiner, A.B. & Schneider, J. (ed.): Cloth and Human Experience. Washington 1989
Ethnographie; Volkskunde; Archäologie; Fadenbildung; Flechten; Weben; Vrz. festes Mat.

Weir, M.: siehe auch Simpson, L.E.

Weir, S.: Palestinian embroidery: A village arab craft. London 1970
Ethnographie; Vrz. festes Mat.

Weir, S.: Spinning and Weaving in Palestine. London 1970
Ethnographie; Fadenbildung; Weben

Weir, S.: The Bedouin. London 1976
Ethnographie; Fadenbildung; Weben; Wirken

Weir, S.: Palestinian Costume. London 1989
Ethnographie; Flechten; Vrz. festes Mat.; Vrz. flüssiges Mat.

Weisswange, K.: Kpelle (Westafrika, Liberia): Knüpfen eines kleinen Fischnetzes. Encyclopaedia Cinematographica E 736, Göttingen 1966
Ethnographie; Film; Maschenstoffe

Weisswange, K.: Loma (Westafrika, Liberia): Weben eines Vorratsbeutels mit Hilfe eines Litzenbündels. Encyclopaedia Cinematographica, Göttingen 1975
Ethnographie; Film; Weben

Weitlaner-Johnson, I.: Twine-Plaiting: a Historical, Technical and Comparative Study. Thesis UCL Berkeley 1950
Analyse; Ethnographie; Archäologie; Kettenstoffe

Weitlaner-Johnson, I.: ‹Twine-Plaiting in the New World›, Int. Congr. of Americanist 32, Kopenhagen 1956: 198-213
Ethnographie; Kettenstoffe

Weitlaner-Johnson, I.: ‹Miniature Garments found in Mixteca Alta Caves Mexico›, Folk 8-9, 1966-67, Kopenhagen 1967: 179-190
Archäologie; Kettenstoffe; Ränder

Weitlaner-Johnson, I.: ‹A painted textile from Tenancingó›, Archiv f. Völkerkunde 24, Wien 1970: 265-272
Archäologie; Vrz. flüssiges Mat.

Weitlaner-Johnson, I.: ‹Basketry and Textiles›, Handbook of Middle Am. Indians, Univ. Texas 10 (1), Austin 1971: 297-321
Archäologie; Flechten; Weben; Vrz. flüssiges Mat.

Weitlaner-Johnson, I.: ‹Weft-wrap openwork techniques in archaeological and contemporary textiles of Mexico›, Textile Museum Journal 4.3, Washington 1976
Analyse; Ethnographie; Archäologie; Fadenbildung; Kettenstoffe; Weben; Vrz. festes Mat.

Weitlaner-Johnson, I.: Design motifs on Mexican Indian textiles. Graz 1976
Allg.; Weben

Weitlaner-Johnson, I.: Los textiles de la Cueva de la Candelaria, Coahuila. Colección científica Arqueología 51, México 1977
Archäologie; Weben; Stoffzusammensetzung

Weitlaner-Johnson, I.: ‹Old-Style Wrap Around Skirts Woven by Zapotec Indians of Mitla, Oaxaca›, I. Emery Roundtable on Mus. Textiles 1976, Washington 1977: 238-255
Ethnographie; Maschenstoffe; Kettenstoffe; Weben

Weitlaner-Johnson, I.: ‹The ring-warp loom in Mexico›, I. Emery Roundtable on Mus. Textiles 1977, Washington 1979: 135-159
Analyse; Ethnographie; Weben

Weitlaner-Johnson, I. & Mac Dougall, T.: ‹Chichicaztli Fibre; the spinning and weaving of it in Southern Mexico›, Archiv für Völkerkunde 20, Wien 1966
Ethnographie; Fadenbildung; Maschenstoffe

Weitlaner-Johnson, I.: siehe auch Heizer, R.F.

Weldon's Encyclopaedia: Weldon's Encyclopaedia of Needlework. London
Arbeitsanleitung; Maschenstoffe; Vrz. festes Mat.

Wells, M.D.: Micronesian Handicraft Book of the Trust Territory of the Pacific Islands. New York 1982
Ethnographie; Flechten; Perlenstoffe

Wells, O.: Salish Weaving: Primitive and Modern. Sardis 1969
Ethnographie; Weben; Wirken

Weltfish, G.: Coiled Gambling Baskets of the Pawnee and other Plain Tribes. Indian Notes Vol. 7 No. 3, New York 1930
Ethnographie; Flechten

Weltfish, G.: ‹Prehistoric North American Basketry Techniques and Modern Distributions›, American Anthrop. N. S. 32, Menasha 1930: 454-495
Ethnographie; Archäologie; Flechten

Weltfish, G.: ‹Problems in the Study of Ancient and Modern Basketmakers›, American Anthropologist 34, Menasha 1932: 108-117
Archäologie; Flechten

Wencker, R.: Zur Webtechnik: Gebilddamast. Krefeld 1968
Volkskunde; Sammlungsbeschr.; Weben

Wencker, R.: siehe auch Jaques, R.

Wenstrom, E.: siehe auch Graumont, R.

Wenzhao, L.: siehe auch Huang, S.

Werder, M.: siehe auch Horvàth, A.B.

Wertime, J.T.: ‹Flat-woven structures found in nomadic and village weavings from the near East and Central Asia›, Textile Museum Journal 18, Washington 1979: 33-54
Analyse; Ethnographie; Kettenstoffe; Weben

West, A.: Australian Aboriginal Cordage and Single-Element Fabric Structures (Thesis). Sydney 1980
Analyse; Ethnographie; Fadenbildung; Maschenstoffe; Ränder; Stoffzusammensetzung

Westfall, C.: siehe auch Glashauser, S.

Westfall, C.D.: The web of India: a diary. Univ. Montclair 1981
Ethnographie; Fadenbildung; Weben; Perlenstoffe; Vrz. festes Mat.; Vrz. flüssiges Mat.

Westfall, C.D. & Desai, D.: Gujurati embroidery. Winnipeg 1987
Ethnographie; Vrz. festes Mat.

Westfall, C.D. & Desai, D.: ‹Bandhani (tie dye)›, Ars Textrina Vol. 8, Winnipeg 1987
Ethnographie; Vrz. flüssiges Mat.

Westfall, C.D. & Desai, D.: ‹Kantha›, Ars Textrina Vol. 7, Winnipeg 1987: 162-177
Ethnographie; Arbeitsanleitung; Vrz. festes Mat.

Westhart, K.R.: siehe auch Kremser, M.

Westphal-Hellbusch, S.: ‹Einige Besonderheiten der Kleidung der Jat im unteren Sind (Indus-Delta) und im Kutch›, Bässler Archiv NF 13, Berlin 1965: 402-430
Ethnographie; Vrz. festes Mat.

Westphal-Hellbusch, S.: ‹Randgruppen im Nahen und Mittleren Osten›, Bässler Archiv NF 28, Berlin 1980: 1-60
Ethnographie; Flechten

Wey, O.: ‹Seeufersiedlungen am Sempachersee›, Schweiz. Landesmuseum (ed.) Die ersten Bauern. Pfahlbaufunde Europas Vol. 1, Zürich 1990: 281-284
Archäologie; Kettenstoffe

Wheat, J.B.: ‹Documentary Basis for Material Changes and Design Styles in Navajo Blanket Weaving›, I. Emery Roundtable on Mus. Textiles 1976, Washington 1977: 420-444
Ethnographie; Kettenstoffe; Weben

Wheat, J.B.: The Gift of Spiderwoman. Southwestern Textiles: The Navajo Tradition. Philadelphia 1984
Ethnographie; Weben; Wirken

Whitaker, K.: Navajo Weaving Design: 1750-1900: Thesis of the University of California. Los Angeles 1986
Ethnographie; Weben; Wirken

Whitaker, T.W.: siehe auch O'Neale, L.M.

White, V.: Pa Ndan: The needle work of the Hmong. Cheney 1982
Ethnographie; Allg.; Vrz. festes Mat.

Whiteford, A.H.: Southwestern Indian Baskets: their History and their Makers: With a Catalogue of the School of American Research Coll. Santa Fe 1988
Ethnographie; Flechten

Whitford, A.C.: ‹Fibreplants of the North American Aborigines›, Journal of the NY Botanical Garden Feb. Vol. 44 No. 518, New York 1943: 25-48
Archäologie; Fadenbildung; Maschenstoffe; Flechten; Kettenstoffe

Whiting, A.: ‹Hopi Textiles›, I. Emery Roundtable on Mus. Textiles 1976, Washington 1977: 413-419
Ethnographie; Weben

Whiting, G.: ‹Netted Feather Robes›, Bull. Needle and Bobbin Club Vol. 9 No. 1, New York 1925: 36-44
Ethnographie; Florbildung

Wiasmitinow, A.: ‹Aus der Geschichte des Zeugdruckes seit Beginn bis Perkin›, Sandoz Bull. 17 No. 1, Basel 1963
Volkskunde; Vrz. flüssiges Mat.

Widmer, M.: Knüpfen heute. o.O. o.J.
Analyse; Arbeitsanleitung; Flechten

Wiedemann, I.: ‹Coca Pouches from Colombia›, Kutscher, G. (ed.) Indiana 3, Berlin 1975: 111-118
Analyse; Ethnographie; Maschenstoffe; Flechten; Ränder

Wiedemann, I.: ‹The Folklore of Coca in the South-American Andes: Coca Pouches, Lime Calabashes and Rituals›, Zeitschrift für Ethnologie Band 104 No. 2, Braunschweig 1979: 278-304
Ethnographie; Weben

Wiedemann, I.: ‹Brazilian hammocks›, Zeitschrift für Ethnologie Band 104 No. 1, Braunschweig 1979: 105-133
Ethnographie; Maschenstoffe; Kettenstoffe

Wiet, G.: Tissus et Tapisseries du Musée Arabe au Caire. Syria 16, Paris 1935
Ethnographie; Weben; Wirken

Wilbert, J.: The Thread of Life. Stud. Pre-Col. Art & Arch. 12, Washington 1974
Ethnographie; Archäologie; Fadenbildung

Wilbert, J.: Warao Basketry: Form and Function. Occ. Pap. Mus. Cultural Hist. 3, Los Angeles 1975
Analyse; Ethnographie; Flechten

Wilbush, Z.: ‹Arab Women's Dress in Judea and Southern Israel›, Ethnologische Zeitschrift 1, Zürich 1976: 5-29
Ethnographie; Vrz. festes Mat.

Wilbush, Z. & Lancet-Müller, A.: Bokhara. Jerusalem 1967
Ethnographie

Wild, J.P.: ‹Textiles›, Strong, D. (ed.) Roman Crafts. New York 1976
Archäologie; Fadenbildung; Weben

Wildschut, W. & Ewers, J.C.: Crow Indian Beadwork: A descriptive and historical study. Ogden 1985
Ethnographie; Perlenstoffe

Will, C.: Die Korbflechterei. Schönheit und Reichtum eines alten Handwerks. Material, Technik, Anwendung. München 1978
Analyse; Volkskunde; Arbeitsanleitung; Flechten

Willey, G. & Corbett, J.M.: Early Ancón and Early Supe Culture. Columbia Studies in Arch. and Ethnol. Vol. 3, New York 1954
Analyse; Archäologie; Fadenbildung; Maschenstoffe; Flechten; Kettenstoffe; Weben; Ränder; Wirken

Williams, B.: siehe auch Mayer Thurman, C.C.

Williams, B.: siehe auch Thurmann, C.C.M.

Williams, D.: siehe auch Jenkins, I.

Willoughby, C.C.: ‹Textile Fabrics of the New England Indians›, Am. Anthropol. 7, Menasha 1905: 85-93
Ethnographie; Flechten

Willoughby, C.C.: ‹A new type of ceremonial blanket from the Northwest Coast›, Am. Anthropol. 12, Menasha 1910: 1-10
Analyse; Ethnographie; Kettenstoffe

Wilson, K.: A history of textiles. Boulder 1979
Analyse; Ethnographie; Volkskunde; Archäologie; Fadenbildung; Maschenstoffe; Kettenstoffe; Weben; Vrz. flüssiges Mat.

Winiger, J. & Hasenfratz, A.: Die Ufersiedlungen am Bodensee: Archäologische Untersuchungen im Kt. Thurgau 1981-83. Antiqua 10, Basel 1985
Archäologie

Wirz, P.: ‹Die magischen Gewebe von Bali und Lombok›, Jahrbuch d. Bern. Hist. Museum 11, 1931, Bern 1932: 39-49
Ethnographie; Vrz. flüssiges Mat.

Wirz, P.: ‹Die Gemeinde der Gogodara›, Nova Guinea 16 (4), Leiden 1934: 371-490
Ethnographie; Maschenstoffe

Wirz, P.: Die Ainu: Sterbende Menschen im Fernen Osten. Basel 1955
Allg.; Flechten; Weben

Wissa, R.: Bildteppiche aus Harrania. Hanau 1972
Ethnographie; Wirken

Wissler, C.: Indian Beadwork. Am. Mus. of Nat. Hist. Guide No. 50, New York 1919
Ethnographie; Perlenstoffe

Wolinetz, L.: siehe auch Grabowicz, O.

Wollard, L.: Knotting and Netting. London 1953
Maschenstoffe; Flechten

Woolley, G.C.: ‹Some notes on Murut basket work and patterns›, J. o. t. Malayan Branch o. t. Roy. Asiat. Soc. 7 (2). 1929: 291-315
Ethnographie; Flechten

Woolley, G.C.: ‹Murut Basketwork›, J. o. t. Malayan Branch o. t. Roy. Asiat. Soc. 10 (1), 1932: 23-28
Ethnographie; Flechten

Wright, D.: The Complete Book of Baskets and Basketry. New York 1977
Ethnographie; Volkskunde; Arbeitsanleitung; Flechten

Wroth, W.: Hispanic crafts of the Southwest. Colorado 1977
Allg.; Weben; Vrz. festes Mat.

Wullf, H.E.: The traditional crafts of Persia. Cambridge 1966
Analyse; Ethnographie; Fadenbildung; Weben; Florbildung

Wyss, R.: ‹Ein Netzbeutel: zur Thematik des Fernhandels›, Schweiz. Landesmuseum (ed.) Die ersten Bauern. Pfahlbaufunde Europas Vol. 1, Zürich 1990: 131-133
Archäologie; Kettenstoffe

Yamamoto, Y.: A sense of tradition: An ethnographic approach to Nias Material Culture. Ann Arbor 1986
Ethnographie; Flechten

Yamanobe, T.: Cotton fabrics with splashed patterns. o.O. 1960
Vrz. flüssiges Mat.

Yamanobe, T.: ‹Dyeing through the ages›, Japan Quarterly 13.2, Tokyo 1966: 207-213
Ethnographie; Vrz. flüssiges Mat.

Yanagi, S. & Ota, N.: Zwei Artikel über Bilder-Kasuri. Tokyo 1932
Ethnographie; Vrz. flüssiges Mat.

Yde, J.: Material Culture of the Waiwái. Copenhagen 1965
Ethnographie; Fadenbildung; Maschenstoffe; Flechten; Florbildung

Yier, N.: siehe auch Ranjan, M.P.

Yoffe, M.L.: ‹Botswana Basketry›, African Arts Vol. 12 No. 1, Los Angeles 1978: 42-47
Ethnographie; Flechten

Yogi, O.: ‹Lurik, a traditional textile in Central Java›, I. Emery Roundtable on Mus. Textiles 1979, Washington 1980: 282-288
Ethnographie; Vrz. flüssiges Mat.

Yoke, R.S.: siehe auch Landreau, A.N.

Yorke, R. & Allen, M.: Woven images: Bolivian weaving from the 19th and 20th centuries. Halifax 1980
Ethnographie; Sammlungsbeschr.; Weben

Yoshida, E.: Sashiko. o.O. 1977
Ethnographie

Yoshida, H.: Njara Mwatu (boat shaped wooden sledge), and traditional textiles: ethnographical materials from Sumba and surrounding islands. Handbook of the Tenri Sankokan Mus. Coll. 19, Peking 1980
Ethnographie; Vrz. flüssiges Mat.

Yoshimoto, S.: Kain perada: Hirayama collection: The gold-printed textiles of Indonesia. Kodansha 1988
Analyse; Ethnographie; Sammlungsbeschr.; Vrz. festes Mat.

Yoshimoto, S.: siehe auch Yoshioka, T.

Yoshioka, T. & Yoshimoto, S.: Sarasa of the world: Indian chintz, European print, batik, Japanese stencil. Tokyo 1980
Ethnographie; Vrz. flüssiges Mat.

Young, D.M.D.: ‹Der amerikanische Patchwork Quilt›, Sandoz Bull. 35, Basel 1974: 2-19
Volkskunde; Vrz. festes Mat.

Young, S.: siehe auch Bryan, N.G.

Yturbide, M.T. & Castello, C.M.: El traje indígena de México. 2, México 1965
Ethnographie; Allg.

Zaldivar, M.L.L.: La cestería en México. México 1982
Ethnographie; Flechten

Zaloscer, H.: Ägyptische Wirkereien. Bern 1962
Archäologie

Zaman, N.: The art of Kantha embroidery. Dacca 1981
Allg.; Vrz. festes Mat.

Zebrowski, M.: ‹The Hindu and Muslim elements of Mughal art with reference to textiles›, Riboud, K. (ed.) In Quest of Themes and Skills. Bombay 1989: 26-35
Ethnographie; Archäologie; Weben; Vrz. festes Mat.; Vrz. flüssiges Mat.

Zechlin, R.: Werkbuch für Mädchen. Ravensburg 1966
Analyse; Arbeitsanleitung; Maschenstoffe; Flechten; Weben; Florbildung; Ränder; Vrz. festes Mat.; Vrz. flüssiges Mat.; Stoffzusammensetzung

Zeller, R.: ‹Über die Batiksammlung des Berner Museums›, Jahresbericht des Hist. Museums, Bern 1907
Ethnographie; Sammlungsbeschr.; Vrz. flüssiges Mat.

Zeller, R.: Malayanische Handweberei. Gewerbemus. Bern Wegleitung No. 3, Bern 1926
Ethnographie; Vrz. flüssiges Mat.

Zerries, O.: Altamerikanische Kunst: Mexico-Peru. München 1968
Archäologie; Sammlungsbeschr.; Weben; Florbildung; Vrz. festes Mat.

Zerries, O.: Makiritare (Venezuela, Orinoco-Quellgebiet): Flechten einer Schale. Encyclopaedia Cinematographica E 1782, Göttingen 1974
Ethnographie; Film; Flechten

Zerries, O.: Makiritare (Venezuela): Ernten und Spinnen von Baumwolle. Encyclopaedia Cinematographica E 1781, Göttingen 1976
Ethnographie; Film; Fadenbildung

Zerries, O.: Waika (Venezuela, Orinoco-Quellgebiet): Spinnen von Baumwolle. Encyclopaedia Cinematographica E 1801, Göttingen 1976
Ethnographie; Film; Fadenbildung

Zerries, O.: Unter Indianern Brasiliens: Sammlung Spix und Martius 1817-1820. Sammlungen a. d. Staatl. Mus. f. Völkerk. Band I, München 1980
Analyse; Ethnographie; Sammlungsbeschr.; Flechten; Florbildung

Zerries, O. & Schuster, M.: Mahekodotedi. München 1974
Ethnographie; Maschenstoffe; Flechten; Kettenstoffe

Zhan, H.: siehe auch Ma, Z.

Zick-Nissen, J.: Nomadenkunst aus Balutschistan. Berlin 1968
Ethnographie; Sammlungsbeschr.; Wirken

Ziemba, W.T. & Abdulkadir, A. & Schwartz, S.L.: Turkish flat weaves (Anatolia). London 1979
Analyse; Ethnographie; Kettenstoffe; Wirken

Zigmond, M.L.: ‹Kawaiisu›, Handbook of North Am. Indians 11, Washington 1986: 398-411
Ethnographie; Flechten

Zimmermann, W.H.: ‹Archäologische Befunde frühmittelalterlicher Webhäuser: Ein Beitrag zum Gewichtswebstuhl›, Textilsymposium Neumünster 1981, Neumünster 1982: 109-134
Archäologie; Weben

Zimmermann, W.H.: ‹Frühe Darstellung vom Gewichtswebstuhl auf Felszeichnungen in der Val Camonica (Lombardei)›, Archaeological Textiles 2. NESAT Symposium, Kopenhagen 1984
Archäologie; Weben

Zimmern, N.H.: Introduction to Peruvian Costume. The Brooklin Museum, New York 1949
Archäologie; Sammlungsbeschr.; Weben; Florbildung; Vrz. festes Mat.

Zolles, M.: Nordische Handweberei. Plauern 1942
Arbeitsanleitung; Weben

Zoras, P.: Broderies et ornements du costume Grec. Athenes 1966
Volkskunde; Vrz. festes Mat.

Zorn, E.: ‹Warping and Weaving on a Four Stake Ground Loom in the Lake Titicaca Basin Community of Taquile, Peru›, I. Emery Roundtable on Mus. Textiles 1977, Washington 1979: 212-227
Ethnographie; Weben

Zorn, E.: ‹Sling Braiding in the Macusani Area›, Textile Museum Journal 19-20. 1980-81, Washington 1980: 41-54
Analyse; Ethnographie; Arbeitsanleitung; Flechten

Zorn, E.: ‹Textiles in Herders' Ritual Bundles of Macusani, Peru›, Rowe, A.P. (ed.) J.B. Bird Conf. on Andean Textiles 1984, Washington 1986: 289-308
Allg.; Weben

Zschorsch, G. & Wallach, E. & Lang, M.: Das Klöppeln. Berlin 1923
Arbeitsanleitung; Flechten

Zumbühl, H.: Manual de construcción de un telar de pedal y sus auxiliares. Huancayo 1981
Arbeitsanleitung; Weben

Zumbühl, H.: ‹Die Bandweberinnen von Viques, Peru›, Ethnologica Helvetica 12, Basel 1988: 15-52
Analyse; Ethnographie; Weben

Frau Eva Maria Rebholz und Herrn stud. phil. Andreas Berger
sei für die Mithilfe bei der Bearbeitung der Bibliographie an dieser Stelle gedankt.

Index

Deutsch

Englisch

Französisch

Itallenisch

Nordisch

Portugiesisch, Spanisch

Index